谨以此书献给为中国科学事业奉献一生的前辈们

边东子　著

中关村特楼

山西出版传媒集团
山西教育出版社

图书在版编目（CIP）数据

中关村特楼 / 边东子著. — 太原：山西教育出
版社，2019.10
ISBN 978 - 7 - 5703 - 0637 - 4

Ⅰ. ①中… Ⅱ. ①边… Ⅲ. ①原子弹—研制—史料—
中国②氢弹—研制—史料—中国③人造卫星—研制—史料
—中国 Ⅳ. ①TJ91 - 092②V474 - 092

中国版本图书馆 CIP 数据核字（2019）第 217935 号

中关村特楼
ZHONGGUANCUN TELOU

出 版 人	李 飞	
策 划	闫果红	
责任编辑	闫果红 霍 彪 薛 菲	
复 审	海晓丽	
终 审	杨 文	
装帧设计	薛 菲	
印装监制	赵 群	
发行总监	王永江	

出版发行 山西出版传媒集团·山西教育出版社
（太原市水西门街馒头巷 7 号 电话：0351 - 4729801 邮编：030002）

印 装	山西新华印业有限公司	
开 本	787×1092 1/16	
印 张	25.25	
字 数	564 千字	
版 次	2021 年 7 月第 1 版 2021 年 7 月山西第 1 次印刷	
书 号	ISBN 978 - 7 - 5703 - 0637 - 4	
定 价	68.00 元	

如发现印装质量问题，影响阅读，请与出版社联系调换。电话：0351 - 4729588。

献　词

　　本书出版之际，欣逢中国共产党建党一百周年。中关村三座特楼的历史，反映了中国共产党领导中国科技发展的历史，也体现了中国科学家对中国共产党的热爱与期望。

　　早在革命战争年代，中国共产党就重视科技的发展。特楼的住户恽子强就是延安自然科学院的领导者之一。南泥湾的开发，就是在延安自然科学院进行考察和勘测后，才有了359旅英雄们的壮举。

　　中华人民共和国成立前夕，战火未熄，中国共产党人就为中国的原子能科研拨款5万美元，采购仪器、图书。钱三强拿到这些在战争中深藏在洞窟中的钱，深受感动，更坚定了他对中国共产党的信任。

　　五星红旗刚刚升起一个月，中国科学院就诞生了，这不仅说明中国共产党对科学的重视，而且打破了国民党统治时期政治派系的羁绊，冲破了地方分割的藩篱，聚集起各方的人才，形成了"可以集中力量办大事"的新体制。

　　50年代，因为对新中国的向往，对中国共产党寄以深切的期望，一批海外学者如钱学森、赵忠尧、杨承宗等冲破重重阻碍，甚至不畏迫害，回到祖国。他们在制定《1956至1967年科学技术发展规划纲要》的工作中，发挥了重要作用。

　　1956年，党中央发出了向科学进军的号召，吸引了大批海外学者如屠善澄、汪德昭、郭永怀、陈家镛、郭慕孙、杨嘉墀等毅然归来，投身于社会主义建设中。许多科学家也在这一时期加入了中国共产党。

　　在20世纪60年代的艰苦岁月中，面临超级大国的封锁和打压，以三座特楼的科学家为代表的中国科技人员，在中国共产党的领导下，自力更生，奋发图强，取得了小狗乘火箭上天，第一颗原子弹爆炸，两弹结合等一批重大成果。

即使在"文化大革命"的风云中，特楼的科学家们仍然相信群众，相信党。"苟利国家生死以，岂因祸福避趋之"，只要有可能，他们就抓紧一切机会全力投入到科研工作中，取得了氢弹爆炸成功，人造卫星上天等重大成果，有的甚至为此献出了生命。

改革开放的春风，唤起了科技工作者的热情。许多特楼科学家也是在这一时期加入中国共产党的。多项有关科技的重大决策和重大成果，都有特楼共产党员科学家的积极参与，他们起到了引领和骨干的作用。"863高科技计划""神舟飞天""北斗导航""嫦娥奔月"等世界瞩目的成就，都有特楼共产党员科学家的贡献。

三座特楼中的科学家里，中共党员就有29名，占特楼科学家中总数的百分之七十以上。还有多位虽然不是中共党员，但是长期与中国共产党同舟共济，荣辱与共，肝胆相照，同样为国家的强盛、人民的福祉做出了重大贡献。

三座特楼里还居住着一批党员领导干部，他们都是经过革命斗争的长期考验，又是党内文化水平比较高的同志。他们都有不改初心，艰苦奋斗的感人事迹，而没有一点腐败堕落的污迹。中国科学技术的发展同样有他们的贡献。

虽然三座特楼的第一代住户大都已经离我们而去，化做了青铜制的雕像、史籍中的篇章、宇宙中的行星、纪念馆的展陈，但他们一代又一代的传人，正在砥砺前行，为建设新时代中国特色社会主义而奋斗。老一辈科学家热爱祖国，热爱科学，拥护中国共产党的传统，和他们求真务实，勇于创新的精神，也一定会薪火相传，发扬光大。

谨将此书当作一份薄礼，敬献给中国共产党的百年华诞。祝愿中国的科学事业在中国共产党的领导下，取得更加伟大的成就。

编者

前言：最具中国智慧的"特楼"

　　说到中关村，就必须说中国科学院。不仅因为它与中华人民共和国同龄，与新中国科学的发展同步，而且没有中国科学院，就没有中关村。中华人民共和国成立初期，摆在新中国领导人面前的迫切任务就是发展，被连年燹火严重毁坏，本来就很薄弱的工业要发展；刚刚经过土地改革的洗礼，仍处于小农经济状态的农业要发展；在文盲充斥的国度里，显得单薄无力的教育要发展……而这一切都离不开科学的发展。科学犹如一根神奇的杠杆，必须凭借它才能撬动旧中国在岁月的风雨中已经锈死的车轮，只是，这根杠杆需要一个支点。

20世纪50年代的中国科学院院部

李佩教授和作者一起在现场核实本书中内容

1949年11月，中国科学院成立，这时的中国科学院，学科严重不全，除了地质、气象、生物等学科有一点老底子外，原子能、电子学、自动化等，基本是空白。要开发这些新的领域，人才奇缺是首要矛盾，但是没有梧桐树，怎能栖凤凰？

因此，成立之初的中国科学院，最紧迫的任务之一，就是要选择一个不仅能安身立命，而且能充分发展的空间，也就是为科学的杠杆找一个"支点"。

中国科学院本来有可能建在一条"金线"上。为了选址，中国科学院第一任院长郭沫若和当时的党组书记张稼夫，担任副院长的竺可桢，都曾亲自带人实地踏勘。时任中科院计划局副局长兼秘书长的钱三强和分管基建的中科院办公厅副主任陈宗器更为此做了许多工作，并且论证了好几个方案。其中梁思成提出的方案最有特色，这个方案是把这个"永久基地"建在黄寺一带。这里处在北京的中轴线上，前门、天安门、端门、午门、故宫三大殿、景山万春亭、以及钟鼓楼等，都建在这条线上。在梁思成的心目中，这是一条"金线"，只有最重要、最有历史文化价值的建筑才可以建在这条"金线"上。可惜，当时国家底子太薄，在黄寺建新址需要的资金量太大。这个"金方案"只好遗憾地放弃了。

后来又几经调研，反复斟酌，中国科学院才选定了现在的中关村地区。这里靠近北大、清华、北师大和正在建设的"八大学院"，人才济济，是个"聚人气"的地方，而且这里的设施也相对完善，比较容易形成一个科学中心。这个方案报到中央，很快得到了批准，但具体落实还要通过北京市。北京市毫不吝啬，将大泥湾以北、成府以南的4500亩地一并划拨给了科学院。

为了建好这个"永久地址"，中国科学院还特地成立了一个"建筑委员会"，吴有训、竺可桢、陶孟和三位副院长任正副主席，委员由严济慈、梁思成、张开济等二十余人担任，钱三强、曹日昌任秘书。个个都是重量级人物，真可谓阵容强大。

现在没有人会把中关村真的当作"村"了。可是在20世纪50年代之前，这一带却是真正的"村"：农舍简陋、土墙低矮，乡间小道弯弯曲曲地不知通向何方，还有飞着蝴蝶的菜地、鸣着蛙鼓的稻田，野兔出没的草丛、藏着断碑荒冢的松林。经过这里的，只有一条窄窄的从西直门通向颐和园的公路，背着锅炉、烧着木炭的老旧汽车踽踽而行。而中国科学院就将在这里以"筚路蓝缕，以启山林"的精神，建设起科研基地。

有人曾经遍查上个世纪60年代之前的北京历史地图，竟怎么也找不到"中关村"。很权威的《海淀区地名志》中收有"海淀区沿革图"，从中华人民共和国成立之前一直到1980年，都没有"中关村"这个地名，只有一个"中关村街道办事处"的标记，而中关村街道办事处是1961年才设立的。那么"中关村"这个名字是从何而来的呢？

据著名科学史专家樊洪业先生考证，原来，1953年10月《中华地理志》编辑部迁入了在这里的新址。编辑部要联系四方，需要尽快印制一批信封。那时，这一带只有"保福寺""蓝旗营""大泥湾"等地名，可是这些地名对于编辑部来说，都不准确。在信封上印什么地名呢？那时离编辑部不远有一个小杂货店，墙上用石灰写着"中官邨"三个大字，负责印制信封的人，就据此在信封上印上了"中关村"三字。有人说他弄错了两个字，把"邨"写成了"村"，其实他只弄错了一个字，因为"邨"是"村"的异体字，因此不能算错。这就是"中关村"的来历。直到20世纪60年代初，那个小小的杂货店还在。它那老房的土墙上，除了用石灰画着防狼的白圈以外，"中官邨"三个白色大字仍清晰可见。此外，在稍后的年月里，还有人在中关村二小附近看到过一个小小的石碑，上面也刻着"中官邨"三个字。

不过，那时"中关村"还不为北京市民所熟悉，只有在有了重大新闻，如毛主席和中央首长参观中国科学院科研成果展览时，报纸和广播上才会偶尔出现"中关村"。

1953年底，这里开始大兴土木，崭新的科研大楼纷纷拔地而起，与此同时，还建起了一栋栋灰色的住宅楼，迎接着白发苍苍的老专家、归心似箭的海外学者、风华正茂的青年科技工作者，让他们能在这里安居乐业。

为了安置著名学者和从海外归来的科学家，又特意建了三座"高研楼"，编号是"13""14""15"。当时，它们被称为"特级楼"（此外，还有"甲级楼""乙级楼"等），俗称为"特楼"。这三座楼的格局像一只展翅北飞

14楼、15楼外景

的大雁，14楼居中，犹如头部和身体，西有13楼、东有15楼，如两只展开的翅膀。

在这三栋素面朝天的灰色楼房中，曾经住过一批科学界的大家巨擘，囊括了自然科学、技术科学、人文科学诸领域。在23位被中共中央、国务院和中央军委授予"两弹一星"功勋奖章的科学家中，就有6位在这里居住。在首倡"863"高科技计划的四位著名科学家中，竟有一半曾居住在这里。"两弹一星"的挂帅人物，研制导弹和火箭的领军者钱学森，研制核武器的带头人钱三强，卫星研究院的首任院长赵九章，都曾在这三座楼里居住。

在20世纪50至60年代，每到夜晚，14楼前都有荷枪的解放军战士站岗，离三座特楼不远，还驻有一个装备精良的警卫班。可见三座"特楼"的分量有多重。

"特楼"在当时的特点是户型面积大，约一百平方米，不过和现在动不动就在二百平方米以上的豪宅比，还差得很远。在这三座楼中，以14楼的房间最多、面积最大、设备最好，而且卫生间和浴室是分开的，互不相扰。它也是三座楼中唯一有实木地板的住宅。不过，14楼的户型结构却是三座楼中最差的，进门便是一条通道，房间对称地排列在通道两旁，活像大学生宿舍。客人进门，往往会裹足不前，因为不知道应当进哪个房间，有的客人自信心满满，见门便入，结果竟走进了厨房。

13楼和15楼的格局比14楼要好，进门就是客厅，虽然比14楼的面积小一点，但是不会让客人误入它室，而且会客时，客人和主人的家人可以互不相扰。但这里的地面是一种红色的水泥地，又没有防水层，春季返潮时，一楼的地面就如洒了一层水。

三座楼的厨房都有一个镶着白瓷砖的灶，烧的是煤块，余热可以通过管道引到水箱中烧水洗浴。厨房和卫生间的地上和墙上裸露着纵横交错的管道，浴室中有一个老式的铸铁浴盆。现在连"经济适用房"的装修都比这豪华。尽管如此，在那个"一穷二白"的年月里，仅仅这只浴盆，就足以证明它

只有何泽慧家还保存着当年的澡盆

确实是高档住宅了。因为当时绝大多数中国人还把几十个人泡在一个池塘里洗澡当作享受。

但是对特楼的许多主人来说，这样的住宅只能算是陋室了。因为他们有的在国内曾有

祖上留下的深宅大院，有的在国外曾有自己的洋楼别墅。不过在这里，他们能实现他们的报国之志。因此，对这样的住宅，他们只会说"何陋之有！"

在这三座楼的住户中，有曾经为中国现代科学开辟鸿蒙、拓荒奠基、培育人才的第一代科学家。其中，秉志和钱崇澍出国时还是清朝的举人和秀才。这里有7位担任过原中央研究院于1935年和1940年选出的"评议员"。其中，秉志是1935年第一届评议员，罗常培、熊庆来、戴芳澜、陈焕镛、钱崇澍、陈垣为1940年选出的评议员。

这里还有原中央研究院于1948年选出的9位院士。他们是戴芳澜、邓叔群、童第周、钱崇澍、秉志、赵忠尧、贝时璋、陈垣和陆志韦。

这里还有三位名校的校长：燕京大学校长陆志

郭永怀、杨嘉墀、汪德昭、郭慕孙、
陈家镛等住的13楼2单元门口

韦，北京师范大学校长陈垣，云南大学校长熊庆来。此外，杨承宗曾经在改革开放初期，担任过中国科技大学副校长，并担任过新型走读制大学"合肥联合大学"的校长。1958年，中国科技大学创立，当时设置了13个系，其中9个系的系主任都是这三座楼的主人。

三座特楼的科学家们以民族复兴为己任，追求卓越，勇于创新。他们造就了"两弹一星"精神、"载人航天精神""科学家精神"。他们才是"中国精神"的代表，他们才是中关村的"根"。愿他们的奋斗，他们的精神，他们的品格，他们对民族和祖国的担当，永远激励我们前行。

目　录

第一篇
相期邈云汉

　　研制"两弹一星"的挂帅人物钱学森、钱三强、赵九章和"两弹一星"元勋中的郭永怀、杨嘉墀，王淦昌以及为载人航天立下功劳的屠善澄等人，都曾经是中关村的"老住户"。在中国受到超级大国封锁，尚处于"一穷二白"的时期，他们克服了许多常人难以想象的困难，让中国有了"两弹一星"，让中国有了大国重器，从而保证了国家的安全，人民的安宁和幸福。在这个过程中形成的"两弹一星"精神、"载人航天"精神，已经成为中华民族宝贵的精神财富。

14楼201号
钱学森

托起中国飞天梦

钱学森（1911年12月11日—2009年10月31日），空气动力学家、应用力学家、系统工程学家和工程控制论的创始人。他是中国航天事业的奠基者、引领者，也是中国国防科技事业的领导者。

钱学森原籍浙江杭州，生于上海。1934年毕业于上海交通大学。1939年获美国加州理工学院航空、数学博士学位。1957年被增补为中国科学院学部委员（院士）①。1994年被选为中国工程院院士。他曾任中国人民解放军总装备部科技委高级顾问、研究员。中国力学学会、中国自动化学会、中国宇航学会、中国系统工程学会名誉理事长，中国科学院学部主席团名誉主席，中国科学技术协会名誉主席。曾任国防部五院院长，第七机械工业部副部长、国防科学技术委员会副主任、中国科学技术协会主席。在应用力学、工程控制论、系统工程等多领域取得了出色研究成果，在中国航天事业的创建与发展等方面做出了卓越贡献。1991年获"国家杰出贡献科学家"荣誉称号。1999年获"两弹一星功勋奖章"。2009年10月31日在北京逝世。

①中国科学院学部委员从1955年开始产生，于1993年10月改称中国科学院院士。

有一个让人笑不出的笑话。若干年前，有人问一位女学生："知道钱学森吗?"那位女学生想了一会儿问道："他是哪首歌的原唱?"

这不仅是那位女学生的悲哀，更是教育和传媒界的悲哀。但是，人们真的了解钱学森吗?许多人都知道他是中国研制导弹和运载火箭的领军人物，是"导弹专家"，是"中国航天事业的奠基人"。事实上，钱学森的贡献是多方面的，他在空气动力学、航空工程、喷气推进、工程控制论、系统科学等方面的成就，尤其是他对中国科学事业发展的突出贡献，岂止是"导弹专家"或是"力学专家"所能概括的。

剑胆琴心

那是有些遥远的1955年，一个金色的秋季，这一年的10月8日应当铭记在历史上。当钱学森从罗湖桥入境时，他迈出的虽然是一小步，却意味着中国航天，乃至中国的现代科技将迈出一大步。

钱学森受到了热烈欢迎。陈毅副总理特别派朱兆祥代表他自己和中国科学院到深圳迎接。第二天，新华社发出电讯稿"著名中国科学家钱学森和物理学家李整武从美国归来到达广州"。

10月28日，钱学森到达北京，全家都住进了当时北京最豪华的饭店——北京饭店。在那时，这是最高规格的待遇。29日清晨，钱学森就带着全家不顾旅途劳顿，到北京饭店附近的天安门广场，去看雄伟的天安门城楼和庄严的五星红旗。

在北京饭店暂住了一段时间后，已经就任中国科学院力学研究所所长的钱学森就搬进了中关村14楼201号。时任中国人民解放军副总参谋长，哈尔滨军事工程学院院长的陈赓将军闻讯后，既赞叹又惋惜地说，"本来想把钱先生拉到部队里来的，可是没想到科学院行动这样快，早把钱先生的职务和房子、班子都安排好了。"

14楼的房子虽然比不上美国的别墅豪华气派，但这里有着家的安宁和温馨，起码不用担心美国联邦调查局的人员或是移民归化局的官员突然闯来"拜访"。这里没有香艳的玫瑰，却有一排排充满生机的钻天杨，这里没有什么东西称得上"豪华"，却让人想到了那脍炙人口的名句"斯是陋室，唯吾德馨"。钱学森的故乡有一句民间谚语："金屋银屋，不如自家的草屋"。那时，钱学森对这句话一定会有更深的感受。

14楼局部

为腾飞奠基

钱学森刚刚在中关村安家时,中关村还处在大规模建设中,到处是林立的脚手架和正在开挖的地基,为铺设上下水管道而掘出的纵横交错的壕沟,以致走在上班的路上,要过搭在地沟上的跳板,要绕过沸腾的石灰池。而钱学森也在"打地基"——为建立中国科学院力学所奔忙。

那时,他常常不辞辛劳地来往于力学所和14楼之间,定规划、选人才、作报告,亲自为科研人员讲课等。

力学所初建时,如何设置科室,是关系到未来发展的大事,必须有远大的战略眼光,又有深厚的学术功底,才能承担这项任务,因此,非钱学森莫属。

钱学森是一位视野很宽、目光远大的科学家。他很早就在关注第二次世界大战中发展起来的运筹学。在回国的前一年,他就托人转告国内的同行,要重视运筹学的研究与推广。他认为,对社会主义中国来说,运筹学有着更广的应用范围,更显著的效果。因为当时的中国"一穷二白",必须集中人力、物力、财力才能办成大事,这正适合运筹学等科学手段发挥作用。为此,钱学森在力学所建起了中国第一个运筹学研究室,并任命许国志为运筹学研究室主任。许国志曾在美国获得工程硕士学位,又获数学博士学位,对运筹学很有研究。正如钱学森所料,运筹学在中国的生产建设中起到了很大作用。20世纪50至60年代,《人民日报》、中央人民广播电台等媒体都介绍过"运筹学"。许多工矿企业也把"运筹学"的原理应用到自己的生产实践中,不仅收到了很好的经济效益,更让广大人民群众体会到了科学的力量,尝到了学科学、用科学的甜头,提高了中华民族的科学素质。

在钱学森和他的师兄弟、副所长郭永怀的领导下,力学所发展之快,超出很多人的预料。不仅建成了具有弹性力学、塑性力学、流体力学、物理力学、化学流体力学、自动控制、运筹学等7个研究室的现代化研究所,而且还承担起许多为国计民生和国防建设服务的项目。如:考虑到中国是地震多发区,专门设立了"建筑物抗地震"课题组。当时中国迫切需要发展冶金工业,钱学森不仅设立了这方面的课题,还亲自和他的邻居——化工冶金专家叶渚沛先生和郭慕孙先生切磋。

由于国民经济和国防建设的需要,自动化控制研究室很快就"自立家门",成立了"自动化研究所"。到20世纪60年代末,又以自动化研究所的一部分为基础,建立了航天工业部空间研究院,即现在的中国空间技术研究院(又称中国航天科技集团公司五院)。同样,运筹学研究室也由于形势发展的需要成立了"系统科学研究所"。此外,在60年代,为适应国防现代化建设的需要,还成立过力学所二部。事实证明,钱学森为力学所的发展规划出了一条符合科学发展规律的、很有前瞻性的、具有中国特色的发展道路。

力学研究所成立之初,培养人才是当务之急。钱学森就亲自给新来的大学生讲课。因为那时大学普遍学的是俄语,学生们的英语水平,尤其是听、说能力很差。他们原以为钱先生会用一口流利的英语,给他们讲如何让火箭和导弹上天,那他们可就惨了,不是像凡人听天书,就是像聋子听仙乐。可是当钱学森用一口纯正的北京话给他们讲课时，竟让这些刚刚走出大学校门的年轻人惊讶不已。原来，钱学森了解中国的教育体制，很体谅这些莘莘学子，才特意用北京话为他们作报告。说北京话，对钱学森不算困难，他小时在北京居住过，有"童子功"。困难的是，那时许多关于导弹、火箭等新科学、新技术的英文专业术语都没有翻译成汉语，钱学森为了能让他的学生们听得明白，可没少费精力。

规划未来

1956年，中共中央和国务院决定，制定《1956—1967年科学技术发展远景规划纲要》（以后称《十二年科学计划》）。这个规划对中国科学的发展将有决定性的影响。为此，国家不仅集中了当时中国最优秀的科学技术人才，而且由周恩来总理亲自挂帅，党和国家的重要领导人陈毅、李富春、聂荣臻，有关部门的负责人张稼夫、张劲夫，范长江直接领导，科学家们热情高涨，各项建议如雪片般飞来。而且，几乎每位参与制订计划的科学家都希望自己的研究领域能被列入其中。这本无可厚非，谁不希望自己的学科能为祖国多做贡献呢？谁不盼望自己研究的项目能早日登上世界科学的巅峰呢？可那时的中国家底薄，不可能满足所有科学家的希望，必须集中有限的资金和人力，首先发展最急需的学科和项目。为此，由深孚众望的12位科学家成立了一个"综合组"，对堆积如山的建议和意见做出取舍，而综合组的组长就是钱学森。这个规划列入了56个项目，还特别对6个最重要的项目，即原子能、导弹、电子计算机、半导体、无线电电子和自动化技术采取了加速发展的紧急措施。

在制定《十二年科学规划》时，电子计算机远没有今天这样普及，甚至在中国科学界，许多人对它也不甚了解。而在苏联，当时还有人说那是资产阶级科学，是要否定人的作用。因此，在规划中，电子计算机摆在什么样的地位，就成了有争议的问题。为此钱学森专门讲解了电子计算机的功能、原理和结构，尤其是未来的作用。这个项目才最终被列入规划。仅仅两三年，我国就造出了大型数字式电子计算机和模拟式电子计算机，为我国的经济建设和国防建设，尤其是"两弹一星"的研制建立了奇功。今天回首往事，应当感谢钱学森和当初制定规划的科学家们，如果不是他们的远见和坚持，不知中国将怎样面对今天的世界！

在制定《十二年科学规划》时，如何加强我国的空中防御与打击力量，成了争论的焦点。有关部门的一些负责人认为，应当全力发展飞机。因为那时人们对导弹有一种高不可攀的感觉。认为中国科技和工业水平差，导弹是"高、精、尖"的玩意儿，中国玩不起！可是钱学森告诉大家，导弹并不神秘，中国应该发展导弹，无论是攻击还是防御，导弹的性能比飞机高得多。况且，研制导弹并不如人们想象得那样难。因为导弹是"舍身杀敌"，是一次性使用，而且一般只飞行几分钟到几十分钟，材料可以"将就"一些，甚至只凭涂料的保护都能挺过来。而飞机要多次使用，起码要求有几千小时的使用寿命，还要保证飞行人员的安全。因此，在结构、材料和技术上，飞机的要求都比导弹高。导弹的难度在于它的制导系统，但以中国人的智

慧和力量，完全可以掌握它。

钱学森还"客串"过核物理学家。他对中国如何发展原子能科学做过极有远见的报告。那时人们一听到热核反应，想到的就是威力巨大的氢弹，那是不可控的核聚变反应。而钱学森在规划研讨会上，作了如何实现受控热核反应的报告，还介绍过快中子增殖反应堆，并且对如何解决一些关键问题，提出了很中肯的见解。现在，全世界都在为寻找新能源积极行动，由此更可看出钱学森的学识渊博和远见卓识。钱学森还特别指出要发展无线电通讯、自动化技术、半导体技术和农业自动化。现在回头来看，钱老当年提出的观点和意见是非常有预见性的。

经过十二年的披荆斩棘，规划中的目标现在大都变成了辉煌的现实。"两弹一星"乃至"神舟飞船"都是在这一基础上发展起来的。中华人民共和国能有今天的国际地位，和《十二年科学规划》有着密不可分的关系。这虽然有赖于党和国家领导人的正确决策，有赖于广大科技人员的智慧，但与钱学森具有战略眼光的、独特的引领作用是分不开的。

托起中国飞天梦

1960年11月初，北京正是秋末冬初的时节。因为要到11月中旬才开始供暖，因此，这段时间是室内最冷的时候。而这一年，正值三年困难时期，电力和煤炭的供应都很紧张，常常不通知就停电。三座"特楼"在供暖供电方面，与中关村的普通住宅并无区别，没有任何特殊待遇。而此时，正逢钱学森出差，蒋英和孩子们只知道他到比北京更冷、生活更艰苦的大西北去了，但不知道具体地点、不知道要去多久，也不知道去做什么……

1960年11月5日，对蒋英和儿女来说，又是一天焦急的等待和企盼；而对中国的国防事业来说，却是非常重要的一天。

还是在刚回到祖国的时候，从钱学森身上就体现出中国人宝贵的志气。那时陈赓大将问他："中国能不能造导弹？"

他豪气冲天地说："为什么不能？外国人能造，中国人同样能造！"

陈赓高兴地说："好，我要的就是你这句话！"

钱学森后来说，当时他是憋了一口气说这句话的，他要为中国人争气。

随后，在周总理和彭德怀元帅、陈赓大将的支持下，钱学森郑重地向党中央和国务院提交了建议书，建议发展中国自己的导弹、火箭和航空技术，中央非常重视钱学森的意见书，不仅很快予以批准，而且召开专门会议讨论落实。那时的中国，科技和工业水平还很薄弱，专业人才严重缺乏，部队的许多指战员都不知"导弹"为何物。在这样的情况下，钱学森勇于建言，中央正确决策，不仅为导弹和火箭的研制立了项，更为中国人立了志！

1956年10月，导弹研究院——国防部第五研究院正式成立，钱学森被任命为首任院长。五院的200余人中，既有专家，如任新民、梁思礼、梁守槃、黄纬禄、徐兰如等，也有刚刚走出校门的156名应届大学毕业生。即使在专家当中，除了钱学森以外，也只有徐兰如等极少数人在美国看到过德国 V2 导弹的实物。至于那些大学生,有许多人连"导弹"这个词都没有听说过。因此,进行导弹知识的"扫盲",就是十分必要的了。为此,钱学森曾亲自讲授《导弹概论》。现在许多功勋赫赫、硕果累累的导弹专家,都会欣慰地谈到他们年轻时,听钱老讲《导弹概论》的情景。

为了发展我国自己的导弹和航天事业,一支从抗美援朝前线归来的英雄部队开进大西北,在异常艰苦的条件下,在很短的时间内就在漫漫戈壁滩上建起了一个庞大的试验基地:发射阵地、测试阵地、铁路、大礼堂等,相当于是在大漠荒原上建起了一座新兴城市,有人叫它"航天城"。它就是现在发射"神舟号"飞船的酒泉航天发射中心。然而,英雄部队能够创造奇迹,却改变不了这里刺骨的寒冷和狂暴的风沙。1960 年 11 月,钱学森冒着严寒,顶着狂风,来到这里指挥"东风一号"导弹的发射试验。

出于各种原因,苏联曾经对中国发展国防新技术给予过帮助。但是到了 1960 年,赫鲁晓夫为逼迫中国顺从他的"指挥棒",不惜撕毁合同,撤退专家。严重地破坏了两党和两国关系。正在帮助中国仿制导弹与原子弹的苏联专家,也被强令撤退。外国人走了,中国人自己干!以钱学森为代表的中国科学家和工程技术人员,发愤图强,排除重重困难,终于仿制成功我国的第一枚地对地导弹"东风一号"。不过,当时叫"1059",这是一种杀虫剂的名称。

1960 年 11 月 5 日这天,在酒泉发射场,第一枚中国自制的"1059",即"东风一号"一飞冲天,发射获得圆满成功。在场的聂荣臻元帅、张爱萍上将和钱学森激动地拥抱在一起。这次发射意义重大。当时,美国军队还驻扎在我国的台湾省,而且部署着能携带核弹头的"斗牛士"地对地导弹。虽然"斗牛士"这种飞航式导弹已经过时,可是在美国的决策者眼中,对付中国还是绰绰有余的。"东风一号"冲破云天,也冲破了美国以台湾为基地,用导弹威胁我国安全的企图。"东风一号"的成功发射,预示着中国人民不畏雪压霜欺,定会迎来东风浩荡、春回大地。从这个意义来说,它又是"东风第一枝"。

然而"东风一号"毕竟是仿制品,以钱学森为代表的中国科学家和工程技术人员决心闯出一条自行研制导弹的道路。于是,他们又开始新的、艰难的攀登。1962 年 3 月 21 日,第一枚中国自行设计、自行制造的地对地中近程导弹"东风二号"终于诞生了。可是在试射时,导弹突然坠毁,在场的人员都非常悲痛。在这不寻常的时刻,钱学森站出来鼓励大家,要大家不灰心、不气馁,认真检查,仔细分析,找出原因,再接再厉。他还以自己做博士论文时的经历宽慰大家。他说,"我的论文写出来也就那么薄薄的一本,但是我的原稿改的次数非常多。一本本的原稿,塞满了我的办公桌下面,有一柜子。经历了那样多的失败,改进、改进、再改进,最后才成功的。所以大家回到北京去分析原因,有了共同认识以后,继续前进,继续做试验。"

在这个时刻,他的话有着特殊的抚慰和激励作用,于是科研人员和参试的部队官兵又重新振作起来。

不久,在钱学森的领导下,科技人员查出了失败的原因,以更科学的态度和更严格、更细

致的作风对导弹重新进行设计，终于研制出了全新的"东风二号"导弹。1964年6月29日，"东风二号"导弹呼啸着腾空而起，犹如一支神箭，穿云破雾，直上九霄。"东风二号"导弹的成功，证明了当初中共中央提出的"自力更生为主，争取外援为辅"的方针，和钱学森提出的发展导弹、火箭的建议是完全正确的。

1957年，苏联成功发射世界上第一颗人造地球卫星，在世界范围内掀起了一个"宇航热"。火箭、卫星和宇宙飞船不仅成了科学家攻关的重点，科普工作的重要内容，还成了电影和科幻小说的热门题材。1958年，毛泽东主席在一次会议上谈到，"我们也要搞人造卫星！"

为了落实毛主席的号召，中国科学院承担了人造卫星研究任务——"581工程"。而"581"领导小组的组长就是钱学森。为了适应工作的需要和广大科学工作者的迫切要求，钱学森写了《星际航行概论》一书，并于1962年正式出版。这本书和他的《导弹概论》一样，造就了一大批在航天领域卓有贡献的专家学者。钱学森一家在中关村住的时间不算长，但是一些重要成就都是在这段时间取得的。

伟大的爱国者

钱学森是卓越的科学家，但他首先是一位伟大的爱国者。钱学森曾经为喷气推进动力学的发展做出了很大贡献。当年，美国国防科学研究委员会科技发展局赞扬他："对第二次世界大战做出了成功的贡献"。美国海军部部长金贝尔说，钱学森"在任何地方都抵得上5个师的兵力"，可是另一位美国专栏作家又站出来否定这段话。他认为，部长大人把钱学森的作用估计得太低了。可就是对于这样一位科学家，在臭名昭著的"麦卡锡"时期，美国政府却以莫须有的罪名，对他进行迫害。1950年，他准备回国的打算被美国政府部门知道后，联邦调查局不准他离开美国国境。钱学森曾经回忆说："美国的海关还把我的行李和书籍一概扣留，说里面有机密文件，有电报密码，有武器的图纸，有喷射动力机的照片。过了几天，美国移民及归化局又说我是美国共产党员，所以依'法'应当把我驱逐出境，为了准备逐我出境，把我关在移民及归化局的像监牢一样的看守所。由于我所工作的学校里几个有正义感的同事努力，我才得到交保释放。但是保金是15000美金，比起一般盗贼绑票所要的一两千赎金来，那我真是可以'自豪'的了。我一共被关了十五天，十五天中我的体重失去了三十磅。"

获释后，钱学森的活动仍受到限制，他要定期向

钱学森院士

移民局报到，特务也经常闯进他的家骚扰，美国司法部门还多次对他进行审问。钱学森和蒋英对此进行了机智英勇的斗争，并且巧妙地给中国政府转去一封信，希望帮助他们回到祖国。

在朝鲜战争期间，美国的间谍飞行员曾驾机侵入我国东北，因飞机被击落而束手就擒。那时，美国政府不承认中华人民共和国政府，还反诬中国违反国际公约，扣押战俘。现在，一些不负责任的媒体和一些所谓传记文学作品，也说当时中国政府是用朝鲜战争中的飞行员"战俘"，来交换钱学森的，这是完全错误的。这些飞行员入侵中国领空，是为了侦察和执行投放、回收间谍的任务，因此他们不是战俘，而是间谍。至于朝鲜战争中的"联合国军"战俘，中国政府早已根据国际条约和交战双方达成的相关协议，给了遣返。中国政府当然不接受美国的指控。因此，间谍飞行员事件迟迟得不到解决。1955年，走投无路的美国政府请联合国秘书长，瑞典人哈马舍尔德亲自出马，到中国说情，中国政府才释放了那些飞行员。与此同时，美国政府表示，将允许中国留美学者回国，但又不承认扣押着中国学者。直到中国政府出示了钱学森的那封信，美国政府才悻悻地同意放钱学森回国。

在钱学森和蒋英携子女钱永刚、钱永真离开美国的那天，美国的报纸用大字号通栏标题登出消息："火箭专家钱学森今天返回红色中国！"

有人说，钱学森是因为受美国政府逼迫才愤而回国的。其实，他从来没有打算留在美国，最有说服力的证明是他在美国根本没有为自己买保险，而这是任何一个想留在美国的人所必须做的。也许，不是任何一个人都能学到他的本领和智慧，像他那样创造出"冯·卡门——钱学森公式"，但只要愿意，任何人都可以学习他的爱国精神，学习他高尚的道德情操：他把所有的奖金、甚至稿酬都捐给了经济拮据的大学生，捐给了西部贫困地区和治理荒漠的工程。中央领导看望他，他从不提个人要求，谈的都是科学、教育和国家发展的大事。

钱学森是一个闪光的名字，钱学森是一个光辉的典型，是中国知识分子的代表。

中共中央、国务院和中央军委曾授予他"国家杰出贡献科学家""人民科学家"等荣誉称号，并向他颁发一级英雄模范奖章，"两弹一星功勋奖章"。中组部把钱学森和雷锋、焦裕禄、王进喜等并列为共产党员的优秀代表，号召全国人民向他们学习。在钱学森归国50周年之际，在北京航天城立起了钱学森的铜像。

这一切对钱学森来说是当之无愧的，可是钱学森却说："我作为一名科技工作者，活着的目的就是为人民服务。如果人民最后对我的工作满意的话，那才是最高奖赏。"

力与美的结合

钱学森的家是力学家和歌唱家的结合，是科学和艺术的结合，是力与美的结合。

北京对钱学森来说并不陌生，他幼年就随父母从上海迁到北京，那时他们住的是一所典型的北京四合院，院子里有四梁八柱的青砖瓦房，有挂着铜门钹的大门，有海棠树和金鱼缸，充满了和谐与安宁的气氛。在这个四合院里，他从父亲那里受到中国古典文学的熏陶，从母亲那

里了解了花草树木生生不息的自然规律，开启了他渴求知识的欲望之门。在这里，他从一名充满稚气的儿童成长为一名憧憬科学的少年，走进中学大门之后，又对音乐、美术、文学甚至爱因斯坦的相对论产生了浓厚的兴趣。

也就是在这个四合院里，他结识了多才多艺、聪慧美丽的蒋英。蒋英的父亲蒋百里是民国时期的著名军事家、军事教育家。他和钱学森的父亲钱均夫是好友。蒋百里有五位如花似玉的女儿，钱均夫和钱学森的母亲章兰娟却没有女儿，于是两家商量好，将蒋家排行第三的蒋英送到钱家，给钱均夫和章兰娟当女儿，而且还更名改姓为"钱学英"。从此，13岁的钱学森就有了一位5岁的漂亮、聪明的小妹妹。虽然不久，蒋家实在舍不得可爱的三女儿，蒋英又回到了自己家，但是两家一直来往不断。蒋英上了中学之后，钱学森到蒋家来玩，蒋英还为这位哥哥弹钢琴，而钱学森此时也成了一位音乐发烧友，还是学校乐队的圆号手。后来，钱学森赴美国求学；蒋英赴德国、瑞士学习音乐，两人才中断了联系。直到12年之后，已经成为著名学者的钱学森回国探亲，又见到了蒋英。于是这对"青梅竹马"，终成科学与艺术完美结合的"神仙眷侣"。

那所四合院留存着美好的回忆和深厚的文化积淀，而中关村的楼房却是夫妻二人事业辉煌的殿堂，也是这个家庭的倚托。走进钱学森和蒋英的家，最显眼的就是一架三角钢琴。那时，在三座"特楼"及其周边，有不少家庭都有钢琴，可是三角钢琴却是稀有之物，那是钱学森送给蒋英的结婚礼物。当年美国政府为阻挠他们回国，扣押了钱学森的许多东西，也包括这架三角钢琴。这是他们视若生命的珍品。愤怒和不平，让温婉的歌唱家蒋英竟然变身成了大无畏的"斗士"，她闯进美国政府的虎狼衙门，声高理壮地索要这架钢琴，美国官员自知理亏，只好把钢琴还给了蒋英。从此，这架钢琴就一直陪伴着他们，它不仅为蒋英的歌唱伴奏，更为他们倾诉心声，抒发情感。

钱学森和蒋英

入住中关村之后，钱学森立刻投入到中国科学院力学所的建设和国防科研工作中，为科学事业的发展，铸造中国的"神剑"而忙碌。蒋英则在中央实验歌剧院担任了艺术指导，还举行了归国后的第一场音乐会。后来她又在中央音乐学院任教。那时，路过14楼的人们，如果运气好，能听到蒋英那优美的琴声和动人的歌声。"剑胆琴心"，不正是钱学森和蒋英的写照吗？

那时，中关村的许多科学家都参与国防科研任务，三座"特楼"里的就更多了。在他们的家庭中，男主人经常出差，他们严格遵守保密规定——"不该说的不说，不该问的不问"。不仅不会告诉妻子具体任务，也不说到哪里去，至多只说："到北边去一趟"，或是说："到南方去几天"，意思是要准备合适的衣服。更要命的是，他们常常连去多长时间也不说，那时的长途电话很不方便，更何况电话号码也常常是保密的。试验基地大都地处偏远，鸿雁难达，即便偶然有一封信，地址也是某某信箱或是同样用阿拉伯数字做代号的某某部队，根本看不出发信地址。妻子儿女只能盼星星盼月亮一般地盼望亲人早日归来。

钱永刚就回忆说，那时，父亲经常出差。到哪里去，去多长时间，不仅不告诉他，连妈妈也不知道，有时一个多月都找不到人。父亲回家时，又常常穿着厚厚的大皮袄、大皮靴，活像画册里的因纽特人。那时，他只知道，父亲是一个研究飞行器的科学家，具体在做什么，就连妈妈也不清楚。那时保密制度非常严格，就连博闻强记的邓颖超也常常把钱学森和钱三强弄混。经人提醒后，邓颖超才哈哈大笑说："都怪恩来，从来不告诉我你们具体是干什么的，我才会弄混……"

男主人经常出差，女主人往往也是单位里"挑大梁"的人物，那就必须找一位能干的保姆，因为这个家就要撂给这位"守土有责"的保姆了。可找保姆也不是一件容易事。钱学森为找保姆的事，就很头疼了一阵子。郭永怀和钱学森是师兄弟，也是好朋友。郭永怀的夫人李佩教授又是中关村的"大主管"——"西郊办公室副主任"。她四处寻访，总算找到了一位忠实可靠的人选，不过在向钱学森介绍情况的时候，李佩还是歉疚地说："这个人什么都好，就是不识字，恐怕会带来很多不便。"不想钱学森一听，连连说："不识字好！不识字好！"

李佩先是一愣，很快又省悟过来，可不是，不识字就看不懂钱学森的文件、信件以及一切有字的东西。虽然那时有严格的保密规定，绝密文件不准带回家，可是因为钱学森的工作性质和他担任的职务，家里不可能一点儿机密的东西都没有。有一个既忠实可靠又大字不识的保姆，钱学森起码可以不担心机密从这条渠道外泄了，于是钱学森和李佩都会心地笑了起来。

中关村离颐和园、香山都比较近。1960年代初期，钱学森还会忙中偷闲，趁着地利之便，偕家人一道畅游于湖光山色之中。有时，他还会和住在"特楼"里的朋友一道游览。有这样一张珍贵的照片被保留下来：那是钱学森夫妇和"两弹一星"元勋郭永怀全家及著名声学家汪德昭夫妇一道在颐和园长廊的留影。但是此后，因为他们工作都太忙，这张照片就成绝版了。

钱学森一家刚搬进中关村时，钱永刚和钱永真对中国很不适应，还曾经发生过一些趣事。有一次，永刚和永真看到有人在喝一种冒着热气的"白色液体"。兄妹俩就猜那人喝的是什么东西。妹妹大胆地

钱学森、汪德昭、郭永怀及家人游颐和园

猜测说："他喝的是牛奶吧？"

永刚却说："不会是牛奶！没看到它在冒热气吗？牛奶怎么会冒热气呢！"

原来，美国人喝牛奶是不加热的，而中国人是要把牛奶加热后再喝的。因此，望着这热气腾腾的牛奶，兄妹俩就不认识了。

那时，永刚和永真基本上只会讲英语，和同学，老师交流很困难，更不要说听课学习了。这时，正需要父亲的指导和帮助。最好能多用汉语和他们聊聊天，讲讲中国人的生活习惯。但是做父亲的太忙了，根本做不到。现在永刚那一口纯熟的，带着北京口音的普通话，完全是他自己修炼出来的，真正是"自学成才"。

对邻居的孩子们说，钱学森家最有特点的是书，他的孩子有许多从美国带回来的精美科普读物，邻居的孩子们常来借阅。现在我们常常讨论如何培养出具有世界水准的科学人才，有人说要建一流的大学，有的说要建一流的科研和教育体制，这些话都有道理，但美国不仅出世界一流的科学家，也出世界一流的科普读物。这两者之间有什么关系，是否也值得研究一下？

钱老不爱谈自己的功劳，却爱谈蒋英的奉献。他曾经在一次有中央领导参加的，为他颁奖的会上深情地谈到蒋英："正是她给我介绍了这些音乐艺术，这些艺术里所包含的诗情画意和对于人生的深刻理解，使得我丰富了对世界的认识，学会了艺术的广阔思维方法，或者说，正因为我受到这些艺术方面的熏陶，所以我才能避免'死心眼'，避免机械唯物论，想问题能够宽一些，活一些……"

从钱老的话里，我们可以领悟到美满爱情和家庭幸福对事业成功的重要性。优美的音乐、高雅的艺术能拓宽思维，开阔胸襟，增强人的创造力。中国要培养创新人才，不仅需要传授科学知识，还需要对青年加强哲学、音乐、艺术、文学和正确的世界观、人生观、价值观的教育。也许，这就是一代科学巨人钱学森给我们的忠告和启示。

真正的科学家是不断创新，永不止步的，钱学森就是这样的科学家。钱学森是一位非常具有创新思想的科学家，即使是被美国联邦调查局监视，不能从事他喜爱的航空工程和火箭研究时，他也不放弃创新，他经过深入研究，写成了《工程控制论》一书。因为此书的内容富于创新性，所以当他把这部著作赠给自己的老师冯·卡门时，这位世界著名的"超音速航空之父"，由衷地称赞道："你在学术上已经超过我了。"

《工程控制论》虽然已经在美国出版，但在钱学森回国之初，中国的英文普及率极低，学校里教的、科研上用的，几乎都是俄语。因此，把它译成中文，对于研究和推广控制论就具有非常重要的意义。正是在中关村居住期间，他审定并出版了《工程控制论》中文本。中国工程技术人员将工程控制论应用到自己的工程实践中，保证了许多重要科研项目的成功。

1962年，为了把工作的重点放到更紧迫的国防科研中，他从中关村迁到了新居，对他这样身负重任的大科学家来说，新居和中关村14楼相比，同样质朴无华，同样不算小，也不算大。但他对科研的贡献同样那样大，他的创新思维同样那样新。

早在1965年1月，他就向中央正式建议，制订人造卫星研制计划。

20世纪70年代末，他大力向人民群众介绍系统工程，并使其在中国的现代化进程中起到了重大作用。

80年代，他大力支持和推动"863"计划的实施。他紧紧抓住信息革命的世界性潮流，提出信息、通信、计算机也是国民经济的基础，必须大力发展……

90年代，他提倡将科技成果转化为生产力，转化为商品。

更不用赘述在他的领导下，中国在导弹、运载火箭、航天方面的一系列重大成就了，那些辉煌的"新闻公报"上没有一张提到他的名字，但在那背后，却没有一次没有他的指导和参与。

卓越的科学家大都会自觉地在哲学层面上思考问题。钱学森就是如此，他认为爱因斯坦和奥本海默等著名科学家之所以能取得惊人的成就，是因为"他们不仅献身世界和平与人类进步事业，而且他们的思想都是辩证唯物主义的"。

自觉地运用辩证唯物主义，努力把辩证唯物主义和自己的科学实践相结合，是钱学森的不断追求，也是他成功的根本原因。

坚持真理，实事求是，是钱学森的人格风范。他尊重权威，但不迷信权威，甚至面对他非常尊敬的冯·卡门教授，他也会争得面红耳赤。

钱学森院士

他从不文过饰非，哪怕是年轻大学生提出的正确意见，他也坦然接受。他从不拔高自己，他经常对人说，我在北京师大附中读书时算是好学生，但每次考试也就80多分；我考取上海交大，并不是第一名，而是第三名；在美国的博士口试成绩也不是第一等，而是第二等。他认为，媒体上赞誉他的文章太多，坚决要求"到此为止"。

他广纳雅言，不管是名声赫赫的大师，还是名不见经传的小人物。谁说的有道理，他就支持谁，采纳谁的意见。

然而，就是寿命以数以亿年计的，蕴含着巨大能量，能发出炽烈的光与热的恒星，也有熄灭的一天。2009年10月31日北京时间上午8时6分，钱学森在北京逝世，享年98岁。党和国家领导人到八宝山革命公墓为他送别，新华社发布的讣告中称他为"中国共产党的优秀党员，忠诚的共产主义战士，享誉海内外的杰出科学家和我国航天事业的奠基人。"三年后，蒋英追随钱学森而去，享年92岁。但是，这对科学与艺术之星不仅仍在人们的心目中闪耀，而且会给后来人以启迪。

15楼312号
赵九章

天上那颗星

　　赵九章（1907年10月15日—1968年10月26日），气象学家、地球物理学家和空间物理学家。祖籍浙江吴兴，出生于河南开封。1933年毕业于清华大学物理系，1938年获德国柏林大学博士学位。中国科学院地球物理研究所、应用地球物理研究所所长、研究员。1955年被选聘为中国科学院学部委员（院士）。长期从事科学研究和组织工作，对大气科学、地球物理学和空间科学的发展做出了重要贡献，是我国地球科学物理化和新技术化的先驱。他的许多研究成果是奠基性的。他不仅创立了一些地球科学研究机构，而且开辟了许多新研究领域，如气球探空、臭氧观测、海浪观测、云雾物理观测、探空火箭和人造地球卫星等，并培养了一大批优秀的科学家，对我国地球科学的发展产生了深远的影响。他积极向中央建议发展中国的人造地球卫星，并担任了卫星研究院院长，为我国的航天事业做出了不可磨灭的贡献。1999年，被追授"两弹一星功勋奖章"。

那是 1965 年 4 月 22 日的晚上，赵九章家的客厅里灯火通明，宾客云集，他们当中有地球物理学家钱骥、数学家关肇直、物理学家潘厚任等。他们在热烈地讨论，欢声笑语在夜空中飘荡。那一夜星光灿烂，那一夜在中国"两弹一星"研制史上，必将闪烁光辉。

家贫如洗和学富五车

1907 年 10 月 15 日，赵九章出生于一个贫寒的医生家庭，那天恰逢九九重阳节。由于生活所迫，他 14 岁时不得不去当学徒，但他一直发奋努力，刻苦学习。19 岁时，由于父母相继去世，生活更加艰难，赵九章只能依靠亲友接济，后来有幸结识了终身伴侣吴岫霞，在她的大力资助下，赵九章考入了清华大学物理系，师从著名教授叶企孙、吴有训、赵忠尧。1935 年，赵九章赴德国柏林大学攻读气象学，并于 1938 年获博士学位。

抗战时期，赵九章冲破险阻回国，为中国空军创建地面气象台站，培训气象人员，为抗日战争的胜利做出了重要贡献。

赵九章首先把数学和物理的方法引入了气象学的研究，在这之前，中国的气象学基本上是描述式的，是属于地理学的范畴。可以说，自他之后，中国才有了独立的气象学。他的工作受到了竺可桢先生的高度评价。他还在世界上首先提出了"行星波不稳定概念"，这个理论成了现代气象预报的理论基础之一。

他精通天文、地理、数学、物理，通晓中国古诗词，写得一手好字，真正是"学富五车"，可在物质上，他却是贫乏的。当年，赵九章身为清华大学和西南联大教授，可他的薪水只能让一家人勉强糊口，孩子的衣服破成了一缕缕的，真是"衣衫褴褛"了，也只能缝补后再穿。他们的二女儿理曾出生时的第一件衣服，竟是用母亲的旧袜子改的。有一次，理曾病了，妈妈只好卖掉自己的戒指给她看病。在西南联大，赵九章是有名的贫困户。穷也有穷的"好处"。搬家时，赵九章的全部家当只用一辆小马车就装完了，吴有训先生曾经唏嘘感叹道："看见九章搬家时那点东西，我都要掉眼泪。"

新中国成立后，他的生活和科研条件有了根本的改善。他把自己的全部智慧和精力都献给了新中国。他帮助军委气象局建设起气象预报网；配合海军进行海浪研究，取得了重要成果；他配合我国的首次核试验，做了许多工作，第一颗原子弹试验时，直接负责试验场区天气预报的就是地球物理所的顾震潮、陶诗言，那是一次非常成功的预报。

他还积极推动人工降雨试验。当久旱之时，天降人造甘霖，我们不应忘记，这里有他的一份贡献。当电子计算机在中国还被看得非常神秘时，他就大力推动使用电子计算机进行气象预报。他的同事们说，"赵九章是海、陆、空全管。"

他以渊博的学识，在地震、地理、气象、卫星应用等多方面取得了许多突出成就，并培养了大批人才。

关于他，可以记叙的太多，太多！而最应当浓墨重彩描绘的，就是他对中国人造卫星的贡献了。

赵九章是中国最早提出要搞人造卫星的科学家。1955年，美国人放话，说是要在"国际地球物理年"（即1957年），发射一颗人造地球卫星。两年后，美国人说了没有做，而苏联人没有说，却实实在在地给了世界一个惊奇。1957年10月4日，全世界的广播电台都在转播着一个奇特的"滴滴——滴滴滴"的声音，那是苏联发射的人类第一颗人造地球卫星的遥测信号。赵九章听着这声音更是异常兴奋，身为地球物理所所长的他，深知人造卫星将给人类带来什么。他抑制不住内心的激动，积极倡议发展中国自己的卫星，并且进行了许多调查研究工作。1958年5月17日，毛泽东主席在中共八大二次会议上说："我们也要搞人造卫星"。赵九章的心愿可以实现了，中国科学院把研制人造卫星定为"581"任务，意思是1958年的第一号任务，并调集了精兵强将，成立了"581"任务小组。"581"小组由钱学森任组长，副组长是赵九章、卫一清。赵九章为常务副组长。"581"的三个领导者都住在"特楼"，卫一清当时担任地球物理所党委书记、副所长，住在13楼，钱学森住在14楼，赵九章住在15楼，好像天上的三星一般，排列得整齐均匀。而"581"组的一些重要成员贝时璋、杨嘉墀、陆元九、屠善澄、武汝扬、顾德欢等都住在这三个楼里，可谓占尽了"地利"与"人和"。作为"581"的常务副组长，赵九章的担子不轻。那时，中国连探空火箭都没有，科研和工业基础非常薄弱，搞卫星真是"白手起家"。"581"项目组先从探空火箭入手，火箭的箭头部分为高能物理试验和生物试验两种类型。赵九章作为方案总负责人，领导科研人员大干、苦干，在两个月内就拿出了这两种箭头的模型。1958年10月，中国科学院在微生物研究所举办了"中国科学院自然科学跃进成果展览"，这两个箭头模型成了展览会上的"大明星"。党和国家领导人毛泽东、刘少奇都兴致勃勃地前来观看。

不久，一贯雷厉风行的张劲夫副院长又派赵九章率团和杨嘉墀等人到苏联考察人造卫星，而且三天之内就出发。后来才知道，幸亏张劲夫催得急，他们提前启程了，如果照原计划乘飞机，就会登上一架当时最先进的苏联"图-104"型喷气客机，但就是这架飞机却因为不可抗拒的原因失事了，以郑振铎为团长的中国文化代表团成员和全体乘客及机组人员无一生还。

通过这次出国考察和两个箭头模型的制造，赵九章清醒地认识到，真正先进的技术，外国是不会给我们的，就连当时和中国友好的苏联也不让中国考察团看卫星的关键部分。中国的人造卫星只能通过中国人的双手和大脑，自力更生研制。可是当时中国的科研和工业基础都太薄弱，因此，中国的空间探测事业只能由小到大，从低级到高级逐步发展。

"581"占了"地利"与"人和"，却没占到"天时"。不久，中国就进入了三年困难时期。根据中央精神，中国科学院决定调整部署，"大腿变小腿，卫星变探空"。赵九章审时度势，提出了一个新方针："以火箭探空练兵，高空物理探测打基础，不断探索卫星发展方向，筹建空间环境模拟实验室，研究地面跟踪接收设备"。这是很高明的一着棋，既符合中国的实情，又保存了已有的成果和好不容易组织起来的科研队伍。中国的卫星事业在非常困难的情况下，虽然是小步，却是稳健地前进。

1959年，在钱骥等人的努力下，研制成了真正的探空火箭箭头，它们已经不再是模型，而是能够上天的"真家伙"了。

1960年9月13日，由王希季等人研制的T-7型探空火箭发射成功。此后，中国的探空火箭越飞越高，功能也越来越强，还成功发射了携有小狗和其他生物的火箭，至今仍被传为佳话。

1964年，经过三年多努力，中国第一台热真空试验设备研制成功。这是人造卫星试验必不可少的设备。在这期间，还研制了大型离心机、振动台等，为研制卫星奠定了基础。这也是"581"工程结下的硕果。

到1964年年底，中国科学院参加"581"工作的已经从几十人发展到400多人，组成了6个研究室，并且培养出了一批人才。这一切都有赵九章的功劳，然而，在三年困难时期，中国的卫星研制毕竟受到了很大的牵制，不可能全速前进。

1964年10月，赵九章离开他在15楼的家，应邀和一批科学家到大西北，观看"东风二号"导弹发射试验。这是他的老邻居钱学森领导科研人员历时多年，经过艰苦攻关才研制出来的。当"东风二号"挟风驭电，呼啸着冲上蓝天时，前来参观的科学家们激动不已，然而赵九章在兴奋之余，更清晰地看到，研制人造卫星的时机成熟了。让中国的人造卫星翱翔于太空，这正是他长期以来为自己，更是为祖国孜孜以求的目标，是他的人生之梦！

回到北京不久，恰逢人大开会，他是人大常委会委员，为了促成中国的人造卫星尽早上天，他开始起草关于尽快发展人造地球卫星的建议书。那些天，赵九章秉笔疾书、夙夜不息，他房间里的灯光一直亮到天明，宛若一颗晨星。

1964年，中国走出了三年困难时期的阴影，"东风二号"导弹和原子弹相继研制成功。这些都意味着我国的科技力量迅速增强，研制卫星的时机已经成熟。

为了让中国的卫星早日上天，在撰写关于迅速发展卫星的建议书之前，赵九章做了许多深入细致的工作。当时有人把发展洲际导弹和发展人造卫星对立起来，认为洲际导弹可以增强国防实力，因此要抓紧发展，而卫星是纯科研用的，中国的国力有限，早一点、晚一点上天都无所谓。赵九章针对这种看法，在建议书中有理有据地说明，发展卫星和发展远程导弹不但不矛盾，而且是相辅相成，互相促进的。洲际导弹进行全程打靶必须向遥远的公海上发射，需要强大的远洋舰队和专门的遥测船，这是中国当时的国力做不到的。洲际导弹必须解决弹头再入大气层不致被烧毁的难题。发射卫星，只要不是返回式的，就不必有此顾虑。卫星的入轨精度，其实就是导弹的命中精度。洲际导弹在地面上打靶，差之毫厘，失之千里，搞不好会毁物伤人，甚至引起国际纠纷，而发射卫星既可以检验洲际导弹的精确度，又可以避免打全程时的弊端，还可以把有效载荷送上太空，即使有稍许偏差，也不致有太大影响，可谓一箭三雕。赵九章指出，美、苏都是在发射卫星之后，才进行了洲际导弹的全程试验，可见他们也是用发射卫星的方式，先检验导弹的命中精度，有了把握才进行导弹全程试验的。再说，卫星也并非是纯科研用的，以美、苏为例，这两家搞的人造卫星种类很多，绝大多数都有军事用途，即使那些

"纯科研"卫星，也可以直接或间接地用于军事目的。赵九章的这些看法不仅有理有据、精辟深刻，而且非常有针对性。

此外，赵九章在建议书中还说明了卫星的研制必将全面推动各种尖端科学技术的发展，他还提出了中国要发展侦察卫星、通信卫星、气象卫星的远景规划。后来中国的卫星研制也基本是按照赵九章的这个构想进行的。

赵九章在这份建议书上郑重地签上了自己名字，在人大开会时当面交给了周总理。周总理非常理解赵九章，也很支持赵九章，并为此专门和赵九章谈了一次话。那天，本来就有失眠症的赵九章更是兴奋得睡不着觉了。

1965年4月22日的晚上，15楼赵九章家的客厅里灯火通明、宾客云集，他们当中有地球物理学家钱骥、数学家关肇直、物理学家潘厚任等。赵九章向大家介绍了中央关于人造卫星要加快研制步伐的决定。他的喜悦之情溢于言表，他告诉大家："现在周总理已发出指示，要我们提出设想规划。我们从1958年开始，就一直在做准备，日日夜夜都在盼着这一天早日到来，现在终于盼到了这一天。"

赵九章还特别提到了要观测和跟踪远在太空中的卫星，就像要抓住几千米以外的一只苍蝇，有许多困难，因此就需要有理想的轨道和布局合理的监测网。

那夜星光灿烂，大家越谈越兴奋，赵九章家客厅的灯光亮了整整一个通宵。不久，人造卫星的研制就以"651工程"的代号加速进行，赵九章担任"651"工程院，也就是卫星研究院院长。

从那以后，许多不同学科的科学家常聚在他家的客厅里，讨论着一个共同的"热门话题"——中国的人造卫星。赵九章还常常挂起一块黑板，在上面一边写写画画，一边介绍自己的见解；其他人也用这块黑板来阐述自己的想法。当时许多科学家都喜欢用黑板，用它讲课、探讨、争论。一块小小的黑板，既体现了学风的民主，体现了对真理的追求，也体现了对人的尊重。谁都可以在那上面发表自己的见解，不管你是一个初出茅庐的大学毕业生，还是科学界的泰斗级人物。不成熟不要紧，你一言我一语就会变得炉火纯青；错了不要紧，擦掉重新再来，几次修改之后，真理就跃然而出了。

在那些难忘的日子里，赵九章家不仅客厅的灯光会彻夜通明，他自己的房间更是经常孤灯一盏亮到天明。他统领着各路大军，夜以继日地奋战，向着成功步步逼近。

在他任卫星研究院院长期间，科研人员为我国的卫星规划了一条理想的轨道，

我国第一颗人造卫星"东方红一号"

不仅可以保证地面对卫星进行有效的跟踪和遥控，而且也是一个最节省经费的方案。

在他任卫星研究院院长期间，确定了我国第一颗卫星的形状，它将是一个1米直径的72面体，因为这样的形状可以保证太阳能电池均匀地为卫星供电。

在他任卫星研究院院长期间，确定了我国第一颗卫星的名称为"东方红一号"。

也是在他任卫星设计院院长期间，确定了我国将采用当时最先进的"多普勒跟踪系统"对卫星进行跟踪。

可以说，在"651"交给国防科工委之前，中国的卫星研制已经突破了最关键的技术。这当然是科技人员、各级领导和工人群众共同努力的结果，但是赵九章的贡献是突出的，不可磨灭的。

纯纯的家风和暖暖的爱心

赵九章是一位学识渊博、高瞻远瞩的科学家和富有组织才能的领导者，可是在女儿面前，他却是一位慈父。他有两个女儿燕曾和理曾，他对女儿只有温暖的爱抚和慈祥的笑容，从来没有对她们说过一句重话。理曾小时候撒娇，爸爸不讲一段《西游记》就赖床不起。爸爸虽然笑她是"小霸王周通"，可总是一次又一次绘声绘色地给她讲花果山，讲大闹天宫，讲馋嘴的猪八戒和爱管闲事的太上老君……

在女儿的心目中，父亲更是一位可敬的师长。在抗战时期的颠沛流离中，长女燕曾的学业受到了影响，于是，爸爸教语文，妈妈教算术，燕曾一下子有了两位"兼职家教"。没有合适的课本，文学功底深厚的爸爸就用唐诗代替，于是燕曾从小就有了良好的文学素养，长大了更是文采出众，她写的文章情真意切，非常感人。

父亲对孩子们的考试分数并不在意，考第一，他高兴；考第十一，他笑笑。他注重的是启发孩子们对科学的兴趣，引导她感受中国古典诗词中那美妙的意境。

多少个难忘的月夜，父亲和她们一起赏月谈诗：

"少时不识月，呼作白玉盘。"

"床前明月光，疑是地上霜。"

"野旷天低树，江清月近人。"

古人吟咏月亮的佳句让女儿们神往，可爸爸说，月亮是地球的卫星，总有一天，天上会出现人造卫星。

在女儿们心中，父亲是一个学识渊博的人，是高尚的人、正直的人、充满了爱心的人，但他绝不是圣人，他也会犯错误，可是他知错就改。女儿们就曾经有陪父亲登门"负荆请罪"的经历。带着女儿去赔礼道歉，真是赵九章的"绝招"，既融洽了双方的关系，也表达了自己的诚意，于是"相逢一笑泯恩仇"，还有什么化解不开的歧见呢？

赵九章对女儿的影响更在潜移默化中。女儿们都记得，父亲最喜爱庾信的《哀江南赋》，他背诵那里面的名句时，神情是那样慷慨悲壮："将军一去，大树飘零。壮士不还，寒风萧瑟。"

　　赵九章还擅长书法，理曾至今仍保存着父亲手书的岳飞《满江红》词，那遒劲、工整的字体，是用手写的，更是用心写的，他一定最喜欢那里面的名句——"莫等闲，白了少年头，空悲切。"因为他就是在用这种精神激励着自己。

　　女儿们说，父亲从来不让充满铜臭的"利"、虚幻欺世的"名"，以及残酷的"竞争意识"来侵蚀孩子们纯真的童心。因为他自己就是一个不计较名利的人，他以"宁静以致远，淡泊以明志"作为人生格言。现在，他的女儿们心存感激地回忆说："他的宁静与淡泊保护着我们幼小的心灵，让我们足足享受童真的欢乐，在困窘的物质生活中，度过我们无忧无虑的童年。"

　　父亲是宽厚慈爱的，但并不等于不管女儿们的事，和所有参与"两弹一星"研制的科学家一样，赵九章很少有时间顾及家里的事情。理曾填报大学志愿的时候，因为学习成绩突出，老师都喜欢她，于是化学老师劝她学化学，物理老师让她报物理，理曾正犯难，不料爸爸却抽出非常宝贵的时间和她进行了一番长谈，谈未来的科学发展，谈地球物理专业的重要。那时，无论是"地质""地球""地理"还是"种地"，只要和"地"字沾边，一些人就认为那是艰苦行业，唯恐躲之不及，更不愿意让自己的儿女报考这些专业。但赵九章却对理曾说，"我是搞地球物理专业的，我都不能说服自己的女儿考这个专业，我怎么能动员别人的孩子来学地球物理呢？"

　　后来，理曾考取了中国科技大学地球物理系，赵九章非常高兴——为事业上后继有人而高兴。

　　那时，由于严格的保密制度，他的女儿们并不知道他在领导研制人造卫星。她们只是感觉到父亲对人造卫星的那份热忱，他多次给她们讲人造卫星的原理和作用，讲中国必须有自己的人造卫星。他自己是个"卫星迷"，他也希望自己的女儿也成为中国的"卫星迷"。这又是一种潜移默化的教育。

　　正是这种宽松的家庭教育，赵九章的两个女儿都成为国家和社会的栋梁，1966年，燕曾和周秀骥等人一起，研制成功脉冲红宝石激光雷达，并完成了激光探测大气要素原理研究，这是一项重要的成果。世界上第一台红宝石激光器，也只是在一年前才由美国科学家研制出来。现在不少家庭"望子成龙，盼女成凤"，只准考第一，不能考第二，从小就给孩子们灌输"竞争意识"和要当"成功人士"的观念，可惜往往使孩子出现性格和心理上的缺陷。赵九章的家庭教育观是不是可以借鉴一下呢？

　　他非常喜欢孩子，而且"幼吾幼，以及人之幼"，不仅喜欢自己的孩子，还喜欢别人的孩子，尤其是丁丁和平平，她们的父亲是著名农学家、中国科学院生物学部副主任过兴先，母亲是著名微生物遗传学家薛禹谷。丁丁和平平一家人住在15楼后面的10号楼。她们喜欢赵伯伯，赵伯伯更喜欢她们，他常会跑去对薛禹谷和过兴先说："借两个孩子玩玩。"

　　然后，就拉上两个孩子的手把她们带到外面去玩。"五一""十一"上天安门看礼花时，自然更忘不了她们。丁丁和平平天真烂漫，活泼可爱。赵九章希望天安门上空的礼花能让孩子们绽放笑脸，那是世界上最美丽的花朵。他更希望这绚丽的礼花能激发孩子对美好未来的无限遐想，因为孩子将决定国家和民族的未来。

壮士不还，寒风萧瑟

1968年中国失去了多位著名的科学家，仅后来被追授"两弹一星"元勋的科学家就有三位：姚桐斌、赵九章、郭永怀。

"文化大革命"时期赵九章竟被诬陷为"国民党特务"，"反动学术权威"。有人甚至给他的历史载上污名，如说他是国民党某位大员的亲戚，说他攀附国民党的达官显贵……

如果当真是那样，赵九章一家何至于清苦到家徒四壁？1948年，国民党政府甚至想请他担任中央研究院总干事，被他坚决拒绝了。新中国成立前夕，他千方百计地把气象资料、仪器设备和宝贵的人才保留下来，准备为建设新中国做贡献。他的女儿还记得，在国民党政府逼迫科技人员南迁的最紧张时刻，父亲曾经说过，"竺可桢先生躲起来了，不行的话，我也得躲起来。"

"文化大革命"中，他也没有忘记心中的卫星，他用德文给他的好友、卫星专家钱骥写信，询问卫星的进展情况。钱骥那时的日子也不好过，自然无法明确答复……

他的亲家，著名地质学家、中国科学院地质研究所副所长张文佑院士在1968年4月1日，陪他一起游过颐和园，那是赵九章最后一次游园了，也是张文佑最后一次见到他的这位亲家。

此后，他的孩子被禁止探望父亲。不过，仍有人冒着风险悄悄来看望他，邓曾昆就是其中之一。他本来是一名海军战士，到地球物理所后，因为他聪明、肯钻研，赵九章很喜欢他，帮他走上了科研之路。三年困难时期，邓曾昆有时会给赵九章送来几只自己钓的田鸡，让他"改善伙食"。在"文化大革命"的风暴中，他仍尽可能关心着赵九章。可是赵九章关注的是中国的人造卫星，是中国知识分子的命运，他想知道中国的卫星如何了，他想知道党的知识分子政策有没有改变，邓曾昆又怎能排解赵九章心中的千种愁、万重忧呢？1968年10月1日，他的一些邻居、朋友和同事接到了周总理的请柬，参加国庆节的观礼，共同庆祝中华人民共和国国庆。作为全国人大常委会委员，每逢"五一""十一"，他都会被邀请参加观礼。因此他深信，在中华人民共和国成立19周年之际，他也会接到这样的请柬，在理曾和她的爱人被迫迁出15楼时，他还宽慰女婿说："你们走吧，中央了解我。"

他深信，周总理理解他、支持他。过去的许多事例都证明了这一点，他一定会接到这张请柬的。"文化大革命"前，这样的请柬都会带来一片灿烂阳光。白天，他去观礼，带着笑容回到家里，给家人讲他的所见所闻。晚上，他带着孩子们去看礼花。

可是这张似乎轻到可以不计重量的请柬，却迟迟没有到来。在他的心目中，这张小小的请柬代表着中央对他的信任。"中央了解我"，是他生命的支柱。因此他才能在逆风狂啸时屹立不倒。当他没有能够接到国庆节的请柬时，他感受到了生命不能承受之轻。他非常平静地把那块黑板送到了所里，他曾经在上面画过未来的中国卫星的轨道，推算过卫星的各种数据，那上面寄托着他的梦。1968年10月25日的白天，住在13楼的好友，和他长期共事的杨嘉墀先生还看到了他，杨嘉墀只感到赵九章的眼光里有真诚的问候和深深的祝愿，却没看出有任何异样。谁知，就在10月26日凌晨，悲剧发生了，曾想亲手把中国卫星送上天穹的赵九章，熄灭了自己

的生命之光。不知在意识没有最后丧失之前，他是否看到了他心中的那颗星……

而这时，一张邀请赵九章参加国庆观礼的观礼证正静静地躺在一个谁也不在意的角落里，在那个混乱的年月，就会有这种荒谬的事情，有人竟胆大妄为地把中华人民共和国总理发给赵九章的观礼证扣押了。

赵九章没有留下一句遗言，甚至连骨灰都随风飘散，无处寻觅。但他的形象已经深深铭刻在他的女儿和他的朋友们心中，尤其是他吟咏《哀江南赋》时，那慷慨悲壮的神情："将军一去，大树飘零。壮士不还，寒风萧瑟。"

1978年4月，中国科学院召开了隆重庄严的追悼会和骨灰安放仪式，为赵九章、熊庆来、邓叔群、叶渚沛等在"文化大革命"受迫害而去世的著名科学家平反昭雪。《人民日报》刊登了有关消息。

然而，对祖国做出了重要贡献的科学家，人们的怀念是无尽的，精神要有物质来寄托。1996年，44位著名科学家发起倡议，要为赵九章铸一尊铜像，他们当中有王淦昌、何泽慧、钱伟长、王大珩、王希季、王绶琯、马大猷、程开甲、杨嘉墀、傅承义、彭桓武、黄祖洽、黄秉维、汪德昭、张维、叶笃正、陈芳允、周秀骥、李整武、何祚庥、陈运泰、陶诗言、秦馨菱等。

有关部门把这个倡议报到中央以后，很快得到了批准，许多单位和个人都纷纷为树立赵九章铜像慷慨捐资。

1997年，赵九章的铜像在空间研究院落成了，铜像由著名雕塑家程允贤先生精心设计，由清华大学负责建造。这是一件成功的作品，铜像的神情中既有智者的深刻与严谨，又有长者的慈祥与仁爱，他仿佛在远眺，又好像在凝想，虽然那铜像没有生命，但谁能说那铜像没有精神？

赵九章铜像

13楼304号
杨嘉墀

立于九天之上

　　杨嘉墀（1919年7月16日—2006年6月11日），卫星和自动控制专家，江苏吴江人。1919年7月16日出生于江苏吴江，1941年毕业于交通大学。1947年赴美国哈佛大学应用物理系学习，获博士学位。1956年回国后，历任中国科学院自动化研究所研究员、副所长，北京控制工程研究所副所长、所长，中国空间技术研究院副院长，航天工业部总工程师。1980年当选为中国科学院学部委员（院士）。1986年3月，他与王大珩、王淦昌、陈芳允一起起草了《关于跟踪世界战略性高技术发展的建议》（即"863计划"）。1999年，被授予"两弹一星功勋奖章"。2006年6月11日在北京逝世。

他是"两弹一星"功勋奖章获得者。

他是"863高科技计划"的四位首倡者之一。

从最早的人造卫星计划——"581工程"到"嫦娥"探月，从当年未能实现的"曙光号"飞船到今天高奏凯歌而还的"神舟号"飞船，都有他的智慧和心血。

他就是在业内大名鼎鼎，在业外却鲜为人知的杨嘉墀院士。

杨嘉墀个头不高、戴副眼镜，却能高瞻远瞩，如立九天之上；杨嘉墀身材瘦削、腰腿不好，却有过人之力，能"力扛九鼎"。

力扛九鼎

1975年11月，我国的第一颗返回式卫星运行不到一天，卫星上的氮气压力突然减少了。氮气少了就会影响卫星的姿态控制，卫星返回大气层时不是被烧毁，就是被弹到外太空，永远回不了家。专家们只好遗憾地决定，让卫星提前回家。就在提前返回的指令将要发出时，杨嘉墀经过缜密计算后却认为：气压降低并不是氮气减少了，而是因为外层空间太冷造成的，过一段时间就会恢复正常。坐镇指挥的钱学森大胆采纳了他的意见，决定让卫星继续在天上运行。决定虽然做出了，可是这个决定正确吗？如果卫星按计划运行三天之后，真的是因为氮气泄漏，不能正确调姿，那可就永远不能回家了，这责任就……

杨嘉墀承担的压力有多大，何止身负千斤，何止是力扛九鼎！为了减压，杨嘉墀竟一个人跑到测控中心附近的小山上，足足待了一天，直到卫星上的氮气气压恢复正常。

在北京迎接卫星回收舱时，当年的老邻居钱学森又一次见到了杨嘉墀，他高兴地对杨嘉墀说："你立功了！"

中国第一次发射返回式卫星就获得了成功，而美国在初期试验时竟失败了12次之多，虽然他们是开拓者，多走了一些弯路在所难免，但由此也可以看出，掌握卫星返回技术殊为不易。此后的历史证明，中国的卫星回收成功率很高。有一年，杨嘉墀参加国际会议，他介绍了中国在卫星上使用的"三轴稳定系统"后，引起了包括美国、苏联等与会代表的极大兴趣，他们认为中国控制卫星的技术先进实用，纷纷要求和中国进行交流。但是谁又知道这种祝贺和赞誉的后面却要付出多少心血，承担多少压力呢？

如果了解在此之前，杨嘉墀在"文化大革命"中所表现出的抗压能力，就不会感到意外了。不爱说话、却善于思考，身材不高、却能"力扛千斤"的杨嘉墀，以一个杰出科学家对事业的执着和对祖国、对人民极端负责的精神，在困难的条件下，默默地奉献。表现出了极高的"抗荷力"。

有一位1965年才走出大学校门的年轻人，也在那时被列入了"审察对象"，被迫写"交代材料"。这位年轻人不服气，一心想讨回自己的清白，和那些不讲理的人说说理。可就在这时，他惊讶地发现，和他在一起"交代问题"的竟是德高望重的杨嘉墀先生。杨先生受的冤屈比他大，可是却安之若素，视如等闲。不管是逼他写交代材料、强迫下厨房帮厨，还是开批判会，都动摇不了他的那固有的沉稳和冷静。更想不到的是，身处逆境，杨先生竟然还一直在琢磨卫星方案，似乎人间事和他无关，天上事才是他该管的。杨嘉墀看出这位年轻人正因为遭受冤屈，心神不宁，就鼓励他说："只要你自己认为自己没有错，别的就不要去管他，该做什么就做什么。"年轻人听了杨先生的话，更有杨先生以身垂范，就振奋起来，干脆利用这段"难得的清静"学起了外语和现代控制理论。

2003年，有58位科学家当选中国科学院院士，其中就有当年那位年轻人，他就是吴宏鑫院士。他创立的先进的自适应控制理论和方法，为中国的航天事业做出了贡献，并获得了国家发明奖。吴宏鑫院士说，"文化大革命"和杨嘉墀先生相处的这段经历，让他受益终身。甚至就连他主攻的学术领域——"自适应控制理论"，也是杨嘉墀先生为他选择的，当时，这还是国内无人涉足的领域。

立于九天之上

杨嘉墀的高瞻远瞩，富于远见，令人惊叹。1956年，杨嘉墀一家归国时，和许多归国学者一样，卖掉了汽车和钢琴等家产。当时，因为中国遭到西方封锁，外汇紧张，杨嘉墀用自己的美元，为祖国买回了示波器等一批科研器材。尤其是一种"光电倍增管"，一般人看不出这"劳什子"在科技落后的中国有什么用，甚至直言不讳地说，"这样先进的东西，国内用得上吗？"

更加令人称奇的是，他还带回了一台20英寸黑白电视机。当时，国内就连电子管收音机都属高档消费品。当时全中国都没有一个电视台，在中国老百姓的心目中，"电视机"是除了美国、苏联，就只有神仙才有的玩意儿。很多人都不理解，认为他带这样硕大娇贵的东西回国，也太超前了。谁想仅仅过了两年，北京就开始试播电视节目了，而电视机只有苏联产的14英寸"纪录"牌和15英寸"宝石"牌两种，尽管样式、质量都差强人意，但只限"内部供应"，普通人即使有钱也买不到。这时，杨嘉墀的大屏幕电视机就"闪亮登场"了。不过让杨嘉墀一家不得安宁的也是这台电视机。那时，一有精彩节目，许多人都挤到他家来看"大电视"，这些"观众"不管是相识的，还是不相识的，往往只点点头就权当"门票"了，徐斐教授还得用免费茶水招待观众。这种情景，在1961年的第26届世界乒乓球锦标赛中，曾经达到蔚为壮观的程度。那时，他家摆放电视机的屋子挤得里三层外三层，虽然这些观众大都是知书达理、斯文有加的知识分子，可是在观看中国队比赛时，也会情不自禁地大呼小叫，甚至连蹦带跳。而杨嘉墀却含笑看着这一切，虽然他是个喜欢沉思、需要安静的人。这虽是一件小事，却可以看出他的前瞻性，正因为他对新中国的飞速发展有准确的预见，才会不远万里带回被一般人认为是累赘的电视机。

到了20世纪60年代，为了测量中国第一颗原子弹爆炸的火球亮度，急需要研制一台高精尖仪器，在当时的条件下，这是一项难度很大的任务。杨嘉墀领导自动化所的专家和技术人员以不同寻常的速度完成了任务。秘密何在？就因为他用上了从国外带回来的光电倍增管，这可是其中的核心部件，免去了自己试制的周折。

"文化大革命"期间，他的儿女也和那时的大多数城市知识青年一样，下乡插队去了。那时，"读书无用""知识越多越反动"的歪理甚嚣尘上。大专院校被迫停止招生，正如当时有人嘲讽的"教授已到农村去，大学空余教学楼"。在许多人的心目中，中国好像一趟驶入了漫长隧道的列车，不知何时才能重见光明。对那些上山下乡的知识青年来说，上大学只是一个永远圆不了的梦。可是杨先生不这样想，他对"文化大革命"中断教育非常不满，他一直坚信，这种混乱的状况一定会结束，那时祖国的建设和发展一定会需要大量的人才。因此，他要求儿女们在农村坚持学习数理化和英语。当时，根本没有新的教科书、参考书出版。不过，旧书店倒是堆满了各种各样的书，有抄家抄来的，有下干校时不得不卖掉的，有认为知识分子再无出头之日，被迫"割爱"的，甚至还有因为学校或单位被解散了，整个图书馆里的书都被送进了旧书店。杨先生就到旧书店去"书海淘金"，淘到适用的，就给儿女们寄去，要他们在工余和农闲时，见缝插针地学习。他还要儿女们认真做习题，有问题就给他写信，他再回信一一解答。农村条件差，邮路不畅，往返信件经常要一个来月。可是这种"函授"从来没有断过。他的儿女们就凭着这样的"函授"，在几年的插队生活中，学习了物理、化学、数学、英语。当"文化大革命"结束，恢复高考时，他们都顺利地考入了大学。这件事证明的不仅是他重视知识传承，更证明了他的预见性。

他的前瞻性在科研上，更站得高、看得远，如立于九天之上。自动化技术上有一个术语，叫作"自适应"，大意就是指一个系统能够自动调整到新的状态，以适应外部环境的变化。20世纪70年代末，关于"自适应"的理论研究工作在中国刚刚开展。不少人认为搞航天工程的研究所没必要研究这种"新玩意儿"，但杨嘉墀先生却力主进行研究，他说："现在的卫星没那么复杂，用不到这些东西，但将来的卫星一定会用得到。"后来随着中国航天事业的快速发展，"自适应"技术得到了广泛应用，在"神舟号"飞船的控制上，就运用了这项技术，杨嘉墀精准的前瞻性又一次得到了证明。

世界进入了20世纪80年代后，发生了很大变化。中国正在改革的大潮中搏击，各方面需要解决的问题不少。而此时，美国人搞起了"星球大战计划"，这个计划一出炉，无论是欢迎的，还是反对的，或是犹豫的，都受到了巨大的震动。中国人想到了《封神榜》，阿拉伯人想到了《天方夜谭》，欧洲人想到了希腊神话中的诸神，印度人则想到了《罗摩衍那》，而全世界都想到了美国的那部大片《星球大战》。总之，那好像是神话，但又确实是美国人提出的充满科幻色彩的"黑科技"计划。如何应对美国人的挑战？苏联和当时的东欧国家提出了"科技进步综合纲领"，欧洲提出了"尤里卡计划"，日本提出了"科技振兴基本国策"，甚至印度和韩国也不甘落后，提出了各自的高新科技发展规划。这些国家的领导人都明白，谁掌握了未来的高新科技，谁就可以执掌未来；即使国力不济，不能执掌未来，也可免除被"开除球籍"的结局。因此，不论用什么名义，也不论是头号强国还是发展中国家，都开始向高新科技冲击。

那时国内也有两种意见，一种认为中国也应当冲击高科技领域，而另一种意见认为，中国现在底子太薄，没有那个实力，不如搞一些能在短期内见效益的项目，赚些钱，等将来实力雄厚了、钱包鼓了，再搞高科技项目。

陈芳允、王大珩、王淦昌和杨嘉墀4位德高望重、功勋卓著的科学家都曾经为"两弹一星"的研制立下过汗马功劳。他们懂得掌握必要的高科技，会对一个国家的国际地位造成什么样的影响；也知道怎样拼搏才能赶上科技先进的国家。他们更清楚地知道，真正的高新技术、核心技术，外国人是不会卖给中国的；真正的现代化是买不来的。他们认为，中国虽然不能和那些头号科技强国在未来的高科技领域里展开全面竞争，但是可以在某些领域里取得成果，也就是"有所为，有所不为"。四位专家的建议得到了邓小平同志等党和国家领导人的大力支持，并付诸实施了。这就是著名的"863高科技计划"。

"863计划"的提出，充分证明了陈芳允、王大珩、王淦昌和杨嘉墀4位"863计划"首倡人的远见和创新精神。

他的主业——创新

杨嘉墀院士是一位有开拓精神的学者。在创新、发展，采用新理论、新技术方面他是一位不倦的领跑者。他从事过很多专业，但"主业"只有一个，就是创新。

返回式卫星对姿态控制要求很高。在我国第一代返回式卫星上，卫星的姿态控制都采用了杨嘉墀院士主持设计的"三轴稳定系统"。这套系统以其独创性、先进性和简单实用，在国际学术会议上受到好评。早在制定卫星发展规划的时候，他就提出要以返回式卫星为重点。返回式卫星的发射和回收成功，标志着我国的航天科研工作者已经攻克了卫星返回时遇到的热障等难关，奠定了发展载人航天的基础。返回式卫星在1985年获得了国家科学进步特等奖。他还担任过"实践"系列卫星的总设计师。担子之重，工作之忙，可想而知。他主持研制的"一箭三星"是我国首次用一枚火箭成功发射多颗卫星，引起了国内外的关注。

他总是积极提倡考虑如何把科技成果转化为经济效益。他曾经建议中国发展通信卫星，并在1991年的一份报告中以精确的数字谈到了通信卫星产业化的问题。他指出，当时我国租用国外卫星的12个转发器，每个转发器每年要花费约150万美元，五年下来

杨嘉墀院士

就是9000万美元，按当时的比价，约合4.68亿元人民币。而用中国自己的卫星，就可以赢利23.4亿元人民币。他还对如何实现通信卫星的产业化，提出了许多重要的、具体可行的措施。

一提到导航卫星系统GPS，人们总是容易想到它在军事上的用途。巡航导弹靠它定位，就能以远胜"百步穿杨"的精确度，击中上千公里外的目标。飞机、舰艇用它定位，既迅速又准确。在现代化战争中，没有它根本就谈不上"精确打击"。其实，在民用方面，它大显身手的地方也很多：勘探队员和探险者靠它可以在茫茫瀚海或丛山密林中定位；开车出游有了它，就不必担心路途陌生而迷失方向……可是作为一个主权国家不能不考虑它的安全性。中国的"北斗"卫星就是自主开发的导航定位卫星，为了进一步扩大它的应用范围，必须实现平战两用、军民结合。因为这样，就可以产生经济效益，从而为发展我国的航天事业积累更多的资金，实现良性循环。2005年1月，86岁的杨嘉墀牵头，和屠善澄等5位院士联名向国务院提出了"关于促进北斗导航系统应用的建议"。这个建议得到了高度重视。

杨嘉墀院士领跑的不仅是航天科研团队。自动化技术本身就和计算机有着密不可分的关系。杨嘉墀院士在美国的时候，就参加过电子模拟计算机的研制。回国后，他在电子计算机的研制、使用和推广上，更是不遗余力，成就显赫。他为中国的核潜艇研制过以模拟计算机为中心的反应堆控制系统。他为中国科技大学的学生讲过电子计算机。他曾经提出了以计算机控制为中心的工业化试点项目，还亲自制定了兰州炼油厂、兰州化工厂和上海发电厂等单位的自动化方案，推动了电子计算机在过程控制中的应用。

杨嘉墀院士和曾经享誉世界的电脑巨擘王安是哈佛的同学，又是信得过的朋友。当年，杨嘉墀院士研制的"快速记录吸收光谱仪"，曾获得美国的发明专利，被称为"杨氏仪器"，还被当作具有历史意义的仪器收藏。在他回国后，王安一直为他保存着"快速记录吸收光谱仪"的专利费。截至这种仪器停产，已经积有2000美元了。王安的成功不仅仅由于他有先进的技术，善于经营的头脑，还因为他的诚信。1975年，杨嘉墀院士率团到美国波士顿参加国际自动控制联合会第六届大会，两位隔着大洋的老朋友终于见面了。王安请杨嘉墀参观了自己的公司，那时，王安电脑公司正处在辉煌时期。王安本想把那2000美元专利费交给他，可是考虑到当时中国的外汇管理极严，而且"文化大革命"还没有结束，本是劳动所得的"专利费"可能被看成是非法所得，甚至被怀疑为"特务经费"，王安不想给朋友添麻烦，就把这笔钱折成一台电脑。这台电脑的存储量虽然只有4K，但已经可以用BASIC语言编程，这在当时也属先进了。杨嘉墀院士回国后，积极介绍国际上电脑的应用与发展，并用那台电脑在单位里普及计算机知识，他自己也用这台电脑学会了编程。那时，中国科学家借对外交流的机会，为单位买电脑的还有他的老邻居、中国科学院声学所所长汪德昭等人。他们很可能是中关村最早引进微机的科学家。写中关村的发展史或是中国的IT业发展史的话，不能忘了他们。

1982年，杨嘉墀针对以往航天器测试系统各树一帜，一个型号一套系统的散乱状态，提出了用标准模块组成计算机测控系统的建议，并参与相关软硬件的开发与研制。1987年，这个系统获得了国家科技成果二等奖。他是公认的自动检测的奠基者，而自动检测的核心设备就是电脑。这样做的结果为IT业拉动了多少GDP还不是最重要的，最重要的是，能让中国航天的自动检测大大提高效率，上了一个新台阶。中国的航天事业能够跻身世界先进行列，是和大力推广使用电脑分不开的。在研发和推广电子计算机方面，杨嘉墀既是高瞻远瞩的指路人，又是冲锋在前的领跑者。

杨嘉墀

杨嘉墀思维之远，遥及宇宙深空。他曾提出"要重视电推进技术，这是深空探测很有前途的一个途径。"当未来的某一年，中国用电火箭推进的航天器进行深空探测时，我们一定还会听到"杨嘉墀"这个领跑者的名字。

星星的心是爱

杨嘉墀不善言辞，但他尊重人、理解人，对人充满了关爱。1969年1月，他的儿女和邻居的孩子都要插队去了。那时正值"文化大革命"，大家的处境都比较困难。加上住在他楼下的郭永怀又刚刚牺牲，邻居们的心情都不好，没有什么人想到这时应当留个影，是杨嘉墀招呼邻居们出来，在楼前照相留念。他亲自按动快门，为大家留下了一张张珍贵的照片。那时谁也无法预料，分别的亲人何时再能团圆，这些照片中，有的竟成了亲人最后的合影。现在，当年照片中的孩子也成了爷爷奶奶、外公外婆了，看到这些照片，他们不仅会回忆起当年的情景，更会感激杨嘉墀在那动荡不宁的年代里，能够想到为大家留影。这不仅表现了处乱不惊、从容自若的心态，更体现了他对这些邻居们的关爱。

1968年，北京礼花厂的青年女工王世芬为了抢救国家财产，被严重烧伤。一个普通女工的命运牵动了周恩来总理的心，他指示医院要全力抢救，还多次派他的联络员了解伤情和救治情况。医生们为了挽救王世芬的生命，不得不实行截肢手术，于是周总理又指示，为王世芬安装假肢。于是三位大专家就被派去"支援"假肢厂，他们是杨嘉墀、戴汝为、胡启恒。出于对周总理的尊敬，更出于对青年女工的关爱，杨嘉墀决心要为王世芬研制最好的假肢。

那时，正好有个邻居的孩子插队返城时来看望他，他足足和这个年轻晚辈谈了一个多小时的话，谈他设想的假肢，那是用生物电流控制的假肢，可以由人的大脑支配假肢的活动，这在世界上都处于领先地位。他谈得那样兴致浓郁，谈得那样神采飞扬，根本看不出他当时正身处逆境之中。到底是能够操纵卫星的自动化专家，又专门研修过医学自动化，杨嘉墀终于在很短的时间内研制出了先进的假肢，不仅解决了王世芬的困难，而且还远销国外。那时没有专利制度，杨嘉墀得不到任何回报，这还罢了，连中国第一颗人造卫星发射成功的消息，他还是在假

肢厂的广播里听到的。那时，厂里的工人也和全国人民一样，一片欢腾，他们不知道，从科学院来的"老杨"曾经参加了最早的人造卫星研制工作。他还率领一批科技人员为中国的第一颗人造卫星研制了一套姿态控制系统，虽然后来情况有了变化，这套系统没有用到"东方红一号"卫星上，但是为以后的卫星姿态控制系统研制工作打下了坚实的基础。

几年前，为纪念我国"两弹一星"元勋、卫星研究院首任院长赵九章先生，有媒体记者采访杨先生。他拿出了一张珍藏的赵九章先生的照片，深情地回忆了这位最早提出中国应当研制卫星的功臣。想到这么多年风风雨雨，尤其是在"文化大革命"中，赵九章含冤而死，有的人唯恐避之不及，而杨先生却冒着风险把这张照片一直珍藏着，更是令人感叹，这薄薄的一张照片，承载着多少浓浓的情谊！

杨嘉墀是一位实事求是的人。某出版社要出版一套"两弹一星"功勋奖获得者的丛书，他们约请了一位作者为杨嘉墀写传。"文化大革命"中，三座"特楼"的绝大多数人家都挤进了新住户，于是高级住宅变成了"大杂院"。作者根据当时普遍存在的"左"的风气，就在文章中说，那些新住户不尊重杨嘉墀先生，给杨家带来了很多麻烦。杨嘉墀和他的家人知道后，马上和出版社及作者联系，请他们修改。因为那些新住户虽然给杨家的生活造成了不便，但他们对杨先生还是很尊重的，何况当时有当时的情况，高级住宅变成"大杂院"并不是那些新住户的责任。

杨嘉墀的家庭美满和谐。当年杨嘉墀与徐斐结婚时，人们对他们的赞誉是"科学与艺术的结合"，是"天造地设的一对"。如果艺术女神不钟情科学之精深，或是科学之子不崇尚艺术之纯美，又怎么会结合在一起呢？杨嘉墀从心底里热爱着家人，尤其喜欢听徐斐弹琴。可是自从他从事了"两弹一星"的工作之后，就很少有时间坐下来，静静地聆听那动人的琴声了。

杨嘉墀有一双儿女，女儿聪慧美丽，儿子睿智灵悟。杨嘉墀还没有那么忙的时候，常常在周末下午和全家人一同去颐和园游玩，因为这时颐和园的游人开始返回，比较清静。一家人一边品尝着徐斐亲手调制的点心，一边在昆明湖中荡着轻舟。活泼的小儿子喜欢抓着船的缆绳，跟着小船在湖中畅游，直到夕阳将尽，晚霞满天，才尽兴而归。那是多么惬意的时刻！可惜随着杨嘉墀越来越忙，这种快乐的时光也越来越少了。为了祖国的发展，他和他的家人不得不舍弃天伦之乐。

杨嘉墀女儿杨西（左）与陈家镛长女陈明（右）

那支莫扎特的《星光灿烂变奏曲》，可能是徐斐教授最喜欢的曲子，因为她经常弹奏。这夫妻二人从事的都是星星的事业，杨嘉墀院士把一颗颗星星送上太空，还能让它们乖乖地回到大地上来。徐斐教授则是培养着乐坛中的新星。此外，她撰写的钢琴教程也是一版再版，成了音乐教育界的"明星教材"之一。和杨嘉墀院士的成就一样，徐斐教授的那一片天空里也是星光灿烂。

年纪大了，身体差了，杨嘉墀仍住在三层楼，他的腰腿不好，上下楼要爬楼梯，对他来说就比较吃力了，可是从没有听到他和他的家人抱怨过什么。空间研究院在景色宜人的紫竹院附近为一些老专家建起了一座新住宅楼，虽然是高层建筑，但是有电梯。杨嘉墀院士这才恋恋不舍地离开了13楼，搬进了新居。这时，媒体上披露了中国将开展以"嫦娥"命名的探月工程。有些人认为，中国没有必要和美、俄这样的航天大国一起到月亮上去"作秀"。而早在1997年，一份由杨嘉墀院士修改过的报告就论证说："月球上有丰富的矿藏，如钛、硅、铝、铁和氦-3。氦-3是核聚变反应理想的燃料，地球上极其稀少珍贵。估计月球氦-3贮量可供人类使用7000年，有潜在的巨大经济意义。"相信未来的事实还会证明杨嘉墀那精准的前瞻性。

一段时间，杨先生身体欠安，他的亲人、朋友、同事、学生都默默祝愿奇迹能在他的身上出现，如同他创造了许多奇迹一样，但非常令人惋惜的是，奇迹没有出现，杨嘉墀院士永远地走了。祖国和人民失去了一位"两弹一星"元勋，一位杰出的战略型科学家。仅仅两天，在新浪网上就有上百条悼念他的帖子。这些网友的帖子情真意切，十分感人。可见，对有功于国家和人民的科学家，人们是满怀敬意的。2001年，因为杨嘉墀院士的贡献，国家天文台曾将一颗小行星命名为"杨嘉墀星"。杨嘉墀院士的女儿说，"我们本来就是普通的老百姓"。杨嘉墀院士在九天之上的英灵有知，也一定会说，"我本来就是一颗普通的星"。的确，那是一颗普通的星，在漫漫太空中，并不明亮，也不吸引眼球，但他会看着我们，关注我们如何生活、怎样发展；关注我们是否继承了他的事业和他的精神。他将永远和祖国的航天事业在一起，永远和爱他的人们在一起。

15楼105号

陆元九

把握航向

　　陆元九的祖籍是安徽省滁县附近的来安，于1920年1月9日出生，曾任中国自动化学会常务理事、中国航空学会常务理事、中国宇航学会理事、中国惯性技术学会副理事长、国际宇航联合会副主席。1980年当选为中国科学院技术科学部学部委员（院士），1985年当选为国际宇航科学院院士，1994年当选为中国工程院院士，并被选为第三届全国人民代表大会代表和第五、六、七届全国政协委员。2021年6月29日被授予"七一勋章"。

起旋

陀螺的特性是转得越快，就越稳定，陀螺仪就是根据这个特性制成的。它是惯性导航的核心部件，战略导弹和运载火箭一般都使用惯性制导方式。专门研究陀螺仪的陆元九院士曾经这样说起他的工作繁忙程度："那时候忙得就像陀螺一样。"

1958年，毛泽东主席发出"我们也要搞人造卫星"的号召。陆元九和王希季等人，造出了中国第一枚探空火箭。他还提出，要进行人造卫星自动控制的研究，而且要用控制手段回收它。这个回收卫星的概念，在世界上也足够超前的。也就是从那个时候起，陆元九就如同一个陀螺仪"起旋"了，且越转越快，再也停不下来了……

1920年1月9日，陆元九出生于安徽省滁县一个教师家庭。滁县即古代的滁州，自古就是一个文化发达、风光秀丽的好地方。许多名人和名篇都和这里有关。韦应物的名诗"独怜幽草涧边生，上有黄鹂深树鸣。春潮带雨晚来急，野渡无人舟自横。"以及欧阳修的名篇《醉翁亭记》都是写的安徽滁州景物。

由于家传好，加上聪颖好学，陆元九5岁就上了小学，11岁便读初中，17岁时就以优异的成绩同时考取了上海交大和南京中央大学。因为上海沦陷，他最后选择了已经从南京迁到重庆的中央大学，进入航空工程系学习。他和他的同学是中国自己培养的第一批学习航空专业的大学生，因此，他们都有一种使命感和自豪感。战时重庆的学习、生活非常艰苦，学生们只能在简陋的平房里上课，还常常要钻防空洞躲避日本飞机的轰炸。日本飞机的猖獗更促使陆元九坚定了报效祖国的决心。毕业后，陆元九留校担任助教。

1945年，陆元九以优异的成绩进入美国麻省理工学院航空工程系深造，由于第二次世界大战中导弹初露锋芒，促进了自动控制技术的大发展。陆元九的导师、著名惯性技术科学家德拉佩教授独具慧眼，建议依靠控制技术来提高惯性制导系统的精度，并且设立了专门的博士学位。当时这一专业十分重要，也十分敏感，美国政府将其列为重要军事研究项目。陆元九成了德拉佩教授的第一名博士生，在这位世界惯性导航技术之父的引领下，他走进了前沿技术的前沿。1949年，陆元九获得了博士学位，他是第一个在这个专业获得博士学位的人，这是中国人的荣耀，此时，他年仅29岁。获博士学位后，陆元九被麻省理工学院聘为副研究员、研究工程师，并参加到德拉佩教授领导的科研小组中从事研究工作。

轴心

中华人民共和国成立的消息传到美国，对中国留学生产生了很大影响。陆元九一心想回到新生的祖国，贡献自己的才智。可是，他却面临着重重难关。除了中美没有外交关系，不能办理回国手续外，更重要的是，他从事的研究属于重要机密，非常敏感，美国有关当局不可能允许他回国。为了能够回到祖国，他在1950年退出了科研小组，转到一个涉密级别较低的实验室工作。不料，抗美援朝战争开始了，美国政府阻住了中国留学生的回国之路。但是陆元九不放弃回国的努力。为了回国时，不再被美国政府找理由阻拦，他忍痛离开了实验室，到著名的福特汽车公司去从事敏感度不高的民品开发。陆元九虽然转来转去，换了好几个单位，但他的一切活动，犹如一个陀螺，不管如何旋转，都是以一根轴为中心，这根"轴心"就是他所向往的祖国。1955年到1956年，对中国留美学者来说，真可谓"春潮带雨晚来急"，以钱学森历经艰难，回到祖国为起点，一个回国参加新中国建设的高潮形成了。大批海外赤子怀着激动的心情奔向祖国。虽然还有种种的麻烦和刁难，但这股春潮是任何人都阻挡不了的。1956年6月，满怀抱国之志的陆元九终于回到了祖国的怀抱。

加速

　　陆元九回到祖国时，中国正准备大力发展科学事业，为了迅速赶上世界科学发展的潮流，党中央和国务院召集了23个单位，787名科技人员和有关领导聚集一堂，制定科学发展十二年远景规划。同时，还特别为自动化等"尖端科学"的优先发展采取了"紧急措施"。历史已经证明，十二年科学发展规划和当时采取的"紧急措施"是非常必要、非常及时、非常成功的。在中国科学院上报的关于"自动化及远距离操纵研究所筹委会"名单中，以钱伟长任主任委员的筹委会中，共有8名成员，其中7名是兼职的，只有陆元九是专职委员。自动化所成立后，他先后担任了这个所的研究员兼室主任、副所长，主持开展了飞行器自动控制方面的大量研究工作，尤其是稳定系统研究，惯性制导系统研究等。他还为所里广揽贤才，当他得知杨嘉墀和屠善澄也回到了祖国时，便热情相邀，请他们到自动化所来共谋大业。此后，他们共同为中国的航天事业和国防建设贡献了聪明才智，为祖国托起了一颗又一颗灿烂的星星。

　　1958年8月，中国科学院根据毛泽东主席的指示："我们也要搞人造卫星"，决定由钱学森、赵九章、郭永怀、陆元九等人负责拟定发展人造卫星的规划草案，并且把卫星研制任务定为中国科学院1958年的第一号任务，因此冠以代号"581"。那时，科学家们都以极大的热情投入到这项工作中，陆元九就在这时提出了

陆元九在实验室

"返回式卫星"的设想。这是一个富有创造性的想法，因为当时，就连苏联和美国两个航天大国也没有这样的实践。

要造出高性能的战略导弹和运载火箭，就要有高性能的制导系统，而这个系统的核心就是陀螺仪。1961年，陆元九从自动控制的观点对陀螺和惯性导航进行了深入研究，写成了《陀螺及惯性导航》（上册）一书。这部著作让有关的科研人员大开眼界，拓宽了思路，对我国惯性技术的发展起到了重要作用。

陀螺的特性是稳定，而且转速越高越稳定，当导弹或运载火箭偏离预定航线时，因为陀螺仍然是稳定的，它就会发出一个偏航信号，告诉导弹或是运载火箭，现在偏离预定航线了。这个偏航信号经过执行机构处理，就会让导弹或运载火箭回到预定的轨道上来。因此，陀螺的性能和制导精度密切相关，也就是说，它关系到导弹打得准不准、卫星入轨精度高不高的大问题。为了让陀螺高速稳定的旋转，人们想了各种办法：让陀螺浮在液体上转动，浮在气体上转动，或是利用磁悬浮的道理，制造磁浮陀螺。而这一切的目的，都在于减少陀螺转动时的摩擦力，也就是阻力，使它能高速稳定地旋转。20世纪60年代中期，由陆元九主持，组建了液浮惯性技术研究室，他自己兼任研究室主任，开展了液浮陀螺的研制。他还参与了我国第一个液浮惯性器件研制基地的筹建工作，主持了我国第一台大型精密离心机的研制。他还为我国的新型舰艇使用惯性导航系统制订了方案，培养了技术力量。

偏航

陆元九能够千方百计减少陀螺旋转时的阻力，能用高精度的陀螺仪，纠正导弹和运载火箭的偏航，却无法纠正国家运行轨道上的"偏航"，当然也无法避免"文化大革命"给他的事业带来的阻力和破坏作用。那时不顾个人得失，冲破重重阻挠才回到祖国的陆元九，竟被扣上一顶"特务"的帽子，蒙受了不白之冤，甚至失去了搞科研的权力，而且时间长达12年。虽然他能坦然地对待这些"不公正待遇"，但是整整12年，不准他工作，不准他接触有关的资料，不准他了解相关的课题，这是对一位科学家的最大伤害。最让他痛心的是，凝结着他多年心血的手稿《陀螺及惯性导

陆元九在研讨工作

航》（下册）被抄走后丢失了。好在"科学的春天"终于来到了。在航天工业部宋任穷部长的亲自安排下，他终于得到了重新工作的机会，并担任了航天工业部控制器件研究所所长。

重启

走上新的工作岗位，陆元九真的像一个高速旋转的陀螺一样"忙得团团转"了。他根据国外惯性技术的发展趋势和国内的技术基础，对新一代运载火箭惯性制导方案的论证工作进行了正确的指导。下棋看三步，陆元九提倡"科研工作要跟踪世界尖端技术的发展"，并在型号工作中贯彻"完善一代、研制一代、探索一代"的原则。在他的领导下，开展了一系列预研工作，使我国的惯性器件有了"可持续发展"的技术储备。

20世纪80年代初，他在充分调查研究的基础上，会同有关单位和部门编制了"航天工业部惯性器件专业十年发展规划"和"2000年前惯性技术专业发展纲要"。

陆元九非常重视人才的培养。20世纪50至60年代，他兼任中国科技大学教授和自动化系副系主任，讲授陀螺及惯性导航方面的课程。陆元九思想开放，眼界开阔，他抓住机遇，充分利用对外开放的机会，通过各种渠道聘请国内外专家、组织国际间的技术交流，引进人才，引进先进技术，促进了我国惯性技术的发展。1989年他主编的《惯性器件》一书出版。这是一部30多年来我国开发惯性技术的总结，同时，又是一部对这项技术的发展有着重要指导意义的著作。

陆元九在惯性导航和自动控制方面的贡献，受到了党和国家的肯定，张劲夫副院长在一篇回忆"两弹一星"研制过程的文章中，曾多次提到陆元九的贡献，这篇文章就是《请历史记住他们》。

旋转

快乐的表现是旋转，而且宇宙永恒的运动就是旋转，从女孩子的舞裙到行星的旋转就是证明，能证明这一点的还有陆元九。三座特楼的科学家中，很多人都是音乐爱好者，陆元九也是其中之一。他还喜欢打网球，那时15楼东侧有一个网球场，设施也还说得过去，只是没有看台。陆元九经常活跃在那里，腾挪舒展，身手矫健。据说，他还拿过冠军，时间是1958年左右，可惜不知是什么冠军，虽然可以肯定不是"奥运冠军"，但也不会是级别太低的冠军，不然也不会被人"传颂"至今。他的棋艺高超，和张劲夫副院长是"棋逢对手，将遇良才"，直到1999年，"两弹一星"功勋授奖仪式之后，张劲夫还托人找这位老棋友，可能除了想"杀一盘"，更想叙叙旧谊。在"两弹一星"研制时期，因为工作太忙，陆元九的许多爱好不得不放弃，可是这都不是他最遗憾的事，他最遗憾的是"文化大革命"夺去了他宝贵的12年时间，人的一生有多少个12年可以荒废？一个有能力、有雄心壮志、有报国之心的科学家，可以在

陆元九

12年里做多少贡献？其实，这又何止是他一个人的遗憾。

　　陆元九的职务不少。他当过国际宇航联合会副主席，一直管到了茫茫无际的宇宙；他也管人间的事，他是第三届全国人民代表大会代表和第五、六、七届全国政协委员。当然，他最关心的还是科学，是中国的航天事业，是他的陀螺仪。他是科学院院士、工程院院士、国际宇航科学院院士。他还曾任中国自动化学会常务理事、中国航空学会常务理事、中国宇航学会理事、中国惯性技术学会副理事长等。

　　陆元九院士现在虽然已届高龄，可是精神好，身体也不错。在庆祝中国共产党建党一百周年之际，陆元九同志于2021年6月29日荣获由中共中央决定、中共中央总书记签发证书并颁授的党内最高荣誉"七一勋章"。人们祝愿他身体更加健康，仍然像陀螺一样稳定、灵敏。

13楼102号

屠善澄

载人航天坐首席

屠善澄（1923年8月12日—2017年5月6日），浙江省嘉兴人，上海大同大学电机工程系毕业，曾任该校助教。1953年在美国康奈尔大学电机专业获博士学位。1956年偕夫人桂湘云及孩子回国，在中国科学院自动化所任室主任。历任国防科委五院502所研究室主任、副所长、所长，科技委主任。1988年起，历任航天部五院科技委主任、国防科工委科技委兼职副主任。他是中国工程院院士、国际宇航科学院院士，曾任世界工程师组织联合会主席，是北京航空航天大学、哈尔滨工业大学、中国科技大学等校兼职教授，1987—1993年任国家"863高技术计划"航天领域首席科学家。

在众多"两弹一星"功臣和载人航天英雄里，屠善澄院士的"出镜率"和"曝光度"不高，只是随着"神舟五号""神舟六号"的成功，屠善澄的名字才在公众面前渐渐浮现了出来。屠善澄是"863计划"航天专家委员会首席科学家，我国航天事业最早的开拓者之一。早在20世纪50年代，他就参与了我国的计算机、导弹和卫星的研制工作。我国航天事业的每一步发展，都有他洒下的汗水。

凌云志，爱国情

1923年8月12日，屠善澄出生于浙江省嘉兴县（今嘉兴市）新塍镇。少年时代的屠善澄对诗词文章很感兴趣。直到现在，接触过他的人都会感受到他有一种诗人气质——这就是真诚、热情。后来，在上初中时，他遇到了几位学识出众、循循善诱的好老师，他的人生选择也因此发生了巨大变化。

屠善澄很爱回忆在嘉兴一中（当时叫"省立嘉兴初级中学"）的愉快生活。那时他的音乐老师是著名的音乐家蒋树模。在抗日战争中，蒋老师以"舒模"的名义创作的歌曲《你这个坏东西》《军民合作》脍炙人口，对鼓舞全国军民抗战起了很大作用。因为有这位名师的影响，屠善澄一直酷爱着音乐。更重要的是，在音乐的潜移默化中，屠善澄受到了进步思想的熏陶。教物理的尹道中老师是一位循循善诱的老师。他不仅让学生对物理世界产生浓厚的兴趣，还"鼓励"学生爬树上房。原来，为了培养学生的动手能力，更深刻地理解课堂上学到的知识，他还带领学生利用课余时间组装矿石收音机，这种收音机必须安装一副高高的天线才会有好的收音效果，爬树上房就是为了把天线安装得尽可能地高。当屠善澄从耳机里听到无线电波传送出来的美妙声音时，他高兴极了，可能就从这一刻开始，他就立志将来要学理工科了。这也许是不幸的，因为世界上很可能少了一位著名文学家屠善澄，或是著名音乐家屠善澄；这也绝对是非常幸运的，因为中国将出现一位功勋卓著的自动控制专家屠善澄。

抗日战争爆发后，屠善澄和家人一道搬到了上海。在上海中学毕业后，屠善澄于1941年考入交通大学电机系，这可是名牌大学，可是屠善澄并不开心，因为汪伪政权接收了这所名校！于是他愤而离开了交大，转到位于公共租界的大同大学（今"华东师大"的前身）继续学习。1945年，抗战胜利了，屠善澄又回到了交大电机系，当然不再是当学生，而是当了一名助教。两年后，他惜别了祖国，漂洋过海，赴美国深造。1953年，他获得了康奈尔大学的博士学位，并且担任了助理教授。但是，不管屠善澄在远离祖国的地方取得多么大的成功，不管美国的工作和生活条件如何优越，不能释怀的是他对祖国的眷恋。他要回国去实现他的报国夙愿，但那时美国不准许中国留学生回国。无奈中，他和夫人桂湘云只好苦苦地等待。他们怀念祖国的心情真是魂牵梦萦。为了排解对祖国的思念之苦，他们给自己的第二个孩子取名"怀祖"——怀念祖国。

1956年，得到中国留美学者可以归国的消息时，屠善澄和桂湘云欣喜若狂，他们决定立刻回国。那时他们远隔重洋，并不是很了解新中国的情况。他们只知道，新中国虽然充满了希望，但仍然很贫穷。于是，他们做好了过最艰苦生活的准备。作为四口之家的"一家之主"，屠善澄豪爽地对妻子说，"我们做好准备，回去睡一间房、两张双层床。"

然而，祖国再穷，也不会让远道归来的赤子挤在一间房里，去睡学生睡的双层床。迎接屠善澄一家的是虽然素朴，却也宽敞的"特楼"。在三座"特楼"中，13楼是最后建成的，正赶上迎接海外学者的归国高潮。于是，屠善澄一家就住进了13楼。13楼和15楼一模一样，像一对双胞胎，每套住宅都有6间房。进门即是一个客厅，约有20平方米。其余的房间，面积最大的不过15平方米，小的只有约6平方米左右，是当餐厅用的，这比他们想象的，只能摆两张双层床的陋室要宽畅多了。他们很满意。

射恶鹰、玩卫星

回国后，屠善澄来到中国科学院自动化所，默默地贡献着他的智慧和学识，在模拟式电子计算机等一系列重要科研项目中做出了重要贡献。

20世纪50年代末，随着世界范围高科技武器的发展，空战和防空作战的模式发生了重大改变，"空对空"和"地对空"导弹开始代替火炮，在实战中唱起了"主角"。其中又以"响尾蛇""红眼睛"等结构简单、工作可靠、便于使用的红外制导导弹最受青睐。屠善澄深入研究了红外制导导弹的控制系统。对不同目标的红外辐射特性和不同导弹的导引头进行了研究和实验，其中一些重要项目是国内首创。他的工作为我国研制最早的肩射式防空导弹"541"提供了重要依据。近年来，震惊世界的几场战争都证明，这种肩射式防空导弹是非常有效的武器，尤其是对付低空侵犯的敌机，肩射式导弹可谓是其克星。今天，我国研制的这种导弹已经可以和世界上最先进的同类产品媲美了。

作为自动控制专家，屠善澄把主要精力贡献给了我国的航天事业，他是公认的我国航天事业的开拓者。早在1958年，他就投入人造卫星研制工作中。他的著述《关于人造地球卫星的控制问题》，提出了人造地球卫星如何控制姿态的建议，为后来我国的人造地球卫星控制系统提供了可贵的技术依据。卫星控制在当时是非常尖端的技术，哪个国家也不愿意把真经传授给别人，中国的科学技术人员只能自己摸索着干。屠善澄就是从一部关于人造卫星的科普读物入手，开始探索卫星控制技术的。他研制的卫星控制系统，曾经在我国多颗卫星中得到了成功应用。

"起死回生""妙手回春"，都是带有夸张成分的词汇，可是屠善澄就曾经多次施妙手，给几乎报废的人造卫星以第二次生命。1984年1月，我国发射了第一颗试验通信卫星"东方红二号"，因为运载火箭第三级出了故障，卫星没有能够进入36000千米高度的预定轨道，只能低低地围着地球打转转，活像一只过分留恋窠臼的小鸟，总不肯展翅高飞。怎么办？眼睁睁看着它报废？不行！这不符合中国科学家的性格和理念。中国毕竟是一个发展中国家，这颗人造卫星不仅是许多高技术的载体，它那昂贵的身价更凝聚着无数人的心血和人民的重托。屠善澄作为控制系统主任设计师，立即组织力量，动脑筋、想办法，迅速编制了一套拯救卫星的软件。不久，敛声屏气的测控人员用屠善澄领导编制的软件，向不肯离开地球母亲的卫星发出了一串串指令。终于，卫星上的远地点发动机按照命令点火了，向着更高的轨道飞去。虽然由于前期出了故障，先天不足的卫星不可能定位在地球同步轨道上了，但是能让卫星进入大椭圆轨道，就可以进行包括转播电视信号在内的许多实验了。昂贵的卫星终于体现出了它的价值。

　　同年4月，我国发射了第二颗同型号的试验通信卫星。不料，卫星入轨后，由于出现了故障，供电系统不间断地对蓄电池充电，引起了星体发热。如果不加干预，卫星就会毁掉。怎么办？屠善澄再施妙手，他和其他科技人员一起，冒着风险，巧妙地让卫星在空中变换角度，把受到太阳直射的一面，转到晒不到阳光的角度去。这样就可以控制卫星的温度不至于过高。经过多次调整，卫星的温度被控制住了，并恢复了正常。有人说这是让卫星在空中跳芭蕾，也有人说这是让卫星在空中耍杂技。不管哪种说法，都形象地说明了以屠善澄为代表的中国科学家对卫星的控制，已经达到了很高的水平，简直成了艺术。现在人们常把技艺娴熟称为"玩"。控制卫星的本领达到这样的境界，真的可以称为"玩"卫星了。在屠善澄等人的努力下，"东方红二号"通信卫星正常工作了四年之久，远远超过了三年的设计寿命。而且，在我国已经发射的通信卫星中，由他主持设计的控制系统从未出现过故障。"东方红二号"通信卫星获得了国家级科技进步特等奖，他是第五得奖人，是控制系统唯一的获奖者。可见，如今的"神舟号"载人飞船能够准确入轨、准确调姿，准确返回，绝非一日之功，而是中国科学家深入钻研、勇于探索、长期实践的结果。

从"曙光"到"神舟"

　　20世纪70年代初，中国的航天事业取得了一系列成就：大推力运载火箭的研制有了很大进展，返回式卫星获得成功等，中国的最高决策层决定，向载人航天领域挺进。这一计划的工程代号为"921"，而飞船则被命名为"曙光一号"。屠善澄又一次为飞船研制控制系统担起重任。"曙光一号"完全是我国自行研制的飞船，但是参考了美国"双子星"飞船的设计。"双子星"是一种性能优越，使用可靠的飞船，曾经完成过对接、航天员出舱等一系列复杂任务。它采用"双舱结构"，可以乘坐两名航天员。我国科学家选择它作为参考是很有眼光的。"曙光一号"的研制本已取得了进展，可是那时候中国的经济实力还比较薄弱，国际形势也比较严峻，以当时的国力搞这样大的工程，实在力不从心。毛泽东主席在审视了国内外形势后，决定"先搞好地上的事"，"921工程"就此下马。但是"921"并不是做无用功，它锻炼了队伍，积累了经验，为以后的载人航天打下了坚实的基础。

　　"863高科技计划"推出后，党中央、国务院根据专家们的意见和改革开放后国力大大增

强的现实，决定再次启动载人航天飞行计划。屠善澄院士荣任"863计划"航天领域专家委员会首席科学家，主持航天领域的研究论证工作。他和专家们共同勾勒出了发展我国航天事业的总体蓝图，并且提出了我国发展载人航天分三步走的建议。这个担子很重，因为在科技创新的道路上，常常会有许多不同的意见，不同的创新思路，不同的技术路线。它们往往不能简单地以"正确"或"错误"定论，因此，如何既能发扬学术民主，又能取得统一意见，做出符合实际的正确决策，就是对屠善澄的考验了。在中国载人航天如何起步的问题上，不同意见的争论曾经非常激烈。当时，美国的航天飞机风头正劲，好评如潮。航天飞机不仅能放卫星、接送空间站的工作人员，还能把失效的卫星收回，修好后再送回太空。那时人们认为，它的最大优点是可以重复使用，因而使用成本比飞船低。对中国这样的发展中国家来说，这无疑是非常具有吸引力的。一句话，发展航天飞机，好处多多，前途无量。因此，苏联、欧洲和日本等航天技术发达的国家，都不甘寂寞，纷纷开始研制自己的航天飞机。苏联出手不凡，一口气造了3架外型极似美国航天飞机的"暴风雪号"。欧洲自知无法和美苏相比，就别出心裁，计划开发一种小型航天飞机。日本虽然在航天方面的成就比不上美、苏和欧洲，但也雄心勃勃地要搞自己的航天飞机。至于方案，那就更多了，除了垂直发射的航天飞机，还有像飞机那样从跑道上起飞，返回时也在跑道上降落的"空天飞机"。

在这股研发航天飞机的世界性潮流中，我国也有不少专家主张：既然要搞载人航天，起点就要高，人家都在搞航天飞机，我们再去搞一次性使用的飞船，不是太落后了吗？他们还提出了各种航天飞机的方案，从大的到小的，从垂直发射的航天飞机到平起平落的"空天飞机"，充分体现了中国科学家实现载人航天的决心和为祖国争光的热情。然而，科学需要热情，也需要冷静。载人航天是一个复杂的系统工程。以当时我国的工业基础，连自行设计生产大型客机都困难重重、阻力重重，遑论制造连老牌航空航天大国都棘手的航天飞机呢！而且，此时美国航天飞机的不足之处，已初露端倪。有专家指出：美国航天飞机飞行一次就得花费上亿美元，回来后光是检修就要花半年时间。可见航天飞机的低成本预想，根本没有实现。俄罗斯虽然有3架航天飞机，可是只有一架试飞过一次，因为没钱，此后再也没有飞过。欧洲研制的"赫尔梅斯号"小型航天飞机还停留在方案论证阶段，而且方案一变再变，进度一拖再拖，经费一加再加，搞得参与合作的各国心灰意懒，大有不了了之的可能。日本人则干脆知难而退，偃旗息鼓，不再自行研制航天飞机，而是请美国航天飞机送日本航天员上天。

这场"船"与"机"的争论进行了三年之久。各方虽然观点不同，但都本着对国家、对科学负责的精神，以求真务实的态度各抒己见。三年中，持不同主张的专家都查阅了大量的相关资料，做了许多分析计算和相关试验，召开了许多次学术研讨会，终于在1989年秋天，逐步达成了共识：以载人飞船起步，更符合中国的国情。

作为首席专家，屠善澄虽然也认为应当以飞船起步，但他坚持发扬学术民主，让各方畅所欲言。在形成共识之后，他又以论证组首席专家的身份，向钱学森汇报，征求他的意见，并获得了他的支持。

1991年6月29日，屠善澄院士代表"863计划"航天领域专家委员会，向中央专委建议：在20世纪末建成初步配套的试验性载人飞船工程，并实现首次载人飞行；在2010年稍后建成自己的空间站。这一计划得到了批准——中国的载人航天工程正式起动了。

而在这期间，美国航天飞机却走过了悲壮的历程：1986年1月，"挑战者号"开始第10次太空飞行。起飞72秒钟之后发生爆炸，7名航天员不幸遇难，直接经济损失达12亿美元。

2003年2月1日，"哥伦比亚号"航天飞机在返回时，由于隔热瓦受到损伤并形成孔洞，被高温吞噬，7名航天员牺牲。

"哥伦比亚号"失事30个月之后，美国航天飞机"发现号"重返蓝天，希图再创辉煌。但是，这次飞行却曲折不断，险象环生，尤其是又发生了隔热瓦脱落事故，着实让全世界都捏了一把汗。虽然最后有惊无险，美国有关方面却不得不宣布，航天飞机的后续发射无限期延期。这件事的直接后果是：正在运行的国际空间站不得不依靠俄罗斯的飞船供应货物，接送人员。再度辉煌的不是航天飞机，反倒是飞船。

不可否认，航天飞机的确很先进，技术含量也高。但或许正因为它太先进了，使得全系统过于复杂，以至连科学技术发达的美国也力不从心，不得不叫停。这也反衬出中国以飞船起步的选择是正确的。对此，"863计划"的发起人之一，屠善澄的老邻居杨嘉墀院士说："最后定下来现在这个飞船方案，当然不是他一个人定的，但是他作为专家委员会的首席科学家，最后拍板，功不可没。"

好丈夫也低调

屠善澄还有许多不为人知的贡献，可是无论面对媒体的记者还是朋友，屠善澄都不愿意谈自己的成就。如果有人问到他参与的一些重大科研项目，他总是说，那是某某某做的。为了躲避前来采访的电视台记者，他可以找出各种站不住脚的理由，如"要出去理发"等，所以难得在电视上看到他的风采。不过，千万不要以为他是个不善言辞的人，只要谈及有关航空航天的技术问题，他的兴致一下子就来了。他会把一个看来很复杂的问题，讲得非常深刻，又非常简明，让你感受到科学的美，思维的美。有一次，他向几位来访者谈到苏联的第一颗人造地球卫星是如何实现姿态控制的，"那颗卫星没有姿态控制系统，但是苏联人很聪明，他们把卫星做成球体，又把卫星的头部做得比较重。因为球体有一个特点，在抛出后，总是重的部分朝前。因此，卫星在飞行中姿态很稳定。"他边说边站起来做了一个抛球的姿势，那姿势极优雅，犹如篮球运动员欲跳起投篮，又像芭蕾舞台上的"王子"在独舞。其中一位听讲者赞叹道，"如果把屠先生的姿势照下来，塑一尊像，可以叫'抛卫星者'和那尊大名鼎鼎的'掷铁饼者'正好是一对。"

研制"两弹一星"的人真是忙，"不舍昼夜"是经常的事。屠善澄院士的夫人，数学家桂

湘云教授曾经讲过这样一件事：有一天，夜已经很深了，屠善澄还没有回家，桂湘云教授左等不回来，右等不回来，等得自己也忍不住打起盹来……

终于，门响了，屠善澄回来了。

没想到，桂湘云劈头就是一句："你回来干什么！"

屠善澄被问了个一头雾水，只好说，"在所里加班，下班了……"

桂湘云故意板着脸说："你回去吧。"

屠善澄还从来没有被夫人挡在门外，怔怔地问了一句："为什么？"

桂湘云指着表说："你看看都几点了？"

屠善澄一看，可不是应当回去了吗！8点上班，现在已经是早晨7点多钟了，新的一个工作日又要开始了。两人忍不住哈哈大笑起来……

屠善澄不仅在科研中立功，而且为自己的家默默地奉献，他还从不谈这方面的功劳。如果不是桂湘云教授由衷地赞扬，人们可能永远不知道他是一位出色的好丈夫、好父亲。桂湘云教授也是个大忙人，回国后，她进入中国科学院数学所工作，并参加了钱学森先生亲自主持的"运筹学小组"中，研究和讲授运筹学。那时，向工矿企业的领导者，工程技术人员和普通工人普及运筹学知识，是一项重要的任务，所以很繁忙。此外，她还兼有其他工作。到了晚年，她还为中关村老年英语学校教英语，而且完全是尽义务，分文不取。在这种情况下，体贴妻子的屠善澄在家中也和在工作中一样"勇挑重担"。许多家务事，尤其是高难度、高强度的事，不等妻子说话，他就会挺身而出。孩子病了，他二话不说，抱起来就往医院跑。什么东西坏了，他不言不语地就会把它修好。中国的科学家既爱国也爱家，只是有时为了国而不能顾及家，但那是出于一种更博大的爱。

屠善澄一家在13楼住了近半个世纪。他的房子越住越旧，可是他的思维却越来越活跃，取得的成就也越来越多。实事求是地说，他也有常人的烦恼，有普通科研工作者常会有的意见和不满，但那都是针对工作中的问题，对于自己的房子和待遇，他从来没有过丝毫的不满。后来空间研究院要给他调新房了，让他和他的老邻居、老朋友杨嘉墀一起搬到宽敞的新居去，他反倒"不满"了，嫌新房子还要装修，嫌搬家麻烦等。

真正的科学家就是这样，不求出有香车，入有豪宅，只求有一个安定的环境，能让他们的思维不受干扰，任意驰骋。他们也不求高官厚禄，荣华富贵，只求给他们一个探究真理、报效祖国的机会。屠善澄院士的一生都在这样做，直到生命停息的那一刻。2017年5月6日1时14分，屠善澄因长期患病治疗无效，不幸在北京逝世，享年93岁。党和国家给他的评价是"中国共产党的优秀党员，久经考验的忠诚的共产主义战士，我国人造卫星工程的开拓者之一，著名的自动控制技术专家"。他最后担任的职务和获得的荣誉是"国家'863计划'航天技术领域专家委员会首任首席科学家，原世界工程师组织联合会主席、中国工程院院士、国际宇航科学院院士、中国航天科技集团公司科技委顾问、中国空间技术研究院技术顾问"。

第二篇
大根大器大力量

　　核能是人类的福音，有了它，人类不必担心石油和煤炭会枯竭，但核弹又是战神最爱的利斧，因而也是和平女神手中必备的盾牌。

　　中国科学家为祖国的发展寻求新能源，为祖国的安全打造核盾牌，献出的不仅是知识，甚至还有宝贵的生命。

14楼203号
钱三强

功不可没

　　钱三强（1913年10月16日—1992年6月28日），浙江湖州人，1936年清华大学毕业，在法国居里实验室工作，获博士学位。1955年被选聘为中国科学院学部委员（院士），曾任中国科学院近代物理研究所（后原子能研究所）所长，中国科学院计划局局长，学术秘书处秘书长，二机部副部长，中国科学院副院长等职，被追授"两弹一星功勋奖章"。

"三强"的由来

1964年10月16日下午3时，在新疆罗布泊。随着明亮的闪光，一朵蘑菇云升了起来，春雷般的巨响震动了世界。中国的第一颗原子弹试验成功了！在这一天，恰好是钱三强51岁生日。

钱三强，原名钱秉穹，在中学时代，他就崭露头角，引起了各科老师的关注：数学老师希望他向数学方向发展；物理老师劝他朝物理方面多多努力。音乐老师说他的音乐不错，愿意给他"开小灶"；美术老师认为他的绘画不错，多努一把力，有可能成为一流的画家。

钱秉穹的体育也是强项。他的个子不高，却是学校篮球队"山猫队"的主力。在赛场上，他敢于和高个子拼，犹如山猫一般灵活，腾挪闪转，屡建奇功。他的乒乓球打得很好，曾经在上百人参加的北平男女中学生乒乓球比赛上拿过第四名。他还是学校拔河队的成员。而且，他在拔河中练出来的本领，后来还派上了大用场。

一天，秉穹的父亲收到一封信，信封上写着三个大字——"三强收"。谁是"三强"？父亲正奇怪，没想到秉穹说："这信是我的。"

"你怎么叫'三强'呢？"父亲更奇怪了。

儿子解释说，他和几个同学亲如兄弟，他虽然排老三，可是学习、体育却样样最强，大家就称他为"三强"。秉穹的父亲知名度很高，他就是中国著名的国学家、文字学家，五四运动的名将，北京大学教授钱玄同。

钱玄同一听秉穹的解释，不禁连连点头。因为他也觉得"秉穹"这两个字既不好认又不好写，应当改改，可是一直也没有时间来细细地为秉穹想一个富有新意的名字。现在这个"三强"，含有强身、强志、强国的意思。不错，是一个好名字！于是，"钱秉穹"就改成了"钱三强"。

中学毕业时，受孙中山《建国方略》中描绘的中国未来宏伟远景的影响，钱三强想报考以工科著名的南洋大学，也就是现在的上海交通大学。可南洋大学是用英语教学的，钱三强在孔德学校学的是法文。怎么办？他决定先考北京大学预科，在那里把英语攻下后，再去考南洋大学。凭着顽强的毅力和过人的天赋，他仅用了一个学期，就拿着一份不错的英语成绩单向父母报喜了。

北大预科将要毕业了，本来想学工科的钱三强突然改变了主意，他决定报清华大学物理系。他的选择可不是心血来潮，而是在上现代物理课时，被吴有训教授用形象的实验和生动的讲解吸引住了，物理世界是那样美妙，他要去探索它的无穷奥秘。

钱三强即将进入清华大学的校门时，父亲高兴地题写了四个大字"由牛到爱"送给他。这是什么意思？钱三强一时看不明白。父亲说："学物理嘛，就要向牛顿和爱因斯坦学习，做出成就来，这是其一；其二嘛，学习就要像牛那样苦干，渐入佳境后，就会爱上这门学科。"从此"由牛到爱"，就成了钱三强的座右铭，并且一直悬挂在他的书房中。

在居里实验室

在巴黎的皮埃尔·居里街11号，有一座简朴的三层楼房，这里就是闻名世界的巴黎大学镭学研究所。居里夫人去世后，这里就由她的女儿伊莲娜·居里（Irène Joliot-Curie）主持工作。她同样取得了骄人的成就，获得了诺贝尔奖。大学毕业一年后，钱三强赴法国深造，在严济慈先生的介绍下，师从伊莲娜·居里。

通过伊莲娜·居里，钱三强认识了她的先生，同样著名的约里奥-居里先生（Frederic.Joliot-curie）。约里奥-居里性格豪爽、富于正义感，对当时正遭受日本侵略的中国非常同情，因此和钱三强很谈得来。不久，伊莲娜·居里就告诉钱三强，约里奥-居里希望他能去给他当助手，完成一项重要的实验。她还说："你的博士论文将由我们一起来指导。"

能够和约里奥-居里夫妇一起工作，又能同时得到两位世界著名科学家的指导，那一刻，钱三强感觉自己真是天下最幸运的人了！

在约里奥-居里的指导下，钱三强工作很努力。为了培养这个年轻的中国人，约里奥-居里常交给钱三强一些困难的工作，钱三强不仅完成了，而且完成得很出色。从不在公开场合表扬自己学生的约里奥-居里，竟破例表扬了钱三强。

1939年初，伊莲娜·居里要钱三强和她一起做一个重要的实验。本来，实验进行得很顺利。可谁知，就在这时，一个不幸的消息传来，钱三强的父亲去世了。钱三强悲恸至极，出国前，和父亲别离时的情景历历在目。那时父亲虽然已经病重，可是不仅不阻拦儿子远行，还鼓励他："报效祖国，造福社会，路程远得很哩！男儿之志，不能只顾近忧啊！"现在，一切如昨，可是父亲却永远离开了他。但是想到父亲的教诲，又有小居里夫人的鼓励。钱三强在痛哭一场之后，擦干眼泪，强忍悲痛，给家里写了一封吊唁信，然后又走进实验室继续工作。他知道，唯有这样才对得起父亲的养育和教诲，对得起父亲为他改名"三强"的初衷。

终于，钱三强出色地完成了这个重要的实验。那时，科学家们发现了铀原子核能够分裂成两部分。这种分裂会释放出惊人的能量。伊莲娜·居里和钱三强做的这个实验最早支持了核裂变说。钱三强将实验结果写成了论文，获得了法国国家博士学位，法国的博士分好几种，这是级别最高的一种。1946年7月，卡文迪许实验室的李弗西（D·L·Livesey）和格林（L·L·Green）发现了原子核分裂的三叉形径迹。这是很奇特的现象，但没有引起他们的重视。钱三强却不放过这个蛛丝马迹，经过他与何泽慧细致、艰苦的工作，终于证明这是原子核的"三分裂"现象。接着，他们又发现了原子核的"四分裂"现象，并且从理论上对"三分裂"和"四分裂"进行了阐述。这是引起世界关注的重要发现。同时也证明了中国人的能力和智慧。

钱三强真诚、热情，有一颗赤子之心。第二次世界大战时期间，巴黎沦陷，钱三强代一位法国朋友保管一架德国制照相机。撤退时，他把自己的东西丢弃了许多，却把法国朋友的照相机带在身边。不料，在通过一座大桥时，守桥的法军士兵竟把持有这种相机作为判别德国间谍的依据。在战时，军队可以随意处死他们认为是敌方间谍的人，钱三强为此险些丢了性命。

为纪念钱三强而发行的邮票

1947年，他的好友汪德昭要回国，名义是"为老母做寿"，实际上是投身于东北战场，去配合"东北剿总司令"卫立煌举行战场起义。钱三强亲自扛大箱提小笼，送汪德昭夫妇到机场，还凭着他和机场管理人员的良好关系，使汪德昭超重的行李得以顺利放行。直到20世纪90年代，汪德昭院士谈起钱三强的古道热肠，还是赞叹不已。

钱三强对朋友真诚、热情，对祖国更是如此。在清华读书时，他就参加了著名的"一二·九"爱国运动。在12月16日那天，他和北平的爱国学生一起，高呼着抗日口号，举行示威游行。当队伍行进到西便门时，和军警发生了冲突。钱三强以当年拔河队员的体魄，和同学们一起，把被军警抓走的同学拉回来，又冲开了军警的封锁线，自己的衣服被撕破了、身体被碰伤了却全然不知。

1948年，中国大地硝烟正浓，战火正酣，正在法国居里实验室工作的钱三强与何泽慧却想回国了，这让他们的朋友感到意外，他们在法国生活得不是很好吗？他们事业有成，家庭美满，法国又是世界公认的科学昌明、文化优秀、生活优裕的国家，为什么偏要回到那个战火纷飞，贫穷落后的中国去呢？

原来，早在1945年，钱三强就经中共旅法支部介绍，在法国结识了邓发同志。邓发是中共重要领导人之一，长期从事工人运动，并担任中共中央社会部副部长。读过斯诺《西行漫记》的人都知道，当年就是邓发将斯诺接到陕北根据地的。1946年，钱三强又见到了来法国参加世界劳工大会的邓发同志。在这次难忘的会晤中，热情的邓发对中共旅法支部的负责人说，要把钱三强当成自己的同志看待，并且邀请他参加只有旅法支部的共产党员才能参加的会议。在会上，刘宁一告诉大家，中国正面临着两种前途、两种命运的决战。这深深地触动了钱三强，他更加牵挂祖国的前途。

1948年，他决定回国了。"科学没有国界，但是科学家有祖国"，这是钱三强一贯的信念。他出国学习的目的本来就是要报效祖国。追求真理、热爱新生事物，是科学家的特质，更何况在居里实验室，受反法西斯战争的影响，许多成员都成了法国共产党员。在这样的环境下，钱三强自然对新中国、对中国共产党充满了向往。这时，解放军的攻势如摧枯拉朽，国民党的统治已经摇摇欲坠，如果再不回去，就不能亲眼看到旧中国的结束，更不能亲手迎接新中国的诞生了。因此，他急切地要回国，便在情理之中了。

钱三强的想法得到了中共旅法支部负责人刘宁一等人的支持。那时，也有人劝他，国内

战火正酣，现在回国，虽不是出生入死，也是风险很大，还是等些时候吧，可是他与夫人何泽慧还是毅然启程了。

钱三强与何泽慧

黎明前后

工人、农民是通过自身政治和经济地位的改变，也就是"翻身当家做主人"，认识和拥护中国共产党的，而科学家往往是通过本学科的发展了解共产党的。钱三强和许多科学家一样，亲身经历了旧中国科学的落后和新中国科学的迅猛发展，并有着深刻的体会。1948年，钱三强回国后，一面在清华大学任教，一面在"北平研究院原子学研究所"工作，研究所是一座位于东皇城根的老式院落，全所人员共5个人，还不如现在的一个研究小组人多。而真正的研究人员只有3位，除了钱三强夫妇外，就是那位后来为中国核武器研制立下大功的彭桓武教授了。说到经费就更惨，严济慈先生曾在那时的报纸上发表过一篇文章，文中说，北平研究院每个研究所每月只能分到33块3毛钱的经费，摊到每个研究员身上只有6毛多。原子能所的待遇算比较高的，每月的经费也只够买十几只电子管，以这样的条件，摆个小摊，给人修修收音机还差不多，想搞原子能研究，连杯水车薪都谈不上。那时别说没有加速器等高精尖设备，就连普通仪器都买不起，钱三强他们只好从天桥的旧货摊上买些工具，自己动手制作一些简单的设备。器材尚可自制一部分，人才怎么办？为攻克原子能科学，钱三强想调集一些专门人才，他去找过梅贻琦、胡适、李书华。这些人都是中国学界中举足轻重的人物，可是面对旧中国各立门户、各自为政的状况，竟也束手无策。钱三强深深地感到失望，同时也让他对旧中国僵死、腐朽的制度，和当政者的愚昧、无能，有了更透彻的了解。

1949年3月，中华人民共和国成立前夕，钱三强受周恩来委托，和郭沫若、刘宁一、徐悲鸿、曹禺等一起，赴法国参加保卫世界和平大会。这是一个难得的机会，出于为新中国开展原子能科学研究的热情，他通过代表团副秘书长丁瓒提出一个要求，希望能批给20万美元，以便到法国购买科研急需的仪器设备。可是要求刚刚提出，他又后悔了。因为那时国民党以为自己还占着江南半壁河山，幻想"划江而治"，而解放区的物价还没得到平抑，工人失业、工厂停工的状况还没有解决，农村要生产救灾，解放军正在准备渡江作战等，在这个时候，申请这么多的外汇，是不是有些太冒失了？是不是自己书生气太重，不识时务？正忐忑不安的时候，想不到中央不仅批准了他的要求，而且认为他的建议很好，还通过当时的统战部部长李维汉，把一笔5万美元现钞交到了他手上。这些钱还隐隐散发着一股潮气，因为在战争期间，它们是被隐藏在深窟秘洞中才得以保存下来的。李维汉告诉钱三强："你是代表团成员，和代表团秘书长刘宁一又熟悉，用款时你们商量着办就成了。"

作者请钱三强的女儿钱民协审看本书校样

　　这是何等宝贵的外汇，这是何等的信任！钱三强感动得热泪盈眶。他深深体会到共产党是重视科学的。

　　现在，中华人民共和国刚刚成立，中国科学院就在中关村首先建起近代物理所大楼，这是中关村的第一座科研楼，它预示着中国的原子能研究要大展宏图。那时许多北京居民还住在低矮的平房、纷纷扰扰的大杂院里，而中关村却矗立起一幢幢为科技人员建的住宅楼……

　　看着这一切，钱三强由衷地相信，中国人的强国梦将要变成现实了。钱三强以他特有的真诚和热情，全身心地投入新中国的建设中。

　　1949年10月31日，中央人民政府主席毛泽东签发命令，成立中国科学院，郭沫若为首任院长。钱三强受命负责计划局的工作。建院初期的计划局工作繁重，要调配人员、组建机构，既要熟悉历史情况，又要洞察未来的发展，钱三强就兢兢业业地去做了，并且绩效显著。

　　钱三强特别关注原子物理的发展，他集思广益，听取专家们的意见，拟定了一个建立近代物理所的规划，这个研究所的任务就是发展中国的核物理和核化学。它后来即更名为原子能研究所。建立近代物理所的过程，更让他体会到了社会主义的优越性。1948年，他回国后，为了组建一个具有一定实力的原子能研究机构，四处奔走呼号。可那时学术界派系林立，门户森严，张三不听李四的，王五只听陈六的，就连当时握有最高权力的统治者都没有办法，何况他一介书生。中华人民共和国成立了，一切旧的藩篱拆除了，一切妨碍发展的鸿沟填平了，一切阻挡理解与沟通的隔阂打破了，大家为了一个共同的目标——建设新中国走

到了一起。王淦昌、彭桓武、赵忠尧都来到了近代物理所。曙光在前，钱三强对未来充满了希望。

1952年，美国感到在朝鲜战争中难以取胜，竟在朝鲜和我国东北悍然使用细菌武器。经过钱三强和郭沫若等人的努力，世界和平理事会主席、钱三强的老师约里奥-居里顶着巨大压力，甚至冒着受迫害的危险，决定成立一个委员会，对美国使用细菌武器进行调查。于是，钱三强亲自参加到调查委员会的工作中，进行协调和沟通，终于在取得充分证据的基础上，写成了调查报告书："朝鲜及中国东北地区的人民确已成为细菌武器攻击的目标，美国军队以许多不同方法使用了这些武器……"

钱三强还通过李约瑟等人做工作，打消了一部分委员担心受到美国和本国政府打击报复的顾虑，请委员们在报告书上签字。这份报告书的发表，揭露了美国使用细菌武器的真相，伸张了正义。

打开核大门

1955年1月15日，钱三强和李四光一起走进中南海，为毛泽东等中央领导同志介绍原子能科学的知识。不久，党中央和毛泽东主席审时度势，决定发展自己的核武器。钱三强理所当然地担起了领导核武器研究的重担。为了支援二机部开展核武器的研究，中国科学院以大局为重，把原子能所成建制地交给了二机部，不过名义上还是双重领导，叫作"出嫁不离家"。

钱三强兼任中国科学院原子能研究所所长、二机部副部长等职，责任重大。他非常忙碌，住在14楼周围的人们常可以看到，清晨，一辆绿色奔驰轿车把他接走了，却很少见到晚上什么时候把他送回来。

热情、真诚的人往往没有官气和俗气。时任中科院副院长兼党组书记的张劲夫曾经说，钱三强身上有一种"科学家可爱的书生气"，并且有一句中肯的评论："书生气比官僚气要好得多。"

张劲夫这样讲，大概是因为"科学家可爱的书生气"里往往包含着对事业的挚爱，对真理的追求，不为名利所累，不趋炎附势，把个人得失置之度外的可贵品质。

的确，只要是研制核武器需要，钱三强都会直率地提出来，不管别人说三道四。他提意见从不拐弯抹角，更不会看风使舵。当他认为某些人的做法是错误的时候，甚至会直接说："这样搞，不要说造原子弹，就连山药蛋也造不出来！"

他的夫人何泽慧就嗔怪他"是个'不懂政治'的科学家"。

当然，何泽慧院士说的"不懂政治"，是说他不会说假话、办假事、勾心斗角、尔虞我诈。他只会按科学规律办事，以热情和真诚待人。

钱三强的知人善任是公认的。不少参与核武器研制的"两弹一星"功臣，都是由于他全力举荐，才有了这个报效祖国的机会。然而，选拔和推荐人才，并不是一件容易事，除了要有伯乐之才，还要有敢于坚持真理的勇气和实事求是的精神。

周光召品学兼优，尤其在数学方面造诣很深，正是核武器研制急需的人才。可是按那时的条件，他有"社会关系复杂"之嫌。钱三强不惜承担政治风险，让他加入核武器研究领域中，给予他充分的信任，这就是钱三强"可爱的书生气"。而周光召回报这种信任的，是对核武器研制做出的重大贡献。

1960年年底，中国的原子弹还在研制中，钱三强就开始组织氢弹的理论研究。俗话说"下棋看三步"，正是钱三强的高瞻远瞩，使得中国氢弹的爆炸时间大大提前了。中国在原子弹研制成功后仅仅两年零八个月，就成功地爆炸了第一枚氢弹，而走完这段路程，美国用了七年零四个月，英国用了四年零七个月，苏联用了四年，法国竟用了八年零六个月。因为氢弹的研制落在了中国的后面，戴高乐总统曾严厉地批评了法国的有关部门。而这步好棋能够取得成功的重要因素，是钱三强大胆地启用了于敏。1961年1月，钱三强决定调于敏参加这项工作，于敏是一位有个性、有想法、有追求的青年科学家，这本来很正常，可是由于那时受"左"的风气影响，有人对他有各种议论。更何况，他没有留过洋，和留过洋的科研人员相比，他的学历差一些。然而"书生气"的钱三强不听这一套，他诚恳地对于敏说："你不要有什么顾虑，我想你一定能干好。"

钱三强的一片真诚，点燃了于敏那颗炽热的爱国心，他毅然加入了氢弹的研制队伍，并且立了大功。当年参与氢弹研制的有关人员认为，如果不是调于敏来参加这一工作，氢弹理论的完成，恐怕至少要推迟两年时间。

因为于敏没有留过洋，完全是中国自己培养出来的人才，人们因此称于敏是中国的"国产一号专家"。

1958年8月的一天，晨曦才现，钱三强就在14楼附近，邓稼先的必经之路附近等待着，当正要上班的邓稼先走过时，钱三强把他拉住了，那时邓稼先正担任科学院数理学部的学术秘书，住在和14楼毗邻的6号楼。钱三强和邓稼先边走边聊，走到一个僻静之处，钱三强目光炯炯地盯着邓稼先说："让你去放个大炮仗，如何？"

就这样，钱三强为中国核武器的研制选定了一位栋梁之材。邓稼先回国时年仅26岁，人称"娃娃博士"，可是钱三强勇于启用年轻人，让他挑起了重担。从此，邓稼先隐姓埋名，为原子弹和氢弹的研制做出了重大贡献，把一生奉献给了他深深热爱的祖国，受到党和国家及人民的高度赞扬。多年后，杨振宁在一篇纪念邓稼先的文章中说："钱三强和葛若夫斯，可谓真正有知人之明，而且对中国社会、美国社会各有深入的认识。"

钱三强有很高的学术成就，有很强的组织能力，有高瞻远瞩的眼光，有建设现代化国家的强烈愿望。这都是他能成功领导核武器研制的原因，但是这位"'不懂政治'的科学家"身上那种"科学家可爱的'书生气'"也并非不是重要因素。因此，他才能做到"唯才是举""人尽其才"和"按科学规律办事"；才能够保证中国的核武器研制在很短的时间里，取

得了让世界惊讶的成就。

为本书拍摄图片的摄影家侯艺兵先生，曾经亲身体验过钱三强的直率、真诚和谦虚。有一次他去参加摄影大赛，他拍的人物像，无论从构图、用光、还是捕捉人物神态，样样都属上乘，这是评委们也承认的，可是他的作品却偏偏没有入选。问起原因，评委们说，"大家都不知道你拍的是谁。"

他拍的可都是为中国研制"两弹一星"立下赫赫功勋的科学家，而影展要的却是影视界和歌坛的"大腕""明星"，哪怕是三流的……

这是侯艺兵的悲哀？是评委们的悲哀？还是中国的悲哀？

侯艺兵不服气，他要让人们走近科学家，认识科学家。于是，他决心用一年时间拍一百位院士（那是20世纪90年代初，还称"学部委员"）。当他和钱三强谈到自己的创作计划时，钱三强以他特有的直率，语重心长地问侯艺兵："你怎么选择这一百位科学家？"

侯艺兵也是个直性子，实话实说："我要拍最优秀的。"

钱三强的表情立刻变得严肃了，他说："我们有三百多位学部委员，每一个都是非常优秀的。我都没有资格去评选，你怎么选？像我这样是曝光率比较高的人，有很多科学家从来没有被采访过，但他们做出的贡献比我强多了……"

侯艺兵接受了钱三强的建议，用三年时间，拍了全部三百多位学部委员，在科学界和摄影界造成了很大影响。

功不可没

1964年10月16日15时，在新疆罗布泊，随着明亮的闪光，一朵蘑菇云升了起来，巨响震动了世界。中国的第一颗原子弹试爆成功了！想当年，苏联最高领导人赫鲁晓夫撕毁协议，不再援助我国研制原子弹，而历史好像是一位幽默大师，就在中国原子弹试验成功的日子里，他被赶下了台。历史又像是一位崇敬英雄的女神，第一颗原子弹试验成功的这天，恰好是钱三强51岁生日，多情的女神似乎是以此对钱三强表示祝贺。

1964年10月16日，这个被镌刻在历史里程碑上的日子，钱三强却不在原子弹试验现场。就在这一天，他被告知，要去河南信阳参加"四清"运动。那时，全国都在开展"四清"运动，国家干部都要轮流去

钱三强和孙辈

农村参加"四清"运动，这本不足怪，可是如钱三强这样年过半百，身体又不好，而且领导着核弹研制的重要科学家，也要去农村参加"四清"，却是异乎寻常的。

1967年6月17日，中国第一颗氢弹试爆成功，这又是一个喜庆的日子，钱三强为此立了大功。然而，这个巨大的胜利背后，又隐藏着一个不小的遗憾。此时，中国已经进入"文化大革命"时期，而恰恰是在一年前的1966年6月17日，钱三强就在"文化大革命"的第一波冲击中，被扣上了一顶"资产阶级权威"的大帽子。此时，他还顶着这个莫须有的罪名，在接受批判。在那些困难的日子里，就如在漫漫暗夜中，有一支烛光给人以光明和希望，那就是1966年12月28日，为了庆祝氢弹的原理性试验获得成功，周总理特意在中南海自己的办公室举行了一个简朴的宴会，款待钱三强。这说明，党中央和周总理一如既往地信任他，并对他寄予厚望。钱三强一想到那个难以忘怀的日子，想到周总理那炯炯有神的目光，就看到了希望，看到了光明。也正因为如此，1976年周总理逝世时，钱三强才会那样撕心裂肺般地悲痛。

1969年10月，钱三强被"下放"到陕西合阳"五七干校"。此时，他的女儿也在陕西宜川县插队。父女相隔不过一个县，共饮一条黄河水，却不能相见，只能用书信相互鼓励，相互慰藉。直到1972年，钱三强才获准回到北京治病。

有人曾撰文称钱三强为"中国的原子弹之父"，他很不高兴，他说核武器是许多人共同奋斗的结果，不是哪一个人的功劳。的确，中国的核武器研制队伍中，有着太多的英雄。正如有人说，这支队伍是"满门忠烈"。为了尊重他的意愿，这里不在他的名字前面加什么闪光耀眼的头衔，只引用张劲夫同志在回忆核武器研制过程时讲的一句话："钱三强功不可没。"

1992年，钱三强在北京病逝，但是国家和人民不会忘记他，他被中共中央、国务院和中央军委追授"两弹一星功勋奖章"。一颗小行星被命名为"钱三强星"。他的名字光耀九天，将激励中国人民去实现那个无数英烈不惜为之赴汤蹈火的强国梦。

14楼203号

何泽慧

"华夏居里魂"

何泽慧（1914年3月5日—2011年6月20日），核物理学家。原籍山西灵石，生于江苏苏州。1936年毕业于清华大学。1940年获德国柏林高等工业大学工程博士学位。中国科学院高能物理研究所研究员。在德国海德堡皇家学院核物理研究所工作期间，首先发现并研究了正负电子几乎全部交换能量的弹性碰撞现象；在法国巴黎法兰西学院核化学实验室工作期间，与钱三强一同发现了原子核的"三分裂"现象，并且独立地发现了"四分裂"现象；中华人民共和国成立初期，与合作者自力更生研制成功原子核乳胶；在领导建设中子物理实验室、高山宇宙线观察站，开展高空气球、开展高能天体物理等多领域研究方面做出了重要贡献。1980年当选为中国科学院学部委员（院士）。

玛丽·居里曾说过："人类不可缺少具有理想主义的人，他们追求大公无私的崇高境界，毫无自私自利之心，无暇顾及本身的物质利益。"何泽慧就是这样的人。

小荷才露

1914年3月5日，一个女孩在苏州十全街"灵石何寓"诞生了。当她来到纷纭的人世时，她已经有了一位姐姐和一位哥哥。她的父亲叫何澄，母亲叫王季山。按照何家的习俗，男孩子取名都用"泽"字排行，而女孩子都用"怡"字排行。因此，这个女孩的姐姐叫何怡贞，而哥哥叫何泽明。她呢？自然也应当用一个"怡"字取名。

迎接这个女孩的世界满目疮痍。这一年，第一次世界大战爆发，14国卷入烽火连天的不义之战中，13亿生灵涂炭。就连著名女科学家玛丽·居里夫人都带着女儿伊莲娜，走上战场救死扶伤。这一年，袁世凯在天坛祭天，并且颁布了《修正大总统选举法》，暴露了他恢复帝制的企图。

当然，能让人稍感宽慰的消息也有。这一年，任鸿隽、秉志、赵元任、杨杏佛（杨铨）等几位中国留美学生成立了中国第一个现代综合性科学团体——"中国科学社"。这一年，清华大学的前身"清华学校"开始每隔一年选派10名女生赴美留学。

虽然外面的世界处于动荡和战乱中，但是女孩的家庭还享受着暂时的和谐安宁。不料，就在女孩刚刚懂事的时候，她就给这个家庭带来了一场变革。那天，她突然跑到长辈跟前，要为自己"维权"了。她一脸稚气又一脸庄重地"质问"道："为什么哥哥的名字里有个'泽'字，我没有？"

"因为哥哥是男孩子呀。"长辈回答。

"不！"想不到女孩突然瞪大了一双秀眼，用不容置辩的口吻说："男孩女孩都要一样，我也要叫'泽'。"

长辈们先是被女孩的话语惊呆了，然后又笑了起来。没有想到她小小年纪就知道男女平等了，而且敢于挺身而出，为女孩子"维权"。她怎么会有这样超前的理念呢？思来想去，只能归于家庭的潜移默化。

女孩的外婆叫谢长达，已经53岁的谢长达在苏州成立了"放足会"。鼓励已经缠足的妇女放脚，扯掉那又臭又长又折磨人的裹脚布，让已经被摧残的脚"回归自然"。谢长达四处奔走，鼓励已经缠足的女孩放脚。因为谢长达的婆家姓王，依旧时的风俗，人们称她"王谢长达"。而那些守旧派因为对她又恨又怕，就在背地里称她为"王老虎"。谢长达还积极主张女孩子受教育，她认为，缠足是伤了女子的身体，不读书则是闭塞了她们的心智。她还自己捐钱，克服重重困难，办起了振华女校。

女孩的外公王颂蔚曾是光绪年间进士，在朝廷任三品官，有"苏州才子"之称。日本侵略

朝鲜染指中国，但是在这燃眉之急的时候，堂堂大清朝的军机处，竟找不到一份普通的朝鲜地图！他眼看清政府在政治上腐败、在军事上懦弱，却无力改变，抑郁含恨辞世。

女孩的父亲何澄因为痛恨封建制度下的"鸦片、小脚、八股文"，到日本去学习军事。孙中山成立同盟会后仅一年，他就成了会员。后来参加了辛亥革命，功劳卓著。

女孩的大舅王季烈是科技著作的翻译家。过去，中国将物理称为"格致"，是他用"物理"代替了"格致"。他还是最早把X光介绍到中国的人。

女孩的二舅王季同曾在英国剑桥大学留学，是著名数学家和机电专家。他从小就喜爱数学，年仅27岁时，就出版了多部数学专著。

女孩的三舅王季点是何澄的好友和同学。曾任京师大学堂"提调"，也就是教授。

女孩的小舅王季绪曾在日本东京帝国大学和英国剑桥大学留学，在英国获博士学位。是中国机械工程学的创始人之一，曾任国立北平大学机械科主任、代校长、北洋大学代校长、北洋工学院院长。

女孩还有同样出色的姨妈。大姨王季茝，是中国第一批官费女子留美生之一。1918年成为中国最早的食品营养学专家，因为她的博士论文题目为《中国皮蛋和可食用燕窝的化学研究》，被人戏称为"皮蛋博士"。

二姨王季常排除了重重困难和障碍，在苏州开办了一所商业专科学校，为社会培养了人才，成了世所公认的教育家。

三姨王季玉曾在美国获得文学学士和植物学硕士学位。回国后任振华女校校长，将振华女校办成了一所名校。

女孩的妈妈王季山，光绪十三年（1887年5月29日）出生在北京，后来到了苏州，进入母亲谢长达办的振华女校简易师范学习，之后又赴上海中西女校读书。是当时很少有的知识女性，由于她，何家出了著名的"何氏科学家系列"，女孩的兄妹都成了科学家、教育家。

出生在这样的家庭中，女孩为男女平等而奋起"维权"也就不奇怪了。也正因为长辈们都是求新、求变、求改革的先行者，女孩的维权"大获全胜"。长辈们决定，以后何家的女孩子也按"泽"字排行。从此，女孩的名字里就有了一个"泽"字；以后，中国就有了一位叫何泽慧的女科学家。

那是1932年，几位花季少女从苏州来到上海考大学，何泽慧就是她们当中的一位。到了上海，女孩们才发现，别说豪华的大酒店，就是简陋的小旅馆她们也住不起。怎么办？她们发起愁来了：

"今晚在哪里睡觉啊？"

"是呀！都快愁死了。"

只有何泽慧不发愁。"这有什么好愁的？"她说，"谁家在上海有亲戚，我们住到她家去。"

"我在上海有亲戚，"一个女孩说，"可房间太小，咱们这么多人……"

"没关系，搭个铺挤一挤也行啊。"何泽慧说。

这个建议立刻得到了大家的赞同。于是，这天晚上她们就挤在了一起。女孩们凑到一起，总有说不完的话。

"唉，家里人都反对我考大学，说女孩子能认几个字，会做家务就行了，上什么大学！"

"哼，重男轻女，所以我们一定要考上大学！"

"可，可要是考不上呢？"也有人担心。

这下，大家都不说话了。是啊，要是考不上怎么办呢？

何泽慧却满不在乎地说："那有什么！要是考不上，我就去给人家当小保姆，一样有饭吃。"

大家都愣了，出来考大学就是想有所作为，怎么能去当"小保姆"呢？其实，何泽慧的想法一点不奇怪。那时候的社会看不起女性，像何泽慧这样有志气的女孩子都追求自立自强，不要家里养，也不"傍大款"。"滴自己的汗，吃自己的饭，自己的事自己干，靠人、靠天、靠祖上，不算是好汉！"当小保姆也是自食其力，有什么不好！

可能正是因为何泽慧没有心理负担，加上平时学习不错，她以优异的成绩被浙江大学和清华大学录取。她最终选择了清华大学物理系。

可是想不到，在这个传授现代科学的清华大学物理系，有的名教授认为女学生学物理比较吃力，何泽慧等女孩被要求转到其他系。何泽慧为此据理力争，奋起和名教授"过招"，结果她赢了，如愿以偿地留在了物理系。不过，名教授还是想找机会把女学生撵走。对此，何泽慧胸有成竹，只要自己的学习成绩不落在男生后面，谁也不能把她怎么样。为了给女孩子争一口气，她不但努力学习，而且文体活动也是"一级棒"。篮球、排球、游泳样样都行，此外，她还喜欢书法、绘画、篆刻、钢琴。加上那时的女学生大都留齐耳短发，她却梳着两条小辫，更显活泼、美丽。结果，她不但没有被撵走，反而成了物理系的一颗亮星。快毕业了，名教授对男生认真负责、爱护有加，为他们推荐工作四处奔波，不遗余力，但就是不问何泽慧的前程。不过，何泽慧毕竟也是他的学生，于是就出些题目让她做，既算培养她，也是搪塞她。有一次名教授出了个题目：测量子弹的速度。那时，日本帝国主义已经占领了东三省，华北局势也非常紧张。从这样的题目中可以看出，名教授是非常爱国的，他在考虑国防科研问题。只是，出了题目就算完了，他没有对女学生多加指点。

过了几天，何泽慧来找名教授说，她设计了一个测量子弹速度的方法。

"这么快就想出来了？"名教授有些吃惊，"你说来听听。"

何泽慧说，可以让子弹穿过两根通电的铜线……

何泽慧刚说完，名教授就不以为然地说："这种办法书上早有介绍。我没有要你照着书上抄，而是要你自己想。"名教授很不高兴。

"噢，书上有这种办法呀！"没想到，何泽慧不仅没有因为名教授不悦而沮丧，反而面露惊喜。她也不多解释，转身就走了，倒是名教授觉得有些奇怪了。

原来，这个测量子弹速度的方法完全是何泽慧自己想出来的，她根本没有看书，没想到竟和书上的内容"撞脸了"。她证实了自己的能力，当然高兴了。

何泽慧、钱三强与清华物理系八级同学的毕业照

莱茵河畔

大学毕业后，何泽慧去德国留学，她学的是弹道学，也就是研究如何让枪弹和炮弹打得更准确。一般的女孩子是不喜欢这个专业的，何泽慧选择它，是想用自己的所学为抗日战争做贡献。1940年，她提出了一种测量子弹飞行速度的新方法，这可是书本里从来没有的方法，既简单又准确，她因此获得了博士学位。

博士学位拿到了，她准备回国为抗战做贡献。不料，第二次世界大战爆发了，德国不准中国留学生回国，何泽慧被困在了德国。要是换成别的女孩子，可能会哭鼻子，可能会怨天尤人，何泽慧却不会。她说："反正我们家孩子多，不缺我一个。"

她转身去求职了，那是德国有名的西门子公司。德国老板看看她，摇摇头说："不，我们不需要增加员工。"

面对人高马大的外国老板，显得格外娇小的何泽慧毫不怯场："不是我非要到你们公司工作，是你们国家的政府不让我回国。不让我回国，又不给我工作，难道要我饿死吗？天下哪有这样的道理！"何泽慧理直气壮。

德国老板吃了一惊，心想："天啊！好像不是她来求职，而是我们在求她。"

其实，老板是担心战争期间，自己公司的秘密被间谍盗走，因此用人格外小心。不过，看看这位年轻的中国女博士很有水平，又挺有个性，再加上那两条小辫和透着清纯，甚至是青涩的脸蛋，也不像是间谍，就收下了她，让她在公司实验室工作。何泽慧为什么要到西门子公司工作呢？原来，她是想了解为什么德国的产品在世界享有盛誉，他们是怎么做到这一点的，回国后可以借鉴。在西门子公司，何泽慧一直干到了1943年。她当然没有盗窃机密，但是对德国人是如何保证产品质量，让德国制造能够享誉世界，进行了深入的了解。

别看何泽慧敢作敢为，什么困难都不怕，却有中国女孩特有的善良和温柔。她那时寄居在一位叫帕邢的德国教授家里，她的才华、善良和对帕邢教授的关爱，让教授很受感动。帕邢教授根据她的愿望和专长，同时也是考虑到盟军飞机已经开始轰炸柏林，为了她的安全，介绍她进入了德国海德堡皇家学院（KWI）核物理研究所。从此，她在著名的波特（Walther Wilhelm Georg Bothe）教授指导下学习和工作，也由此进入了核物理的研究领域。在海德堡，她开始了一项重要实验，每天要观察大量照片，这些照片可不像风景照那么有趣，在外行人看来都是些杂乱无章的点和线，其实，它们是原子和电子的径迹。因此，需要非常认真细致地观察，否则就会出现疏漏，造成终生遗憾。何泽慧做得非常认真，也非常辛苦。工夫不负有心人。终于，在精心观察了上千张照片后，她发现了一张异常的照片，就从那上面的一点"蛛丝马迹"入手，1945年，她确认了这就是在实验中产生的正负电子弹性碰撞现象，这是很不容易捕捉到的现象。这张珍贵的照片被英国著名的《自然》杂志选用，并把它称为"科学珍闻"。

绽放在巴黎

何泽慧与钱三强的恋爱故事，已经成为经典并广为流传。

从清华毕业后，钱三强赴法国深造，何泽慧则去德国留学了。这一别就是七年之久。直到第二次世界大战末期，何泽慧给钱三强写了一封信，内容是请他代为和家中联系。从此，两人便书信往来不断。因为战争时期，只能通过红十字会传递书信，不仅慢，而且限制在25个单词之内，信封还不能封口。两人的"短信"也只能写些"你好我好"之类的话。由于两人是大学同学，本来就互有美好的印象，现在又同处海外，研究的领域也一样，结果，双方关系迅速升温，后来就有了说不完的话，但是受红十字通信25个单词的限制，难表情谊，怎么办？那就多写几封。于是两人的通信越来越频繁。

第二次世界大战结束了，天空又变得蔚蓝，鲜花又变得绚丽。1945年，在一个晴朗的日子里，带着一只提箱的何泽慧，像一位天使一样，突然出现在钱三强眼前。虽然钱三强深知何泽慧一向是说到做到，甚至不说就做，可这一次还是被弄了个措手不及，当然，更得到了一个意外惊喜。也许，这正是何泽慧想要追求的效果。

1946年4月8日，何泽慧和钱三强举行了婚礼。他们的老师约里奥-居里夫妇高兴地参加了他们的婚礼。约里奥先生在婚礼上热情致辞。他举老居里夫妇和自己的例子说："事实证明，这样的结合，有非常美满的结果。亲爱的钱先生，尊敬的何小姐，我和伊莲娜共祝你们的美满结合，将来在科学事业中开花结果。"

这话果然应验了，钱三强和何泽慧在法国一起发现了原子核的"三分裂"和"四分裂"现象，而"四分裂"则是何泽慧最先发现的。法国科学院因此授予钱三强珍贵的"亨利·德巴维"奖。这是中国人第一次获得这个奖项。人们更将何泽慧称为"中国居里夫人"。她取得的

成果让中国人心大振，尤其是让那些希望进入科学殿堂的女孩子坚定了信念。

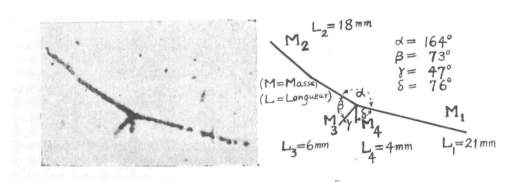

何泽慧利用核乳胶发现的"四分裂"图像及相关测量数据

当年，钱三强与何泽慧的情书，可能是世上最精炼，最简短的情书了，可是两颗真诚的，知你、知我的心在交流时，任何华丽的辞藻都会显得苍白和多余。有的人情书很长很长，可是爱情却很短很短；钱三强与何泽慧的情书很短很短，可是他们的爱情却很长很长。

香远益清

1948年，何泽慧和钱三强一起回到了祖国，这是她多少年梦寐以求的啊！可祖国的贫穷和衰弱却大大出乎他们的意料。北平，许多胡同还是土路，"刮风漫天土，下雨一街泥"。路边慢悠悠的骆驼和面黄肌瘦的乞丐，证明着古都的落后与贫困。何泽慧在北平研究院原子能所工作，那是名气叮当响的研究所，却穷得响叮当。钱都被拿去供官僚们挥霍，供反动派打内战去了，科研经费少得可怜，受到厚待的北平研究院原子能研究所，那点可怜的经费只够开个收音机修理店。何泽慧和钱三强为了搞科研，不得不到天桥旧货摊上，四处买废品和旧工具，拿回来自己制造一些简单的仪器和设备。这时的何泽慧和钱三强哪像闻名世界的大科学家，倒更像拾荒者或是小作坊的师傅。

与此相反，中华人民共和国刚成立，就大力发展原子能科学。尽管那时的中国科技和工业基础都很差，但是何泽慧和钱三强都感受到国家是重视科学的，是倾全力在支持科学的发展。

当时"原子核乳胶"是原子能研究的前沿，只有英国和苏联能够生产，要买就得用外汇，而那时的中国外汇非常紧张。为了不依赖于外国，为了给国家节省外汇，一贯敢作敢为，不信邪、不服输的何泽慧决心自己干！她和同事们一起排除重重困难，夜以继日地奋战，终于研制出了"核乳胶"，经过测试，比享誉世界的英国大名牌"伊尔福"的质量还要好。人们欢腾了，尤其是年轻人，更是兴高采烈。要知道在那个时代，中国的科学和工业基础薄弱，有哪种产品要是能够赶上国际的大名牌，哪怕是一瓶墨水，都会成为报纸上和广播里的轰动性新闻。何泽慧和她的团队，试验和工作条件都远不如英国和苏联，能制出这样高水平的核乳胶，当然值得骄傲，值得高兴。但就在这时，人们发现，何泽慧不仅没加入欢庆的人群中，反而坐在显微镜下仔细地观察。人们很奇怪，这位研制成功核乳胶的大功臣在做什么呢？她最应当高兴，最有资格高兴呀！这时，何泽慧才不紧不慢地，用她特有的朴实直白的语言给大家泼了一盆冷水。她说，我们用来做对比的英国核乳胶是空运过来的，在高空中，它们会受到宇宙射线的影响，到我们这里以后，又存放了好多年，而我们自己的核乳胶却是刚刚试制出来的，因此，这样的对比是不准确、不公正的。她认为，我们的核乳胶与英国的名牌还有差距。何泽慧的"冷水"泼得恰到好处。她让人们冷静了下来，看到了和世界先进水平的差距，但没有泼灭科技人员赶超世界先进水平的热情和勇气。在她的带领下，研制核乳胶的团队再接再厉，不断总结经验，不断前进，经过了400多次试验之后，终于研制出了高质量的，真正可以和伊尔福最新产品比肩的核乳胶。在研制核乳胶的过程中，何泽慧敢于赶超世界先进水平，同时又冷静客观，实事求是的作风，在今天更值得学习、借鉴和传承。

大多数人只知道钱三强是"两弹一星"元勋，却不知道何泽慧也为核武器的研制，立下过汗马功劳。她曾领导研制了我国第一颗原子弹的点火中子源。这是非常重要的装置，没有它，原子弹的链式反应就不能正常进行。在氢弹的研制中，何泽慧也立了大功。为了突破氢弹理论的研究，需要调何泽慧团队中一位大将于敏去扛重任。当时于敏正承担着何泽慧交给他的重要课题，但何泽慧以研制核武器的大局为重，同意将于敏贡献出来。于敏果然不负众望，突破了氢弹的理论研究，成为23位"两弹一星"元勋之一，还获得了2014年度国家最高科技奖，2019年又获"共和国勋章"。

在进行氢弹理论突破时，有一个关键数据非常混乱，美国和苏联的不一样。我们必须用大量实验来验证。这个试验被命名为"35号任务"，本来要用两年到三年时间才能做完，而何泽慧带领一批科学家以极大的干劲，科学的态度，仅用不到半年时间，就完成了任务，取得了准确的数字。为于敏突破氢弹的理论研究，助了一臂之力。也就是说，如果不是何泽慧和她的团队以"一万年太久，只争朝夕"的精神加班苦干，中国的氢弹可能就要推迟两到三年才能试验成功。

此外，何泽慧在研究宇宙射线方面也很有成就。可是对这一切，何泽慧从不提起，好像根本就没有这回事。她处世恬淡，从不在乎什么名誉、地位。在她眼里，名利甚至连一丝浮云都不如。她一心热爱的就是科研工作。1980年，她被选为中国科学院院士，当时还称"学部委员"。在科学界，这是很高的荣誉。几年后，当北京一家报社的女记者

何泽慧在实验室

问到她被选为院士的感受时，她却说："我才不稀罕什么院士呢！"

作为一名女性，何泽慧不仅不爱打扮，甚至有些不修边幅，她的志趣不在穿着打扮上。在家里，她经常穿着一件宽大的、褪了色的旧连衣裙，有些像我们在照片上看到的，居里夫人的衣着。20世纪80年代，何泽慧和一些政协委员在视察途中，有了一次登泰山的机会，和她一起登山的清华校友陈舜瑶至今仍记得：那天，何泽慧的"打扮"简直就是没有打扮，头发随意一挽，穿身旧衣服，俨然像一位道姑。的确，她那俭朴不俗的装束，加上那健步登山的身影，还真有点"仙风道骨"呢。

在何泽慧的身上，人们可以感受到老居里夫人把奖章给孩子当玩具的遗风。物质的富有，并不等于精神的富有；而精神的富有，也不一定以物质的富有表现出来。女性是美好的，她们完全有权力、有理由表现自己的美好，但是美好的形象，不是靠刻意的修饰和过度的装扮，而应当是内在素养的外在表现。这就是何泽慧和许多女科学家给人们的启迪吧。

家风如荷

人们说，钱三强领导下的核武器研制队伍是"满门忠烈"，此话千真万确。不仅如此，钱三强与何泽慧的家也有一门好家风。这个家没有任何豪华的陈设，最多的就是书。他们不爱浮华，只是孜孜不倦地求索科学的真谛。作为科学家，何泽慧治家也有自己的特点。

走进这个家门，会找不到客厅。这个家不设专门的客厅，每一间房都为主人的生活和工作服务，任何一个房间都可以接待客人——甚至那连着厨房的小小餐厅。这种别具一格的方式似乎不合时宜，却会让客人更有一种亲切感。人们如果走进厨房，更会被一幅奇特的景象吸引，在碗柜门前拉一根根细绳，上面挂着一只只大大小小的锅盖，这是为何？原来，这是盖在菜盘子上，用来给菜肴保温的。那时，全家人都非常忙，回家吃饭的时间很难统一，于是菜做好后，就用锅盖盖起来，这样，即使回来稍迟的人也有热菜吃。何泽慧介绍说，这种挂锅盖的方法还是从法国学来的呢。看来，成果辉煌的大科学家在生活上也是"博采众长"的。

钱三强和何泽慧的三个子女，在父母的熏陶下，也继承了生活俭朴、热爱学习、实事求是的优良家风。"文化大革命"时期，三人都到农村插队去了，儿子去了山西绛县，两个女儿到陕北宜川县云岩公社插队。当年宜川县的知青办主任梁书印至今仍记得，钱三强曾给宜川县领导写过一封信，感谢当地干部和陕北老乡对孩子们的关心和帮助。"上山下乡""插队落户"是"文化

钱三强、何泽慧夫妇与儿子钱思进

大革命"时期的特殊产物，但是陕北地区的广大群众和干部，尤其是那些勤劳、善良、朴实的农民，给予北京知识青年以热情的关怀，让他们得以度过那段远离父母的艰苦岁月。从这一点上来说，陕北的农民、干部应当得到知识青年和他们父母的尊敬与感激。而更主要的是，正在陕西"五七干校"劳动的钱三强，以这封信表达了他不愿意让自己的子女脱离广大人民群众的愿望。钱三强的子女早已成才了，即使在遇到困难时，他们也没有靠父亲的声誉为自己谋取什么。

钱三强与何泽慧很爱自己的儿女，他们和许多父母一样，在门后的墙上画了一条竖线，留下孩子们如小树苗一般成长的记录。孩子们一天天长高，那条用铅笔画下的竖线也越来越高，以后孩子们长大了，展翅高飞了，那条标记线像是被小鸟挣脱的壳，只是一个引起美好记忆的符号了。可是在悠长的岁月里，甚至在粉刷房屋时，它都被精心地保留了下来。那素朴的、已经有些泛黄的墙面，因为在这里露出了一条斑驳的、记录着孩子们成长标记的旧墙面，反倒显得洁白了。任何人看到这个旧墙上的标记，都会被深深感动，因为它记录的不仅是孩子们的成长历程，更记录了父母浓浓的爱心，和这个家庭美好的回忆、涩涩的辛酸、甜甜的欢乐……

何泽慧视名利如浮云，却非常重感情。当14楼过于老旧，有关部门为她安排更好的房子，请她搬迁时，她却坚决不肯搬。也许是因为这里承载了她和三强太多的情感。1992年，钱三强不幸去世。10余年来，这里一切如旧，没有时髦的家具和豪华的陈设，最多的是一摞摞的书。墙上依然挂着钱玄同手书的"由牛到爱"，只是多了一帧钱三强的大幅遗照。她一再表示，她最大的愿望就是找到钱三强在"文化大革命"中被人抄走的日记。

她也为钱三强留下的许多书籍而发愁。她想把它们捐给所里的图书馆，可图书馆说，那些书已经过时了，从科技的角度讲，没有多大价值了。有些文化修养的人，都会对这样的逻辑唏嘘不已，可是又有什么办法？后来，一位所领导同意接受这些书，何泽慧很高兴；谁知此事还没有办成，那位领导离任了。于是，这些书如何保存又成了问题。

荷风永存

直到90高龄时，何泽慧仍然每天早早地就去高能所上班，所里要给她配车，她不要，仍是坐班车，甚至是挤公交车去上班。中午她就在在食堂吃饭，然后买两个馒头带回家，晚上一热，就算是晚餐了。许多人对此都感叹不已。她在清华的老同学，"两弹一星"元勋、"863高科技计划"倡导者之一的王大珩院士曾有诗曰：

春光明媚日初起，背着书包上班去。
尊询大娘年几许，九十高龄有童趣。
毕生竞业呈高能，尤庆后继茂成林。
夕阳照晚红烂漫，赞我华夏居里魂。

这首诗生动形象地描绘出了何泽慧不老的精神风貌。

何泽慧质朴无华，有人说她就像安徒生童话《皇帝的新衣》的孩子，只讲真话，不管时间、不管地点、不管对方的职位。有一年，中央办公厅主任温家宝到家里看望她和钱三强，她劈面第一句就是："我给你提个意见。"

作为一名女科学家，何泽慧一生都坚持着为女性争地位，就连清华大学校庆时，请她题词，她还"不合时宜"地题写了"男女平等"四个大字。现在的清华大学当然不会再把女生驱逐出去了，可是细细想想，在人们的固有观念里，是不是仍然有搞科研，学物理，女不如男的想法呢？作为一种警示，一个提醒，何泽慧的题词其实也并非不合时宜。

2011年6月20日，何泽慧院士走完了可能在她自己看来是很平常，而实际上却是很不平凡的人生路。但是，热爱科学，热爱生活；有理想，有追求的人老了，心却不老，这样的人去世了，精神也会永存。愿清清荷风，永远轻轻吹拂着华夏大地。

14楼104号

赵忠尧

诺贝尔奖的疏漏

　　赵忠尧（1902年6月27日—1998年5月28日），核物理学家，浙江诸暨人。1925年毕业于东南大学。1930年获美国加州理工学院博士学位，1948年当选为中央研究院院士，1955年被选聘为中国科学院学部委员（院士），曾担任中国物理学会副理事长、中国核学会名誉理事长。第一至第六届全国人民代表大会代表，是第三、四、五、六届全国人民代表大会常务委员会委员。作为中国原子能研究与应用的开拓者之一，20世纪50年代初，主持建立中国科技大学近代物理系，主持建造了中国最早的加速器，并进行原子核反应的研究。他为中国核科学事业及人才培养做出了重大贡献。

1998 年 5 月 28 日，美国"发现者号"航天飞机正在发射台上整装待发。"发现者号"的这次发射，吸引了全世界的关注，因为它搭载了一个特别的装置——阿尔法磁谱仪，简称为"AMS"。它是由著名美籍华裔科学家丁肇中先生设计的，其中的核心部件——磁铁是由中国科学院电工所研制的。这个装置的任务，就是寻找太空中的"反物质"。科学家们相信，在宇宙中存在着"反物质"，反物质的基本属性和我们熟悉的世界正好相反，它们一旦和我们这个世界的正物质相遇，就会发生湮灭现象，变为光子和介子，同时释放出巨大的能量，而赵忠尧就是首先观察到正反物质湮灭现象的科学家。

要研究原子的秘密，就必须有加速器。说起中国的第一台加速器，就不能不说赵忠尧教授。他是 1948 年中央研究院院士，1955 年中国科学院选聘的第一批学部委员（后来统称为院士）。

其实，在赵忠尧身上，还有许多"第一"：

他创立了第一家具有完全自主知识产权的铅笔厂。

他是第一个亲眼看到原子弹爆炸的中国人。

他是第一批被美国政府囚禁在第三国的中国科学家。

就连新中国拍摄的第一部儿童影片都和他有关。

当然，更重要的是，赵忠尧是世界上第一个发现了湮灭现象的人。

现在许多人不知道赵忠尧的功绩，也不大知道研究核科学的静电加速器是什么东西，但是几乎人人会唱那首歌《让我们荡起双桨》：

> 让我们荡起双桨
>
> 小船儿推开波浪
>
> 海面倒映着美丽的白塔
>
> 四周环绕着绿树红墙
>
> …… ……

这首歌出自儿童影片《祖国的花朵》。20 世纪 50 年代中期，在 14 楼前时常会见到一位漂亮的小姑娘，大人们会说："看，'祖国的花朵'。"孩子们会说："看，中队长梁惠明。"

虽然她是"祖国的花朵"，可她不叫梁惠明，她叫赵维勤，是赵忠尧教授的二女儿。因为在儿童影片《祖国的花朵》中出演少先队中队长梁惠明而闻名，那年她才 12 岁。不过真实生活中的赵维勤却是少先队大队长，要比电影里梁惠明的"官职"高。也许，这部电影反映的纯真年代的纯真主题，会渐渐被人淡忘，但电影中的插曲《让我们荡起双桨》已经永驻在儿童和成人心中，化作了永远的旋律。

那时，赵忠尧教授的家在地安门，赵忠尧的孩子们经常去北海泛舟。就在《祖国的花朵》上映不久，赵忠尧全家搬到了中关村14楼104号，孩子们也就改去昆明湖荡桨了。

卧薪尝胆

1902年6月27日，赵忠尧先生出生在浙江诸暨县（今诸暨市）。这里是越王勾践卧薪尝胆的地方，是越国经过"十年生聚，十年教训"而重新崛起的地方。1924年他在南京高等师范学院提前修完了学分。对赵忠尧来说，这并不是一件容易事。他在中学读书时，虽然理科和国文的成绩都很优秀，但因为县立中学条件有限，他的英文功底相对薄弱一些。而其他同学大都是从市立中学毕业的，英文比他强得多，偏偏

赵忠尧、钱三强、何泽慧、童第周、贝时璋等人住过的14楼2单元

高师选用的又是英文原版教科书，这给赵忠尧的学习带来了更大的困难。那些市立中学毕业的同学，在中学时已经学过这部教材，现在再学一遍，驾轻就熟，自然这又给赵忠尧平添了许多压力。然而，赵忠尧是一个不畏拦路虎的人，凭着卧薪尝胆的精神，他一边查字典一边学习，刻苦攻读了一个多月，终于冲破了外语障碍。就在赵忠尧拿到了所需的学分时，他的父亲不幸去世了。本来就不富裕的家庭，如同一座老屋突然倒下了顶梁柱，再也不能为赵忠尧遮蔽风雨了，面临失学危险的赵忠尧只好找一份工作，以便把学业继续下去。恰逢学校需要助教，因为他物理成绩突出，校方就安排他在物理系当了助教。从此，赵忠尧一边教学，一边还要抓紧时间进修。这时的南京高等师范学院已经改为东南大学。又是凭着卧薪尝胆的精神，第二年，赵忠尧就补足了高师和大学本科的学分差额，拿到了东南大学的毕业文凭。就在拿到文凭的1925年夏天，赵忠尧应叶企孙教授之邀，来到正在筹建大学本科的清华学堂任助教。

他"不知天高地厚"

那时的清华有个规定，教师可以用公费轮流到国外进修，每五年一次。可是赵忠尧觉得五年的等待太长了，他决定自费赴美国留学。他东挪西借，加上申请到了一些补贴，终于在1927年实现了赴美国留学的愿望。

赵忠尧在美国进入了加州理工学院，师从著名的1923年诺贝尔物理学奖获得者密立根（R. A. Millikan）教授。当年他在东南大学时，学的就是密立根教授编写的英文版物理教科书。在作博士论文时，密立根教授给赵忠尧出了一个题目，有人告诉他，这个题目很不错，不

仅好做，而且实验设备都是现成的，这样就可以轻松地拿到学位了。人们原以为赵忠尧会很高兴，可是他的想法不一样，他认为自己到美国来是要学习先进的科学，不是为了混文凭。他担心做这个题目，虽然拿文凭比较容易，可是学不到什么东西。思前想后，他横下一条心，准备向密立根教授提出，要求更换论文题目。赵忠尧的朋友们听说后，都很吃惊。密立根教授给学生定的题目都是经过深思熟虑的。现在学生竟要求改换题目，那不是向教授的尊严和威望挑战吗？果然，当赵忠尧向密立根教授提出，给他换一个更难的题目时，密立根教授吃惊了。在他的教学生涯中，尽管也遇到过喜欢专拣"硬骨头"啃的学生，但是要求改论文题目的学生从来没有见过。不过，教授并没有生气，也许天下的老师都喜欢爱找难题做的学生。几天后，他真的给赵忠尧换了一个题目——"硬伽马射线通过物质时的吸收系数"。密立根教授按照平常的说话习惯，绅士风度十足地对赵忠尧说："这个题目你考虑一下。"

赵忠尧按中国人的思维方式想，既然是教授让他"考虑"，那就是还可以商量。他担心这个题目的难度还是不够大，于是就随口应道："好，我考虑一下。"

密立根教授是物理学的权威，又是一个很有修养的西方人，即使已经做了决定，不容商议的事，他也仍会彬彬有礼地说一句"请你考虑一下"，以示尊重对方。可是，赵忠尧偏偏没有理解这"考虑"的真实含义，竟然"给个棒槌就当针（真）"了。密立根教授一听，面露愠色地说："这个题目很有意思，相当重要。我看了你的成绩，觉得你做还比较合适。你要是不做，告诉我就是了，不必再考虑。"

赵忠尧虽然是个实在人，却并非冬烘先生，一听这话才明白，这是老师经过深思熟虑、反复挑选，才为他"度身定制"的题目，是出于对他的深厚期望才交给他的，自己确实没有必要再"考虑"了。他立刻表示愿意做这个题目，密立根教授才露出满意的神情。

实验是艰苦的。那时，赵忠尧上午上课，下午准备仪器，只有在晚上夜深人静时，才能进行实验。这个实验要求半个小时取一次数据，而且要通宵达旦地做。已经劳累了一整日的赵忠尧只好靠闹钟把自己从困倦中催醒，坚持把实验做下去。科学的发现既需要创新意识，也需要认真的、一丝不苟的工作态度，尤其是有些科研工作，需要做大量烦琐的、枯燥乏味的实验。赵忠尧就一直以一丝不苟的科学态度，坚持把实验做下去。实验的结果出人意料，也令人惊喜。他发现：轻元素和重元素吸收硬伽马射线的情况是不同的，只有在通过轻元素时硬伽马射线的吸收才和当时通行的一个公式相吻合；而通过铅这样的重元素时，却比用那个公式计算出来的结果大了近百分之四十。这是一个非常重要的发现。因为结果出乎密立根教授的预料，他一度怀疑实验的正确性，因此，赵忠尧的论文在一年之后，才得以在《美国国家科学院院报》（*Proc. Nat. Acad. Sci.*）上发表。几乎同时，《英国皇家学会会刊》（*Proc. Roy. Soc.*）发表了泰伦特（G. T. P. Tarrant）的论文，当时在德国的梅特纳（L. Meitner）和赫布菲尔德（H. H. Hupfeld）也分别发现了硬伽马射线在重元素上的反常吸收。尽管他们都报告了"反常吸收"的存在，但赵忠尧的实验结果更准确，更令人信服。他是发现反常吸收的理所当然的折桂者。

赵忠尧凭已经完成的论文《硬伽马射线通过物质时的吸收系数》，就完全可以拿到博士学位。可是，一个有作为的科学家不会只满足于眼前的成果，更不会囿于学位和名利之中。他追求的是科学的真理，因此总会不断地研究和思索深层次的问题。赵忠尧又设计了一个新的、更重要的实验，用来观测"硬伽马射线的散射"，并进一步研究"硬伽马射线与物质相互作用的机制"。在这个实验中，赵忠尧遇到了意想不到的问题：试验的关键仪器"霍夫曼真空静电计"的指针像是在跳摇摆舞，总是不停地摇来摆去。开始，赵忠尧认为是周围环境的振动造成的，为了减轻振动，他使用了能想到的一切手段，甚至把网球都拿来，当作减震装置进行试验，可是指针还是无休无止地摇摆。经过反复观察和试验，赵忠尧终于发现，导电不良才是造成

年轻时的赵忠尧

指针大跳摇摆舞的原因；结果只用几滴含碳墨水就结束了这场摇摆舞。功夫不负有心人，赵忠尧在这个实验中发现了伴随着硬伽马射线的反常吸收，还存在着一种"特殊辐射"。这种辐射非常微弱，被淹没在强大的"康普顿散射"中，很难捕捉到它的踪影。正面强攻不行，就"抄后路"。"康普顿散射"主要在朝前的方向，朝后的部分不仅能量低，强度也弱。赵忠尧独辟蹊径，决定在朝后的方向测量，结果获得了清楚的"特殊辐射"的信息，并且准确地测量到了这种特殊辐射的能量为0.5兆伏，大约等于一个电子的质量。后来人们才意识到，这是一个非常重要的成果。

赵忠尧把他的研究成果写成了第二篇论文《硬伽马射线的散射》，于1930年10月在美国《物理评论》杂志上发表。在赵忠尧的论文答辩会上，他的论文得到了教授们的高度评价。这时，密立根教授却翻起了"旧账"。他笑着对教授们说："这个人不知天高地厚。当初我让他做这个题目，他还说要考虑考虑呢！"密立根教授的话引起了在座教授们欢快的笑声。谁都听得出来，密立根教授是在用一种幽默的方式，表达他对赵忠尧和他的论文的赞许。当然，他也不掩饰自己的得意之情，毕竟是他培养出了这样一位优秀的学生，并为他选定了这样一个题目。

的确，除了传道授业解惑外，密立根教授还从各方面给予赵忠尧很大的支持，因为有他给赵忠尧写下的评语，赵忠尧才得以获得宝贵的奖学金。密立根教授还在自己的专著中，多处引用赵忠尧的论文，这对于赵忠尧确立在学术界的地位是很有帮助的。赵忠尧和美国科学家及美国人民结下了深厚的情谊，即使此后多变的历史风云，也不曾遮掩住这友谊的光芒。

赵忠尧的实验引起了有眼光的科学家的重视，同时和赵忠尧攻读博士学位的安德森

（C. D. Anderson），就非常关心赵忠尧的实验，并且和赵忠尧一起构想过新的试验。安德森敏锐地感觉到，赵忠尧的实验中有一种非常值得探究的、未知的"新东西"。

1932年，安德森用云雾室观测宇宙射线时，发现了正电子。幸运的安德森因此获得了诺贝尔奖。人们这才认识到反常吸收是由于部分硬伽马射线经过原子核时，转化成了正负电子对；而正负电子对相撞，同归于尽，这就是"湮灭"。赵忠尧发现的特殊辐射，正是一对正负电子湮灭时转化成的一对光子。赵忠尧是第一个观测到正负电子湮灭辐射的科学家，而且他正确地测定出了湮灭时的辐射能量是0.5兆伏。这个发现完全有资格获得诺贝尔奖，可是历史好像被迷住了眼睛，竟把赵忠尧忘记了，他没有得到应得的荣誉。为什么他会受到这种不公平的待遇？在很长一段时间内，这都是一个谜。

造铅笔、卖肥皂的教授

"九一八事变"后，赵忠尧为祖国的前途和命运担心，他急匆匆地回国了。回国后，他在清华大学任教，同时担任物理系主任等职。他曾经深入河北农村参观考察，中国农民的贫困落后深深地触动了他，并且影响了他以后的人生道路。

当时我国的工业落后，甚至连铅笔芯也大都是从国外购买，然后在国内加工成铅笔。赵忠尧实在看不下去，同时，也为了探索一条实业救国的路子，他联合了叶企孙、施汝为等几位志同道合者，建起了一家铅笔厂。这个厂尽力采用国产设备，从制芯到包装的全部工艺和所用的原材料都尽量立足于国内。为此，赵忠尧还亲自动手进行削木头、制铅芯等必需的工艺实验。因为当时日本帝国主义在华北不断挑衅，局势已经很紧张，铅笔厂便建在了上海，取名为"长城铅笔厂"，生产"长城牌"铅笔。后来铅笔厂更名为"中国铅笔厂"，规模也得到了很大扩充，所生产的"中华牌"铅笔现在已经成了畅销海内外的名牌产品。

从1932年到1937年，赵忠尧在清华大学担任教授期间，还努力克服条件简陋、时局动荡的困难，坚持进行γ射线和原子核相互作用等研究。他从中子共振入手探讨了原子核的能级间距，特别是计算了银、铑、溴的共振中子能级的间隔。著名物理学家、诺贝尔奖获得者卢瑟福（E. Rutherford）教授对于赵忠尧没有条件、创造条件也要上的精神十分赞赏，并欣然为赵忠尧在《自然》（Nature）杂志上发表的一篇论文加了按语。

由于日本帝国主义的步步进逼，赵忠尧随学校撤退到西南。清华大学、北京大学和南开大学联合在昆明组建了"西南联合大学"，那时生活艰苦，工作条件差，还时常要防空袭，再加上物价飞涨，生活非常困难。西南联大的教员们为谋生计，不得不"八仙过海，各显奇能"，想办法挣些"外快"。那时，教授修钟表，夫人卖小吃是司空见惯的事，而赵忠尧则是卖自制的肥皂。据西南联大的人说，他造的肥皂质量上乘、价格公道，如果他一直造下去，很可能会创出一个大名牌来呢。尽管条件艰苦，赵忠尧和许多学者仍然克服重重困难，想方设法开展教学和科研。赵忠尧和张文裕教授一起研究了宇宙射线，西南联大的教授们还一度想制造一台加速器，可那时条件实在太差，结果只能是功败垂成。

为了中国的加速器

1946年6月30日，美国在太平洋比基尼岛上进行核试验，特邀中、苏、英、法四个同盟国的代表在一艘军舰上观察。中国的科学家代表就是赵忠尧，这是他第二次赴美。当核爆炸的蘑菇云腾起时，赵忠尧成为中国第一个亲眼看到原子弹爆炸的人。这时，其他国家的代表都情不自禁地为核爆炸的威力惊呼，唯独赵忠尧沉默不语。他在沉思，中国什么时候也能释放出这样巨大的能量？这一天还太遥远，因为中国连一台加速器都没有，没有加速器就不可能揭开原子核的奥秘。这次他到美国来就负有一项特殊使命，中央研究院总干事萨本栋委托当时在中央大学的赵忠尧代购一台加速器。可是说到钱的时候，萨本栋却有些窘，一台加速器最低也要40万美元，可是他一共只能给赵忠尧12万美元，其中7万美元还是用于为其他学科购买器材的。这么一点钱，简直就是杯水车薪，而且，美国严禁加速器整机出口，就是买了也运不回中国去。赵忠尧不甘心，他太想给贫弱落后的中国装一台加速器了。反复考虑后，他决定自己设计加速器，用那点可怜巴巴的钱制造国内无法生产的部件，因为零部件出口比较容易，而那些不大重要的部件可以回国后制造。为了梦中的加速器，他千方百计地节省加工经费。为此，他东奔西跑，和厂家讨价还价，有时甚至一天要跑十几处地方，他的身体又比较单薄，常常累得精疲力竭。当时的"公派"人员的生活费每年是10000美元，而他只要了2000美元。瘦弱但意志坚定的赵忠尧，只好为了那台梦中的、属于中国人的加速器，尽可能地节衣缩食……

美国的实验室条件好，他本来可以趁这个机会，多做一些能够提升自己学术地位的研究项目，但是他把主要精力投入到加速器的设计和制造上。有好心的朋友劝他：加速器不是他的本行，不必白白地耗费自己的时间和精力，他却"痴心不改"。他认为，自己这样做有益于中国科学的发展，是很值得的。

经过几年不懈的努力，赵忠尧终于搞到了一批十分珍贵的器材。当他决定回国时，新中国已经成立，他很清楚这些东西要运回中国去，很可能会受到阻碍，于是他就把器材分成几批，托人先运回中国。剩下的，他交给了帕萨蒂那储运公司装箱托运。这家公司声称，他们可以和海关等一切相关部门打交道，保证他的行李平安运到中国。后来的事实证明，这家公司的牛皮吹得大了一些。

1950年8月底，中华人民共和国成立不到一年，赵忠尧启程回国了。他要回到他心爱的中国，那里有他的故乡。他的故乡山清水秀、人杰地灵，那里曾是勾践卧薪尝胆的地方，是越女西施浣纱的地方，王冕曾在那里写下："我家洗砚池边树，朵朵花开淡墨痕。不要人夸颜色好，只留清气满乾坤。"

"甲级战犯"待遇

然而归国的路并不平坦。没有想到，赵忠尧又一次成了世界知名人物。当他乘坐"威尔逊总统号"轮船途经日本横滨时，竟和另外两位中国学者罗时钧、沈善炯被驻日美军强行扣押了。他的家人只得到了赵忠尧辗转传来的一张纸条，上面匆匆用铅笔写着："在日本有事，暂不能回国。"

接到这样的消息，赵忠尧夫人急得直掉泪，大女儿维志、二女儿维勤和4岁的小儿子维仁虽然还搞不明白这一切，但是知道爸爸不能回家，也伤心地哭了。

赵忠尧等人被扣押在巢鸭监狱，那本是关押第二次世界大战中的日本甲级战犯东条英机、土肥原贤二等人的地方。为了强迫赵忠尧等人改变初衷，美军宪兵甚至强迫他们面壁而立，荷枪实弹的美国士兵在他们的背后把枪机拉得咔咔响，用"枪决"进行威胁。温文尔雅的赵忠尧教授在这生死关头，仍然是一副温文尔雅的学者气度，这倒使得美国大兵们气急败坏、无可奈何了。硬的不行来软的，台湾方面又派人来游说赵忠尧。他们还拿来赵忠尧的好友，台大校长傅斯年的亲笔信，"望兄来台共事，以防不测"，劝赵忠尧去台湾，被赵忠尧严词拒绝。

美国政府为了扣留赵忠尧，不惜编造出各种谣言，甚至说他窃取美国原子弹的机密等，不一而足。他们细细地检查了赵忠尧的每一件行李里的每一件物品，每一张纸上的每一个字，甚至想从赵维志写给父亲的信中找到他们希望得到的"罪证"。那是一封充满了亲情，却又是爱憎分明的信。在这封信里，天真善良的女孩子把中朝两国人民比喻成善良关好的和平鸽，而美帝国主义则是凶恶可憎的"野心狼"。没有想到，美军看守人员有一天竟然拿着这封信对赵忠尧说，"我们的麦帅看了这封信，他非常生气！"

多年后，赵忠尧和他的儿女们谈到这件事，还觉得很可笑。把一封孩子写的信呈送给正在为战场上的败局苦恼的麦帅"御览"，固然说明美军办事人员的无能，但更可以看出麦克阿瑟当时的心境。在中朝军队的打击下，他不但无法兑现他对侵朝美军许下的"感恩节回家"的诺言，甚至连一个女孩子的几句挖苦话都承受不住，足见心衰力绌到何种程度。

此时，全中国掀起了谴责美国政府暴行、营救赵忠尧的浪潮。中华人民共和国总理兼外交部部长周恩来为此发表了声明。钱三强也联合一批著名科学家发起声援赵忠尧的斗争。钱三强还请他的老师，世界保卫和平委员会主席约里奥-居里出面，呼吁全世界爱好和平的正义人士，谴责美国政府的无理行径。

由于赵忠尧的英勇斗争和中国政府的坚决支持，以及国际舆论的声援，1950年11月28日，他终于踏上了祖国大陆，受到了热烈欢迎。

赵忠尧全家来到北京后，参与了近代物理所（即原子能所）的创建工作。近代物理所迁到中关村之后，赵忠尧利用带回的静电加速器部件和实验设备，建成了70万伏和250万伏质子静电加速器，结束了我国没有加速器的历史。赵忠尧的愿望实现了，中国的核研究也因此大大加快了速度。此后，赵忠尧又主持建立了核物理实验室，具体领导和参加了核反应研究，为开创我国原子能科学事业做出了重要贡献。而他和钱学森等人因冲破重重阻碍返回祖国的事迹，更成为后人学习的楷模。

结庐中关村

安家中关村之后，赵忠尧和他的家人既愉快又忙碌。那时，人们在中关村经常可以看到赵忠尧夫人郑毓英女士的身影。她是这里的家属委员会委员，不仅要安排好自己的家，还要帮助安排居民的生活。她身体不好，患有高血压等疾病，可是却不辞辛劳地为小家和大家操劳。当年，赵忠尧留学美国，是她回到诸暨老家，代赵忠尧尽了孝敬母亲的责任。20世纪40年代，赵忠尧第二次赴美时，因为只发部分工资，郑毓英带着3个年幼的儿女，为生活操劳，甚至不得不为别人绣花以贴补家用。生活的困难还是次要的，妻子望夫归，子女盼父回，这种骨肉亲情的思念之苦，才是最难忍受的煎熬，但她带着儿女们挺过来了，赵忠尧的成就中少不了她的奉献。

赵忠尧的家乡名人辈出，西施、陈老莲、王冕、宣侠夫、金善宝……，赵忠尧和他们一样，都是为山川增色、让历史生辉的人物。这里的男儿性格刚烈，人们戏称"诸暨脾气"。赵忠尧虽然内心刚强，却是一位和蔼可亲的人，无论是同事还是邻居，都能和睦相处。他的楼上住着著名生物学家童第周，他们互相视为至交，甚至生活中的私事，赵忠尧也要请童第周参与意见，加上童第周的夫人和赵忠尧的夫人是小学同学，两家的关系就更近了一层。

赵忠尧出生时，母亲已经46岁，父亲老年得子，自然视若掌上明珠，他是一个很有爱国心的人，给予赵忠尧很好的影响。他对后代管教很严，只是有的地方严得不太合理。比如，他不准赵忠尧上体育课，甚至进了中学，赵忠尧也只能在运动场外当看客。体育考试，他的成绩当然是不及格了。由于他感到自己体力不行，难以应付繁重的学习和工作，在以后就特别注意锻炼身体。在美国读书时，他花25美元，买了一辆又破又旧的汽车，在业余时间学习修理和驾驶。假日里，赵忠尧的朋友们常常三五成群地出去游览或是看电影，而赵忠尧却满身油污地修那辆永远需要修理的破汽车。这样过了一段时间，他不仅增强了体质，而且提高了动手能力，甚至还因此结交了朋友。到了50多岁时，赵忠尧为了应付越来越繁忙的工作，又加强了锻炼。有一年冬天，科学院为了活跃科研人员的生活，在动物所附近建了一个滑冰场，文质彬彬的赵忠尧竟发起了少年狂，跑去学滑冰，童第周先生一见，连忙劝他："年纪不小了，搞一些和缓的运动吧，要是跌一跤可不得了！"

赵忠尧虚心纳谏，恋恋不舍地告别了滑冰场。至今，许多人还对赵忠尧先生滑冰时的情景记忆犹新，可见这事当时在中关村的影响。

诺贝尔奖的疏漏

1973年，赵忠尧担任了新建的高能物理研究所副所长，为北京正负电子对撞机的建成贡献了很大力量。而正负电子对撞机的基本原理正是赵忠尧在1930年最早发现的正负电子湮灭现象。正负电子对撞机的建成，又让人们想起了那段不公的历史公案，赵忠尧最先发现了正负电子湮灭现象，可是诺贝尔奖的桂冠为什么没有落到他的头上？20世纪80年代，诺贝尔奖得主杨振宁和李政道分别为这个问题做了深入的调查和研究，杨振宁还与李炳安专门写了一篇文章。

原来，诺贝尔奖评选委员会曾经认真考虑过为赵忠尧颁奖的问题。在此期间，梅特纳（Lise. Meitner）等几位著名科学家，重复了赵忠尧关于特殊辐射的试验。谁知，梅特纳竟得出了和赵忠尧不一致的结论。事后才查明，是这位受人尊敬的女科学家出了错。此后，又有两位著名科学家勃莱克特（P. Blackett）和G. 奥恰里尼（Occhialini），在他们阐述关于正负电子发现的文章中引用了赵忠尧的文章时，发生了意想不到的错误，竟让人误解了赵忠尧的文章。这些权威人士的一系列错误，使处事谨慎的评选委员会将为赵忠尧颁奖的提议搁置了下来。赵忠尧蒙受了不公正的对待，也使中国的科学界蒙受了重大损失。

虽然在几十年之后，安德森和奥恰里尼都在自己的著作中，以一名科学家客观公正的态度，提到了当年赵忠尧给自己的启发。前诺贝尔物理学奖评选委员会成员，瑞典皇家学会的埃克斯朋也曾表示这是"十分令人不安的，无法弥补的疏漏"，但一切都太晚了。

能够给予人们一点安慰的是，1995年，已届93岁高龄的赵忠尧先生，获得了"何梁何利科学技术进步奖"，他将全部奖金捐献出来，设立了扶植新一代科学工作者的"赵忠尧奖学金"。

1998年5月28日，美国"发现者号"航天飞机正在发射台上整装待发，它的飞行，将有可能验证赵忠尧首先观察到的正反物质湮灭现象，从而再次让世界想起这样可敬的中国科学家。然而，就在这一天，96岁的一代宗师赵忠尧先生溘然长逝。与此同时，"发现者号"航天飞机突然发生了技术故障，不得不延期发射。

名师与高徒

赵忠尧先生是科学家，也是教育家，除了在清华大学和西南联大等多所名牌大学任教外，新中国成立后，更为中国科学技术大学近代物理系的建立，做出了卓越的贡献，并亲自担任该系的系主任。那台用历经千难万险带回来的部件组装起来的70万伏质子静电加速器，由他主持安装到科技大学，不仅成了教学的利器，更成了爱国主义教育的教具。

著名物理学家钱伟长先生曾经深情地说："我的老师赵忠尧教授是中国原子能之父，王淦昌、钱三强等都是他的学生。……只有这样的爱国老师，才能培养出那么多优秀人才。"

赵忠尧和学生们

2002年，在赵忠尧诞生100周年的纪念会上，著名美籍华人科学家、诺贝尔奖得主李政道博士遗憾地说："赵老师本来应该是第一个获得诺贝尔物理学奖的中国人，只是由于当时别人的错误把赵老师的光荣埋没了。"

历史的尘埃终于被拂去了，人们发现，赵忠尧的名字在科学的历程上竟是那样闪光耀眼……

他留给后世这样的话，"我们已经尽了自己的力量，但国家尚未摆脱贫穷与落后，尚需当今与后世无私的有为青年再接再厉，继续努力。"

13楼105号

杨承宗

辛劳褒贬只一笑

　　杨承宗（1911年9月5日—2011年5月27日），放射化学家，1932年毕业于上海大同大学、获理学士学位。教书两年。1934—1946年，在国立北平研究院镭学研究所任助理研究员、副研究员。后赴法国，在居里实验室学习、工作，并获博士学位。回国后，曾任中国科学院原子能所研究室主任、二机部五所副所长（技术领导）、中国科技大学副校长、合肥联合大学校长、安徽省人大常委会副主任等职。何梁何利奖获得者。

心底无私天地宽

他从居里实验室走来，

他最早向中央传达了研制原子弹的建议。

他是新中国放射化学的奠基者，

他为中国解决了铀矿处理问题。

他为提炼中国的核武器装料，做出了重大贡献。

他是科学家，还是教育家。

他功在勋业之中，名在院士之外。

面对不公，他只是坦然一笑……

他是杨承宗，是中国放射化学的奠基人之一。

杨承宗是我国放射化学的奠基人之一。他最大的特点就是那爽朗、坦荡，极富感染力的笑，那是能驱散一切忧愁、消弭一切困境的笑。这笑声曾引得路人好奇地敲开他家的门，想看看他为什么笑得这样开心。

公元1911年（宣统三年）9月5日，杨承宗先生出生在江苏省吴江县八坼镇北港街。在他满月后仅五天，也就是这一年的10月10日，中国发生了震惊世界的辛亥革命，腐败的清政府被推翻了。因此，在"文化大革命"当中，看到有人自我吹嘘"老子生来就革命"时，杨先生真想跟他们开个玩笑说，"老子才是生来就革命的呢。"

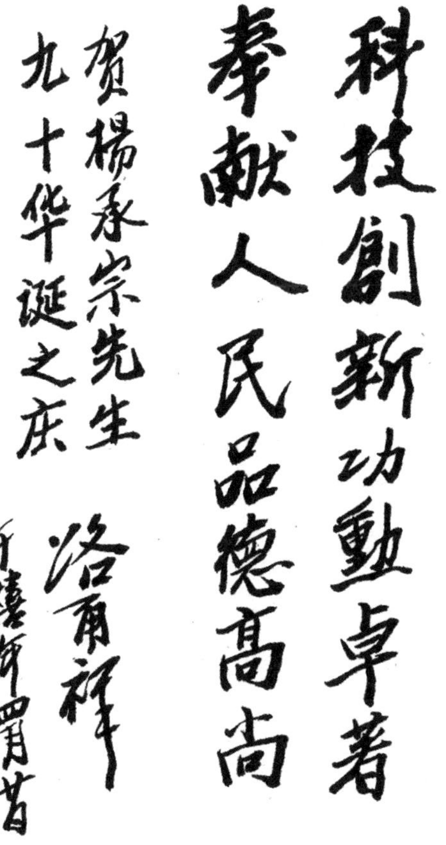

杨承宗先生的祖上世代务农。他的父亲因为家贫，只在私塾念了三年，就辍学去米行当学徒了，那时他才13岁。由于努力好学，他写得一手好字，打得一手好算盘，称得上是"字算双绝"。因此，他不仅很快就提前出徒了，而且很快就从店伙计升职为账房先生。杨承宗正好出生在这段家境还算比较好的时期。凭着这一点点"经济基础"，他得以比较早地入学读书。4岁那年，他就跟着小姐姐一起就读于八坼镇初级小学，以后又离开家乡，到十几里外的"同里高等小学"读书。这所学校的校董是著名教育家、改革家

科技创新功勋卓著

奉献人民品德高尚

贺杨承宗先生

九十华诞之庆

路甬祥

千禧年署首

路甬祥题词

章太炎先生。因此，学校重视中国传统文化的学习，又采用新课程、新教学法，学习现代科学文化知识，故而被称为"半洋学堂"。正因为如此，杨先生既有扎实的中国传统文化功底，又受到革新思想和现代科学的熏陶。同时，这所学校采用住宿制，生活、学习样样都强调自己动手，使得杨承宗从小就培养起自立自强的精神。

小学毕业后，杨承宗先在上海南洋中学学习。不久，因为这所学校毁于军阀混战中，他只好转到大同大学附中学习。中学毕业时，他虽然只有15岁，可是数理化和英语的成绩都是优等，而他的国文已经达到了大学的水准。因为当时大同大学规定，附中学生可以凭学分升入大同大学。杨承宗的学分很高，也就顺理成章地升入了大同大学。1932年，他以7门功课全优的成绩从大同大学毕业，并且获得了理学学士学位。此后，杨承宗曾一度在上海和安徽教书。大同大学的曹惠群校长一直很器重杨承宗。1934年，经他介绍，杨承宗来到严济慈先生任所长的国立北平研究院镭学研究所工作。从此，他的人生掀开了崭新的一页。

笑在风起云涌时

在北平研究院镭学研究所，杨承宗师从郑大章先生学习放射化学。郑大章先生曾于1929年到1933年在巴黎居里实验室学习，他是玛丽·居里，即老居里夫人亲授放射化学的唯一中国弟子。1933年12月，郑大章通过了博士论文答辩，获得了法国国家理化博士学位，并于1934年初回国，受到了社会各界的热烈欢迎。严济慈先生把郑大章请到了国立北平研究院，并且专门为他设立了"北平研究院镭学研究所"，考虑到他对国内情况尚不熟悉，所以正所长由严先生兼任，郑大章为副所长。那时，名声很响的北平研究院镭学研究所，实际上只有郑大章和杨承宗两人在从事研究工作，而郑大章先生就成了把放射化学引进中国的第一人。

1936年，因北平局势不稳，日本帝国主义随时都有可能在华北挑起事端，在严济慈先生的主持下，镭学研究所准备南迁上海。杨承宗受命单枪匹马赴上海建一个实验室。20世纪30年代，要在上海建一个舞厅、一家影院、一家大酒店都不难，唯有建实验室却非常难。因为中国的工业和科学基础很薄弱，许多理化器材和设备只能花高价从国外进口，镭学研究所又很穷。有人给杨承宗历数了种种困难，可杨承宗只是淡淡一笑，似乎不以为然。他到上海后，设计和改建房屋，购置和安装仪器，事无巨细，一切亲自动手，不会的，就向老师傅学习，木工、铁工、泥瓦工甚至吹玻璃，可谓十八般武艺，样样修炼。凭着热情和本领，杨承宗不失去一分一秒宝贵的时间，不浪费一分一厘的资金，终于建起了实验室。有人看了惊叹道："哎呀，这简直是一个奇迹！"杨承宗只是笑笑，笑得好潇洒，仿佛那完全是不值一提的事。

当时的北平研究院镭学研究所位于法租界的福开森路，挂的牌子是"中法大学"，目的是借租界防止日军骚扰。1941年太平洋战争爆发后，租界就已经失去了庇护的作用。1944年，汉奸接收研究所，限杨承宗他们在7天之内办理移交，但又企图游说杨承宗，要他留下来工作。前来游说的人，甜言蜜语的话说了，口蜜腹剑的话说了，当他们终于停止了喋喋不休的游说时，杨承宗却哈哈一笑，那笑声里全是轻蔑。大义凛然的杨承宗义无反顾地离开了这个自己亲手建起的，如今已经被汉奸霸占了的研究所。他当然知道这很可能使自己的生活陷入困境，甚至会遭到敌人的报复，但他决不会为几个臭钱玷污了自己的人格，他不会做对不起祖国的事。

因为他热爱祖国，对日寇和汉奸有着刻骨铭心的愤恨。同时，郑大章先生对他也有深刻的影响。郑大章和伪华北政务委员会主任、大汉奸王揖唐是甥舅关系，王揖唐企图拉拢他的这位外甥当伪教育部长，可是郑大章先生热爱祖国，坚决拒绝和汉奸合作。因此，他就和夫人肖晚滨一起冒险来到上海。杨承宗认定，做人就要有人格，不与汉奸为伍是很自然的事，是做人的底线，所以他坚决拒绝和汉奸合作。

"无情未必真豪杰"，杨承宗并非没有落过泪。1941年，他的恩师，曾经师从老居里夫人的科学家郑大章病逝，而且是凄凉地死在苏州一条窄窄的小巷，一座小小的郑家祠堂内。为此，他曾放声痛哭。他痛惜一个泱泱大国，竟然让一个有可能做出卓越贡献的杰出科学家，默默无闻地被贫病夺去生命。他在自己的论文《关于β射线的散射》上，沉痛地署上了自己老师的名字，接着，他的热泪浸湿了"郑大章"三个字。抗战胜利后，美国的《物理评论》发表了这篇文章。杨承宗不仅要让人们知道郑大章和自己所做的工作，让人们知道中国开始有了放射化学的一缕曙光，而且要在中国科学史上铭刻下郑大章这个名字——因为他热爱祖国、热爱科学……

笑在异国真情中

抗战胜利后，由于严济慈先生的推荐，同时也由于钱三强向伊莲娜·居里介绍了杨承宗在上海建实验室，与汉奸进行斗争的事迹，伊莲娜·居里欣然接受杨承宗到居里实验室学习和工作。天下英雄惜英雄，她从心底里愿意帮助一位热爱祖国的中国科学家。

1947年初，杨承宗来到了巴黎。在居里实验室，杨承宗每天都要工作十几个小时。由于他的勤奋，再加上居里夫妇的热情帮助，在短短的三四年时间内，杨承宗就取得了十几项成果。居里实验室不仅有很高的科研水平，而且有民主的学风，大家平等相待，友好相处，这使得杨承宗的笑容也更加灿烂了。法国同行们都很喜欢这个开朗、友善、勤奋的"中国杨"。精神的愉悦是科学家取得成就必不可少的条件，在很大程度上，它比物质条件更重要。

当中华人民共和国成立的消息传到巴黎后，原中国驻法大使馆文化参赞、领事等人宣布起义，被推翻的国民党反动派恼羞成怒，竟派人砸

杨承宗和严济慈、郁文

华侨庆祝新中国成立的会场，殴打起义人员。作为巴黎中国学生会副总干事的杨承宗不顾个人安危，毅然参加法国大理院庭审，指证凶手，伸张正义，受到了旅法华人的赞扬。

中华人民共和国成立了，对祖国未来的向往促使杨承宗给钱三强写了一封信，要求回国为建设祖国贡献力量。钱三强考虑到当时国内的条件还比较差，还不能给海外归来的学者提供最起码的工作和生活条件，就给杨承宗回信，请他再等一等。这一等就是近一年。到了1951年，国内很需要杨承宗这样高水平、有强烈爱国心的科学家。因为朝鲜战争炮火硝烟正浓，美国公然谈论要使用核武器，而新中国又急需要建设人才。正当此时，杨承宗又接到了钱三强的一封信，信中表示欢迎他参加新中国的建设工作，同时还告诉他，有人将给他带去一笔钱，请他代购一些仪器设备。这笔钱是中央特批给钱三强购置科研仪器的。当时，这笔钱送到钱三强手中时，还散发着在洞窟中久藏的潮气。钱三强知道，这是战争时期千辛万苦保存下来的，他被中国共产党人如此重视科研深深感动了。

接到钱三强的信后，杨承宗兴奋得夜不能寐。就在这时候，他接到了法国国家科学研究中心的通知，通知中除了"荣幸地通知您续聘两年合同，聘期从1951年10月1日至1953年9月30日"外，还另外说明"年薪为555 350法郎，另加补贴"。在当时，这笔钱相当于每月1000美元薪资。

照现在的"时尚"观念，如此高的年薪什么样的人才吸引不来？但是对杨承宗来说，能吸引他的只有一个目标，就是建设一个独立富强的新中国。他婉言谢绝了法国科学研究中心的好意，奋力投入回国的准备工作中。虽然回到祖国后，他的工资是"每月1000斤小米"。

得到钱三强托人给他带来的3000美元，杨承宗决定买一台测量辐射用的100进位计数器，这是原子能科学研究的"利器"，是法国原子能委员会设计制造的，他们视若"国宝"，自然不能随便出售，何况，当时的法国政府还没有承认中华人民共和国。但是，凭着新中国在世界人民心目中的影响，尤其是约里奥-居里夫妇的热情帮助，杨承宗居然得到了法国原子能委员会主任委员的特批，买到了100进位计数器。当他拿到计数器时，才爽朗地笑了起来，笑得那样酣畅淋漓，就如同孙悟空得到了金箍棒。

现在的人们对"挪用公款"已经太熟悉，杨承宗当年却干过一件"挪用私款"的事。不为高额年薪所动的杨承宗在归国前夕却变得非常"贪婪"，他不但要把100进位计数器买回去，而且恨不得把开展原子能研究所需要的仪器设备都买回去。因为他知道，旧中国的工业和科研底子太薄弱，虽然中国的钨产量居世界第一，却拉不出一根钨丝；虽然中国有着巨大的石英矿藏，却炼不出一埚光学玻璃。新中国的科学事业刚刚起步，人才、设备、资料，样样奇缺。同时，一些与新中国为敌的国家又采取"禁运"政策，许多急需的仪器设备即使有钱也买不到。杨承宗要趁回国的机会，尽可能多带一些回去。但是钱三强转给他的钱是有限的，而他为祖国增强科研力量的"欲望"是无限的，他只能优中选优、强中选强，即使是这样，钱也差得太多。怎么办呢？

有一首叫"奉献"的歌曲："长路奉献给远方、玫瑰奉献给爱情，我拿什么奉献给你，我的爱人。白鸽奉献给蓝天、星光奉献给长夜，我拿什么奉献给你，我的小孩。"

　　那时当然没有这首歌，但那时的人们有同样的亲情。当杨承宗要回国时，他自然要想到他的家人：贤惠的妻子、可爱的孩子。1947年，当他出国时，妻子和儿女虽然都已安顿好，可是到了法国后，由于中国尚在烽火连天的战争岁月中，家书难以通达。现在要回国了，他虽不知道家中的详情，可是能推测到，妻子和儿女的生活不会宽裕，不过他在法国的四五年中，靠省吃俭用积攒了一笔钱，准备在回国时，用来补偿一个丈夫和父亲没能尽到的职责。可是现在为了弥补公款的不足，他只好"挪用私款"了，虽然他心中带着难以消去的歉疚。

感谢你，居里实验室

　　1951年6月15日，是杨承宗难忘的一天。上午，杨承宗的博士论文通过了伊莲娜·居里主持的答辩，导师组给他的论文以"最优秀级"的评价。他获得了法国巴黎大学理学院博士的学位。下午，居里实验室的同事们举行了一个温馨的聚会，祝贺他们友善而勤奋的"中国杨"取得博士学位，同时欢送他返回祖国。聚会的场所既不是豪华的餐厅酒店，也不是富丽堂皇的礼堂大厅，而是在居里实验室的庭院中；干杯时用的不是晶莹明亮的高脚酒杯，而是按照居里实验室的传统，以做实验的平底烧杯代替。用最朴素的方式表达最丰富的感情，用最简洁的形式阐述最高深的内容，这就是居里实验室的传统。聚会充满了喜庆的欢乐却又带着别离的伤感，朋友们纷纷举杯，有的祝愿杨承宗取得更大的成功，有的祝愿他归途平安、阖家团圆，更多的是祝愿新中国繁荣昌盛、科学发达。尤其让杨承宗难忘的是，伊莲娜·居里亲自为他祝酒，并致辞："为了中国的放射化学。"

1989年杨承宗重访居里实验室

　　杨承宗饮下了一杯杯盛情的美酒，也用爽朗的笑声表达他的谢意，感谢几年来朋友和导师对他的帮助，他正陶醉在世上最真挚的友情当中。

　　此时，一位美丽的法国姑娘却在用一双噙着泪水的眼睛，依依不舍地望着他，她是杨承宗的女弟子帕杰斯。

　　还有一件让杨承宗更为激动和自豪的事情。在临行前，他向伊莲娜·居里要了10克碳酸钡镭的标准源。伊莲娜·居里问他："你要这么多干什么？"此时，他心里有些忐忑不安，这是当时开展铀矿勘查和进行核物理研究时必不可少的无价之宝，中国迫切需要它，可是它太宝贵

了，于是他说："我们中国地方大，各地方一分就没有多少了。"

　　这位对中国人民非常有感情的女科学家笑了。那碳酸钡镭标准源是伊莲娜·居里的母亲、世界最伟大的科学家之一、放射化学的开创者玛丽·居里（Marie Sklodowsk Curie）亲手制作的国际标准。此时的杨承宗怎能不激动、不快乐？他知道，这不仅是伊莲娜·居里夫人对他个人的信任，更是法国人民对中国人民的支持。

　　在杨承宗踏上归途之前，当时担任世界保卫和平委员会主席的弗雷德里克·约里奥-居里先生，特地约他进行了一次十分重要的谈话。杨承宗永远忘不了约里奥-居里那慷慨激昂的样子，他一边在空中挥动着手臂，一边大声说："你回去转告毛泽东，你们要保卫和平，要反对原子弹，就必须自己有原子弹。原子弹也不是那么可怕的，原子弹的原理不是美国人发明的。你们也有自己的科学家……"

　　这番话就像引起了一场链式反应一样，让杨承宗激动不已，他想到了很多，他想到中国科学家的职责；想到回国后怎样开展核研究；想到中国如何能屹立于世界强国之林，到那时，任何一个国家都不敢再在这个东方巨人面前炫耀手中的核武器。他反复默念着约里奥-居里的这番忠告，他要原原本本地把这段话转达给新中国的领导人。

　　杨承宗要启程了，可是伊莲娜·居里看着那些装满了仪器和图书的箱子替他发愁："杨，你带着这样多的箱子，而且有这么多敏感的东西，你可怎么走啊！"

　　可不是，当初买仪器设备的时候，他太"贪婪"了，只顾倾其所有地"疯狂大采购"，可是到要启运的时候，他望着这些沉甸甸的箱子，却束手无策了。现在小居里夫人这么一问，他只好笑笑，只是这笑里少了一些潇洒，多了几分尴尬。

　　伊莲娜·居里像一位对孩子百般呵护的慈母，更像一位充满仁爱之心的天使，她不仅给杨承宗这样爱国的科学家以知识和智慧，还千方百计地帮助他们去实现自己的理想和追求。她竟然派了自己的得力助手，杨承宗的好朋友布歇士亲自护送杨承宗离开法国。他们出发了，先从巴黎乘火车到马赛，杨承宗将从那里乘"马赛号"远洋轮船赴香港。在港口出关时，行李检查得很严格，而且要检查多次。每到这时，布歇士就风度翩翩地掏出一张证明来，那是用居里实验室的专用信纸写的，内容是，"杨承宗博士长期在我实验室供职，他所携行李中的科研仪器皆为自己的科研成就……"证明上有居里实验室主任助理的签名，有巴黎第五区警察局验证的印章。这张小小的纸片，却有着巨大的能量，不管那些检查人员是铁青着脸的彪形大汉，还是板着面孔"公事公办"的长官老

杨承宗访法时向帕杰斯出示实验室的钥匙

爷，只要看到它，立刻就会变得和蔼可亲起来，"啊，居里实验室的证明信！请，请。"这就是两代居里夫妇在法国的威望。

当"马赛号"即将离开港口的时候，杨承宗不得不和布歇士拥抱分别了。在好友分别的时候，杨承宗多么想留下一个微笑，但这时泪水却模糊了他的双眼。

轮船驶入茫茫大海，杨承宗这时才发现，这船上竟有200多名法国士兵，他们是充当"联合国军"，到朝鲜去和中国人民志愿军作战的。如果他们知道自己是到中国去，那会不会找他的麻烦？他的那些箱子里可都是中国开展原子能科学研究的宝贝啊！他感到自己的处境有些不妙。不过很快，杨承宗发现自己的担心是多余的了，那些船员对他十分尊敬。大概是在船员的影响下，那些士兵也没有任何冒犯他的地方。杨承宗后来才知道，那是因为布歇士在开船前向他们介绍了杨承宗，说他是居里实验室的博士，曾经做出过很大的贡献。这又是两代居里夫妇在法国人民当中的崇高威望起了作用。

一段秘密和一身债务

此时在北京，钱三强正在为即将回国的杨承宗做着准备工作。是虎就要有山，是龙就要有海，无论如何也要为杨承宗准备一点必要的科研设备，可是他费了许多心思，想了许多办法，只买到两个掺了不少铁的白金坩埚和其他一些简单的设备。这就是当时中国工业和科研落后的表现，是中国开展放射化学研究面临的窘境。

经历了在大洋上的漫长旅行之后，杨承宗终于回到了祖国。当他登上开往罗湖口岸的驳船时，一个港英警察正叉着腿站在船头，两腿中间是大厦林立、还在英国当局统治下的香港。杨承宗既是灵机一动，拍摄下了这个让人唏嘘感叹的场景。到北京后，老友重逢的喜悦、同事相聚的欢欣只能用笑声和泪水表达。

钱三强看到杨承宗从法国带回来这么多的器材设备，还有那宝贵的碳酸钡镭标准源时，自然是喜出望外。可是当杨承宗将约里奥-居里的话转述给钱三强之后，钱三强却神情严肃起来，他收敛了笑容，郑重地对杨承宗说："约里奥-居里的这番话，我要向毛主席和周总理汇报。这是非常机密的大事，你对谁都不要说，哪怕是我们的妻子也不要讲。"

钱三强和杨承宗都知道，约里奥-居里之所以请杨承宗转达那段话，是

杨承宗（右）和王淦昌（左）合影

有着深刻的国际背景的。当时美国正在叫嚷，要在朝鲜或中国东北使用原子弹，甚至把投放原子弹的轰炸机都调到了日本。只是因为种种原因，使得美国终于没有敢在朝鲜战争中使用原子弹。但不敢用不等于不想用，只要核武器的垄断不被打破，使用核武器的危险性就随时存在。

此后，钱三强通过当时的中科院党组成员、我国著名心理学家丁瓒，把约里奥–居里的话报告了中央，中央又专门派人找杨承宗核实了约里奥–居里的口信，并且再一次强调了这件事的保密性。杨承宗是个爽朗坦荡的人，可是这件事，他竟然守口如瓶，在此后30多年的漫长岁月里，再没有向任何人提起过，更没有用此事"抬高身价"。

回到祖国是愉快和兴奋的，虽然朝鲜战场仍在激战，可是祖国的建设却比他在海外听到的、想象的还要快得多。他被安排在中国科学院近代物理所，即后来的原子能所，担任第二大组组长，那时，第三大组组长是王淦昌，第四大组组长是彭桓武。王淦昌和彭桓武后来都成为"两弹一星功勋奖章"获得者。

不过，总是用笑声面对一切的杨承宗，也有笑不出的时候。他把北京的工作事宜安排好之后，怀着甜蜜的心情去接妻子和儿女了。可是当他兴致勃勃地和久别的家人团聚时，一边抚摸着比离别时长高了许多、已经对父亲感到生疏了的儿女们，一边听着妻子诉说着那绵绵的思念之情和这些年苦撑苦熬的艰难。然而，当妻子拿出一大叠借债的单据时，他一下子愣住了，他没有想到家中会困难到这个地步。怎么办？向所里请求困难补助？还有比他更困难的同志。向所里索还那笔被他挪用的"私款"？可那是他自愿拿出来的，本就没有打算要所里归还。再说，所里要归还这笔资金还要报卜级审批，这并不容易。怎么办？杨承宗毕竟是杨承宗，这种困惑只是在他的脸上停留了片刻，很快，他又恢复了那份潇洒。他拍拍妻子的肩膀说："不用发愁了，我回来了，一切都由我来解决！"

"你，你怎么还这些债？这要很多钱哪，你又没有带回多少钱。"妻子不解地问。

好一个潇洒的杨承宗，他竟把自己心爱的"蔡斯牌"照相机和手表卖了。欠的债还清了，只是从此后40年，这位可敬的摄影爱好者竟再没有钱买一台照相机了。

近代物理所迁到中关村后，杨承宗又以比当年在上海建实验室更高的热情和干劲，因地制宜地在一个小楼里建起了放射化学实验室，他被任命为放射化学研究室和另一个相关研究室的主任。那时，这个实验室的大门是每天早晨最早打开的，它的灯光又常常是最后熄灭的。他和同事一起，带领一大批刚刚走上工作岗位的大学生做了许多有益的工作，培养出了一大批放射化学人才。杨承宗对人才的培养倾注了很多心血，针对当时人才奇缺的情况，杨承宗亲自编写教

杨承宗和夫人

材，亲自给所里的年轻人上课。1958年中国科学技术大学成立，他又兼任放射化学和辐射化学系主任。他在科技大的授课任务很重，除了带研究生，还要给几个系上大课，讲无机化学。在这一时期，他还承担了大量的为外单位培养放射人才的任务。他们当中有科研部门的，有厂矿企业的，也有医疗卫生单位的。他是公认的、新中国放射化学的奠基人。

他还和钱三强、赵忠尧、彭桓武、何泽慧等人一起参与了《中国原子能科学发展规划》的制定。为中国原子能科学的发展绘出了一幅壮丽的蓝图。

核弹功臣

1961年4月，为了加速原子弹的研制，二机部部长刘杰和副部长钱三强一起，和杨承宗谈了一次话，请杨承宗担任二机部五所的业务副所长，这个所是负责铀矿选冶的。原子弹的研制是一个巨大的工程，而铀的选冶就是这个工程的基础部分。它的快慢与成败，决定了原子弹的研制能否成功。这个担子太重了！因为时间紧迫，甚至连调令都没有来得及发，杨承宗就走马上任了。他选人才，配仪器，订计划，组织各项试验，排除重重困难，解决了提取铀的难关，仅其中一项研究成果，就大大加快了提炼铀的速度，还为国家节省了巨额资金。他们还取得了许多高水平的，甚至在国际上也属领先的成果。可惜的是，由于核武器研制涉及国家机密，大部分论文都不能公开，杨承宗也就和五所那些科研人员一起，成了青史上留名、报纸上无名的英雄。

当时还有一位成就斐然的核物理学家杨澄中，要想念清楚这两个名字，简直就像念绕口令，于是大家就把从法国回来的杨承宗称为"法杨"，从英国回来的杨澄中称为"英杨"，据说这还是彭桓武先生的一项"业余发明"。此后，连科学院和二机部的领导都这样称呼他们。

1962年年初，国务院举行招待会，招待我国的专家学者，杨承宗应邀出席了宴会。当杨承宗说明自己是刘杰麾下的老兵，举杯向总理敬酒时，周总理意味深长地说："我拜托你们了！"并且和杨承宗干了一杯茅台酒。从此，杨承宗更是加倍努力工作。他说，完不成任务，有负于周总理，有负于国家和人民。眼看第一颗原子弹试验的时间日益临近，五所的工作也越来越紧张了，二机部领导要听取杨承宗的汇报。正在这紧要关头，杨承宗忽然感到右眼不适，他知道，这回的麻烦可能不小，因为这只眼受过伤。

此事说来话长，那还是1953年，近代物理所开展中子物理研究工作，需要氡，可是氡从哪里来？杨承宗想到，抗战前协和医院从美国买了一台含有507毫克镭的提氡设备，镭是放射性很强的物质，而且507毫克镭在当时价格不菲。这些镭被密闭在一个特殊的玻璃装置里，再牢牢地锁在保险柜中。日军占领北平后，胡作非为的日寇把玻璃装置弄坏了，他们既不修理，也不采取防护措施，竟用一根橡胶管，一头接在损坏了的提氡装置上，另一头通到楼房的墙上，让放射性很强的物质向空气中自由排放，而楼上就是不知情的病人。此后的十几年里，这个破损的装置不知排放了多少放射性物质，也不知害了多少住院病人，污染了北平的空气。杨

承宗决定把这套装置修好，这样既可以解决所里科研的急需，又可以为北京市民除一大害。可那时他们没有任何防护装备。为了不累及他人，他不让年轻的女助手和同来的工人靠近，自己以血肉之躯迎着能够穿透金属板的射线走上前去。凭着高超的技术和对人民负责的精神，果断、妥善地处理好了破损的装置，取得了宝贵的中子物理实验材料，也为北京市民除了一个大患，但因为过近地接触强放射源，他的右眼出现了荧光。从此，他的这只右眼就大不如前了。作为一位放射化学专家，他当然知道这是受到超剂量辐射的结果。

现在部领导正等着他汇报工作，他的右眼又出现异常，可是这次汇报很重要，不能因为自己的眼疾而受到影响。想到这里，他就把自己的病放下了，出现在大家面前的，还是那个快乐、爽朗的"法杨"。汇报结束，杨承宗才走进北京医院，医生责备他来晚了，他的视网膜已脱落了。医院虽然请来了最好的医生，为他做了两次手术，但终因耽误了治疗，未能收到应有的疗效。

经过两年的艰苦奋斗，杨承宗终于带领五所的科研人员，提前三个月提炼出了为第一颗原子弹制备铀235所需的、纯度达到要求的二氧化铀和四氟化铀，并且通过试验厂验证了相应的工艺流程。直到这时，他才长舒了一口气说："可以向周总理交令了。"

杨承宗和二机部五所受到了国家的表扬。中央决定，为研制第一颗原子弹的有功人员提职提薪，可是有功人员名单中却没有杨承宗的名字，有关人员振振有词地说，因为他的行政关系属于其他单位，他们管不了。对此，杨承宗只是一笑了之。直到20世纪90年代，他才获知，他所领导的科研项目中，有一项曾获得1978年全国科学大会奖，对于这个迟到20多年的消息，他同样是一笑了之。

笑迎春潮

"文化大革命"中，杨承宗被迫离开五所，随中国科技大学迁往安徽合肥。在那里，他开矿、拉砖、看仓库，和学生一起"接受工人阶级再教育"，可是困难、逆境都抹不去他的笑容。人们还看到他顶着"反动学术权威"的帽子，和"科大最大走资派"，正在看仓库的科大党委书记刘达坐在一起，津津有味地谈论着如何吃狗肉。今天看来，这也许是一个俗得不能再俗的话题了，可在那样艰难的处境下，却表现了他们具有一般人难以企及的超凡脱俗。

因为"文化大革命"中医疗条件差和动荡不安的生活，杨承宗的右眼彻底失明了。受右眼的连累，他的左眼也出现了隐性白内障，以至一度双目失明，可他仍然是一个快乐的"法杨公"，他仍然用爽朗的笑声面对生活。

当改革开放的春风吹遍神州大地时，杨承宗担任了中国科技大学副校长、安徽省人大常委会副主任等职。他可不是只顶个虚名不干事的人，他是全国人大代表，在人代会上表决某个重要提案时，他曾经和一些代表投过反对票。当他得知，有些考生因为只差零点几分，就只能被关在大学的门外时，他坐不住了。在他的倡议和亲自主持下，中国第一所自费公办，面向社会的新型走读制大学"合肥联合大学"开学了，他担任了这所新型大学的校长，许多青年因此实现了走入大学校门的愿望。虽然新创立的学校有很多困难，他的负担更重了，但是他笑得更开心了。

杨承宗退下来后，回到北京，住进了14楼，正好在钱三强家的楼上，成了在两座"特楼"都住过的"资深老住户"。他年过九旬时，仍然充满了创造精神，充满了生活情趣。在家中，他的"小制作""小发明"很多，小纸盒戳个洞，可以放剪刀等文具，就连筷子架也是他自己做的。电器等家庭用品有了毛病，都是他动手修理，一句话，没有他不会干的活。据他的子女"考证"，这都是当初在上海建实验室的时候，打下的基础。

杨承宗退休后回到中关村

杨承宗是公认的、我国放射化学的奠基人。他在核武器研制中有着不可磨灭的贡献。多年来，他培养的学生，如王方定等早已经成了院士，有的得到了国家授予的奖章。论学识、论贡献、论资历，杨承宗都不在他们之下，可是由于种种原因，他既不是院士，也没被授予相应的荣誉，许多人为他遗憾、为他抱不平，可是和他谈起这些时，他只是报以潇洒的笑声，说声"事情做出来就好"。

任何人听到他的话语、听到他的笑声、了解他的为人后，都会觉得天更高，路更阔。

历史唤醒了记忆

但是，历史不会忘记，人民不会忘记。张劲夫副院长在《请历史记住他们》一文中就讲了这样一段话，"'法杨'是搞放射化学的，当时放射化学很关键。我们最重要的措施是把杨承宗等一批科学家调到原子能所原子能反应堆那里去。'英杨'杨澄中留在科学院兰州近代物理所负责配合原子能所的工作。还有从大学调去的化学家汪德熙也到了二机部。"

同样，曾任二机部部长的刘杰也没有忘记杨承宗。在杨先生90寿辰时，他送给杨承宗一幅"寿轴"，题曰："传约里奥-居里真言，放射化学奠基发展，核弹原料胜利攻关，培养众多英才骨干，功德无量！"

而当年约里奥-居里托他带口信给毛泽东主席的事，直到30多年之后，他才向原子能所的一位领导谈起。

1988年10月，刘杰部长在五所建所三十周年庆典上正式公布了当年约里奥-居里请杨承宗向毛泽东主席传话的事，并热情洋溢地说："有一件事过去一直没有公开过，现在我可以讲了，最早向周总理、毛主席进言中国要搞原子弹的人是我们的杨教授。"

刘杰部长在激动和欢乐的时刻，没有详细说这件事。确切地讲，是杨承宗转达了约里奥-

杨承宗和放射化学学习班学员合影

居里的话。1994年，何泽慧和另一位"两弹一星"元勋彭桓武曾问起杨承宗当年约里奥–居里让他转话的事，何泽慧惊讶地说："啊！这个三强，真会保密，连我都不告诉。"

无疑，钱三强实现了他和杨承宗的约定，除了向中央汇报，对谁也不要说，甚至是自己的夫人。而杨承宗竟守口如瓶30多年，从不以这件事抬高自己的身价，也确是感人至深。向中央转达约里奥–居里忠告的事，最先登载于由国防科委主编、中国社会科学出版社出版的《当代中国的核工业》一书中。2001年，中央党史研究室的专家也曾著文，披露了这件事。

"君子坦荡荡，小人长戚戚"，一定是他有坦荡的胸怀，因此，他才长寿健康。直到90多岁时，身体仍然硬朗，思维敏捷。他的笑声仍然是杨承宗特有的笑声，那样爽朗，那样富有穿透力和感染力。他听说北京大学很难招到放射化学专业的学生时，提出了这样一个建议：招生时，由他去当"形象代言人"，让青年学生们看看，搞放射化学的，也能健康长寿。

2001年，杨承宗终于荣获"何梁何利科学与技术进步奖"。他从没有抱怨这个荣誉来得太迟，甚至都很少提及这件可以给他的人生增光添彩的事。

2011年5月27日，百岁老人杨承宗永远辞别了他深爱的祖国和亲人。但是，他把他的成果、他的事迹、他的精神，还有他的笑声永远留给了我们，愿我们的子孙后代永远记住这一切。

"心底无私天地宽"，其实像杨承宗这样的科学家还有许多，他们把祖国的强盛、人民的利益和科学的发展看得很重很重；把名和利看得很轻很轻。明乎此，才能走近他们，理解他们。人们在谈及历史时，常常会说，不应以成败论英雄；那么在谈到一个人的贡献和成就时，是不是也不应当以头衔和学位论大小？

郭永怀

不殒之星

郭永怀（1909年4月4日—1968年12月5日），空气动力学家、应用力学家和应用数学家。山东荣成人，我国近代力学事业的奠基人之一，1935年毕业于北京大学，1941年在美国加州理工学院古根海姆实验室工作，师从世界著名空气动力学大师冯·卡门。1945年获博士学位。1946年起，在康奈尔大学任教。1956年回国后，曾任中国科学院力学所常务副所长，二机部九院副院长等职。1961年加入中国共产党，1968年因公牺牲。在中国原子弹、氢弹的研制工作中，领导和组织了爆轰力学、高压物态方程、空气动力学、飞行力学、结构力学和武器环境实验科学诸领域的研究工作，解决了一系列重大问题，做出了突出贡献。1957年被增聘为中国科学院学部委员（院士）。1999年被追授"两弹一星功勋奖章"。

每当读到马克思的名言："我们的事业是默默的，但她将永恒地存在，并发挥作用。面对我们的骨灰，高尚的人们将洒下热泪。"人们就会想到郭永怀。

1968年12月5日夜7时许，一架中国民航的伊尔14型客机飞临北京东郊的首都机场，开始降落……

正当这架从兰州经西安飞来的客机即将着陆时，意外发生了，飞机在场外触地，强烈的撞击使得飞机刹那间解体，并燃起了熊熊大火。这次惨烈的事故，给中国的科学和国防科技，尤其是"两弹一星"事业带来了巨大损失。因为著名力学家，担任研制"两弹一星"领导工作的重要科学家，中国科学院力学所副所长，二机部九院副院长郭永怀不幸牺牲。他是牺牲在"两弹一星"研制第一线的、级别最高的科学家。

郭永怀的烈士证书

凌云志

和许多中国著名科学家不同的是，郭永怀的家庭并非"书香门第"，1909年4月4日，他出生在山东荣成滕家镇一个普通农家，是郭文吉夫妇的第四个儿子。10岁的时候，郭文吉将儿子送到了本家叔叔所办的学堂里读书习文。17岁那年，郭永怀以优异的成绩考取了青岛大学附属中学，成为四乡八里第一个公费中学生。三年后，他考取了南开大学预科理工班，预科毕业后直接转入本科学习。

在南开大学，郭永怀选择了物理学专业，得到了当时国内知名教授顾静薇（徽）的赏识。因为郭永怀有志于光学研究，顾静薇教授推荐他到著名的北京大学教授饶毓泰门下深造。

1937年，抗战全面爆发，日本军队的飞机轰炸了郭永怀的故乡，这让郭永怀义愤填膺。这位表面宁静少言的"书生"，内心却燃烧着炽热的爱国、爱乡之情，他立刻转变学习方向，改学了航空，他要用自己的所学，让外国侵略者再也不敢侵扰中国的领空、领海、领土。

1939年春天，中国教育界传出一段佳话。报考第七届留英公费航空工程专业的有50多人，公布分数时，竟有3人同登榜首，没有伯仲之分。这3人就是郭永怀、钱伟长、林家翘。可是这个专业的名额只有一个，幸亏有叶企孙、周培源和饶毓泰等教授力争，这3位高才生才得以同时被录取。他们于1940年1月从上海登船出发赴加拿大留学，这时第二次世界大战已经爆发，在这纷乱的时局下，还能出国留学是很不容易的，因此大家都很高兴。谁知上船后，他们发现自己的护照上竟有日本签证，上书"允许在横滨停船三日，上岸游览"。他们认为在日本帝国主义侵略中国时期，宁可不留学，也不能接受侵略者的签证。"书生"并不是软弱的代名词，中国的知识分子向来有爱国的传统。在历史上，"书生"在面对国贼和外虏时，拍案而起者有之，横眉冷对者有之、慷慨悲歌者有之、投笔从戎者有之。郭永怀等年轻学子的身上也涌动着这样一腔热血，他们不惜牺牲这一难得的留学机会，当即带着行李下船，捍卫了民族尊严。直到1940年8月，郭永怀他们才又得到赴加拿大学习的机会。

郭永怀

在加拿大多伦多大学（University of Toronto）应用数学系，他在辛格（J. L. Synge）教授指导下进修。辛格认为，郭永怀是他一生中很少遇到的优秀青年学者。1941年5月，郭永怀在多伦多大学以优异的成绩获得硕士学位。

郭永怀是一位善于冲破障碍的人。20世纪40年代后期，喷气式飞机已经出现，而且速度已接近声音的速度。在高速飞机迅猛发展的势头中，许多飞机设计师和心怀壮志的飞行员都想超越音速。于是一架架新型飞机被研制出来，一个个勇敢的飞行员向音速发起了冲击。但不幸的是，一架又一架飞机折翼蓝天，一位又一位飞行员无功而返，有的甚至献出了宝贵的生命。于是有人称音速是"音障"。难道音障是不可超越的吗？不甘屈服的人们含恨问青天。1941年5月，郭永怀从加拿大来到美国加州古根海姆航空试验室，师从有"超音速航空之父"之称的冯·卡门（T. V. Karman）教授，开始进行有关"跨声速流动不连续解"的研究。1946年，郭永怀写成了高质量的论文，获得博士学位。此后，他又到康奈尔大学航空工程研究生院教学，并发表了几篇重要论文，他的研究成果为人类突破音障、实现超音速飞行做出了重要贡献。他还将坐标变形法和边界层理论结合起来，解决了粘性流动头部奇异性问题，这一方法被命名为"PLK"方法（庞加勒 H. Poincare—赖特希尔 J. M. Lighthill—郭永怀），现在称为"奇异摄动法"，在力学和其他学科中得到了广泛的应用。人类实现了超音速飞行的梦想，这里面就少不了郭永怀的贡献。郭永怀取得了骄人的成就，并因此受到国际学术界的尊敬。

投向祖国怀抱

获得博士学位的郭永怀，以他的成就和突出的业务能力，要到美国任何一家科研单位谋一个"肥差"都是没有问题的，可是他在回答美国政府的问卷时，在"为什么要到美国来？"的一栏里，直书道："到美国来，是为了有一天能回去报效祖国。"因此，他就不能进入美国与国防尖端技术有关的实验室工作了，而他也有意不去和那些"敏感部门"打交道，免得将来给自己的回国增添麻烦。

1956年，周总理代表党中央提出了"向科学进军"的口号，郭永怀毅然回国了。在临行

前，他在朋友们为他送行的聚会上，当着众多友人的面，把自己的手稿、笔记一页页投入火中，望着那飞去的灰蝶，他的夫人李佩觉得太可惜了，那是郭永怀的心血啊！可是郭永怀说，那些东西都记在了他的脑子里，要用时可以再写出来。

郭永怀想得非常周到。此时，他已经是卓有成就的著名科学家了，是美国数学学会会员，又正是年富力强之时，美国有关方面一直在密切注视着他的动向。1953年，就连美国的"铁哥们儿"英国人邀请他去讲学，美国政府都不同意，更何况现在是要回到新中国去。

郭永怀一家要返回新生的祖国了，这在当时是很有影响的事，胡适曾经为如此富有才华的学者回国，发出感叹说："连郭永怀这样一心治学的人都要回去了，可见人心向背。"

太平洋不太平，那时的太平洋尤其风云莫测。果然，在回国途中，和他们同行的张文裕和王承书就受到了美国当局的严格搜查，船迟开了两个小时。这件事让李佩更钦佩郭永怀的远见了。

当郭永怀等中国学者走过罗湖桥时，受有关部门委托前来迎接他的何祚庥和胡翼之已经在等待他们了。何祚庥他们还带来了钱学森的一封信，郭永怀打开一看，那信竟如同一团烈火，把他的心烧得热热的。钱学森在信中写道："这封信是请广州的中国科学院办事处面交，算是我们欢迎您一家三口的一点心意！我们本想到深圳去迎接你们过桥，但看来办不到了，失迎了！我们一年来是生活在最愉快的生活之中，每一天都被美好的前景所鼓舞，我们想你们也必定会有一样的体验。今天是足踏祖国土地的第一天，也就是快乐生活的第一天，忘去那黑暗的美国吧！……自然我们现在是'统一分配'，老兄必定要填写志愿书，请您只写力学所，我们拼命欢迎的，请您不要使我们失望……"

1955年，钱学森归国时，曾和郭永怀相约，一年后相聚在中国。郭永怀实现了他和钱学森的约定，更履行了他和祖国的约定。

回到祖国后，郭永怀受到了周恩来总理等党和国家领导人的亲切接见，他看到国家建设突飞猛进，按捺不住兴奋之情，在《光明日报》上发表了一篇文章，题目是《我为什么回到祖国——写给还留在美国的同学和朋友们》。在文中他说："这几年来，我国在共产党领导下所获得的辉煌成就，连我们的敌人，也不能不承认。在这样一个千载难逢的时代，我自认为，我作为一个中国人，有责任回到祖国，和人民一道，共同建设我们美丽的山河。"

回国后，郭永怀和他的夫人李佩及他们的独女郭芹住进了中关村13楼204号。那时人们经常可以看到郭永怀步行着上下班。他走路总是低着头，好像总是在不停

郭永怀一家离开美国前的合影

地思考问题，他的步伐都是一大步一大步的，步幅和节奏都很一致。而且，他不大爱说话，似乎在抢时间，又像在度量着到达某个目的地的距离。

回国后，郭永怀就担任了中国科学院力学所副所长，同时在清华、北大授课。1957年，他被增聘为中国科学院数学、物理、化学学部委员（院士）。中国科技大学成立后，他又担任了化学物理系主任。从此，郭永怀有了一个非常广阔的天地，可以充分施展他的才华了。更重要的是，他洒下的每一颗汗珠，都滴在祖国的土地上，浇灌出属于祖国的鲜花与果实。

那是1959年的一天，钱三强来拜访钱学森，既然彼此都姓钱，又都住在一幢楼里，也就不用讲什么客套了。钱三强开门见山地说，因为要加强核武器的理论研究，请钱先生支援一位功底扎实的力学专家。钱学森一听，两眼放光，说："我来干行不行？"

钱三强哈哈大笑说："那当然欢迎了！可是你那摊子谁搞？还是另选贤能吧。"

钱学森眯着眼睛沉思了一下，然后郑重地向钱三强推荐："我看永怀可以。"

"郭永怀吗？好！好！"钱三强也十分满意。

钱三强对这位13楼的老邻居非常信任。那一天，钱三强在郭永怀家谈了很久，谈得很深。郭永怀是一个以祖国的需要为己任的人，和许多中国人一样，他也热爱自己的故乡。在美国的时候，他非常希望回国后在烟台或青岛办一所名牌大学。旧中国教育非常落后，因此，郭永怀想办大学也就不奇怪了。但是他回国后，亲眼看到在中国共产党领导下，短短几年，建起了几百所大专院校和几百个研究所，科技和教育都是一派蓬勃兴盛的景象，他感到无比欣慰。现在祖国需要他参加核弹的研究工作，他怎么会推卸呢？

从那时起，郭永怀就担任了核弹研究机构——二机部九所（后改为九院）的副所长（随九所改为九院，他改任副院长），与王淦昌、彭桓武形成了核武器研究最初的"三大支柱"，也有人戏称为"三位祖师爷"。

中国的第一颗原子弹爆炸成功后，一些外国人说那是一颗"肮脏的，澡盆式"的原子弹。他们想当然地认定，中国科技和工业水平落后，又是第一颗原子弹，技术水平肯定不会高，一定是采用初级的"枪法"引爆系统。可是不久他们忽然惊呼道："共产党中国的第一颗原子弹是采用铀235的'内爆式'核弹"。

原来，在研究中国的第一颗原子弹使用哪种引爆方法时，郭永怀根据自己的研究和计算，极有战略眼光地提出，"做好用'枪法'的准备，争取用'内爆法'"。"内爆法"比较先进，但也比较复杂。而且，采用内爆法的原子弹容易小型化，也容易在此基础上研制氢弹。在他和同事们的努力下，中国的第一颗原子弹终于实现了高层次的"内爆法"。接着，郭永怀又提出了新的结构方案，使我国的原子弹重量大幅减轻，很快实现了武器化、实用化。中国终于有了可以使用的核力量。作为空气动力学家，他还领导科技人员，对中国核航弹、导弹核弹头的外形怎样设计更合理、更科学进行了深入研究。从最初的原子弹、氢弹，到形成战斗力的核航弹、导弹核武器、导弹热核武器，中国建立核盾牌的每一步都凝聚了郭永怀的心血。

中国核武器研制的攻坚阶段，正值"三年困难时期"，各方面条件都很差，郭永怀为了进

郭永怀和郑哲敏（国家最高科技奖获得者）

行原子弹的爆轰试验，和王淦昌等人一同来到长城脚下的怀来县，住在部队的营房里，在旧碉堡里进行试验，后来又到更遥远的青海核武器研制基地，继续进行爆轰试验。他们顶着塞外的寒风，不顾自身的危险，深入探索着核武器的秘密。郭永怀常常不辞辛劳地工作，累了就倒在行军床上睡一会儿，这里正如边塞诗人吟咏的，是"风掣红旗冻不翻"的地方，冰天雪地中，他竟和那些普通的解放军战士一样，只裹着一件军大衣就睡着了，他太累了。

他的个子高，半截腿还在行军床外面，战士们看得直心疼，他们说："这哪里像高级知识分子、大科学家呀！"

郭永怀是一位善于冲破障碍的人，他曾经为人类冲破"音障"做出过贡献，回国后，他又选定"热障"作为主攻目标。因为载人宇宙飞船、返回式卫星和战略导弹弹头再入大气层时，会与大气摩擦，产生炽烈的高温，一般的航空材料如铝、钛、不锈钢等，如果不采用特殊技术加以防护，就会像纸片掉在火中一样燃烧掉，因此被人称为航天领域里的"热障"。为了突破"热障"，在郭永怀的指导下，力学所进行了上百次试验。我国的洲际弹道导弹、返回式卫星、"神舟号"载人飞船相继取得成功，说明我国的科研人员已经胜利地克服了热障。到目前为止，能全部掌握载人宇宙飞船、返回式卫星技术的国家也只有美国、俄罗斯和中国。中国在这方面的成功与郭永怀院士早期的贡献是分不开的。

冲破障碍需要速度和效率，郭永怀是一个能够带来高速度和高效率的人。20世纪60年代初，越南抗美战争正酣，为了对付低空飞行的美军飞机，有关部门要求试制一种肩射式防空导弹。当时只有美国刚刚试制出这种导弹，郭永怀他们能拿到的"文献"只是一张很不清晰的照片：一名士兵正扛着一个发射筒，那便是世界上第一种肩射式防空导弹——"红眼睛"。可以说，除了广告效应，那张照片没有任何价值。在郭永怀的领导下，在林鸿荪、屠善澄等人的努力下，力学所二部的科研人员在经验、资料都严重不足的情况下，以最快的速度和极高的效率研制出这种导弹。因为研制进度快得惊人，后来就有人以这种导弹的代号"541"，作为高速、高效的代名词。

善于冲破障碍的人，需要看得远。郭永怀常常提倡科学研究要有预见性，他自己就是一个突出的范例。早在20世纪60年代他就提出了飞行器再入大气层时，如何利用气动升力面的问题，到了80年代，美国的航天飞机上天了，人们发现，航天飞机不就是再入大气层时利用了气动升力面，也就是飞机的"翅膀"吗？

"风洞"是研究空气动力学的大型实验设备，有了风洞，才谈得上提高速度，才能突破障碍，才有研制飞机、火箭的可能。在郭永怀的领导下，力学所建成的"风洞"，为中国空气动力学的发展打下了雄厚的基础。此后，中国的空气动力学研究更得到了飞速发展，并成立了中国空气动力研究院。他们历时 15 年，先后建成一批跨、超声速风洞，高超声速风洞，大激波风洞等先进水平的地面试验设备，使我国飞机、卫星、导弹得以腾飞九霄。改革开放后，美国的空气动

工作中的郭永怀

力学专家们曾到这里参观，面对如此壮观的风洞群，他们震惊了，而郭永怀就是这个研究院的奠基人。

郭永怀学识广博，贡献也是多方面的。有人赞他"力扛九鼎，学涉三界"是很有道理的。他是力学家，担任过九院的副院长。因此说"力扛九鼎"；郭永怀是在核弹、导弹、卫星三个领域里都发挥过重要作用的科学家，因此说"学涉三界"。

因为工作多、任务重，为了抢时间，汽车就成了郭永怀不可缺少的"坐骑"。接送郭永怀的绿色小轿车的车头上饰有一个奔腾的银鹿，早上那银鹿染着朝霞而来，晚上那银鹿又披着暮霭而去，那银鹿的头昂首向天，似乎象征着它主人的凌云壮志。

学者亦有真性情

郭永怀虽然性格沉稳，但他的结交广泛却是令人叹服的。他的朋友当中，既有同行、也有跨学科的专家，还有搞党政工作的领导干部。他和这些人都能谈得很深。著名声学家汪德昭和他是近邻，李佩和汪德昭的夫人早在 1946 年，就因为一同参加国际妇女大会，而成为好友。郭永怀和汪德昭在一起时，即使是闲谈，也常常谈科研，那是灵感和灵感的撞击，常常能迸发出创造的火花来。用超声波提炼铀235的设想，就是他们在闲谈时想出来的。这个设想得到了有关部门的表扬。住在他楼下的是中国科学院地质所的党组书记边雪风，也是他非常要好的朋友，他们一起谈国家大事，谈他们的欢乐，也谈他们的忧虑。

郭永怀平时话不多，像大海一般深沉，又像大海一般平静。不了解他的人，并不知道他还是一位兴趣广泛、很有生活情趣的人。他喜欢摄影，因此留下了他和家人的珍贵照片；他喜欢集邮，收藏有许多精美的邮票；他喜欢欣赏外国古典音乐，收藏有许多名家灌制的唱片，他最喜欢听莫扎特和贝多芬的作品，从莫扎特那里得到灵感，从贝多芬那里获得力量。

一般人想象不到，郭永怀这样学者风度十足的人，还非常喜欢花，尤其是迎春花。那时，14 楼门前有一个大花坛，其中就有迎春花，有时他上下班经过这里，会驻足欣赏一会儿，那

一串串的迎春花在风中摇曳，像是点点的火花、又像金灿灿的星星。这也许是他那不停运转的思维能稍稍松弛一下的时候。他不仅爱花，而且对植物学还很有研究，如果和他一起出游，随手指着一棵树，或是随手捡来一朵花，他都能说出它的学名、俗名，要是不知底细，会把他当作植物学家。

郭芹是郭永怀和李佩教授的独生女，那是家中的一朵花。郭永怀把能够给她的都给了她，还专门为她买了钢琴，却没有更多的时间和精力来疼爱她，他太忙了。

郭永怀平常待人和蔼，但也有"雷霆震怒"的时候。"文化大革命"期间，有一次，他找一些人谈工作上的问题，可时间到了，人们还没有来。他一问才知道，那些人在辩论谁是"革命派"。郭永怀勃然大

郭永怀夫妇为郭芹买的钢琴

怒说："我们承担着国家重要的科研任务，放着任务不做，谈什么'革命派'！"

郭永怀是科学家，可是他在政治风暴中，不仅保持着清醒的头脑，而且能主持正义。他主编《力学学报》时，不顾著名学者钱伟长已经被错划为右派，仍坚持请他审稿。有一次，某名牌大学一位教授的稿子被钱伟长先生指出了五十一条错误，钱先生认为这样的稿子不宜发表，那位教授竟提出，"'左派'教授的文章不许右派教授审查"。郭永怀以四两拨千斤的从容态度，一语定乾坤，他坦荡从容地说："我们相信钱伟长的学术水平，这和左、右无关。"

郭永怀对人严，对自己更严。有一次，人们给他送去一份关于某项成果的总结报告，那是在他的领导下做成功的，报告在署名时自然把他的名字放在了前面，他却毫不犹豫地把自己的名字划掉了。他后来对朋友说："我们是做领导工作的，研究工作我们都要管，如果每项成果都署我们的名字，那不公平！"

是啊，如果为了名利，他何必回国呢？谁知鸿鹄之心，鸿鹄之志？与郭永怀的高风亮节相对照，现在那些不顾一切，一定要在别人的成果上署上自己的姓名，争职称、争业绩、争官位的人，不知会不会脸红。

和郭永怀一起工作的王淦昌曾回忆说，郭永怀很忙，常常是刚在这里下班，又要到那里去上班。连坐飞机都要坐夜航班机，因为在飞机上打个盹，休息一下，又可以精神抖擞地工作了。郭永怀很少有时间关爱自己的家，他知道，只有打造出中国自己的核盾牌，中国的亿万家庭才会有安宁。

永怀璀璨星

因为钱三强等核弹研制领导人的高瞻远瞩，原子能所早在1960年就搞起了氢弹的理论研究，因而争取到了宝贵的时间，中国在原子弹研制成功后仅仅两年零八个月，就在1967年6月17日成功地爆炸了第一颗氢弹。

第一颗氢弹的试验成功，又一次长了中国人的志气，中国的核盾牌也因此更加坚固可靠了。然而氢弹还需要装到导弹上发射出去，这就要实现热核武器的小型化、武器化。1968年年底，中国的又一次热核武器试验进入了紧张的准备阶段，这次试验是顶着"文化大革命"的狂潮"强行起飞"的。

郭永怀关爱生命，中国的第一颗氢弹是用"轰-6"型轰炸机空投的。郭永怀非常关心飞行员的安全，并多次要求进行这方面的相关试验，采取严格的防护措施，氢弹试验成功后，他最关心的也是飞行员的安全。

为了成功进行这次热核武器试验，郭永怀又如往常一样要到位于青海的核武器研制基地检查试验准备情况。临行前，他去看望住在楼下的好友，著名声学家汪德昭，并且送给他一对从酒泉带回来的名产"夜光杯"，汪德昭一边观赏着夜光杯，一边吟咏着那首著名的边塞诗，王翰的《凉州词》：

> 葡萄美酒夜光杯，
> 欲饮琵琶马上催。
> 醉卧沙场君莫笑，
> 古来征战几人回？

郭永怀一家和汪德昭夫妇

本来，汪德昭还要用夜光杯为郭永怀饯行，可是因为时间来不及，汪德昭和郭永怀约定，待郭永怀归来时，用"葡萄美酒夜光杯"为他庆功。

郭永怀在青海的基地工作完毕，要返回北京了，那里还有许多重要的工作等着他。临行那天，他的一位姓陈的助手还问他，为何那么急于回北京。他说，"要赶回北京开会。"

那天王淦昌为他送行时还劝他，"能不能不坐飞机？"他说："我们是搞上天的东西的，我们不坐飞机，中国的航空工业怎么发展？"

郭永怀乘坐中国民航的班机，于12月5日飞向北京，此时，他可能在想北京的家，想他的夫人和女儿，想北京的同事和朋友。此时，他可能在想如何为祖国打造更加坚强可靠的核盾牌。那时，他还在参与中国最早的导弹防御系统的研制，以及空气动力与发展研究中心的筹建工作。此时，他也许正在考虑如何攻克其中的难关。此时，他也可能在抓紧时间休息，因为等待他的工作实在太多了，正如他所说的，"在飞机上打个盹，休息一下，又可以工作了。"

谁料，就在12月5日夜，不幸降临，郭永怀乘坐的中国民航兰州管理局第8大队伊尔14型640号飞机，在执行"兰州—西安—北京"航班时，在北京机场着陆时不幸失事。郭永怀以身殉国。

郭永怀是牺牲在"两弹一星"研制第一线的、级别最高的科学家，中华人民共和国政府授予他"革命烈士"称号。

1968年12月13日，《人民日报》破例登出了一则简短的讣告。讣告称，我国著名科学家郭永怀"因不幸事故牺牲"。文字虽然简短，但寓意很深。在"文化大革命"的特殊时代，《人民日报》为一位科学家发讣告，并且用了"牺牲"二字，是从来没有过的。按那时的惯例，发生空难从不公布，也不会说明原因。得到这个让常人难以承受的噩耗，李佩教授没有掉一滴泪，她的目光中除了悲伤外，更有一种永远不会被摧垮的坚强……

他的老邻居汪德昭望着那对夜光杯悲伤不已，"永怀啊、永怀，我们在准备用夜光杯为你庆功，你却……"

在此后的岁月中，邻居们常听到他的独女郭芹弹奏那首人们熟悉的钢琴曲："我爹爹像松柏意志坚强，顶天立地是英勇的共产党……"

第二年的早春时节，天气仍是寒冷，李佩教授让邻居的孩子（即本书的作者边东子，本书编辑注）把一棵被人遗弃在14楼前的迎春花移栽到她家的窗下，那是郭永怀最喜爱的花。尽管是在"文化大革命"的风刀霜剑中，那迎春花仍然开得很好，金灿灿的，像是一颗颗星星、一束束火花。那不就是郭永怀的化身吗？

在郭永怀牺牲后不久，我国热核武器又一次试验成功，中国的核盾牌更加强固了。

聂荣臻元帅曾为郭永怀烈士题词。原中国科学院副院长，党组书记张劲夫同志在撰文回忆"两弹一星"研制过程时，也高度评价了郭永怀同志的工作和品德。他说："郭永怀带着力学所二部到国防部门，对发展我国的军事高技术建立了卓越的功绩。后来，他乘坐的飞机失事，因公牺牲，这是我国科学技术界，特别是国防高技术界的重大损失。郭永怀同志是一位很好的科

100

学家，他夫人李佩教授也是很好的同志。"

在中国科学院力学所院内，人们为郭永怀建起了一尊半身大理石像。那尊塑像栩栩如生，面带微笑，凝视远方。在郭永怀生前，人们更多的是看到他在沉思，很少看到他笑，因为他身上的担子太重，他要思考、解决的问题太多。现在，如果他能看到他所献身的事业已经取得了巨大的成功，他一定会含笑于九天之上的。这可能就是雕塑家的立意吧。塑像落成的那天，许多科学家和党政军领导人都来参加揭幕仪式。那天，张爱萍将军特别激动，他在高度评价了郭永怀的品格和贡献之后，还怒斥了腐败分子，说是和郭永怀同志相比，这些人"太不像话了"！

李佩教授把郭永怀的骨灰和与他同时牺牲的警卫员、年轻的牟方东的骨灰一起安葬在塑像下，他们在烈火中一起经受了考验，也让他们在这里永远相依为伴。位于四川绵阳的空气动力研究中心，为郭永怀建了一个纪念亭，里面有张爱萍上将题写的"永怀亭"匾额。郭永怀将和"'两弹一星'精神"永存。

中华人民共和国成立五十周年前夕，党中央、国务院和中央军委表彰了23位对"两弹一星"有突出贡献的科技专家。郭永怀和邓稼先、钱三强、钱骥、王淦昌、姚桐斌、赵九章等7人被追授"两弹一星功勋奖章"。其中，郭永怀和姚桐斌都被定为革命烈士。

2016年10月，在山东荣成建起了郭永怀事迹陈列馆。这里已经成了全国重要的展示新中国科学家风采的展馆，成了面向社会各界进行红色教育、国防教育、爱国主义教育的重要场所；成了中国科学院力学研究所、中国科学技术大学和荣成的党员教育基地。

在绵阳的中国工程物理研究院建起了郭永怀的立像，那尊像带着郭永怀特有的微笑，含蓄而又开朗，亲切而又庄重，他似乎在用这样的笑，感染着人们，召唤着人们，激励着人们。郭永怀院士璀璨如星——此星不陨！

李 佩

双星闪耀

李佩（1917年12月20日—2017年1月12日），江苏镇江人，中国共产党的优秀党员，著名语言学家、语言教育家、社会活动家。一位境界高尚、无私奉献的人。

2018年清明时节，正是迎春花开时节。中央电视台在清明节特别节目中，播出了纪念李佩教授的专题片。

有人称李佩教授是"中关村的玫瑰"。她那清癯的面容、从容的谈吐、深厚的学识，的确透射着玫瑰般的高贵气质。但是，较之玫瑰的娇艳，她更有着迎春花一般不惧风寒的品格。李佩教授的先生，"两弹一星"元勋郭永怀院士生前就最爱金灿灿的迎春花。

过去，每当迎春花开时节，就意味着李佩教授要更加忙碌了。在经过冬日短暂的休息后，由她主办的被人们称为"中关村大讲堂"的知识讲座又要开始了。她要联系主讲人，联系场地，请人帮忙张贴布告……

20世纪40年代，李佩就关注中国底层群体——工人和妇女的社会福利。还在大学学习时，她就为青年女工们组织文化学习班，教她们认字，组织她们跳舞、演戏，学唱抗战歌曲。尽管抗日战争时期，困难很多，条件很差，但她像迎春花一般，积极热情，用自己的行动迎接胜利的那一天。

1945年9月，国际工联在巴黎举行成立大会，筹备这个会议的是法国共产党领导人多列士等人。李佩作为中国代表朱学范的助手，也来到了巴黎，并且见到了中共方面的代表邓发同志。在为邓发送行时，李佩看到他带了一幅精心包裹的油画，不禁好奇地问，"这是什么？"邓发笑笑说，"这是毕加索赠送给毛主席的油画，托我带到延安去。"不幸的是，邓发回国后，于1946年4月8日在赴延安途中，因飞机失事，和叶挺、王若飞等人一道罹难，那幅珍贵的油画也被毁掉了。李佩成了唯一见证这幅画的人。国际工联的会议刚刚结束，西班牙共产党领导人伊巴露莉等人又发起在巴黎召开世界妇女大会，李佩是中国代表之一。代表中还有汪德昭院士的夫人、音乐教育家李惠年，著名华人美术家潘玉良等，团长由著名女学者袁晓园担任。在这次大会上，李佩被选为大会执行理事。由于国民党政府拒绝签发护照，中共代表邓颖超和蔡畅未能参加大会。李佩坚定地表示，没有共产党方面的代表参加，这个代表团就不能代表全中国妇女。回国后，她把大会发来的文件和电报送到八路军办事处，帮助大会和中共取得了联系。"桃李迎春"，当年参加第一次世界妇女大会的两朵"李花"——李佩和李惠年，都住在中关村13楼，而且都住在一个单元内。这也是一段佳话。

1949年1月底，北平刚刚和平解放，急于了解新中国、了解中国共产党的李佩就远涉重洋，来到了这座焕发生机的古城。在这里，她进入了华北革命大学，学习了马克思主义的基本原理，学习了中国共产党的历史和中共关于建设与革命的大政方针。就因为有这番"学历"，她竟在返回美国时，被迫在香港滞留达一个月之久，因为美国政府迟迟不给她签证。

1956年，迎春花绽放得格外烂漫，周总理代表党中央发出了"向科学进军"的号召，大批海外学者回到了祖国。许多中国科学家都认为那一年是"科学的春天"。郭永怀和李佩携他们的独女郭芹也在这一年返回祖国，并且在中关村落户了。这时的中关村还在初创阶段，本来，科学院领导"量才录用"，准备请李佩教授担任外事或外文翻译方面的工作，但她为了就

郭永怀、李佩和郭芹

近照顾郭永怀和年幼的郭芹，担起了负责中关村建设的"西郊办公室"副主任一职。那时的中关村虽然建起了一批科研大楼和住宅楼，可是生活设施很不健全：没有商业网点，没有学校，没有医院，就连自来水都是问题，卫生、治安更没有人管。为了解决这些问题，李佩教授和她的同事们四处奔走，她请出了"两弹一星功勋奖章"获得者陈芳允院士的岳父，内科大夫沈老先生，还有其他一些医学界的朋友，建起了一个规模很小，但是作用很大的医务室。为美化中关村的环境，李佩亲自到各所动员人们参加义务劳动。她还组织起了一个全部由院士夫人组成的家属委员会，其中就有邓叔群的夫人、吕叔湘的夫人、林镕的夫人、梁树权的夫人、赵九章的夫人、赵忠尧的夫人等，担当起卫生保健、治安保卫、文化学习、教育子女的工作。现在，当年在李佩等人呼吁下建起的中关村医院已经由一个小医院，变成了大厦巍峨的现代化医院，并且正在扩建为海淀区最大的康复中心；当年，由于李佩教授等人的奔走，将一所本来用庙宇当校舍的保福寺小学，搬迁到中关村，并扩大了规模，加强了师资，成了一所名校，就是现在的中关村一小；当年的中关村只有一个由热心公益的院士夫人们组成的"家属委员会"；现在中关村有了好几个组织完善的社区，还有物业管理公司。如果说今天的中关村已是繁花似锦，春色满园，那么，李佩教授和她的同事就是亲手为中关村栽培出迎春花的人。

"文化大革命"期间，郭永怀以身殉国，他们的独女郭芹去插队了，但经历着生离死别的她，却在时时关心着别人。"文化大革命"初期，火箭燃料专家林鸿荪含冤去世，他的妻子杨友一直受到李佩教授的关心和照料。原地质所党组书记边雪风还未彻底平反，他的夫人斯季英也因揭发江青在狱中的表现而被捕。李佩不怕株连，常常去看望重病的边雪风，甚至秉烛夜谈。在那个尽是寒流、毫无春意的岁月里，她所做的这一切，犹如给身处寒冬的人送上了一束迎春花，让他们看到了希望、坚定了信心，让他们感受到了雪莱的诗句——"冬天来了，春天还会远吗？"那深刻的意境。

作者一家和李佩

在改革开放的年代里，无论是在科大，还是在研究生院，李佩教授都以那流畅的英语、文雅的举止、高尚的品格、卓有成效的教学方法让她的学生和同事们敬服。退休后，她和郭慕孙院士的夫人桂慧君教授等一批学者，发起成立了"中关村老年互助服务中心"。这个中心曾经组织老年人学习插花等技艺，举办各种展览会，展示老年人的艺术和科技作品。"中心"还组织了外语学习班、老年电脑学习班。老年电脑班学员中，最年长的是90多岁的原紫金山天文台副台长孙克定先生，毕业后，他还特意添置了一台电脑。孙克定先生是中关村诗社社长，学会使用电脑后，他还兴奋地用电脑写了一首诗，以抒发自己的喜悦之情。

为了让中关村地区的离退休老人能跟上现代科学发展的步伐，了解国内国际形势的变化，有个"充电"的机会，李佩教授主办了每周一次的知识讲座，它的内容丰富，涵盖面极广。主讲的人中有黄祖洽、何祚庥、杨乐、厉以宁等，除了科学，还有音乐和茶文化知识的介绍，国际形势的研讨，中科院历史的回忆，以及让老科学家们听得如醉如痴的曲艺表演。有人说，这个讲座可以和中央电视台的"百家讲坛"媲美，其实，它比"百家讲坛"的形式更多样、更活泼。可是有多少人知道，为了举办这些讲座，李佩教授要付出多少心血。每次讲座的内容，她都要提前很长时间考虑。讲座的内容既要新颖又要受老年知识分子欢迎。听讲的人层次大都很高，不乏各方面的专家，因此主讲人也要有相当的学术水准。而这样的人大都很忙，不容易请到。李佩教授不知要打多少电话，有时甚至要登门才能请到。虽然讲座得到各方支持，可是也常常遇到阻碍。有的小区管理者可以让租房、卖药的小广告贴在广告牌上，却不允许张贴有关讲座内容的布告，甚至会把已经张贴好的布告撕掉。于是，李佩老师只好亲自协调和疏通。这个讲座坚持了七年之久，举行了近两百场。谁能算得出李佩教授为此花费了多少时间和精力？

这个家庭的不幸也许太多，1996年11月8日，郭永怀夫妇唯一的女儿郭芹不幸英年早逝。她生于1954年8月26日，1956年随父母回国，她多才多艺，待人亲和，郭永怀生前对她没有溺爱过，更没有利用自己的特殊地位为她求得什么"照顾"。在当年"上山下乡"的日子里，她也和普通人家的孩子一样到农村去插队劳动。在病重时，也不见她有任何悲观，她和朋友谈的仍是未来，希望她的朋友能写写她的父亲。她的目光那样恳切，那样明澈，任何人都无法拒绝……

经历了和丈夫的永别，又经历了丧女之痛，但面对这人生路上的种种不幸，李佩都挺过来了。高龄的她，心里仍是惦记着别人。得知中关村的哪位老朋友生病了，她都要去探望或是打电话慰问。人们常能在中关村看到她那清癯的面容、坚强的身影。她在为中关村的老年事业奔忙。中关村的许多老人都说，有了李佩教授，他们焕发了"第二春"，实现了"老有所学、老有所乐、老有所为"。

其实，按时尚的观念，她完全可以有另一种生活。虽然郭永怀牺牲了，女儿又英年早逝，但她的学生那么多，朋友那么多，爱她的、尊敬她的人又那么多。有什么事，只要说一声，甚至不用说，都会有人来帮她，她完全可以过安逸的生活。她的身体一直不错，英语那么好，她可以在国内外旅游，可以探亲访友，可以养生强体，但是只见她为大家忙碌，从没有为自己谋取什么。她把一切都捐了：郭永怀的金质奖章，家中的存款，直到自己的桑榆晚年。2017年1月12日，99岁高龄的李佩先生在北京中日友好医院安详地辞别了人世。为她送行的人当中，除了青年学生、科研工作者、亲朋好友外，还有不少名人和高级领导干部，不过，他们都是以李佩的学生身份来向他们尊敬的老师告别的。他们知道，在老师眼中，一切人都是平等的，无贵贱尊卑之分。逢年过节，或是她的寿诞，到她家贺节、祝寿的人很多，她都是按先来后到安排座位。中科院的领导或是国科大的领导来晚了，也只能坐小板凳。曾经有一次，她为进修生讲课，有位领导干部站起来说，因为有重要会议，要请假。李佩先生毫不客气地说："你现在首先是个学生。"那位领导听了，红着脸坐下，又专心当起了学生。因此，在送别李佩先生的时候，这些名人、领导都是执弟子礼。的确，人生路上，李佩先生是我们永远的老师。

2018年7月，国际小行星中心正式发布了命名公告，将2007年10月9日由紫金山天文台盱眙观测站近地天体望远镜发现的两颗小行星，命名为郭永怀星和李佩星。这是国际上第一次以一对中国夫妇的名字命名的两颗小行星，可见郭永怀和李佩深孚众望。

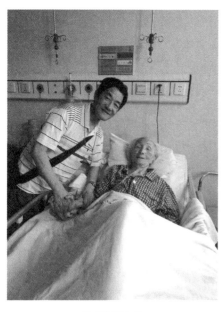

作者探望李佩

15楼311号

王淦昌

隐姓埋名者

　　王淦昌（1907年5月28日—1998年12月10日），核物理学家，"两弹一星功勋奖章"获得者，"863高科技计划"首倡者之一。1955年被选聘为中国科学院学部委员（院士），江苏常熟人，1929年毕业于清华大学，1934年获德国柏林大学博士学位。曾担任二机部九院副院长、二机部副部长，中国物理学会副理事长、名誉理事长，中国核学会理事长，中国科协副主席等职。

我愿以身许国

1961年4月3日，二机部部长刘杰和副部长钱三强一起找王淦昌谈话，问他是否愿意隐姓埋名去从事核武器研究工作。王淦昌铿锵有力的回答是："我愿以身许国"。

刘杰和钱三强为什么会选中王淦昌担此重任呢？在屠呦呦获得诺贝尔医学奖之前，许多人急切地希望中国科学家能实现诺贝尔奖"零"的突破。中国科学家不是没这方面的能力，王淦昌一生中曾三次有望获得诺贝尔奖。

1930年，王淦昌考取了官费留学生，到德国深造。在那里，他有幸师从著名的女科学家梅特纳（L. Meitner）。梅特纳才华出众，被爱因斯坦称为"我们的'居里夫人'"。此外，王淦昌还抓紧一切机会，向其他著名教授学习。他曾听过许多大师如玻恩（Baboon）、佛朗克（J. Frank）、薛定谔（E. Schrodinger）等人讲课或是讲演。

就在德国留学时，王淦昌曾经提出一种实验方法，用于研究一种新发现的辐射现象，可惜，梅特纳没有接受他的建议。后来，约里奥-居里做了这个实验，可是阴差阳错，仍然没有取得应有的成果，只把一个遗憾留在了科学发现史上。1932年，英国科学家查德维克（J. Chadweik）独立地进行实验，发现了中子，并因此获得了诺贝尔奖。其实，查德维克的实验和王淦昌的实验设想基本是一样的。人们为梅特纳惋惜，为约里奥-居里惋惜，更为王淦昌惋惜。

20世纪30至40年代，世界上许多物理学家都被中微子迷住了。中微子是基本粒子中的一员，它之所以迷人，是因为它太神秘了！它不带电，几乎不和其他物质碰撞，它具有极强的穿透力，可以轻松穿过地球。可是人们只知道它的存在，却找不到它的芳踪，如此一来，更使物理学家为之倾倒，他们上穷碧落下黄泉，想尽各种办法想一睹它的"花容月貌"，可是都没有成功。此时，王淦昌所在的浙江大学物理系为躲避日寇的劫掠，撤到遵义附近的湄潭县。就在那样闭塞的条件下，王淦昌设想出了一个找到中微子的办法，可那时条件太差，王淦昌不可能亲手实现它，于是就写了一篇论文，投寄到美国的《物理评论》（*Physical Review*）杂志，并于1942年1月发表。那篇文章的题目是《关于探测中微子的一个建议》。同年，美国科学家阿伦（J. S. Allen）根据王淦昌的设想，在实验室里证实了中微子的存在，所以这一实验又被称为"王淦昌—阿伦实验"。但是，由于实验仪器和材料等问题，阿伦的实验与理论预测有一定出入。不过，在物理学界还是引起了很大反响。

王淦昌不甘心"花落别人家"，他不顾条件的限制，还是尽力而为，除了发表文章外，还曾想与自己的得意门生做这方面的实验。1942年4月，他就明确地对这位姓许的学生说，用实验证明中微子的存在，是一个难题，他已经考虑了很长时间，现在终于想出了一个办法。如果成功了，有可能得诺贝尔奖。但这位学生当时正有志于寻觅救国救民之路，加上实验条件实在太差等原因，王淦昌的愿望没有能够实现。

108

后来，美国科学家莱恩斯（F. Reines）在王淦昌设想的启发下，用核反应堆做实验，终于在1959年比较精确地测定出了中微子的存在。他和另一位美国科学家考恩（C. L. Cown）因此获得了1995年度的诺贝尔奖。可惜的是，揭开中微子面纱的又是外国人，尽管路是王淦昌指的，桥也是王淦昌搭的，可是花却落在了别人家。这当然是中国人的一大遗憾，但王淦昌在得到这个消息时却讲了这样一段发人深省的话——"由此看来，得诺贝尔奖并不太难。一要选准课题，确有重大理论或实用价值；二要锲而不舍，持之以恒，花上几年或几十年功夫。"

20世纪50年代中期，王淦昌受命到设在苏联的杜布纳研究所工作。这个研究所是苏联牵头，由多个社会主义国家联合建立的。这里有当时非常先进的"同步稳相加速器"。正是在这里，王淦昌领导一批中国科学家发现了"反西格玛负超子"，这是科学家通过实验发现的第一个荷电负超子，丰富了人们对基本粒子族的认识，而且使理论上关于任何粒子都有其反粒子的推测得到了验证。这是杜布纳研究所历史上最重要的成果，也是中国科学家在高能物理研究领域里对世界的重要贡献。这项成果完全有资格评选诺贝尔奖，但那时的科研强调集体的作用，不能突出个人，加上"冷战"时期的政治环境，王淦昌又和诺贝尔奖擦肩而过，但这毕竟证明了中国科学家在高能物理研究方面的能力和才华。

王淦昌在杜布纳研究所向竺可桢介绍科研成果

1959年6月，苏联正式通知我国，他们将不再援助我国研制核武器，单方面撕毁了双方达成的协议。1960年8月，苏联撤走了全部专家，中国领导人毅然决定，用自己的力量研制核武器，陈毅元帅那字字惊雷的"当了裤子也要搞原子弹"的豪言，就是在这时发出的。中国的原子弹研制以"596"的代号进行，就是表示中国人民要奋发图强、自力更生研制核武器的决心。中央要求二机部、国防部五院（即现在航天工业总公司的前身）和中国科学院要"三股力量拧成一股绳"，把"两弹一星"搞上去。中科院二话不说，不仅支援了一大批杰出的科学家，而且把原子能所成建制地划给了负责研制原子弹的二机部，不过名义上还是科学院和二机部"双重领导"，叫作"出嫁不离家"。

国家逢此紧要关头，当然要选栋梁之材，忠勇之士。这就是为什么刘杰和钱三强挑选了王淦昌的原因。

这时的王淦昌已经年过半百，1961年还处在三年困难时期，供应很紧张。14楼和15楼后

面有一片小树林，常有人来打树叶。因为很少能吃到肉，人们就从树叶中提取植物蛋白来补充营养，美其名曰"人造肉"，其心理作用远大于营养价值。在当时已经很受照顾的中关村地区尚且如此，在地处偏远的核武器试验基地，生活的艰苦程度就可想而知了。

如果王淦昌想为自己得到个什么世界级的奖项，或是取得更大的"知名度"，他完全可以不接受这个任务，凭他的能力和成就，他完全有得诺贝尔奖或其他什么世界级奖项的可能。

而王淦昌对这一切的回答却是一句"我愿以身许国"——义无反顾，掷地有声！是什么让他放弃了那本来可能是金光闪耀，不缺少鲜花掌声，堆满了荣誉和赞美的星光大道，而选择了一条充满了困难、艰险的崎岖坎坷路呢？那就要从他的人生轨迹说起了。

赤子爱国情

1907年5月28日，王淦昌出生在江苏常熟附近一个叫枫塘的小村里，父亲王以仁是一位名医。王淦昌4岁时，父亲不幸去世，13岁时，久病的母亲又离开了人间。靠着慈爱仁厚的外婆呵护，王淦昌才避开童年时期的风风雨雨，感受到亲情的温暖。因此，他对外婆言听计从。13岁时，外婆照那时的风俗习惯，为他定了一门亲，对方是一位比他大3岁的女孩，名叫吴月琴，人品好，爱劳动，就是文化程度不高。王淦昌也就稀里糊涂地"奉旨完婚"了。就在这年的秋天，王淦昌升入了上海浦东中学，这是一所很有名的学校，曾经培养出许多优秀人才。王淦昌聪明好学，成绩优异。而且一向心地善良，乐于助人。中学毕业后，他去报考名声赫赫的交通大学，考试时，一位同学答不出题，暗中向他求助。王淦昌最受不了别人向他求助的目光，不由善心大发，竟忘记了一切戒律，慨然相助，结果两人的报考资格都被取消了。无奈之下，他又走东闯西，学英语甚至学开汽车。虽然汽车学校的学制只有半年，可是他在这里却有一场难忘的经历。1925年，那时他17岁。中国爆发了抗议日本帝国主义残杀中国人的"五卅运动"。王淦昌和同学们一道上街示威游行。队伍走到英租界时，遇到镇压，王淦昌被一个身材高大、头上缠着红布包头的印度巡捕抓住了。那时的上海人都憎恨这些为英帝国主义效力的印度巡捕，轻蔑地称他们为"红头阿三"。王淦昌虽然只有17岁，可是他很有头脑，知道世界被压迫民族的心是相通的。对着气势汹汹的印度巡捕，他不仅不害怕，反而理直气壮地问："我在自己的国土上散发传单，你为什么抓我？"

那位巡捕一时怔住了，过了好半天才用英语说："你自己的国土？可这是英租界！"

王淦昌不急不慌，不紧不慢地用英语开导他说："正因为这里是英租界，我才来散发传单。你和我虽然国籍不同，但命运是一样的。我们中国受帝国主义欺侮，你们印度也成了帝国主义的殖民地。现在，我在反抗帝国主义，你却在为帝国主义效劳。如果这事发生在你的国家，你能忍心抓自己的同胞兄弟吗？"

印度巡捕听了，沉思了一下，悄悄地把他放了。临别时，还握住他的手，动情地说："小兄弟，你说得很对，很有道理！"

就在这年夏天，王淦昌考入了清华大学。在这里，他师从叶企孙、吴有训等著名教授，不仅学到了现代科学知识，而且受到了"科学救国"思想的熏陶，学到了他们热爱祖国、追求真理的可贵品质。在清华学习期间，王淦昌不仅参加了爱国活动，而且经历了"三一八惨案"。他亲眼看到反动军阀的枪口吐出毒焰，亲眼看到好友的鲜血染红了衣衫……帝国主义恃强凌弱的行径和反动军阀的专横残忍，更坚定了他要学好知识、以身许国的志向。

王淦昌（摄于1951年）

1930年，为了让科学之花在中国盛开，为了让中国人能够挺起腰杆走路，他考取了赴德国留学的"官费生"，远赴异国他乡学习。

1933年，在德国留学的王淦昌终于得到了博士学位。他的博士论文能获得通过可是不易，不仅题目难做，就连实验用的仪器也得自己动手制作。为了吹制一根小小的玻璃管，不知试验了多少回，搞得实验室的地上到处都是碎玻璃。朋友开玩笑说："不像实验室，像玻璃店。"

就在得到博士学位的第二年，王淦昌就急不可待地回到了祖国，先是受聘担任山东大学教授，后又到浙江大学任教授，因为他年轻，竟被人们称为"娃娃教授"。

1950年，王淦昌被正式调到新成立的中国科学院近代物理所，也就是后来的原子能所，先后任大组（相当于后来的研究室）组长、副所长等职。在这期间，他做了大量工作，对中国的宇宙射线研究曾做出过重大贡献。

打造核盾牌

从那次和刘杰、钱三强谈过话后，王淦昌就化名"王京"，隐姓埋名17年，参加到核武器研究的行列里。他奋战在核武器研制的第一线，不顾青海高原缺氧寒冷，和科研人员及工程技术人员一起打造中国的核盾牌。他出没在风沙漫漫的荒莽草原和戈壁荒原中，和部队官兵一起风餐露宿，进行一次又一次核试验。当年他曾经劝郭永怀不要乘飞机，他自己平常也不乘飞机，可是遇到任务紧急时，他却坚持乘飞机，别人劝阻也不听。从原子弹到氢弹，从第一枚能够用于实战的核航弹到第一枚能够装在导弹上的热核弹头，从塔爆到空爆再到地下核爆炸，核武器发展的每一次重大进展都有王淦昌不可磨灭的贡献。尤其是在"文化大革命"时期，他顶着被扣上"活命哲学""资产阶级反动学术权威"的帽子，仍竭尽全力，艰难地把中国的核武器研制推向前进。在一次地下核试验之前，正在准备进行核爆炸的平洞里，探测器突然发出了

"啪啪"的响声，这很不正常。王淦昌问大家："怎么回事？"谁都回答不出。为了查个水落石出，王淦昌戴上防护口罩，不顾危险，亲自进入洞内认真检查，终于发现是氡气在捣乱，这是一种对人体有害的气体。这时，他看到一些小战士仍在洞里吃饭时，就拍拍他们的肩膀，要他们到洞外去吃，还叮嘱技术人员说："防护口罩，要一次一换。"可是有人担心他的健康，劝他不要在洞里久留时，他却说："我年纪大了，没关系，你们年轻人要注意。"

和平赞

中国的科学家是热爱和平的，他们倾全力研制核武器是因为他们相信，中国的核武器是维护世界和平的一个重要砝码，它会让世界向和平的一方倾斜。王淦昌就一直关心着核能的和平利用。早在1955年，苏联建成了世界上第一个核电站的时候，他就发表文章，提出原子能应当更好地为人民、为和平服务。这年的7月，他和女微生物学家薛禹谷等人一起到苏联参加了和平利用原子能的国际会议。回国后，他兴奋地说："不久的将来，我们的原子能和平利用事业一定能够迅速地得到发展，并且为我国的经济和文化建设做出重要的贡献。"

1956年，王淦昌参加了我国"十二年科学技术发展规划"的制定，这是一个对中国科学发展有着重要影响的规划。这个规划把和平利用原子能列在了首位，就在中国的核武器研制进入最紧张的阶段，王淦昌也没有忘记核能的和平利用。

1960年，美国人首先研制出激光发射器，这是一台红宝石激光器。它的出现，让世界发出一片惊叹，可人们的惊叹声还没有落地，也就是在美国人研制出激光发射器之后仅14个月，著名科学家王大珩领导的长春光机所就研制出了我国的第一台红宝石激光器。王淦昌不愧是一位思路开阔的大科学家，他虽然不是光学专家，对激光不是了解得很深，但是凭着渊博的知识和丰富的联想能力，他立刻想到激光和核聚变的关系……

核聚变对人类来说已经不是什么秘密了，氢弹就是利用核聚变的原理制成的。用原子弹引爆的核聚变虽然能释放出巨大的能量，可是它的脾气太暴躁，反应速度太快，不能控制，除了当热核武器，无法用于和平目的。因此，人类要和平利用核聚变的能量，就要让核聚变服从人的意志，按照人们要求的速度进行，这就是"受控核聚变"。如果它真的研制成功了，那人类就有了取之不尽、用之不竭，干净可靠的能源了。而实现受控核聚变的关键是需要

王淦昌和吴恒兴在奔赴朝鲜战场前合影

找到对热核材料进行高温加热的，可以控制的手段，高功率激光的特性就很适合在受控核聚变装置中使用。

1964年，在经过详细的调查研究和深思熟虑之后，王淦昌写出了一篇详细的报告，有理有据地说明了"激光惯性约束核聚变"的设想。在世界上，这也属一个创新，能和王淦昌并肩而立的只有苏联的巴索夫（Nikolay G·Basov），他们两位在差不多同一时间内，各自独立地提出了这一设想。因此，他们两位是"并列冠军"。

王淦昌的建议得到了聂荣臻、张爱萍、张劲夫等领导同志的大力支持。不久，著名光学家王大珩、核物理学家于敏也加盟其中，周光召也给予了大力支持。爱好文墨，有儒将之风的张爱萍上将给它取了一个具有浪漫色彩的名字——"神光"。若干年后，在王淦昌和王大珩两位老科学家的带领下，"神光"装置于1987年通过了国家鉴定，鉴定委员会认为，它已经达到了国际同类装置的先进水平。

"神光"给人类的生存和发展带来了希望之光。因为人类面临的最大问题就是能源问题，石油、煤这些自然资源是会枯竭的，那时，人类将如何生存？"神光"装置表明，人类完全可以从受控核聚变中，得到大量宝贵的能源。人类必定会生存下去，必定会发展得更快、更美好。

激光和核物理本不是一个研究方向，能够看到不同研究方向、不同领域的科学成果结合在一起会有什么样辉煌的结果，这正是杰出科学家的不凡之处。

1978年，王淦昌担任了二机部副部长，他做了一件很重要的事，就是促成了中国核电事业的发展。虽然周恩来总理早在1970年就提出了要重视核能的开发利用，并且说二机部不要搞成"爆炸部"。可是由于"文化大革命"造成的混乱和不同学术观点的长期争执，中国的核电开发远远落在了世界的后面。在王淦昌的努力下，在中央领导的支持下，中国的核电实现了"零"的突破，秦山核电站经历了许多曲折后，终于建成投产，而且运行情况一直很好。

王淦昌不仅是一位成就卓著的核物理学家，还是一位能为国家科技发展政策提出真知灼见的战略型科学家。1986年，中国和世界的形势复杂多变。王淦昌和陈芳允、王大珩、杨嘉墀3位著名科学家，审时度势，高瞻远瞩，提出了著名的"863高科技计划"。这个计划大大促进了中国科技的发展。

2001年，科技部举办了"'863计划'实施15周年成果展览"。在这里，人们惊讶地看到了这样的数字："863计划"以15亿元的投入，换来了

王淦昌在北京和同事讨论问题

560亿元的产值，并获得了一大批具有自有知识产权的项目。中国的科技、经济和国防实力因此得到了大幅度的提升。中国的一系列科技成就，如第一块中国具有自主知识产权的电脑中央处理器芯片——"龙芯"，和闻名于世的"神舟号"载人航天飞船等，都是由于这一计划的推动，才得以完成的。

鸾凤鸣

王淦昌的家庭幸福和睦。不过，有时也会起些"风波"，尤其是王淦昌又得了什么奖，或是取得了什么重大成果时，儿女们会拿"老爸"开玩笑，他们众口一词地"提醒"王淦昌："别忘了，你的功劳有妈妈的一半。"王淦昌故作委屈地说，"你们怎么都站在妈妈一边对付我呀？"

虽然是玩笑，可儿女们讲的是实话，王淦昌在科学圣坛上是一个闪光的人物，而这光芒的背后却有一个不可或缺的人，这就是他的妻子吴月琴女士。早在抗战的艰苦岁月里，吴月琴就用勤劳和节俭为王淦昌和孩子们撑起了一片晴天，她养羊养鸡，给王淦昌和孩子喝羊奶吃鸡蛋，而她自己却舍不得吃。她还开荒种菜，尽力让家人能够得到必要的营养。王淦昌也体贴妻子，他也顺便帮助妻子放羊。一个穿着旧衣衫，戴着一副眼镜，活像"落魄文人"的人，牵着羊在湄潭的街上走过，那是什么样的形象？谁能想象得出这就是桃李满天下、硕果累累的王淦昌教授？

在15楼居住时，王淦昌经常出差或是出国，他的家常常只是他的"驻京办事处"，而吴月琴就是这驻京办事处的"主任"。王淦昌在杜布纳研究所工作时，吴月琴还根据组织的安排，到苏联照顾王淦昌的生活。在异国他乡，能吃到吴月琴做的中国饭菜，自然也是王淦昌能在异国他乡获得成功的一个重要因素。

三座"特楼"附近的住户都见过吴月琴那辛勤操劳的身影，那时三座楼的后面有一个"小合作社"，"小合作社"是一个很小的商店，三座楼及其附近居民们的副食，都是靠它供应的。那时商品匮乏，尤其是三年困难时期，副食奇缺。蔬菜只有白菜、萝卜尚可买到，可是要排长队。在这长长的队伍里就有吴月琴。那时买菜，一次要买上许多，不然就不知什么时候才能再买到。从小合作社到15楼的路是普通红砖铺的，经不起碰，也耐不得压，这时已是斑斑伤痕，凹凸不平。吴月琴日复一日、年复一年地在这条小路上不知走了多少趟。她走得可不轻松，她小时缠过脚，后来虽然放开了，但总归不方便。看着她歪着身子，挎着重重的菜篮，默默无言地、深一脚浅一脚挪动的身影，不知情的人会说，这真是一位能吃苦耐劳的主妇。知情的人会感叹，这就是王淦昌教授的夫人！

三座"特楼"里，有着各种方式结成的夫妻，青梅竹马式的，同窗好友式的，奇缘巧合式的，师生相恋式的，但绝大多数是自由恋爱而成的，而王淦昌当年却是奉外婆的"懿旨"结婚，是典型的旧式婚姻。吴月琴文化水准不高，却有着中国妇女的传统美德，是一位典型的"贤妻良母"。能够见微知著的核物理学家，透过妻子的平实无华看到了她那金子一般的心。因此，虽然经过风雨，但夫妻二人却白头到老，共度了一生。老托尔斯泰说，"幸福的家庭都是一样的，不幸的家庭各有各的不幸。"可是从王淦昌的家庭来看，幸福的家庭也是不一样的，虽然他们都同样幸福。

风范颂

按当时的标准来说，王淦昌的工资不算少，吴月琴又是勤俭持家的能手，可是王淦昌的家还是会出现"赤字经济"，这是为何？原因就是王淦昌的"乐善好施"。他经常资助有困难的学生和亲友，1947年，因为他在中微子方面的研究成果，吴有训教授为他争取到了"范旭东奖"。范旭东先生是湖南湘阴人，东京帝国大学化学系毕业，他既是科学家也是我国著名的民族工业家，曾经创办过著名的"永利制碱公司"等企业，担任过中国化学会会长。他一向支持中国科学的发展，侯德榜的"侯氏制碱法"能取得成功，永利制碱公司能获得成功，和他的贡献是分不开的。王淦昌是继侯德榜之后的第二位，也是最后一位获此殊荣的科学家。可是他把1000美元的奖金都捐给了老师、同学和朋友，其实这时他自己的生活也很拮据。他还曾资助回乡务农的学生翻译和研究爱因斯坦的著作。1960年，王淦昌结束了在杜布纳联合研究所的工作，准备回国了，可是他却把四年间在苏联节衣缩食省下的一大笔钱（相当于14000新卢布）捐了出来。

1982年，王淦昌等人因发现反西格玛负超子，荣获国家科技进步一等奖。他又把属于自己的3000元奖金全部捐给了原子能所子弟学校。

1996年，王淦昌基础教育奖励基金会成立，他又捐资30000元……

如此行善焉能"致富"？但这就是王淦昌的追求和王淦昌的人格。

王淦昌少年时期的身体虽不算好，可是由于年轻时清华大学对体育课有严格要求，他自己也喜欢体育锻炼，因此身体越来越强健。这也是他晚年仍然精力充沛的原因。

可惜20世纪90年代，在迁出"特楼"之后不久，他在住处附近被一个鲁莽的骑自行车人撞伤，那时一些媒体正在热心呼唤"关心富人的生存状态"。王淦昌当然不是"富人"，大概也算不得"白领成功人士"，因此，这件"小事"没有在社会上引起多大反响，但他的身体大不如前了，而吴月琴的逝世又给他带来了巨大的悲痛。不久，他不幸患上了癌症。1998年12月10日，王淦昌在北京逝世，享年91岁。

党和国家领导人，除了在他病中探视慰问外，还参加了他的遗体告别仪式，或是献了花圈。同行们给予他很高的评价，以他为学习的榜样，而认识他的普通百姓则说："好人，功臣，真得记住他！"

1999年9月18日，王淦昌被追授"两弹一星功勋奖章"。

王淦昌逝世后，他的子女们共同向周培源基金会捐款50万元建立"王淦昌物理奖"，用以奖

励在惯性约束核聚变和粒子物理领域有突出贡献的研究人员，为科学事业的发展做出了无私的奉献。2000年，他们又向家乡常熟捐款10万元，支持地方教育事业。在市场经济的大潮面前，一些人迷失了方向，也迷失了自己。王淦昌和他的家人却以他们的行动告诉我们，什么是真正的人。面对王淦昌和他的家人，我们首先应当学做他那样的人，然后才能学做他那样的科学家。

王淦昌走了，但是他的事业仍在前进。2002年，上海光机所研制成功"神光二号"激光约束受控核聚变装置，它能在十亿分之一秒的时间内，发出相当于全世界电网数倍的能量，在这方面，我国已经成为世界领先的国家之一。

13楼206号
张文裕

探索高能

　　张文裕（1910年1月9日—1992年11月5日），高能物理学家，1957年被增聘为中国科学院学部委员（院士）。福建惠安人。北京燕京大学物理系毕业。1938年获英国剑桥大学博士学位，回国后，任西南联大、四川大学教授。他发现了μ子原子，并证明了μ子是一种非强相互作用粒子。他在放射性同位素、宇宙线大气簇射和奇异原子研究方面，做出了开创性的贡献。1943年后任美国普林斯顿大学、普渡大学教授。1956年回国后，任中科院原子能研究所研究员、宇宙线研究室主任、副所长。1978年加入中国共产党。1973年至1984年任高能物理研究所研究员和所长，名誉所长。曾担任中国高能物理学会副理事长等多种学术领导职务，他是第二、三届全国人大代表，第四至七届全国人大常委会委员，第二届全国政协委员。

1971年的一天，13楼3单元门前突然戒备森严，布满明岗暗哨，还有许多胳膊上佩戴着红箍的人在巡逻，即使在那个"以阶级斗争为纲"的年代里，这也是少有的阵势。于是，有人猜要抓什么重犯，有人猜是为了制止阶级敌人的破坏，也有人猜是有中央领导要视察……

过了不久，只见来了一队小轿车，停在了13楼3单元门前，从车里走出的是杨振宁博士。那时，人们都知道杨振宁是1957年与李政道一起获得诺贝尔奖的美籍华人科学家。这是中华人民共和国成立后，他第一次回国探亲访友。既是出于好意，也是按照那时的习惯思维和习惯做法，他到哪里，有关部门就会加强哪里的安全保卫工作。可是杨振宁到13楼要干什么呢？原来他是来看望住在13楼206号的张文裕教授。因为张文裕曾经是杨振宁在西南联大的老师。

张文裕和他的夫人王承书是一对夫妻院士。在当时的中国，知道他们的人并不多。这一方面是他们不事张扬，更不会像现在的某些人那样，善于"炒作"、热衷于"提升自己的形象"。因此在很长一段时间内，几乎没有多少人知道他们；另一方面，还有其他原因……

靠打工上学

1910年1月9日，张文裕出生于福建惠安一个普通农民家庭。现在的惠安县，已经因为它独特的地域文化而驰名中外，可那时的惠安除了贫穷，没有任何名声。惠安是有名的侨乡，许多人都因为贫穷，不得不远离故土，漂洋过海，到"南洋"去谋生。13岁那年，张文裕小学毕业了。尽管他考上了很有名气的泉州培元中学，可是因为家境贫寒，父亲已经无力、也无心再供他上中学了。幸亏慧眼识英才的小学老师和其他亲友说服了父亲，张文裕才能靠打零工挣几个钱，继续维持中学的学习。对于这样的小学和这样的老师，张文裕怀有深深的感情。他晚年返乡探亲时，还特意去看了自己的母校。

靠着辛勤的汗水，张文裕得以在中学坚持读下去；凭着刻苦的努力，张文裕的学习成绩一直很优异。可谁知，就在要举行毕业考试的时候，有一天，他突然得到家中的急信，说是母亲病重，要他赶快回去，可是当他急急忙忙地赶回去后才发现，母亲好好的。原来，叫他回来是想让他成婚……

受过现代教育的张文裕如何能接受这种包办婚姻呢？一气之下，他跑回了学校。可这么来回一折腾，把毕业考试的时间耽误了。培元中学的许校长为他发愁："你没有赶上毕业考就没有文凭，没有文凭怎么考大学？你又不是富家子弟，今年考不上，明年可以再考。"

张文裕急得一筹莫展，不知如何回答才好。许校长想想说："燕京大学物理系主任谢玉铭是泉州人，也是培元中学的毕业生。他和我交情不错。我写封推荐信，你去找他试试。"

于是许校长写了一封推荐信，除了说明他成绩优异、学习刻苦外，还希望能发给张文裕奖学金，以解决他的经济困难。于是张文裕揣着那封宝贝推荐信，和老师、同学以及学校捐给他的70元路费，告别家乡，如一只孤雁般北上了。

不料，到了北平才知道，燕京大学的入学考试已经结束了。张文裕正在作难，幸亏谢玉铭先生"爱才如命"，他和张文裕深谈了一番，感到他是个好苗子，是个人才，就说："我来想想办法。"

为了解决张文裕的生活困难，谢玉铭先安排他在一家皮革厂当学徒，边工作边准备考试，自己则全力去做学校的工作。诚能感天，终于，谢玉铭先生说服了教务处，同意让张文裕补考。果不其然，张文裕各科成绩都很好，被破格录取。张文裕晚年的时候，还深情地回忆说，如果不是谢玉铭先生，自己就不会有那次补考的机会，也就未必能上燕京大学。

在大学读书的时候，是张文裕最困难的时候。燕京大学不仅录取分数高，食宿费和学费也高。张文裕只能和几个穷学生住在小小的储物间里，在课余还要打工，以维持生计和学业，在果园里修剪果树、为低年级同学补课，几乎什么活都干。有一年暑假，他要到内蒙古的水利工地去打工，可是没有路费，怎么办？他只好把夏天不盖的棉被送到当铺去。当然，到了冬天还得赎回来。

除了白天要辛辛苦苦地打工，张文裕晚上还要孜孜不倦地学习。他常常读书读到更深半夜。有时实在困了，他就效法古人"头悬梁，锥刺股"，用针朝自己的身上扎。"梅花香自苦寒来"，因为学习成绩优异，还在上四年级时，学校就请他担任了物理系的助教。1931年夏天，张文裕以优异的成绩在燕京大学物理系毕业了。他又考取了本校的研究生，同时继续担任助教。他学习努力，教学认真负责，待人诚恳，深得各方好评，也因此得到了一位才学出众的女学生的爱情，她就是后来成为国际知名学者的王承书。

"培养诺贝尔奖得主者专业户"的学生

1934年，张文裕获得了硕士学位，不久，又考取了庚款赴英国剑桥大学留学的名额。剑桥大学有一个誉满全球的实验室，是以著名科学家卡文迪许（Cavendish）的名字命名的。张文裕荣幸地进入了这所实验室。此时，实验室的主任是著名的物理学家卢瑟福（E. Rutherford）。他被科技界称为"奇才"，曾经发现了放射性元素衰变规律；提出了原子有核结构的理论和人工嬗变理论。卢瑟福不仅自己是诺奖主，而且他的学生中竟有14位也荣膺此奖，他简直可称得上是"培养诺贝尔奖得主专业户"。张文裕在卡文迪许实验室的学习和工作很紧张，但也很有益。卢瑟福每到实验室都要问大家有什么新的想法，这是在培养学生的创新精神。卢瑟福还喜欢邀请学生到家里吃晚饭，喝咖啡，讨论问题，有时还做游戏。卢瑟福的机智和幽默，常常让学生们在哈哈大笑中，开启了思路，得到了教益。有这样良好的环境，有这样杰出的导师，再加上自己的勤奋，张文裕在科研方面取得了许多成果。

1937年，抗日战争爆发了，日本帝国主义轰炸中国城市、屠杀中国老百姓的罪行在英国的报纸上、广播上都有报道。满腔爱国热情的张文裕再也坐不住了，他申请提前回国参加抗战，国内回复说："回国可以，但必须得到博士学位。"

于是张文裕向校方提出，提前考试，考完了回国参加抗战。卢瑟福听说了此事，特意来挽留张文裕。卢瑟福的大嗓门是有名的，可是这次却显得有些低沉，他说："至于你，还是留在这里继续做研究好。这是我最关心的事。你如果有经济困难，我可以想办法。"

卢瑟福当然是出于好意。张文裕没有正面回答卢瑟福，只是表示，自己在经济上并没有困难。这时，他的心里只有祖国那燃烧着的土地，那些在战火中挣扎的父老兄弟，他铁了心要回去。不想，几个月后，卢瑟福就因病去世了。这次谈话也就成了卢瑟福和张文裕的诀别。此后，张文裕每每提到这件事，就会流露出深深的惋惜。

张文裕提前考试的申请得到了批准，可是由于不了解考试的内容，剑桥大学和燕京大学在教学上的侧重也不大一样，考试很不顺利。他本来想，什么学位、文凭，统统不要了，早日回国参加抗战才是最重要的。可是主考官考克饶夫教授却劝他说："你是在我们这里第一个考博士学位的中国人。你做的工作很不错，但我们对你在中国上学时受到的训练并不清楚。你要是能通过考试，就能证明中国人的能力和中国教育的水平。"

张文裕觉得他说得很有道理，就决定再考一次。1938年春，张文裕的第二次考试顺利通过。他证明了自己，也证明了中国的教育水平，可张文裕还是不能实现回国的愿望，因为文凭要等到10月份才能发，拿不到文凭，他还是不能回国。他就自费进了德国的一家工厂学习探照灯技术，希望回国后能用这门技术对抗战做一点贡献。

张文裕拿到了文凭，获得了博士学位，他终于得以实现自己的愿望，于1938年11月，回到朝思暮想、抗战烽火正浓的中国了。

在西南联大

张文裕回国之后，原本准备聘用他的防空学校迁到桂林去了，而且表示不想聘他了。这下糟了，张文裕的生活来源都成了问题，幸亏吴有训教授慧眼识英才，经过他的推荐，张文裕先后到川大和西南联大担任教授。

这一年，张文裕在西南联大物理系开了"天然放射性和原子核物理"课。在当时的中国，能开这门课的大学不多，学习这门课的也大都是很有才华的学生，如虞福春、唐敖庆、梅镇岳等，当时他们已经是助教了。此外，还有杨振宁，当时正在攻读研究生。

由于在撤退途中屡遭日寇追击、敌机轰炸，许多仪器设备都被损毁了，因此，西南联大仪器很少，许多工作不能开展。张文裕因陋就简，把仓库改建成宇宙线研究室，测量宇宙线强度与天顶角的关系。他还自己吹玻璃，做测量辐射用的盖革计数管。他和赵忠尧等几位教授还曾想建一台静电加速器，他们绞尽了脑汁、跑断了腿，但终因条件实在太差，除了请工匠打的一个铜球外，一无所获，最终不得不放弃。不过，他们不怕艰苦，在困难中求发展的精神让许多师生肃然起敬。

西南联大的生活艰苦，但深谷出幽兰，正是在这里，张文裕和王承书举行了虽然简朴却很有意义的婚礼，证婚人是吴有训教授，许多著名教授都前来贺喜。从此，他们事业上是同行，生活上是伴侣，取得了很多成果。

"张原子"的由来

1943年，张文裕应美国方面的邀请，来到了普林斯顿大学的巴尔摩（Palmer）实验室。张文裕在参与建造 α 粒子能谱仪的过程中，和罗森布鲁姆（Rosenplum）研制出了最早的火花室，并用这台高分辨率的谱仪测得了钋、镭等元素的 α 精细谱，这些 α 精细谱线的能量只有主要 α 谱线的万分之一，甚至更低，要在过去，这是无法测量的。

第二次世界大战结束后，世界分成了两大阵营，一方以苏联为首，另一方以美国为首，这两大阵营经常互相指责，甚至以武力相威胁。人们把这一时期叫作"冷战"时期。在"冷战"时期，核武器、细菌武器、化学武器好像悬在人类头顶上的三把剑，不知什么时候就会掉下来，整个世界都缺乏安全感。偏偏这时又有一个恐怖的流言产生了，说是苏联人制造出了一种装置，它利用磁透镜，把宇宙射线中的 μ 介子聚集在一起，利用它们的强相互作用，产生巨大的爆炸力。这种超级武器威力无比，无法抵挡。这是真的还是假的？美国人担忧了。1946年，张文裕开始研究"μ 介子"之谜。他设计了一种新型云室，利用这套云室研究宇宙线中 μ 介子与物质的相互作用，揭开 μ 介子的奥秘。那时，人们认为宇宙线中的 μ 介子是强相互作用的粒子，强相互作用是弱相互作用的上千倍，因而能够用某种方法，让它们产生大爆炸。而张文裕经过反复观测和计算发现，它们没有强相互作用，根本不可能产生爆炸。张文裕还进一步发现，带负电的慢 μ 介子，在与原子核作用时，会形成 μ 介原子，并产生电磁辐射。1953年，科学家们在当时世界上最先进的加速器上进行了一项实验，这个实验证实了张文裕的研究结果。这种由 μ 介原子和原子核组成的临时原子从此被命名为"张原子"，相应的辐射被命名为"张辐射"。

月是故乡明

张文裕是一位著名的科学家，更是一位忠诚的爱国者。当中华人民共和国成立的消息传到美国后，他就和王承书急于回国，参加新中国的建设。可是朝鲜战争爆发后，美国对他这样的著名核物理学家格外"关照"。他和王承书一次又一次提出回国申请，却一次又一次石沉大海。当时，张文裕在美国担任"全美中国科学家主席"，这更引起了美国联邦调查局的注意。有好心人劝他加入美国国籍，以减少麻烦，可是他说："要入美国籍，何须到今天？我们生为中国人，回国的信念是不会变的！"

直到1955年，中美达成了有关中国留学生回国的协议，以钱学森等人回国为标志，归国之路终于打开了。

1956年6月，早已是归心似箭的张文裕和王承书，匆匆地把汽车、电冰箱都送了人，带着他们的儿子张哲，登上了驶往香港的"克里夫兰总统号"轮船，和他们同行的还有郭永怀、黄量等中国学者和他们的家人，大大小小共有20多口。谁知，当所有的乘客都上了船，只等起锚的时候，"克里夫兰总统号"却突然得到命令——推迟开船。

这时，几个穿着深蓝色制服的彪形大汉气势汹汹地登上了船，他们声称是美国移民局和联邦调查局的人员，指名道姓要找张文裕和王承书。虽然张文裕和王承书泰然自若，可是同船的中国学者都为他们捏把汗。这些人闯到张文裕和王承书的舱室内，把所有的箱笼都翻了个底朝天，想寻找他们臆想中的涉及美国安全的"绝密资料"。那伙人足足折腾了两个小时，当然，他们一无所获，最终只好灰溜溜地下船了。

当张文裕一行从罗湖走过边防线时，看到那飘扬的五星红旗，感到这一切既亲切又生疏，他们兴奋地感慨道："又回家了！"

圆一个中国梦

回国后不久，张文裕担任了中国科学院近代物理研究所（后改称"原子能研究所"）研究员、宇宙线研究室主任，并被增选为中国科学院学部委员（后称"院士"）。王承书任中国科学院近代物理研究所研究员，兼任北京大学物理系教授。从此，张文裕的科研工作打开了一个新境界，他带领一批专家，在云南的高山上建成了宇宙线实验站，配备了当时世界上最大的云室组，并取得了一批重要成果，同时，还为国家培养了一批宇宙线研究人才。

1957年，张文裕忽然接到周总理交给的一项重要出国任务。原来，美籍中国学者李政道和杨振宁因为发现了宇称不守恒定律，获得了诺贝尔奖。周恩来总理决定派代表出席颁奖仪式，向为中华民族争光的两位年轻学者表示祝贺。他亲自点将，请张文裕前往出席，向两位获奖者致以祝贺。

在瑞典皇家科学院的颁奖仪式上，两位年轻的诺贝尔奖得主见到了昔日的老师，既兴奋又惊讶。他们谈到了往事，更说到了现在和未来。张文裕向他们转达了中国政府的祝贺，并且说："希望你们有机会回去看看，祖国的变化很大呀。"他还转交了杨振宁的岳父杜聿明将军给杨振宁的信，也介绍了新中国的巨大变化和中国共产党的有关政策。两位久居海外的青年学者听得非常认真。这次师生相聚的时间不长，但是张文裕所谈的一切，却给他们留下了深刻的印象。20世纪70年代初，中美关系刚刚有解冻的预兆，美国政府取消了美国公民赴中国旅游的限制，李政道和杨振宁就回到了祖国，他们不仅仅是观光考察、探亲访友，更为中国科学的发展出谋划策，并做了大量工作。而且，在以后的岁月中，无论国内外环境的阴晴冷暖，都

张文裕

一贯如此。

20世纪60年代初，张文裕接替王淦昌，赴苏联杜布纳联合研究所，担任中国科学家小组的组长。他领导研究组，利用当时世界上最强大的质子加速器进行实验，做出了重要成果。那时，中苏开始交恶，政治上的分歧不可能不带到科学研究当中来。有许多问题处理起来很棘手，可是张文裕处理得很好。

虽然中国科学家在杜布纳联合研究所的工作卓有成效，但张文裕却总有一件放不下的心事。为了使用杜布纳联合研究所当时全世界最强大的加速器，中国每年要承担两千万元的经费，这可是一笔巨款啊！更何况，张文裕一直有一个梦想，就是在中国建造一台先进的加速器。这样，中国的高能物理研究就有可能站到世界前列。1964年秋天，张文裕向周恩来总理汇报工作时，周总理谈到，中国在高能物理研究方面也必须具备独立自主的能力。即使从经济角度考虑，中国也应当建自己的高能加速器。张文裕非常高兴。他认为，自己多年的梦想即将实现了。1965年，张文裕回到了祖国，他本想大干一场，实现自己的梦想，不料，中国陷入了"文化大革命"的混乱中，这个眼看就要实现的目标又成了一个要继续做下去的梦。

1972年9月初，张文裕审时度势，联合了一批专家写信给周恩来总理，提议建造一座中国自己的高能加速器，开展高能物理的研究。周总理不仅同意他们的请求，而且要求抓紧这一工作。不久，中国科学院成立高能物理研究所，张文裕被任命为所长。

然而，建设加速器可不是那么简单的事。同行们有不同意见是可以理解的，科学从来都是在争论中发展的，而且大家都是为了科学进步、祖国强大。最难的是当时政治经济形势都很混乱，资金也很困难，更何况中国在工业和科技方面与国际先进水平的差距还很大。但张文裕从不轻言放弃，他不顾自己年老体弱，仍然积极参加会议、出国考察、查阅文献，和不同意见的

张文裕和袁家骝在一起

科学家讨论，努力实现自己的梦想。

1983年春，国务院批准了北京正负电子对撞机的研制和建设方案。它的质心能量为2×22亿电子伏特，可以使正负两个电子束沿着相反的方向加速，在指定的地方"迎头相撞"。它用途广泛，除了研究高能物理、揭示微观世界的奥秘外，还能开展一些国家急需的应用研究，解决经济建设中遇到的一些问题。虽然张文裕的健康状况这时已经一天不如一天，但他仍十分关心北京正负电子对撞机的建设。工程实施后，他还抱病去现场视察。

1988年10月24日，北京正负电子对撞机经过四年的施工，终于胜利建成了。张文裕赶来参加落成典礼，他坐在轮椅上，看着这梦境般的现实，露出了欣慰的笑容，他的梦实现了。

1992年11月5日，张文裕在北京逝世。他的骨灰被撒在北京正负电子对撞机附近的苍松翠柏之下，让他曾经朝思暮想、难以释怀的对撞机永远陪伴着他。

13楼206号

王承书

打造核盾牌的巾帼

王承书（1912年6月26日—1994年6月18日），物理学家。中共党员，湖北武昌人，中国人民政治协商会议第二届全国委员会委员，第三、四、五届全国人民代表大会代表。1961年加入中国共产党。1981年起任中国科学院数学物理学部委员（院士）。1980年后，任中国核学会第一、二届常务理事，同位素分离学会第一届理事长和第二届名誉理事长，兼任清华大学工程物理系教授和大连工学院物理系教授。

20世纪60年代，当旭日初照中关村时，常能看到一位穿着俭朴的女科学家，匆匆地去赶班车。那时的班车既无空调也无暖气，冬天冷夏天热，再加上路面也远不如今天的平整，因此，乘车绝对不是一件惬意的事。有谁知道，其实她和家人在美国时，曾经有过两辆漂亮的小轿车，可是当她得知能够回国的消息后，归心似箭，不愿意为变卖家产耽误时间，把小汽车和电冰箱统统送了人，虽然她明明知道，回国后只能挤公共汽车。

很长一段时间，外人都不熟悉甚至不知道她的姓名，更不清楚她在从事什么工作。直到90年代，有人研究中国"两弹一星"的历史时，才惊讶地发现她为铸造共和国的核盾牌，做出了多么重要的贡献，可是她的名字却几乎无人提及。

不服输的女孩

1912年6月26日，王承书出生于上海。过去，常可以看到宅院的门上有一副楹联："忠厚传家久，诗书继世长"。她就出身于一个生活富足、有着文化传承的家庭。她出生不久，全家即迁居北京。

王承书自小就好强、不服输。有一回，几个男孩子笑话女孩子不会喝酒，她一怒之下，和他们比酒量，虽然喝得酩酊大醉，人事不省，却让那些男孩子佩服得五体投地。她的身体不好，体弱多病，小学六年级和初三都是升学的紧要关口，她却因病休学了。家人和朋友都劝她，明年再考也可以，不必勉强。可是她却偏要和同班同学一起参加升学考试。由于她基础好，再加上努力拼搏和天资聪颖，结果都取得了优异成绩。

1930年，她以优异成绩从贝满女中毕业。要考大学了，她的选择让许多亲人、朋友和同学都吃了一惊——她报考的竟是燕京大学物理系。有人对她的决定不理解，不知她为什么要报考物理系。她说："现在正是物理学突飞猛进的时代。物理学已经成为一个国家的科学是不是发达的标志。我们中国的物理学非常落后，因此，我要学物理。"听了她的话，人们都称赞她胸有大志。

在她的那个班上，她是唯一的"一朵花"——一名女生，那时一般人都认为女孩子不擅长学数学、物理，可是在许多次数学竞赛中，她都得了第一名。

王承书（摄于20世纪50年代）

那时的燕京大学流传着这样一个故事：学校里有一位年轻助教，学问好、人品好，可惜却没有一位红粉知己。这位年轻助教的心思都在广博的科学天地中，沉稳少言，这如何能吸引女孩子的注意？

燕京大学有一位女学生，天资聪颖、人品超群、学业精进，可惜只因终日在学海中畅游、在书山里攀援，多的是学识，少的是言辞，再加上禀赋高洁，不爱在人前展露才华，因此身边也就一直缺少一位"护花使者"。

有一次，女学生在年轻助教的指导下做实验，不想正做到专心处，一个小小的突发事件让女学生受了惊，慌乱中，她竟一把抓住了年轻助教的臂膀……

于是，没有卿卿我我的语言传递，只以这个小小的突发事件为契机，两人结成了连理。有人赞誉他们是"天作之合"，也有人说他们是"不谋而合"，还有人怀疑他们是"蓄意合谋"。不管怎么说，他们唱了一曲无言的"爱之歌"。

这位女学生就是那个好强、不服输的女孩，就是那个班上唯一的"花朵"王承书，而那位年轻助教就是张文裕。燕京大学在学习上要求很严，淘汰率很高。经过逐年淘汰后，王承书所在的那个班仅毕业了4名学生，而名列榜首的就是王承书，她因此被授予"金钥匙奖"。1936年，王承书获得了硕士学位，并且留校任教。

"WCU"方程的来历

1939年，王承书和张文裕在昆明结为连理。她并没有因为自己婚姻美满，就沉醉在幸福的家庭生活中，相反，她更加努力地增进自己的学识。1941年美国巴尔博奖学金基金会接受了王承书的申请，资助她赴美深造。

1944年，王承书在密歇根大学获博士学位，在做了两年博士后工作之后，成为密歇根大学的研究员。她还两度进入普林斯顿高级研究所工作。在那里，王承书和她的导师乌伦贝克合作完成了多篇有关稀薄气体动力学方面的重要论文。乌伦贝克是电子自旋的发现者之一，是世界公认的理论物理学方面的权威。王承书还和乌伦贝克一起在1948年发现了一部力学经典著作中的重要错误。1951年，王承书和乌伦贝克提出了被人们称为"WCU"的方程，即"王承书—乌伦贝克方程"。可惜，由于种种原因，王承书取得的这些重大成果，没有被公布。直到1970年，乌伦贝克写文章高度赞扬了王承书这一期间的工作，人们才了解了这位硕果累累的中国女科学家。

打造核盾牌的巾帼

1949年，中华人民共和国成立的消息传到美国后，王承书和张文裕本打算立即回国，可是由于她正怀着孕，只好推迟行期。不久，朝鲜战争爆发，美国的麦卡锡主义又十分猖獗，热爱祖国的中国学者不仅回国受阻，而且有受迫害的可能。王承书在精神上做好了准备，她想，即使是进集中营，也不能做对不起祖国的事。

1956年，她和张文裕终于可以实现回国的心愿了。有人听说她和张文裕要回国，就摇头叹气地说："中国现在很穷，还是等等再说吧。"

可是王承书却坚定地说："虽然中国穷，科研条件差，但我不能等别人把条件创造好，我要亲自参加到创造条件的行列中。我的事业在中国！"

为了尽早回到朝思暮想的祖国，王承书除了把小汽车和电冰箱等物品匆匆送人外，还做了大量的准备工作。她把书刊和资料分成许许多多个邮包，分批寄回中国。虽然费事费力，可是避免了归国途上的麻烦，让FBI（美国联邦调查局）和移民归化局想从鸡蛋里挑出骨头的官员们抓不到任何把柄。

冲破太平洋上的风浪，王承书一家终于在1956年10月6日踏上了祖国的土地。此时，她激动地暗暗立志："要以十倍的精力、百倍的热情拼命工作，要把自己的全部智慧和力量奉献给祖国。"

他们安家中关村后，王承书曾经写了一篇文章，题目是《又回家了》。在这篇文章里，她抒发了回到祖国后兴奋和喜悦的心情。无疑，她和张文裕教授对这个新家是满意的。不久，王承书被分配到近代物理研究所理论研究室工作，同时兼任北京大学物理系教授。

1959年6月，苏联片面撕毁了中苏之间的有关协议，停止帮助中国研制原子弹。中国领导人不为外国的压力所动，提出依靠中国自己的专家，打破超级大国的核垄断。中国原子弹的研制以"596"为代号，继续进行。

1961年，中国核武器研制正进入关键的攻关阶段。钱三强找到王承书，开门见山地问："你愿意隐姓埋名，去搞气体扩散吗？"

因为那时有严格的保密规定，搞核武器研制的人，需要长期隐姓埋名，更不能向任何人透露自己的工作。王承书毫不犹豫地答应了。

她接受了这个任务，当然也接受了极为严格的保密条件。不久，她的名字隐没了，即使在中关村也难觅她的身影，而在大西北黄河边的浓缩铀提炼厂中，却经常活跃着她那单薄的身影。

这时的浓缩铀提炼厂可谓"惨不忍睹"。苏联为中国提供的浓缩铀提炼厂还没有完成，就撤走了专家，带走了图纸，设备被丢弃在大西北的荒原中，几乎要成废铁。这一切都要靠王承书和她的同事们"起死回生"。

提炼铀235难度很大，设备也很复杂。在天然铀矿中，有铀238、铀234和铀235。只有铀235才能产生链式反应。可是铀235的含量非常低，如果用表示同位素含量多少的专用名词"丰度"来表示，只有0.7％。如果用于发电，就必须把丰度提高到3％左右，而制造核武器，就要提高到90％以上才行。这在一台分离铀同位素的机器上是做不到的，只能把许多台机器以适当方式联在一起，才能生产出铀235丰度达到要求的产品，这被称为"级联"。可是这样一来，就会出现许多复杂的技术问题。苏联专家的设计是不是合理，他们留下的数据是不是准确，谁也没有把握。如果其中有错误，就会极大地延误生产，造成损失。而中国第一颗原子弹试爆的时间已经一分一秒地接近了。时间紧迫，王承书凭着坚实的专业功底和不怕吃苦的精神，亲自到车间反复测试，反复计算，终于和其他科技人员一起，取得了相关数据，并找出了又精确又简便的解决办法。

1964年，新年伊始，浓缩铀工厂沉浸在欢乐而紧张的气氛中，试运行开始了，当那些"级联"在一起的气体扩散机运转起来后，人们都敛气屏声，注视着运行结果。尤其是王承书那染霜的鬓发、那因为熬夜而带着血丝的眼睛，更提醒人们：多少人的心血，多少年的期待，多少辛勤的努力，多少默默的奉献，都凝聚在这里。当机器运行的结果和王承书等人的计算很好地吻合，产品的丰度达到了预期值时，人们欢呼雀跃，掌声雷动。因为这意味着中国有了武器级铀235，它将赋予中国的原子弹以巨大的能量。它不仅会让中国有一面结结实实的核盾牌，更会激起中华民族的自尊心和自信心。王承书笑了，虽然那笑脸上带着疲惫，那笑眼中含着眼泪，但那笑容却蕴含着无限的幸福、甜美。这笑容告诉我们，能为祖国做贡献的人是最幸福的人。

1964年对中国的核工业发展和核武器研制来说，是非常有意义的一年。这一年，中国第一颗原子弹试爆成功。当喜报飞来、万众欢腾时，王承书却又挑起了一副重担，这就是研制中国自己的大型浓缩铀设备，并且担任总设计师。王承书在大西北曾经驯服了资料残缺、设备不全的铀浓缩设备，为中国的第一颗原子弹提供了核装料，但那用的是苏联制造的设备，现在她要研制中国自己的铀浓缩设备，任务艰巨而又光荣。尤其是当她知道这个任务是周总理非常关心、多次过问的项目时，更是不辞辛苦，全力以赴，克服了重重困难，终于完成了任务。中国能够自行研制铀浓缩设备，就意味着可以扩大铀235的生产，可以打造更多、更坚实的"核盾牌"，可以为经济的发展和人民生活提供更多的能源。王承书和她的同事们受到了国家和人民的奖励，这个项目在1978年的科学大会上获多项大奖和国防科工委特别奖。

张劲夫同志在回忆当年"两弹一星"的研制过程时，这样评价王承书："她工作得很出色，做出了重要贡献。"

家国情怀

当王承书在大西北逆风而行，建设气体扩散厂时，张文裕正在苏联杜布纳研究所工作，一对学者夫妻成了牛郎织女，只有他们的儿子张哲独自留在北京。一家三口，分成三处。

1963年年底，在苏联杜布纳联合研究所工作的张文裕难得有了一个回国探亲休假的机会，可是当他赶回充满了节日气氛的北京，回到位于中关村那熟悉而又陌生的家中时，王承书却去了提炼铀235的气体扩散厂，因为那里要进行一次非常重要的试车。一家人又失去了一次难得的团聚机会。

父母长期在外，孩子的教育不可能不受影响。那时，张哲的房间恐怕是最有特点的了。这个房间真可谓"琳琅满目"，地上铺着电动火车模型的轨道，桌上有无线电零部件、电烙铁，还有可以拼装成各种机械模型的智力玩具。因为父母都很忙，没有时间过问儿子的教育，只能用这些可以启迪智力、学习科学知识的玩具，让儿子锻炼动手动脑的能力。果然，张哲没有辜负父母的期望，即使经历了"文化大革命"的磨难，仍然以优异的成绩考入了中国科技大学研究生班。

在美国学习、工作的张哲，现在经常会回到中国来。他那不变的中国作派、一口纯正的普通话，证明着他和父母一样，从没有改变对祖国的挚爱。他在科大研究生班的导师李佩先生回忆起这样一件事。当年，研究生班的英语教师知道他和父母在美国生活过，以为他的口语应当很好，可是出乎意料，虽然他的书面作业和笔试都很优秀，口语却没有教师们想象的那样好。教师们感到奇怪，后来才知道，张文裕和王承书在家里不准张哲使用英语对话，即使在美国的时候也是如此。也许，有人会怀疑他们的这种爱国感情是否过于偏激，其实看看现在海外华人是如何关注自己的子女学习中文的，就可以理解，他们正是用对祖国语言文字的热爱，寄托着他们对祖国的依恋。理解了这一点，更会深切感受张文裕和王承书对祖国的深爱。

王承书不仅工作出色，不畏艰苦，而且从不计较名利，她把自己的出差补助、各种奖励和稿费全都捐出来，开展学术交流，为单位购买书籍和文具用品。在艰苦的三年困难时期，办公费不足，纸张非常紧张，王承书就用自己的钱买了大批纸张给科研人员使用。

作为科学家，王承书有独特的爱好——喜欢和数字打交道。坐在公共汽车上，她喜欢观察过往车辆牌照上的数字，用它们开方，进行排列、分解……对她来说，这就是最好的休息方式。1994年，王承书因病住院。在病榻上，她还在解中学奥林匹克数学竞赛题，还神驰在她酷爱的科学世界中，直到走完她那可歌、可敬的人生之路。她的遗嘱是：遗体捐赠给医学研究用。个人存款除小部分留给未婚的大姐外，其余全部交党费和捐助希望工程。这就是王承书—— 一个永远不应当被遗忘的名字。

第三篇
上天揽月下洋捉鳖

　　大海占地球表面的70%，人类越发展，越离不开大海。因此，"海权"二字就越来越频繁地在国与国之间的交往中出现。新中国的领导人早在国力尚弱时，就提出要建设强大的海军，中国的科学家在艰苦的20世纪50年代就发出了"上天，入地，下海"的豪迈誓言。汪德昭就是下洋捕鲨捉鳖者，程茂兰便是上天揽月观星人。

13楼103号

汪德昭

问　海

　　汪德昭（1905年12月20日—1998年12月28日），江苏省灌云县人，北京师范大学毕业，1940年获法国巴黎大学国家博士学位。1948年起，一直在法国国家科学研究中心任研究员，法国石英公司顾问，法国原子能委员会技术指导，英国同位素发展公司顾问。1956年回国，历任中国科学院原子能所研究室主任兼任中国科学院器材局局长，中科院电子所副所长兼室主任，中科院声学所所长，中国科技大学兼职教授，中科院声学所名誉所长。他是第一、二、三、四届全国人大代表，第五、六届全国政协常委，第七届全国政协委员。1957年增选学部委员（院士）。

有人以为，科学家聚居之处，必是清静如深山古刹，可是在这三座特楼之间，人们常可以听到琴声、歌声。因为在这里，除了有著名的科学家，还有著名的音乐家，以及更多的音乐爱好者，用现在的流行语说，就是"音乐发烧友"。钱学森就是个"超级音乐发烧友"。在中学时代，他曾是乐队的圆号手。1955年回国时，闻知他将从九龙登岸，许多记者都埋伏在那里，等着抢"大科学家归来"的镜头，他们猜测钱学森不是拎着文件包，就是提着皮箱，要不就是夹着大本的科学典籍。可是没有想到，当钱学森出现时，他一手拉着儿子永刚，另一只手拿着一把吉他。除此以外，人们在这里还可以听到著名军旅歌唱家马国光动人的歌声。

13楼103号的汪德昭相貌堂堂，当年在法国，著名华人女雕塑家潘玉良一见到他，就要为他塑像。那像塑得惟妙惟肖——前庭饱满、地角方圆，甚至能看出眼中若隐若现的深邃目光来。

在中关村，汪德昭院士是知名人物。他的传奇人生、他的人格魅力、他的多才多艺、他的丰硕成果、他的美满婚姻、他为中关村地区办的好事、他的兄弟和他的子孙后代，都是脍炙人口的佳话。

13楼103号汪德昭故居

崛起异域

汪德昭是我国国防水声事业的开拓者，中国科学院资深院士。1905年12月20日出生，江苏省灌云县坂埔镇人。少年时，就读于名人辈出的北师大附中，1929年毕业于北京师范大学，1934年赴法国求学。提起美国大片《泰坦尼克号》，可能是无人不知，无人不晓。这部影片用一场灾难演绎了一出爱情戏，不知赚取了多少痴男怨女的清泪。这个爱情悲剧虽然是虚构的，可是当年"泰坦尼克号"失事后，许多科学家为了类似的悲剧不再重演，掀起了一场研制声呐的高潮却是真真切切的。现在，人们公认法国著名科学家郎之万（Paul Langevin）教授和另一位俄国科学

汪德照导师郎之万

家研制成了人类最早的声呐。郎之万是法国的骄傲，他是皮埃尔·居里的学生，老居里夫人的朋友。汪德昭到法国后，在李书华教授的推荐下，成为郎之万的学生。在法国留学时期，汪德昭就在郎之万的指导下，研究大气中大小离子平衡态问题。这是一个很有价值的课题，也是让许多"洋"科学家头疼的题目，可是被汪德昭用"土办法"解决了。他的发现被物理学界命名为"郎之万—汪德昭—布里加定律"。

第二次世界大战前期，德国的潜艇称霸一时，人们一时束手无策。汪德昭此时正和郎之万一起研究加大声呐功率的问题，并取得了初步成功。此外，他还在机场驱雾等研究项目上取得了进展。第二次世界大战初期，法国国防部曾下令"解聘所有外国专家"，而汪德昭却成了唯一留聘的外籍科学家。

郎之万那时担任着世界反法西斯同盟主席，他因此被德军拘捕。汪德昭冒着危险，以自己儿子的名义给他送去生日礼物——一尊中国的瓷制老寿星。他还在博士论文答辩时，不顾禁令，故意提及郎之万的名字，嘲弄了德国占领者。

科学家不同程度地有甘冒风险的素质，不然就不可能开拓、创新。可是汪德昭却干过一件看似与科学家无关的"冒险"事业。解放战争初期，卫立煌到欧洲"考察军事"，汪德昭应他的要求，帮助他与中共取得了联系，此后汪德昭又甘冒风险，亲赴东北战场，协助已被任命为"东北剿总司令"的卫立煌举行战场起义。虽然由于客观条件尚不具备，这个计划没有能够实现，但他的行动受到了中共中央有关领导的肯定。有人不理解，认为这不是科学家分内的事，其实无论是赴国外留学，还是回国搞科研，汪德昭的指导思想都很明确，就是为了中国的独立富强，尽自己的社会责任。这正是中国科学家向往科学、民主，追求光明，热爱祖国的表现。

中华人民共和国成立后，汪德昭积极参加爱国侨胞的各种活动，并被选为中国留学生会的负责人，在他组织的集会上，五星红旗第一次在巴黎升起。当抗美援朝的烽火燃起时，汪德昭又组织募捐活动，支援

汪德昭夫妇和卫立煌夫妇在巴黎

英勇的中国人民志愿军。他还想方设法帮助有困难的中国留学生和华侨解决学习、生活上的困难。那时，法国和新中国还没有建交，国民党特务仍在横行，他们制造爆炸事件，对宣传新中国成就的报纸和宣传栏进行破坏。汪德昭在广大爱国留学生和爱国华侨的支持下，和国民党特务进行了坚决斗争。在热爱新中国的华侨集会时，汪德昭等人得知国民党特务要制造爆炸事件，他和夫人李惠年让自己的儿子汪华和另一位中国留法学者的孩子一起，在门口对来宾进行检查。汪德昭明知这样做是有风险的，但因为孩子办事认真，不讲情面，同时也容易为人接受，有利于工作，就做出了这个决定。

1956年，周恩来总理代表党中央发布了"向科学进军"的口号，汪德昭在和国内联系

后，决定回国，投身于祖国的建设事业中。此时，他身兼法国原子能委员会顾问、法国石英公司顾问等多种高级职位，名誉、地位和收入都是很高的。

汪德昭夫妇和儿子汪华

巴黎称为"花都"，汪德昭一家住在"花都"中，有着宫殿般的住宅，浴池大得如一个游泳池，客厅大得可以开音乐会和舞会。他家门前还有一片很大的花园，栽满了象征幸福和浪漫的玫瑰，醉人的芳香会在小鸟的歌声中飘到房间里来。但是汪德昭舍弃了这一切，和夫人、儿子毅然回国了。那时，法国和中国没有直达航线，他们必须在瑞士转机。在瑞士，冯铉大使托汪德昭办一些事，耽误了几日行程，竟让汪德昭一家三口逃过一难——他们原定乘坐的班机不幸失事，无人生还。

回到祖国后，汪德昭受到了周总理和聂荣臻元帅的亲切接见，最让汪德昭惊讶的是，周总理竟然记得卫立煌的夫人韩权华是李惠年的小姨，因此，汪德昭要称卫立煌为"姨夫"。周总理还让他去看看那时已经从香港归来的卫立煌夫妇。

那时，国家建设发展很快，工矿企业、大专院校都在"抢人"，汪德昭一回国，就被他在法国称兄道弟的好友钱三强拉到原子能所当了室主任，当然，除了私谊，钱三强更多考虑的还是"人尽其才"；同时，他又担任了中国科学院仪表局局长，并且很快就被增补为学部委员。

汪德昭、李惠年结婚照

在北京饭店暂住了一段时间后，汪德昭全家搬进了中关村，他住的虽然是"特楼"，却远不如"花都"的花园洋房。但汪德昭志存高远，他回来是为了报效祖国，不是为金钱和享受。因此，他不仅毫无怨言，而且不改其乐。

水下长城

旧中国有海无防。新中国成立之初，由于国力所限，海防仍然薄弱，不明国籍的潜艇不时闯入我国的内海进行侦察骚扰活动。为了建设强大的海防，汪德昭受周总理、邓小平和聂荣臻元帅的委托，从一些名牌大学中选拔了一批尚未毕业、除了报效祖国的志向和朝气蓬勃的青春活力以外什么都缺乏的青年人，组

建了中国科学院声学研究所。他们多次赴北海、闯南海、下东海，经历了许多狂风恶浪，终于锤炼出了一支过硬的队伍。

声学涉及的方面很多，"声、光、电"在现代社会中所占据的地位越来越重要。汪德昭主要是研究声学在国防领域里的应用。因为无线电波在水里很难传播，因此靠雷达无法发现潜在水中的潜艇，声音在水中却有很好的传播特性，一颗小型炸弹在海洋里的爆炸声，可以用水声设备在全世界任何地方的海洋中接收到。声呐就是利用这个原理，发射和接收声波，以了解水中的情况，发现敌方潜艇。声呐的种类很多，按工作方式分，有主动声呐、被动声呐；按用途分，有装在舰艇上搜索潜艇的声呐，还有装在鱼雷上用作制导的声呐。此外，还有在大海中"卧底"，侦听过往敌舰的声呐阵列，它们就像防空预警雷达一样，只要有舰船通过，就会发出信号。在汪德昭的领导下，声学所的科技人员冲破重重困难，研制了多种声呐，为共和国建起了"水下长城"。从此，外国的潜艇再也不敢随意到我国的内海来捣乱了。而人民解放军的新型潜艇装备着他们研制的水声设备，在号称"世界第一强国"的海军毫无察觉的情况下，驶入蓝海，远征重洋。

在海洋中，声音的传播特性是很不一样的。有的地方，声音可以传播得很远；有的地方，声音的传播却比较困难。在浅海，这种情况尤其复杂多变。因此，了解清楚不同海域的声音传播特性，对开展潜艇或反潜艇作战具有重要意义。我国是世界上浅海海区最大的国家之一，汪德昭多次带领声学所的科研人员进行海洋考察，取得了很多珍贵的资料。中国的水声学，尤其是浅海声学在国际上有很高的学术地位，这和他的贡献是分不开的。汪德昭是公认的我国国防水声事业的开创者。

汪德昭有一副人称"可以在巴黎歌剧院登台演出"的歌喉。他的夫人李惠年则是著名女高音歌唱家和音乐教育家。"文化大革命"时，有人甚至把她年轻时的玉照偷去，当成电影明星的照片挂在自己家的墙上。由此可知李惠年当年的花容月貌。

李惠年不仅"秀外"，而且"慧中"。她曾经用一个星期教27节课的工作量，为汪德昭留学法国提供资助。无论是汪德昭搞科研，还是赴东北帮助卫立煌举行起义，她都给予了极大的支持。

也许人们还不知道，这夫妻二人对中国音乐还有一份不可磨灭的贡献，汪德昭本人就有很深的音乐造诣，他会拉小提琴。著名指挥大师李德伦在自己的回忆录中就说，影响他走上音乐道路的是汪德昭和李惠年。李惠年曾经在他就读的北师大附中当音乐教师，而汪德昭则是北师大西乐社的发起人和活跃分子，因此就影响和带动了许多人走上音乐道路。有"西部歌王"冠冕的王洛宾也曾经说过，汪德昭是他的老师。只是汪德昭无论如

1927年汪德昭和李惠年在北海公园滑冰

何也想不起有过这样一位"高足"了。

他们回国后，李惠年被安排在中国音乐学院任教授。学校为了让她有时间照顾汪德昭，都是让学生到她的家中上课，著名军旅歌唱家马国光就曾经是她的学生。20世纪五六十年代，从汪德昭的家中常会传来那时非常受欢迎的歌曲《真是乐死人》；70年代这里又常响起马国光的拿手曲目《一壶水》。

"文化大革命"中，汪德昭也被殃及，这样一位蜚声中外的科学家，竟被迫去扫厕所。汪德昭毕竟是汪德昭，不改幽默的性格，更展现出他的大度宽厚。他不仅把厕所打扫得光可鉴人，而且还针对某些人在小便时不注意"命中率"的问题，贴上一张纸条，上面工工整整地写着——"请垂直入射"。

那时，他的工资一度被扣，只发一点生活费，可是他仍然尽力资助生活困难的中青年科学家。他要为声学所留下骨干。

当时许多研究所停止工作或被调给外单位。至1972年，中国科学院只剩下了10个直属的研究所，声学所也被肢解，一块交给了外单位，另一块也被摘了牌子。1978年，当"科学的春天"来到时，他写信给邓小平，要求恢复声学所，并得到了邓小平同志的批示："我看颇有道理，请方毅同志研究处理。"中国科学院声学所终于得以恢复。

汪德昭热爱科研事业，上级一度曾想调他任国家海洋局局长，这个局是"副部级"，局长是副部级待遇，有小楼和专车，但是他一再恳辞，希望把他留在声学所搞科研。上级最终满足了他的要求。

汪德昭是反"伪科学"的先锋，他曾和一批著名科学家联名，号召抵制"科学算命"和伪气功等"伪科学"活动。为了解决科技人员的子女上学的问题，他四处奔走，为中关村中学扩大规模，提高教学质量做了许多工作，并担任了这所学校的名誉校长。他重视科普工作，年轻时就曾著文介绍科学知识。他曾经多次在中央人民广播电台举办科普讲座，许多报刊都登载过他写的科普文章。

功高德劭

汪德昭的家充满了生活情趣，汪德昭幽默爽朗、思维敏捷，李惠年宽厚仁爱、德艺双馨。关于汪德昭的幽默，有许多佳话。有时他回到家来，李惠年为他打开门，他却恭恭敬敬地问："请问，有一位李惠年女士可是住在这里？"

这二老琴瑟相和，是中关村地区有名的"模范夫妻"。1993年，他们共度了钻石婚庆。那年汪德昭88岁，可是这二老身体强健、神采奕奕。电视台的工作人员为他们摄像时感叹说，汪老不像是这样高龄的人，汪德昭便开玩笑说："那我要不要戴上一个假胡子？"

有人问他们长寿的秘密，汪德昭"私下透露"说："这个'秘密'，就是'乐观''幽默'。"

每逢节假日，汪德昭家中常常高朋满座，还不时传出阵阵欢声笑语。他常常在谈笑风生中阐述着自己对各种问题的看法。有时，他还会在夫人的钢琴伴奏下高歌一曲。兴致一来，他还会给客人们变戏法：在众目睽睽之下，他能让硬币从桌子下面钻到桌子上面来，虽然观众往往是满腹经纶的学者，却个个看得瞠目结舌，而不能解其中奥妙。

汪德昭和助手柳天明下棋

汪德昭棋艺高超，连后来任围棋协会主席的方毅院长也得让他在枰上称雄。汪德昭心灵手巧，发明创造很多，伊莲娜·居里的一个仪器上有一根百分之一毫米粗的白金丝断了，她寻遍了法国的能工巧匠都无力回春，汪德昭却把它焊接上了。于是"中国人手巧"的赞誉一时传遍巴黎。他拉制的超细白金丝，在中国的核试验中起了作用。可是汪德昭却说，他最得意的"专利"是如何煮出他最爱吃的、嫩而不流的鸡蛋。

汪德昭是最早提倡在中关村建立电脑网络的人，早在1984年，他就对《经济日报》记者提出了这一设想。20世纪80年代初，在出国开国际会议时，他省吃俭用，把会议上发的津贴节省下来，给所里买了微处理机，那很可能是中关村地区的第一台微处理机。现在电脑网络的发展已经大大超出了他的设想。他的孙子汪延更是著名的新浪网的开创者。

曾经有一些文学作品把科学家描写成"书呆子"。应当说，科学家中的确有"书呆子"型人物，但是很少，而那些成就突出的科学家，往往是多才多艺、爱好广泛的。近来有人研究说，这种现象说明，广泛的爱好和兴趣，使他们思维活跃、眼界开阔，因而有着丰富的想象力，而这正是创造性人才必需的条件之一。

汪家有"一门三博士"的美誉。大哥汪德耀博士是中国细胞生物学的奠基人之一，曾任厦门大学校长，他曾和中共早期著名领导人赵世炎一起，领导北师大附中的学生参加五四运动。在他任厦大校长期间，聘请了卢嘉锡、王亚南等一批著名教授来校任教，并且在新中国成立前夕保护了他们。他还不顾国民党政府"教育部"的三令五申，把贵重仪器设备都留下来迎接解放。原国家科委主任宋健同志

汪德昭的父母、兄弟

曾写信赞誉他"阖家俊杰，原以耀为首！"

汪德熙院士是著名的化学家，在抗日战争期间，他正在清华大学任教。出于满腔爱国热情，他奔赴中国共产党领导下的抗日根据地，帮助抗日军民制造和运送炸药，为抗战做出了重要贡献，受到表彰。新中国成立后，他又为中国的核武器研究立下大功。

小弟汪德煊虽然不是博士，但他年轻时便走上了革命道路，在日本帝国主义的淫威下，表现了一个革命者的崇高气节，很受汪家后代的尊敬。

汪德昭曾以73岁的高龄再创奇迹，1978年，他要带着科研队伍赴南海考察。南海风急浪高，家人出于对他的关心，都不同意他去，他硬是说服了家人和领导，实现了自己的愿望。在考察船失去控制，正漂向可能引发国际冲突的某海域时，他指挥若定，终于在海军的支援下胜利返航。

令人遗憾的是，汪德昭为自己选定的目标并非总能实现。他曾经对别人说，根据最新研究成果，人类的寿命可以达到150岁，这样算来，90岁才不过是中年。

他和朋友约定，不过百岁，谁也不准走，谁走谁要写检讨。以他健康的体魄和敏捷的思维，人们也都认为他定能创造一个人类高寿新纪录。可惜他在出国期间为赶一篇论文，尽然连开了三天的"夜车"，不久又跌了一跤，从此身体一下子垮了下来。1998年患病后，虽然医生全力救治，声学所领导关怀备至，更有李惠年教授和儿孙们的尽力照护，但汪德昭院士还是于1998年辞别了人世。

直到年过百岁，李惠年教授仍然谈吐幽默，思维清晰，完全不像已过百岁的老人。她对来访的中青年朋友说："你们要进步，我也要进步。不过，你们的年纪再怎么进步也赶不上我的岁数了。"

她还常说"我要替他活着"，要为汪德昭整理遗物和遗稿。一个充满了科学精神的家庭必会培育出优秀的人才。汪德昭的儿子汪华的名字是郭沫若先生为他改的，有"希望中华兴旺"的意思。汪华曾长期在我驻法使馆工作，是一位出色的外交官，此后他又为中法两国的科技与经济合作贡献殊多。

如今，汪德昭当年"拔青苗"选来的"小年轻"，现在都成了栽桃育李、成果累累的"老一辈科学家"了，其中的张仁和、尚尔昌、侯朝焕已经成为院士。当年，汪德昭主动从所长的岗位上退下来，一些同事还不理解。事实证明，声学所一届又一届所领导都继承和发扬了老所长创下

潘玉良为汪德照塑像

的优良学风和光荣传统，在改革开放中不断前进，不断取得新成果。如果能看到这一切，乐观幽默的汪德昭院士一定会像他生前那样，发出朗朗的欢笑——那奔涌不停的海浪是他的笑容，那澎湃轰鸣的海涛是他的笑声。他把一生献给祖国的声学事业，他将在自己热爱的事业中永生。

1993年4月22日汪德昭夫妇钻石婚合影

三座楼里有懂艺术的科学家，也有懂科学的艺术家。李惠年教授当年想师从北师大一位著名的音乐教授学音乐，可那时北师大没有音乐系，她只好进生物系，一边学生物，一边学音乐。后来客人到她的家里，因为惊讶她养的花争妍斗艳，一派生机，常常会向她取经，她却幽默而又认真地说："别忘了，我可是北师大生物系毕业的，我还有文凭呢！"看来，要学到李惠年教授的"真经"，还得先拿到名牌大学生物系本科毕业的文凭再说。

当然，她能把花照料得好，更能把人照料得好。当年周恩来总理嘱托她，"把汪德昭照顾好"。她很好地完成了这个任务。不光是对汪德昭，她把儿孙辈也照料得很好，不仅个个健康、有作为，而且个个人品好。当然，她把自己照料得也很好。不过，她的"养生之道"不是什么神药、神功，而是永远保持着宽容、愉快的心境和有追求、有品位的生活。2007年10月30日，李惠年在家中安详地辞别了人世，享年101岁。她和汪德昭曾经在人间携手共度，她和汪德昭也会在天上携手放光。

14楼301号

程茂兰

望星空

程茂兰（1905年10月16日—1978年12月31日），河北省博野县人，天体物理学家，法国国家自然科学博士。曾任北京天文台筹备处主任，北京天文台台长，中国科学院数理学部天文委员会副主任委员。1962年8月至1978年任中国天文学会第二和第三届副理事长。全国人民代表大会第二和第三届代表。

日月安属，列星安陈？天文学是特别能激发人的想象力、特别浪漫、特别有诗情画意的学科，同时又是最富哲理、最具争议性的学科之一。天文学家需要有广阔的眼界、深邃的目光，还要有缜密的观察能力。14楼301号就住过一位著名的天文学家程茂兰。

1905年10月16日，程茂兰出生于一个普通劳动者家庭，父亲程三连是一位农民，有时也兼作木工。母亲姓宋，善于操持家务。1924年，他以优异成绩从河北省立保定第六中学毕业，次年来到北京，因为他心中怀有一个远大的目标。

原来，五四运动之后，中国掀起了留法勤工俭学高潮。许多有志青年纷纷漂洋过海奔赴法国，边打工边学习科学技术、文化艺术，还有许多人近距离了解资本主义社会，探讨救国救民的真理，因而涌现出了一批科学家、艺术家、社会活动家和革命家，他们对中国的社会产生了巨大的影响。1925年，虽然留法勤工俭学运动的高潮已经退去，但是法国先进的科学技术、优秀的文化艺术仍然对中国青年有着巨大的吸引力。同时，留法勤工俭学的余波未平，影响仍在。赴法勤工俭学的倡导者和实践者、中法大学的发起人、故宫博物院院长李石曾等人，于1924年在北京西山鹫峰脚下的北安河村购得一块地产，当地人称为"皇姑园"或"黄瓜园"。因为它位于阳台山脚，三面环山，李石曾遂将其名改为"环谷园"，并在此建立了学校。为什么要把学校建在相对偏僻的西山脚下呢？李石曾说过："中小学亦取接近自然之意，盖私淑中法儒者陶渊明、卢梭等主张也。"也就是说，要让学生们如陶渊明和卢梭那样热爱自然，亲近自然。建在环谷园的这所学校，名为中法大学附中，也曾为准备赴法国留学的青年学生教授法文，因此，有人又称其为"留法预备学校"。新中国成立后，这所学校一度曾为重工业部子弟学校，后更名为北京市第47中，并沿用至今。

程茂兰为什么会萌生了留法勤工俭学的愿望呢？很重要的原因是与他家乡毗邻的高阳县，就是留法勤工俭学运动的重要发源地。据统计，赴法勤工俭学的人员中，河北籍人士之多，居于第三位，并且涌现了不少"成功人士"。这种情况当然会给高阳周边各县带来巨大影响。正是在这样的影响下，程茂兰决心奔赴法国，凭自己的勤奋，把先进的科学技术学到手。1925年，他来到环谷园，走进了法文预备学校。这时的环谷园正在大兴土木，由冯玉祥部下将领胡景翼等人捐助，建起了新的校舍，铺设了新路，筑起了石桥。学校的条件因此大有改善。

这所学校虽然远离尘嚣，有利于学生潜心读书，但毕竟处于西山脚下，交通不便，通信不畅，生活比较艰苦。因此长期以来，这一带的百姓就称中法大学所属中小学校的学生为"山学生"。程茂兰在这里苦读苦学，很快就掌握了最基本的法语，并于同年秋，得到了赴法勤工俭学的机会。

1926年，程茂兰万里迢迢来到法国，进入法国查尔中学补习班，以提高自己的法语水平。为了掌握工作技能，他又于一年后进入拉尔斯综合工科学校，学习劳动技能。勤工俭学不同于拿着奖学金学习，学习的费用、生活的费用，都得靠自己淌着汗水去挣。无论是在查尔中学，还是在拉尔斯工科学校，他都要用艰苦的劳动挣学费和生活费。这也是当年中国赴法勤工俭学人员的"常态"。但在当时，只凭劳动所得，也负担不起学习的费用，幸亏程茂兰得到了王守义先生的慷慨资助。

王守义是河北高阳人，在老师的影响下，他走上了赴法勤工俭学的道路，并且和周恩来等人乘同一条船来到了法国。在法国，他一面做工，一面学习汽车驾驶技术，后来又经商，甚至学习飞机驾驶，将所得资助经济困难的中国学生和艺术家。著名的农业史专家、北京农业大学图书馆馆长王毓瑚（1907—1980），著名女画家、雕塑家潘玉良等，都得到过他的资助。他开设的东方饭店还为中国学生及华侨提供集会和欢聚的场所，钱三强与何泽慧的婚礼就是在这家饭店举行的。他热爱祖国，曾在1972年回国，为家乡的学校捐款捐物。1978年王守义回国参加国庆观礼，聂荣臻同志设宴招待，在巴黎的老朋友钱三强、汪德昭等人作陪，成了当时的一段佳话。

1979年，邓小平出访法国时曾接见了王守义，二人相见甚欢，长时间交谈。1980年邓颖超出访法国，在巴黎四次和他见面，并邀他回国。他本想回国定居，孰料临行前不久，却不幸因癌症去世。

由于有王守义先生的资助，程茂兰得以顺利完成学业：先是进入雷蒙大学数理系学习，于1932年毕业并获学士学位。因为成绩优秀，他得到了法国国立科学研究中心的奖学金，进入了历史悠久的里昂大学数理系读研究生。

现在的中国人都很熟悉法国的普罗旺斯，这里出产的葡萄酒、橄榄，以及薰衣草等世界闻名。然而因为有得天独厚的自然条件，上普罗旺斯还特别适合建立天文台，观测灿烂的星空。当时任里昂天文台台长的迪费（Dufay）教授是法国著名实测天体物理学家，在天体及光谱分析方面很有成就。这时，他正负责筹建法国最大的天文台——上普罗旺斯天文台。程茂兰跟随迪费攻读天体物理学，受益匪浅。在迪费指导下，他于1939年以两篇优秀的论文获得了法国国家自然科学博士学位。

程茂兰是一位热爱祖国的学者，但是他获博士学位时，中国正处于抗日战争时期，他的家乡已经遭到日本军队的侵略，他的弟弟程茂山是1934年参加革命的老红军，此时正在艰苦卓绝地进行抗击日本帝国主义的斗争。在这样的情况下，程茂兰只得留在法国，先是在巴黎天体物理研究所工作，以后又在里昂和上普罗旺斯天文台从事天体物理研究。1940年6月，德国法西斯占领了法国。法国贝当政府投降，法国共产党和戴高乐领导的抵抗力量奋起对德国法西斯进行不屈的斗争。因为程茂兰是中国侨民，遇到德国人来找麻烦，他常常挺身而出和德国人周旋，使天文台没有遭受大的损失。同时，他还尽其所能，帮助抵抗运动的战士和受纳粹德国迫害的人士。法国国家科学研究中心的沙茨曼院士（E. Schatzmann）是著名的天体物理学家，因

为是犹太人，有可能遭到迫害，便从巴黎逃到上普罗旺斯天文台躲藏，得到了程茂兰的大力帮助，两人从此成为患难之交。因为程茂兰积极支持法国人民抵抗德国法西斯的斗争，第二次世界大战胜利后，法国共产党总书记多列士（Thorez）还接见了程茂兰，并对他表示了感谢。

在20世纪30—50年代中期，程茂兰取得了许多重要的成果。他的主要研究方向有夜天光光谱、共生星、彗星及气体星云等。由于当时射电天文望远镜刚刚出现，火箭还是个初生儿，人造卫星还停留在论文和科幻小说中。天文学主要还是靠用光学望远镜的观测和对光谱的研究破解宇宙的秘密。1939—1957年的18年间，程茂兰利用光谱研究天体，共发表论文百余篇，其中重要的有68篇。最有代表性的论文是他向里昂大学自然科学学院（La Faculte des Sciences de L'Universite de Lyon）提交的博士论文。这篇论文于1941年发表在法国的《光学理论和仪器述评》"Revue D'Optique Theorique et Instrumentale"第152期上。它分两部分：一部分是关于仙后座γ星的光谱研究；另一部分是关于英仙座β星，即大陵五星的分光光度测量。

仙后座γ星，中国古代称其为"策"星，属于二十八宿中的"奎宿"。它的特点是亮度可以变化。通常，它是一颗3等星，可是在最暗的时候只相当于3.4等星；而最亮时，竟相当于1.5等星的亮度，且这种变化没有规律。这是因为它是一个蓝巨星，它的"体重"几乎是太阳的20倍，而且自转速度非常快，因此，它内部炽热的气体便被抛出，形成了一层包裹着星体的"外壳"。这层"外壳"的厚度会因为气体温度的改变而改变，于是它的亮度也就会随着改变。

程茂兰自1937年10月15日至1939年8月16日用光谱仪对仙后座γ星进行了深入细致的观测和研究，共测量了348条射线的波长，新发现了一大批射线或射线的存在迹象。这就有利于更深入、更细致、更准确地了解这颗星。

英仙座β星即中国古代所称的"大陵五"，属于二十八宿中的"胃宿"。这颗星在英仙座内很明亮，容易识别。它还有个名称—"Algol"，意思是"妖魔的眼睛"。在古希腊罗马神话中，蛇发妖女美杜莎有一双魔眼，谁和她对视，谁就会变成石头。宙斯的儿子，帕尔修斯用将美杜莎的头颅砍下来，献给了雅典娜。在星座图中，英仙座β星就是帕尔修斯手中提着的美杜莎头颅上的"魔眼"。而且这颗星还真的像"魔眼"。它由平时的2.1等变暗到3.4等只需要4.9小时，然后又会回到原来的亮度。原来，它是一对著名的食双星，也就是说它由两颗星组成的，一颗是主星，一颗是伴星。它们在彼此的引力作用下，能互相环绕着旋转。其中主星亮些，伴星暗些。当伴星从主星前穿过时，英仙座β星就变得暗淡，当主星从伴星背后复出后，它又变得明亮了，因此看起来就如同眨眼一样。程茂兰研究它的目的是为了验证光波在空间传播时是否会发生色散现象。最后，他用双星光谱的时间变化证明了不同颜色的光在宇宙空间中的传播速度是一样的，从而支持了爱因斯坦狭义相对论，因而是一个著名的观测。

20世纪30年代，天文学家发现了一种奇怪的星。它们的温度很高，可以达到几十万摄氏度，同时它又很"冷"，"冷"到只有几千摄氏度。也就是说，冷热共生在同一个天体上。这完全打破了人们的常识，同一个物体又冷又热，这可能吗？

这样奇怪的星，当然会吸引天文学家的眼球。1941年，天文学界把这种奇怪的星星定名为"共生星"，一般认为它们是由一个热矮星子星和一个冷巨星子星组成的"光谱双星"。程茂兰和他的合作者对共生星进行了观察和研究，由于这类双星的轨道周期很长，在轨道上的运行速度很慢，测量时又受当时光谱仪精度的限制，因此程茂兰及同事的工作特别耗时耗力。经过长达11年的观测研究，他们发现了某些共生星的光谱变化与色温及总光度的变化相关，证实这些共生星具有复杂的包层。程茂兰还和其他人一起，给出了不同光谱型恒星的帕邢跃变值和帕邢跃变与巴尔末跃变间的关系。这是天文学界的第一次。

此外，程茂兰还与导师杜菲合作研究了夜天光光谱和大气臭氧层厚度、气体星云和彗星的光谱等。他们还发现铁在气体星云中和在恒星大气中一样，是一种常见元素。这一结论具有重要的科学理论意义。

随着科研成果的不断取得，程茂兰的学术地位也不断提高：1942年晋升为副研究员，1945年晋升为研究员。1949年10月，他担任了法国国立研究中心的研究导师，这是外籍科研人员所能获得的最高学术职务。1956年，程茂兰获得法国教育部颁发的骑士勋章。为了使程茂兰长期安心在法国工作，法国还给了他许多优厚待遇。但是，程茂兰的心却向往着祖国。

1949年中华人民共和国成立后，程茂兰关心祖国建设和科学的发展，还把他与法国女天文学家合作的论文寄回国内发表，以表示对祖国天文学发展的支持。1957年7月，在周总理的关怀下，程茂兰绕道瑞士回到了祖国，实现了他多年的愿望。中国科学院将他定为一级研究员，并把他的家安置在"特楼"——中关村14楼301号。

1958年2月，程茂兰出任北京天文台筹备处主任。他高瞻远瞩，瞄准国际水准，同时又根据中国的现实，为北京天文台制定出了建设以天体物理研究为主的综合性规划。

为了建一个理想的天文台，程茂兰真可谓殚精竭虑。搞科研，最重要的是培养人才。他从南京紫金山天文台和南京大学天文系调来了一批年轻有为的专业人才作为骨干。他大力支持北京师范大学设立天文系，在北京大学地球物理系设立天体物理专业。他还采用了一些非常规办法，尽可能多、尽可能快地培养人才。他在北京天文台筹备处以"中国科技大学二部"的名义开办了天体物理训练班，招收大学三年级的肄业生，定向培养天体物理方面的人才。

他培养人才和使用人才不拘一格。天文台曾经从北京招来一批高中毕业生，本是作为科研辅助人员使用的，比如在实验室当实验员。可是不久大家就发现，其中有一位叫韩念国的高中生，数学很好，甚至一些正牌的、有大学文凭的科研人员还会向他请教数学问题，要知道，研究天文学的，数学功底都相当厚实。有这样的"奇才"，程茂兰和天文台的领导自然很高兴，好苗子当然要好好培养。可是他们深入了解了韩念国的身世之后，又大吃了一惊。原来，他竟

然是国民党军二级上将、"山东王"韩复榘的孙子。在民间流传着许多关于韩复榘没有文化、愚昧无知的段子。例如说，他在大学生的集会上训话时，竟说："开会的人来齐了没有？看样子大概有个五分之八啦，没来的举手！"其实，韩复榘本是冯玉祥手下能征善战的将领，而且通文墨，甚至有人称他是儒将。一个率军征战多年的将军，哪可能说出"没来的举手"这样的昏话？这大都是在蒋介石因韩复榘擅自从抗日战场撤退，同时也为铲除异己而将其处决后，人们编出来的"段子"。

在20世纪60年代前后，选人用人，升学晋职要讲究出身成分。韩念国本来已经考上了某大学，就因为他是韩复榘的孙子，学校竟以"身体复查不合格"为理由，将其"劝退"了。但是，程茂兰却不惜担着政治风险，向数学家熊庆来推荐了韩念国。熊庆来亲自考查后，认为韩念国确实在数学方面很有才能，有培养前途，欣然同意让他当自己的学生，并让他每周下午去他家两次，从学习法文起步，精心打磨这个"数学奇才"。为了便于韩念国学习，程茂兰和天文台的党委书记萧光甲商量后，竟给了韩念国以"特权"——今后韩念国有事，可以不上班。

既然是天文台，就要有观测站。为了选一个理想的观测站，程茂兰和台里的领导带领李启斌、李竞等科研人员，进行了艰苦的选址工作，为此可谓费尽了心血。最初，有人把台址选在了北京香山附近。程茂兰是第一个把近代国际天文台选址标准和方法引进中国的人。他依据国际标准明确指出，香山距北京城区太近，尤其是离石景山钢铁厂太近，不仅有灯光干扰，还有大量粉尘散出，不利于天文观测。依据国际标准，观测点应建在离百万人口大城市100公里以外的高山上。但从中国的现实出发，考虑到北京的灯光不如西方大城市繁多明亮，为了节省投资，可以把标准适当降低，最好在80公里左右，绝不能小于50公里，而观测点的高度至少应当在海拔1000米左右。

寻址人员在程茂兰的领导下，从1957年开始，经过两年艰苦的工作，终于选定了北京门头沟区斋堂公社的某地。这里综合条件比较理想。谁知，这个方案却被有关部门推翻了。因为天文台观测点是要向国际开放的，对外学术交流比较频繁，而这一带有军事设施，不宜建天文观测站。于是程茂兰和天文台的其他领导只好带领年轻人，重新开始寻找新址，甚至请空军协助，用小型的运五型飞机，进行航空勘测。因为飞机小，加上在山区飞行，气流不稳，飞机飞得又低，颠簸得比较厉害，有许多参加勘测的人都晕机呕吐了，但大家一直坚持工作，直到1964年10月，才最后选定河北省兴隆县的连营寨作为北京天文台的光学观测基地。

有了观测基地，还得有观测工具。程茂兰早在回国之初，就有一个建立大直径光学天文望远镜的梦想。为了给北京天文台添置一台观天利器，他进行了各种尝试，也曾经想从英国引进1.88米的光学望远镜，但是没有成功。1959年7月，在程茂兰的积极推动下，中国科学院决定自行研制2.16米光学天文望远镜。为此，程茂兰还考察了北京、成都、上海的工厂，向王大珩、龚祖同等光学专家咨询，并采纳了王大珩的意见，先研制一台口径60厘米的望远镜，以取得经验。程茂兰还在人民代表大会上提出建议，希望建立中国自己的大口径镜坯制造基地。

不料，60厘米望远镜建成不久，就遇到了"文化大革命"，尽管程茂兰自己也被扣上了"里通外国""资产阶级反动学术权威"的帽子，受到了批判和不公正对待，但他在逆境下，仍然尽可能地坚持工作，只是2.16米光学天文望远镜的研制受到了严重干扰，被迫停止，直到1972年年底，这种情况才有了改善。"文化大革命"后期，程茂兰又能工作了，他不顾自己的身体状况不佳，全力以赴地投入到工作中，尤其是对研制2.16米望远镜的工作，更是不遗余力。1978年，中国开始了改革开放，科学的春天来到了，可是病魔却缠上了程茂兰。在法国时，程茂兰就曾经患过肺病，切除了部分肺叶，后来他又患上了脑血管病。1978年10月，他因半身不遂住院。在病中，他还惦记着那台2.16米望远镜。12月31日，程茂兰先生不幸逝世，离开了他为之奋斗了一生的天文研究事业。没有能够亲眼看到2.16米望远镜的落成和投入使用，可能是他最大的遗憾。

兴隆观测站口径2.16米光学望远镜

1989年6月，程茂兰一直向往并为之付出了心血的2.16米光学天文望远镜终于制造成功。它的口径为2.16米，高6米，自重90余吨，包括光学、机械、驱动、观测等部分。主镜用直径2.2米、厚30厘米、重达3吨的光学玻璃研磨而成。它的能力极强，可以观测到非常暗的25等星，相当于可以看到两万公里外一根火柴燃烧的亮光。当时，这是中国最大、能力最强的光学天文望远镜。

当年12月底，刚刚投入试用的2.16米光学天文望远镜，就参加了由14个国家共同举办的变星国际联测，并取得了高质量的观测数据。此后中国的天文学家又用它取得了一批有影响的成果。1996年12月，2.16米光学天文望远镜通过了国家鉴定，1997年获得了中国科学院科技

进步一等奖，1998年又荣获中华人民共和国科技进步一等奖。

现在2.16米光学天文望远镜虽然已经被直径4米的"郭守敬"望远镜代替，不是中国最大的光学天文望远镜了，但仍然是中国天文学家观测星空的利器，发挥着重要的作用。如果去国家天文台兴隆观测站，就会看到它屹立在山顶，仰望着星空，似乎在向被命名为"程茂兰星"的国际永久编号为47005号的小行星致敬，而沿着一条小路就可以来到程茂兰的雕像前。科学家和天文爱好者常常会在雕像前献上一束鲜花，以纪念这位中国天文物理学的奠基人和开拓者。

第四篇
来结青山绿水缘

　　祖国的青山绿水承载着许多美丽的传说，贡献着许多名产、特产，蕴藏着丰富的矿产，栖息着许多珍稀动物。它们给我们提供舟楫之便，让我们享受旅游的快乐和舒畅。然而，如何让青山常在，绿水长流，如何让栖居于其中的珍稀动物、生长于其上的花草树木与我们在大自然中和谐相处，正是科学要研究的重点，而且时代越前进，文明越发展，经济越发达，这个问题就越突出。三座楼中有不少科学家都在这方面做出了贡献。在一些旅游景点，导游会为游客指着形似足迹的石痕，说那是神的足印；或是点着人形般的山峦，说那是仙的化身，当然这都是神话传说。不过，三座楼当中的许多科学家确实是为了青山绿水，把足印留在了高山险峰、大漠戈壁上，它们不会被保留下来，更不会被神化，但它们却深深地印在科学的发展史上和人类的文明史上。

15楼213号

陈宗器

三进楼兰

陈宗器（1898年7月27日—1960年3月4日），浙江省新昌人，地磁学家、地球物理学家。中国地磁研究的开创者。1925年东南大学物理系毕业，后到清华大学工程系任助教。1929年在中央研究院工作时，参加了中瑞西北科学考察团，深入大西北从事野外考察。1936年赴德国留学。1939年赴英国伦敦帝国学院从事物理探矿工作。1940年回国，任中央研究院物理研究所副研究员，曾在广西筹建地磁台，并兼任广西大学教授，次年被任命为中央研究院物理研究所研究员兼地磁台主任。1949年后，任中国科学院地球物理研究所副所长等职。1952年起兼任中国科学院办公厅副主任，1955年兼任中国科学院管理局局长，主持科学院的建设和规划。1956年专任地球物理所领导工作。陈宗器于1956年8月加入中国共产党。1960年3月在北京逝世。

这世界上可能没有哪个地方像中关村一样，有那么多的人心系着遥远荒凉的罗布泊。20世纪60年代，王淦昌、郭永怀等人为了打造中国的核盾牌，曾一次次走进罗布泊；50年代，许多科学家为了摸清中国的资源，曾一次次走进罗布泊。然而住在中关村15楼213号的著名地磁学家、地球物理学家，中国科学院地球物理所副所长陈宗器先生，却是最早把足迹留在罗布泊的中国自然科学家。

人生多颠沛，喜添一小花

1898年7月27日，陈宗器出生于浙江省新昌县。1919年，少年时代的陈宗器就不甘于被拘束在狭小的天地里，在经过一番努力，争取到家人同意后，他和一位本家亲戚一道赴日本留学去了。1920年，因身体不适，他回到祖国，以后便进入南京高等师范学校学习，这所学校后来成为东南大学的一部分。毕业后，陈宗器在奉天省庄河师范任教，可是当新昌县聘请他兴办中学时，他毅然放弃了月薪120元的优厚待遇，返回家乡，造福桑梓。回乡后，他不仅要当校长，还要兼教英语、物理、数学、语文。连购买仪器、打水井等等，都要他自己出钱，而这时陈宗器的月薪仅有25元，即使这样，他还慷慨解囊资助贫寒学生上大学。陈宗器不辞辛苦、倾心奉献，目的是希望能让现代教育福泽家乡。在他的努力下，虽然学校的教育质量日渐提高，各方面都有了可喜的发展，他却因为思想先进、反抗封建理念、同情共产党人而受到顽固守旧势力的排挤，被迫辞去了校长职务，但是陈宗器先生为家乡办教育的业绩和精神，直到今天仍然被新昌人民群众颂扬。

1928年，陈宗器被向以慧眼识英才、有"伯乐"之称的叶企孙教授聘到清华大学工程系任教。1929年，又转到国立中央研究院物理所工作，并加入了由中外科学家联合组成的"中国西北科学考察团"，进行了长期艰苦卓绝的工作。此后，陈宗器赴德国柏林大学专攻地球物理学，他还跟随著名地磁学家巴特尔士（Bartels）从事地磁研究工作。三年后，希特勒挑起了第二次世界大战，陈宗器厌恶法西斯，他毅然中断了在德国的学习，转赴英国学习物理探矿。1940年春天，陈宗器回到了祖国。那时，中国正处在抗日战争的烽火中，南京紫金山地磁台撤到了广西丹州，陈宗器在这里与紫金山地磁台的学者们汇合。1941年，他受命赴桂林筹建雁山地磁台，此后，他就任雁山地磁台主任，并兼任广西大学教授。在这期间，他先后任广西大学教授、中央研究院物理研究所副研究员、中华自然科学社欧陆分社社长，并发表《中国境内地磁观察工作的总检讨》，编辑《佘山地磁报告》等重要学术著作。

抗战时期，不仅科研和生活条件很差，还有敌寇的袭扰、颠沛不定的逃难，陈宗器很辛苦。所幸的是，1942年，他的小女儿降生了，这给陈宗器带来了莫大的快乐。从此，会有一朵娇艳的小花给他的生活增添许多绚丽的色彩……

在激动之余，他决定要给这朵小花取一个好名字，什么名字好呢？适合女孩子的名字很

多，有的象征美丽，有的象征祥瑞，有的象征聪慧……陈宗器要给女儿取一个最有意义的名字。在科研上目光长远的陈宗器，在给孩子们取名时，也表现了他的目光长远，他早就按"真善美爱智明……"为已出世的和未出世的孩子排好了顺序。可是他突然打破了循例，给他的小女儿取名为"雅丹"。从此，这个世界上就有了一个聪明、美丽、富有才华的女孩子——陈雅丹，也有了一个让小雅丹总也猜不透的谜——"我为什么叫'雅丹'？"

1948年，陈宗器所在的中央研究院气象研究所迁往上海，没有多久，解放军饮马长江，直逼南京。在两种力量大决战的时候，中央研究院上海、南京各研究所公推陈宗器为办事处主任，联络科学界和教育界人士，抵制国民党的南迁令。陈宗器不顾危险，四处奔忙，浙江大学校长竺可桢先生为躲避蒋介石的拉拢，辗转来到上海，陈宗器精心安排他的住宿和活动，保证了他的安全。战事逼近淞沪，陈宗器又把许多科学家和他们的家人安排到坚固的建筑中，以确保在战火中不受伤害。天真的小雅丹并不知道爸爸在忙什么，她有自己的一块小天地。她喜欢画画，还喜欢看爸爸的照片。爸爸照了许多特别有意思的照片，那上面有许多她看不明白的东西，有长相和穿戴都很特别的人，有从来没有见过的叫不出名字的树，有背上长着两个大包的长脖子骆驼，有被风撕破的帐篷，还有许多奇奇怪怪的东西，它们像蘑菇，像神仙，像猛虎，还有的什么也不像……

她还喜欢眨着一双明亮的大眼睛，想各种各样的问题，可是有一个问题，她还是怎么也想不明白——"我为什么叫'雅丹'？"

她去问妈妈，妈妈指着照片上那些奇奇怪怪的东西，对雅丹说，爸爸工作过的地方有许多小山丘，那里长年累月刮着狂风，把小山丘吹成了这个样子。它们就是"雅丹"。

可是妈妈的回答还是解不开小姑娘心中的疑问。她去问爸爸，可是爸爸太忙，没有时间给他的小天使讲这个名字的含意。

建功地磁学，规划科学城

新中国成立后，陈宗器就任中国科学院地球物理所副所长，兼任中国科学院办公厅副主任、管理局局长，主持科学院的建设和规划，那时正是中国科学院大发展的时期，中关村的建设方兴未艾，一个在祁家豁子兴建"科学城"的设想又提了出来……

一切美好的蓝图都要他领着一笔一笔地去描绘，一切美妙的设想都要他领着一步一步地去实现。院里的领导工作、所里的领导工作，再加上科研工作，他的繁忙程度可想而知。中国科学院能有今天的发展，有着他不可磨灭的贡献。

陈宗器是中国地磁学研究的开创者和奠基人。研究地磁学不仅可以了解地球的过去和未来，而且与经济、科研、国防等许多领域都有着密切的关系。当时中国研究地磁的人很少，1956年，陈宗器辞去了科学院办公厅副主任的职务，专心致力于领导地球物理所和地磁研究室的科研工作。中华人民共和国成立前，中国的地磁台寥若晨星，而且大都是外国人建的。20

世纪五六十年代，根据陈宗器等人提出的布局规划，我国相继建立了北京、长春、广州、兰州、武汉、拉萨、乌鲁木齐等七个台站，连同有百年历史的上海佘山台，形成了初具规模的地磁观测系统，人们称为"老八台"。那时的导航技术远没有今天发达，罗盘仍是导航的主要工具，磁偏角会影响导航的准确性，地磁台的设立，可以帮助人们校正磁偏角对导航精度的影响。地磁台对研究地球的变化，研究地震的机理等都有很大帮助。因此，这些地磁台的建立，不仅能让行进在荒山大漠中的勘探队员准确地判定方位，让飞机安全到达目的地，让水手在茫茫大海上知道哪里是自己的家，还有利于地球物理学家探究地球的奥秘。这是陈宗器不可磨灭的功绩。

这时的陈宗器工作更加繁忙，他出差、搞研究、讲课，很少能和家人在一起好好叙叙家常。陈雅丹这时已经从小学进入了中学，可她还是爱画画，爱看爸爸那些奇怪的照片，爱想各种各样的问题，包括那个缠绕在她心中很久的问题——"我为什么叫'雅丹'？"

繁忙的爸爸还是没有时间详细地讲述这个名字的由来，小女儿永远是他心中的小天使，他不愿意三言两语地敷衍女儿。

每当看到爸爸很晚才匆匆地回家，很早又匆匆地去上班时，陈雅丹心疼，她不忍再向爸爸提任何问题，即便那个她最想知道的，"我为什么叫'雅丹'？"

至今她还记得，那是1957年，爸爸担任了国际地球物理年中国委员会的秘书长。许多国家的科学家都打电话来联系、协调工作。因为时差关系，人家工作繁忙的白天，常常是中国人梦入仙乡的夜间。爸爸的电话常在夜半时分突然响起，搅得辛苦操劳了一天的爸爸睡不成安稳觉。雅丹急了，"情急生智"，她拿起一床厚厚的棉被把电话包了起来。可是爸爸却笑着说："这可不行，这些打电话的，都是外国科学家，他们都是为了工作……"

雅丹觉得爸爸真像照片上那些负重行进的骆驼——最能够吃苦耐劳，总是默默地前行。

两进罗布泊，三入楼兰城

即便是骆驼也不能永远超负荷地前进。1958年，陈宗器终于病倒了，他患了胃癌。当病魔吞噬着爸爸的生命时，陈雅丹更迫切地想了解爸爸的一切。她从母亲那里、从地理课上、从爸爸的朋友和同事那里，从书本和资料里了解了爸爸，也了解了自己的名字。在遥远的塔里木盆地，有一个神秘的湖泊，它就是罗布泊。在历史上，它有过许多名称：盐泽、涵海、牢兰海、孔雀海、罗布淖尔等等。它之所以神秘，是因为它忽大忽小，变幻莫测。在汉代，它"广袤三百里"，总面积达5500多平方公里，烟波浩渺，称为"海"一点儿不过分，此后，它几经盈缩，到了清末，旺水季节也不过"东西长八九十里，南北宽二三里或一二里不等"。在20世纪50年代，它又是一片足足有200多平方公里的泽国。人们如果翻开那时的地图，会看到罗布泊是用蓝色标出的，表示那里有丰厚的生命之源——水。

罗布泊的神秘还在于那里有许多谜，其中最诱人的是关于古楼兰的传说。楼兰在中国古诗词中经常出现，在汉代它曾是一座繁华的城市，甚至是一个不算太小的国家，有人口万余，三

千甲兵，被誉为古丝绸之路上的一颗明珠。可是在公元4世纪，它竟神秘地消失了，唐玄奘取经归来时，曾见到楼兰，但这时的楼兰已经是一座只有颓屋断壁，而无半点人迹的"鬼城"了。它消失的原因谁也说不清，有战乱说，有瘟疫说，有水源枯竭说，不一而足。神秘的罗布泊和它周围的谜，引来无数英雄竞折腰，从19世纪末到20世纪30年代，中外科学家对它产生了浓厚的兴趣。他们寻找它、探测它，想揭开它那神秘的面纱。然而，这却是要用生命做抵押的，那里是一片荒凉世界。陈宗器曾记载，"罗布荒原除两极之外，可称世界最荒凉之区域"，这绝非虚言。19世纪末，瑞典探险家斯文·赫定曾经率百人进入罗布泊腹地，结果只有两人活着走了出来。所幸的是，斯文·赫定找到了楼兰遗迹，这在当时是轰动一时的事。

那时人们对罗布泊及其周边地区的了解，还不如现在人们对火星表面了解得多。因此，任何人走进罗布泊的经历，都是一次惊心动魄的与死神的游戏。只要有一次成功，就是足以炫耀一生的勋业。可是陈宗器竟在五年内，两次进入罗布泊，三次进入楼兰，成为最早进入罗布泊和楼兰的中国自然科学家。

1929年5月，陈宗器到中央研究院物理研究所工作不久，即被李四光先生推荐到由中外科学家联合组成的"西北科学考察团"工作，那年他的实足年龄是31岁。这个考察团是由瑞典著名探险家斯文·赫定和中国学者徐炳昶、袁复礼率领的。陈宗器参加西北考察团后，担任天文、地形测量的工作，同时还兼作磁偏角的测量。1930年冬，陈宗器和瑞典科学家汉纳尔（Dr. Horner，又译：霍涅尔、杭涅尔等）从敦煌乘骆驼由东向西往罗布荒原进发。这里是古"丝绸之路"的中道，是一条探险者很少问津的道路。他们所经历的艰辛和困难可以从陈宗器的记述中体现出来——"自三德庙以西1000余里，尽是戈壁，水草极少。有时行200里尚不见水草，即可带之水也只能供吃喝，禁止洗涤。牲口有时干渴三四日，骆驼尚可，马便耐不住，渴死了。""去冬冻伤皮肤，今年三四月始痊；汉纳尔右手中指至今不能运用自如。沿途行来有七八天不见人影，但死骆驼载道。它们太疲乏，耐不住寒冷便冰倒了。"

考察过程历经艰难险阻，狂风、暴雪、寒霜、冰雹常来袭扰，严寒、酷热、干渴、饥饿，一路相伴。有许多艰险就是阅历丰富的探险者也料想不到，正如他在《罗布淖尔与罗布荒原》一文中写的"无怪西出阳关，自昔视为畏途也"。

陈宗器曾在他的记述中勾勒出这样一幅惊心动魄的场景：他们曾在一片茫茫无边的碱滩上考察，那碱滩硬如磐石，而且处处是棱棱角角，尖利如锋刃，不要说人，就连野骆驼也因为蹄子会被割伤而无法落足。这里本是史前塔里木盆地的海底，现在却看不到一点儿水的痕迹，烈日暴虐地烧烤着一切，不容一息生命的存在。不要说天上无飞鸟、地上无蝼蚁，甚至那极耐干旱、号称千年不死、死后千年不倒、倒后千年不朽的胡杨树，在这里也没有了踪影。

被干渴、酷热、饥饿、疲劳和脚伤所折磨的探险家强拉着骆驼前行，那些以吃苦耐劳闻名的骆驼，因为蹄子被碱滩割得血迹斑斑，疼痛难忍，再也不肯挪动一步……

勉强到了宿营地，铁钉却打不进死硬的碱滩，茫茫碱滩上，又找不到半根能栓帐篷的枯树桩。无法搭建帐篷，精疲力竭的探险家只好地当床、天当被，在碱滩上露宿。可是人刚刚在那坚硬不平的碱滩上躺下去，就感到如万刀割身，根本无法安卧。荒漠之夜，虽然暂时没有了烈日，却又有寒风透彻心骨。周围是一片死寂，荒漠上的冷月硕大惨白，丝毫没有"花前月下"的诗情画意，只能勾起旅人的思乡之苦，唤起身处险境的人们对死亡的恐惧。没有坚定的信念，没有崇高的目标，谁会甘愿受这种煎熬？

陈宗器在被称为"生命禁区"的罗布泊一连工作了四个月，他们每天只能喝一杯水维持生命，还曾经断粮三日。他们克服了种种常人难以想象的困难，研究罗布泊的变迁，对罗布泊的地理位置、地形地貌进行研究和测量。除此之外，陈宗器还要测量磁偏角。因此，他常常要冒着零下30℃至零下40℃的严寒在夜间工作，以便用北斗星定位。在大漠戈壁上，大气会干扰星光，为了准确地测定北斗星的位置，他一晚上要起来好几次，以求准确无误。陈宗器曾这样写道："天文测定是在夜间进行，最近四个晚上每晚在星光下消磨而过。夜间天气已严寒，只有'断指裂肤'可形容得。我不能叫苦偷懒，这是我的责任……"他就是用这种责任心，倾注了生命来对待事业，终于完成了地理、水文、气象的测量，用简陋的仪器绘制了当时

陈宗器

最为精确的罗布泊及其周边水系和地理情况的地图。从形状上看，那时的罗布泊南北长约100公里，东西宽55公里，面积约为1900平方公里，蔚为壮观，和汉代记载的"广袤三百里"，也相差无几了。陈宗器因此成了最早在罗布泊测量地磁参数和最早测量塔里木河流量的中国学者。

1933年夏，斯文·赫定被聘为中国铁道部顾问和"铁道部绥新公路勘察队队长"，率队勘察经内蒙古至新疆的公路。斯文·赫定亲自提名，邀请他最信赖的陈宗器参加这个勘察队，担任天文和地形的测量工作。这年10月，斯文·赫定一行由绥远出发西行，经百灵庙、额济纳旗，到达哈密、吐鲁番至南疆。此后，陈宗器和斯文·赫定由尉犁乘独木舟沿孔雀河东下至罗布泊进行了考察。

那时的中国，虽然有一个中央政府，可是各派军阀仍然盘踞一方，明争暗斗。陈宗器和他的同事们就多次受过马仲英、盛世才等军阀的刁难。他们被跟踪、被盘问、被伏击，甚至被囚禁。有一段时间，斯文·赫定曾经离队去搞汽油，因为被军阀扣留，久久未归。陈宗器和他联系不上，就利用这段时间，在非常艰苦的条件下，冒着40℃的高温酷暑，克服各种恶劣自然条件，进一步完善了对这一地区的地理、水文、气象和地磁的考察，获得了丰富的资料，这让斯文·赫定非常感动。在以后的记述中，他曾经满怀深情地赞扬陈宗器的主动性和牺牲精神。

在五年多的时间内，陈宗器还曾经三次进入荒无人迹的楼兰古城，并在那里放置了一个铁罐，留下了纪念文字和吟咏楼兰的诗。

因为在历史上，罗布泊经常变化，因此在国际上很有争议。有人认为，它是迁移湖，每隔一段时间就要搬一次家；有人认为它是盈缩湖。经过长期的实地考察和认真研究，陈宗器掀开了罗布泊那神秘面纱的一角。1935年，他和汉纳尔一起，提出了一个崭新的理论：罗布泊不

是漫无目标的"迁移湖",也不是"盈缩湖",它是"交替湖"。他们指出,流入罗布泊的主要河流有:塔里木河、孔雀河、车尔臣河和米兰河。因为这些河水下流时夹杂着泥沙和杂物,年深月久,河床被填塞而变高了。俗话说"水往低处流",河床高了,水自然流不过去了,而从前干枯了的故道,因为长年不断的大风,把河床里的壅塞物渐渐刮走,河道得到了清理,河床降低了,于是河水就沿着被重新清开的故道,滚滚前进,罗布泊也就因此改变了位置。这种现象在历史上交替出现,是为"交替湖"。这种"交替湖"并不是罗布泊独有的,居延海等也是这种"交替湖"。

罗布泊地区夏日酷热、冬天严寒,风沙极大。边塞诗人的那些名句:"胡天八月即飞雪""一川碎石大如斗,随风满地石乱走"并非诗意的夸张。由于风和其他自然力的作用,加上特殊的地质状况,这里就形成了无数沟壑和土台,那土台又被风打磨成千姿百态、奇逸诡谲的形状,有的如云中佛塔、有的如蓑翁独钓,有的如神龙长吟,有的如仙人对弈……仿佛是造物主在陈列自己的雕塑作品。人们把这种特殊的风蚀地貌称为"雅丹地貌"。

陈宗器被雅丹地貌那奇特的美震撼了,他感受到一种灵光圣火般的瑰丽。那在狂风的砥砺中屹立着的雅丹天然群雕,岂是"鬼斧神工""天造地设""景自天成"这些人类的词语所能形容的!

陈宗器长期活动在罗布泊及其周边地区,正是这雅丹自然造像给他留下了最深刻、最美好、最神奇的印象。神奇之美都是超凡脱俗的,不受任何惯例束缚,因此,在他的小天使降生之时,他决意打破早已为孩子们排定的命名顺序,赋予他最心爱的小女儿这个美丽、神奇的名字——"雅丹"。

1958年年底,陈宗器走出了医院,但没有走出危险,可是他全然不顾,又立刻投身到他所热爱的科研工作中。也许在他看来,癌症就意味着上苍把人生的时间表透露给了他,要他抓紧时间完成想要完成的工作,免得留下遗憾。一年以后,他的病复发了,他只能躺在病榻上了。人们说,当一个人走到人生尽头时,会依恋过去,会怀旧,可是陈宗器并没有谈他那辉煌的过去:他曾两度进入罗布泊,三次走进楼兰古城,他曾获得过瑞典国王颁发的"北极勋章";也没有夸耀过他为中国的地磁研究做出的宝贵贡献。中国科学界公认他是中国地磁学研究的奠基者。他和同事们谈的都是未来,据说,探险家的一个重要品格就是要在绝境中看到未来,看到希望。

守在爸爸病榻旁边的陈雅丹这时已经18岁了,她不仅出落得美丽大方,具有家传的良好素养,而且已经懂得了许多事情——包括那个"我为什么叫雅丹"。透过泪眼,她仿佛看到了一轮夕阳,爸爸正屹立于一片雅丹地貌之上。她听人说过,雅丹之所以美丽,是因为夕阳把最后的余晖都洒给了它。1960年3月4日,陈宗器与世长辞。

罗布失浩瀚,雅丹在呼唤

时过37年,著名女画家、中央工艺美院教授(现清华大学美术学院)陈雅丹在朋友的陪同下进入罗布泊，虽然这时已经不再像父亲当年进入罗布泊那样危险，但那仍是一段艰苦的旅程。当她走进楼兰遗迹，看到神奇的雅丹地貌时，她激动极了。落日余晖中，雅丹地貌所展示的壮美让她受到了强烈的震撼。在她的心目中，每一座雅丹造像都是她的姐妹，她忽然领悟了，只有如父亲那样，不辞万难，敢走别人不敢走的路，才能领略稀世的奇伟瑰丽。她不顾疲劳，爬上一块高高的"雅丹天然雕像"，对着沉寂无声的罗布泊，噙着热泪，在心中呼唤："爸爸，我来了，您看见了吗？您高兴吗？"

风吹过雅丹的"群雕"，响起了阵阵轰鸣，这是雅丹地貌特有的现象，不同的人对此有不同的描述，有人说像高歌，有人说像怒吼，有人说像倾诉，有人说像悲泣，有人说像大笑。陈雅丹却把这声音当作父亲的心语，她在默默地和父亲对话。她感谢父亲赐予她的佳名。她对父亲说，您当年的成果已经得到了现代科技的验证，您提出的"交替湖"理论，已经为越来越多的科学家承认。您在20世纪30年代测量的罗布泊形状竟与人造卫星测得的罗布泊第五阶段的形状和大小完全一致，这引起了世界的震惊，人们钦佩您，钦佩中国科学家，是什么让您创造了这样的奇迹？

雅丹的"群雕"中发出一阵阵的低诉，时隐时现，好像是父亲在回答她，"这是我的责任……"

"这是我的责任……"这是当年父亲在探查罗布泊时写下的话，言简意赅，发人深省。1999年，陈雅丹第二次进入罗布泊，她画了许多表现罗布泊地区独特风貌的画，她以此来支持环保。20世纪30年代，父亲虽然吃了许多苦，但他看到的是水波浩瀚的罗布泊。他和斯文·赫定是乘着罗布人的独木舟，听着罗布人的船歌，进入罗布泊的。那时，这里有许多罗布人的村庄，他们捕鱼为生，罗布泊和周围水系中嬉游着许多一米多长的大鱼，它们是一种被称为"大头鱼"的古老鱼种，多得就像罗布人说的那样，"可以结成绳子"。现在，当她踏着父亲的足迹进入罗布泊时，科学已经大大进步了，经济也大大发展了，人类似乎也更聪明了，可是罗布泊已经完全干涸了，那雅丹地貌中传来的低泣，是不是父亲在为罗布泊的命运伤心？她要用画笔呼唤人类的良知，要像父亲那样了解自然，爱护自然，让生命的绿色返回罗布泊。

为了纪念陈宗器——这位中外著名的罗布泊学者，人们在罗布泊的中心立下了一块碑：

"陈宗器（1898—1960），著名地球物理学家，中国地磁学的开拓者、奠基人；中国科学院地球物理所研究员、副所长。国际知名罗布泊学者。最早在罗布泊测量地磁参数与最早测量塔里木河流量的中国学者。

1930年11月底—1931年6月与瑞典科学家汉纳尔（霍涅尔）测量并完成改道后的罗布泊及其水系的精确地形图。

1934年4月—8月与瑞典探险家斯文·赫定进行地形、水文、地质、气象等考察。

为表达对陈宗器先生及在这块土地上为人类科学做出过杰出贡献的前辈们的无比崇敬与怀念，立碑于此，以为纪念。"

14楼303号

尹赞勋

"尹志留"的来历

尹赞勋（1902年2月23日—1984年1月27日），1919年入北京大学学习，后来获里昂大学地质系理学博士学位。1931年回国，任实业部地质调查所调查员、技师、技正，并兼任中法大学和北京大学讲师。1942年后任经济部地质调查所副所长、代所长。1948年被评为中央研究院院士。新中国成立后，先后任中国地质工作计划指导委员会第一副主任、北京地质学院副院长兼教务长、中国科学院地学部主任、中国科学院地质研究所研究员、中国地质学会理事长、中国古生物学会理事长等职。1955年被选聘为中国科学院学部委员（院士）。他对志留纪地层的研究最为详细、深入。尹赞勋领导并亲自参加编制《中国区域地层表》，系统总结了全国地层研究成果。他编著的《地层规范草案及地层规范草案说明书》，对整理、统一和发展我国地层学具有重要的实际意义。

1975年的秋末冬初，山西大同地区的群众忽然争先恐后地要从这块祖祖辈辈生息的土地上迁出，一时间人心惶惶，当地的生产、生活受到了严重影响。原来，这里忽然盛传，大同地区的火山是活火山，随时可能喷发，就连地方政府的房子都建在火山口上。这并非凭空臆造，而是"有书为证"。当时为数不多，但有相当影响的一本科普杂志，刊载了一篇文章，其中引用一位苏联专家的话说，大同火山可能不是死火山，而是休眠火山，将来它很可能复苏。

这位苏联专家20世纪50年代曾到大同考察过，而且他也"有书为证"，他引用了北魏时期郦道元《水经注》上的一段话，以证明自己的论断。一时间，对大同地区人民的生产和生活冲击极大。也难怪，整日生活在不知什么时候就会喷发的火山口上，谁能安心？有关部门按当时的习惯，又是"狠抓阶级斗争"，又是"做政治思想工作"都不见效，怎么办？有关领导终于意识到，科学的问题还得请科学家来回答。于是他们想到了我国著名地质学家，古生物学家尹赞勋。他们知道，尹先生是中国最早考察大同火山的科学家之一。早在20世纪30年代，他就论证过大同火山是一座死火山。此时，尽管73岁高龄的尹赞勋先生在雁北地区进行科学考察时受了风寒，患了感冒。可是，在得知大同发生的事情后，他不顾同事们的劝阻，抱病来到大同，带领科研人员又一次对大同火山进行了考察，进一步确定了大同火山再也不会喷发的结论。在有八百人参加的三级干部会上，他用生动的语言，深入浅出地说明了大同火山不会复苏的原因。他还解释说，郦道元在《水经注》中说的大同"火山"，和我们现在讲的"火山"不是一回事，郦道元讲的"火山"是指煤层自燃。尹赞勋再一次郑重说明，大同火山是死火山，再也没有复苏的可能了。人民群众相信科学，相信科学家。从此，大同地区人心安定，一切恢复正常。

屐痕处处，锤痕处处

尹赞勋，字建猷，1902年2月23日出生于河北省平乡县大时村，虽然村名冠以"大"字，却实在是一个小村子。他的父亲是保定师大的毕业生，当过教师，还当过知县。受家人影响，尹赞勋儿时就能背诵大段的《孟子》《左传》，不过，那是因为在叔叔的督促下，不得不读。他自己喜欢读的却是《三国》《水浒》之类的"闲书"。幸亏他的父亲开明，并不像那时一般的家长，只准孩子读"圣贤书"。尹赞勋从这些"闲书"里得到了乐趣，也因此养成了爱读书的好习惯。中学时代，尹赞勋因为参加过轰轰烈烈的五四运动，思想非常活跃，接受新事物很快。考入北京大学后，他曾经四易学科，先是因为想学化学，进入了预科甲部；两年后，他感到要改造社会，就得改造人的思想和观念，因此又想学哲学，于是又进入为文科做准备的预科乙部。在这之后，他还学习中国文学。他曾为自己取了个别号"多好生"，意思是爱好很多。虽然他在自传中说，"我一生兴趣太广，与其说是优点，不如说是缺点更妥"。而实际上，正是他的"多好"，使得他在以后的科学生涯中，眼界开阔、思维活跃、硕果累累。

1926年，他在北大的同学杨钟健等人邀他同赴德国学习经济，他不惜辍学毅然前往。不想船到马赛，遇到了小学时的同学，由于他们的盛情挽留，尹赞勋改变初衷，留在法国里昂大学深造。

当时的法国社会很开放，很少民族偏见，法国人骄傲地称："世界人民各有两个祖国，他自己的祖国和法国。"凭借着这样良好的环境，尹赞勋不仅刻苦读书，而且利用假日背起背包，拿起地质锤，以古人"读万卷书，行万里路"的精神激励自己，开始了在法国的徒步考察。他跋山涉水、历经艰辛。饿了，就啃几口面包；累了，就在公园的长凳上和衣而眠，真正是"风餐露宿"。就这样，在不长的时间里，他风尘仆仆地考察了法国八十个州中的五十个。此外，他还曾在欧洲"周游列国"，先后到过比利时、德国、卢森堡、捷克斯洛伐克、奥地利、匈牙利等国家，可谓屐痕处处，锤痕

年轻时的尹赞勋

处处。他读的书不仅多，而且涉猎广泛，除专业外，游记、政论、史地、文学等，无不涉及。他还在法国接触了郭隆真女士。她是周恩来、邓颖超等领导的"觉悟社"重要成员。此外，他还聆听过法共领导人的讲演，经常阅读法共机关报《人道报》。1927年6月，尹赞勋先后取得了动物学、自然地理学和地质学三张毕业文凭。

在里昂大学学习期间，尹赞勋师从著名的德莱培院士学习地质。1931年，他的博士论文以优异成绩得以通过，获得了里昂大学理学博士的学位。他的论文发表后，曾被法国和英国的著名科学家引用，足见其质量之高。他那时采集的标本，现在仍在法国里昂大学展示，足见其价值之珍。

"志留""第四纪"，层层揭奥秘

1931年5月13日，尹赞勋带着博士学位证书，更带着报国的激情，回到了久别的祖国。到达北京的第二天，他就去拜见了当时的地质调查所所长翁文灏。因为是初次见面，翁文灏又考虑到尹赞勋刚刚回国，需要休息，交谈时间不长。几天后，翁文灏亲自到长安饭店看望尹赞勋，双方没有寒暄，没有闲话，直接切入主题。尹赞勋谈自己的留学情况，谈法国的近况。翁文灏也问了些问题，尹赞勋认为，其实那就是考试。看来翁文灏对尹赞勋很满意，不久尹赞勋即进入地质调查所工作，从此，祖国的山川湖泊、森林原野就印下了他的足迹。

哈尔滨附近有一个顾乡屯。1931年之前，除了附近的人们知道这里烧砖之外，它没有任何名气。因为这里的窑工们要取土烧砖，经常会发现一些动物化石，有关部门就于1931年请来尹赞勋对标本进行鉴定。这样，顾乡屯就成为尹赞勋回国后考察的第一个地点。这里的工作条件很差，因为地下水位高，常常要在污水和泥泞中工作，弄得浑身又湿又冷，而且还有土匪骚扰，以致工人不敢上工。就在这样的条件下，尹赞勋工作了40天，获得了披毛犀、猛犸象等大量脊椎动物化石，并写出了论文《哈尔滨附近第四纪哺乳动物化石之发现》，在世界上引

起了很大反响，顾乡屯因此成了"世界名屯"。中国科学家在"第四纪"研究中取得的成就引起了国际同行的瞩目。

在地质年代中，"第四纪"始于距今175万年，是地球历史的最新阶段。第四纪最重要的大事就是人类的出现与进化。当时，中国的第四纪研究大都为外国科学家占有，在这一领域工作的中国科学家只有李四光、袁复礼、杨钟健、裴文中等不多的几位，而尹赞勋是第一位在我国的洞穴以外发掘、研究第四纪地层和脊椎动物化石的中国人，因此他是我国第四纪研究的先驱和开拓者之一。

位于黑龙江省的镜泊湖，是一个闻名遐迩的游览胜地。从前，当人们问起镜泊湖的来历时，白发苍苍的老人会这样讲述：有一天，美丽的七仙女正在天上捧着一面宝镜顾影自怜，她被自己的美貌陶醉了，一失手，那宝镜竟向人间跌落下去，变成了一个风景秀丽、水光潋滟的湖泊，这就是镜泊湖……

这个故事很有浪漫色彩，却无法从地质学的角度解释镜泊湖的形成，镜泊湖的成因最终还需要科学家来回答。1931年，尹赞勋长途跋涉，来到这里考察镜泊湖。不亲临镜泊湖无法体会她的美丽，长满了绿色林木的群山，犹如身材高大、披着绿色铠甲的卫士，或是身着碧纱轻衣的苗条侍女，环拱着楚楚动人的镜泊湖，那湖水一平如镜，能让一切人倾倒，但这还不是镜泊湖的全部，镜泊湖还有一个著名的"吊水楼瀑布"，银白的激流从近30米高的陡崖上一泻而下，如天河倒悬，气势磅礴。它是镜泊湖的灵魂，是镜泊湖的闪光点。可它是如何形成的，这又是需要科学家回答的问题。尹赞勋经过一番努力，终于考证出了镜泊湖形成的原因：在很久以前，这里有一个峡谷，它位于牡丹江的河道上。大约一万年前，由于火山爆发，大量的岩浆沿着牡丹江的一条支流流到这里，岩浆冷却凝固后，在峡谷中形成了一座大坝，阻塞了流水，于是"高峡出平湖"，一个美丽的湖泊和无数美丽的传说就这样诞生了。镜泊湖溢出大坝的部分就形成了著名的吊水楼瀑布。这种湖被称为"火山堰塞湖"，镜泊湖是我国面积最大的"火山堰塞湖"。现在去游览镜泊湖的人们，除了可以看到火山溶洞、火山锥、火山弹等火山喷发的证据外，还可以在茂密的原始森林之中，找到火山熔岩冷却后凝结而成的一条"道路"，这就是约一万年前，火山喷吐的岩浆流向牡丹江峡谷的通道。通道的另一端，是六七个直径百米的火山喷火口，不过，现在它们不仅早已沉寂了，而且在底部长满了树木，形成了独特的景观——"地下森林"。

1933年，尹赞勋把这一考察结果整理后，以"吉林省宁安县地质与吊水楼瀑布之成因"为题，发表在英文刊物《中国地质学会志》上。这些研究成果，引起了地质界的关注。

1932年，尹赞勋来到大同考察火山。在这之前，虽然有杨钟健等人考察过大同火山，可是由于种种原因，保留下来的资料不多。尹赞勋到大同以后，填图、采样、照相、记录，都是自己一个人干。他还采得大大小小的火山弹70多枚，我国地质界的前辈丁文江先生见了赞不绝口。这些火山爆发的证据，一部分由地调所保存，一部分送给了北大。在这次考察后，他写了《山西大同之第四纪火山》《中国近期火山》两篇很有价值的论文。在文章中，他明确指出"大同火山群都是不能再爆发的死火山"。尹赞勋对大同火山的考察，是一项有开创性的研究，

为以后深入研究我国第四纪火山奠定了良好基础。

在这之后，尹赞勋又考察了北京房山的云水洞。当他来到云水洞时，又惊讶又惋惜。惊讶的是云水洞的奇瑰壮观和周围环境的优美；惋惜的是这里曾经香火鼎盛的大小72座寺庙，大都已成断墙残垣。后来，他在北平的报纸上，发表了一篇文章，名为"北平附近的一大奇迹"，介绍房山云水洞的瑰丽多姿。现在云水洞已经成为北京的一个著名景点，这和当年尹赞勋等地质学家的介绍很有关系。

云南是我国西南部的一个大省，这里物产丰富，地形地貌复杂，有鲜明的气候特点，居住着众多兄弟民族。1934年，尹赞勋受丁文江先生的派遣，到云南考察。这时的云南条件很差，考察时只能骑马，还有土匪为患。尹赞勋在人员招募、物资供应等方面都遇到了很大困难，幸亏获得了著名植物学家蔡希陶先生的热情帮助，他才得以成行。在云南，他沿着咆哮的金沙江和怒江前行，深入到最偏僻的地区，和助手一起在施甸对奥陶纪和志留纪的地层，进行了细致深入的研究，写出了高质量的论文，他还对一种古老的海洋生物——"笔石"进行了考察。笔石早已灭绝，现在只能看到它们的化石，大型笔石体长50~70厘米或更长，小型的仅有几毫米长，一般呈蠕虫状。地质年代上的"志留纪"距今4.35亿年，延续了2 500万年。志留纪正是笔石的繁盛期。尹赞勋认为，笔石是海洋浮游生物，因此也是最好的海相标准化石之一，对区域性和洲际间的地层对比特别有用。这一时期的工作，为他在志留纪研究上取得丰硕成果，奠定了良好基础。

烽火漫天路，烟云蔽日时

20世纪30年代，尹赞勋除在地质调查所工作外，还先后在中法大学和北京大学任教。在北大，他曾经以讲师名义，给美国著名古生物学家葛利普（A. W. Grabau）当助教。葛利普不仅有很高的学术成就，而且热爱中国，富有正义感。当日本帝国主义的军队进入北平时，他曾手持美国国旗，奋力阻止日本兵进入，尽力保护中国的地质机构和财产。他出于对中国的热爱，曾申请加入中国国籍，只是因为遇到了战乱，没有能够如愿。日军占领北平后，对他威逼利诱，要他出来讲课，被他严词拒绝。后来他被日本帝国主义关入集中营，直到抗战胜利才恢复自由。1946年，葛利普不幸逝世。为了纪念这位中国人民的朋友、国际著名的古生物学家，中国人民和政府于20世纪80年代将他的陵墓迁到了北京大学校园内。在为葛利普当助教的这段时间，尹赞勋收获很大，葛利普也因此在他的心中留下了很好的印象。

在艰苦的抗日战争中，尹赞勋和许多学者一样，颠沛流离，饱尝艰辛。南京陷落前后，他的友人在战乱中丧生，藏书被日寇洗劫。在重庆北碚，他的住房险些被日军飞机炸毁，由于战局的不利和物价的飞涨，尹赞勋和他的家人经常陷于贫病交加中。最困难的时候，全家只有他这个患有严重胃病的"壮劳力"一天能吃上三五两粮食，以支撑工作。为了生计，那时许多人都被迫变卖工作和生活的必需品，留法归来的古生物学家许德佑不得不把自己的专业外文图书卖掉，人们见了都不禁感叹："唉，斯文扫地！"尹赞勋的八大箱书都丢在了南京，无书可卖，只好卖皮大衣，卖打字机……就是在这样的条件下，他和他的同事们仍然克服重重困难，做了许多工作。1940年，在中国地质学会理事会上，尹赞勋被公推为理事长，接替前任李四光先生，同年下半年，又被任命为地质调查所所长。就尹赞勋本人来说，他实在不愿"当官"，他只想从事研究工作，可是由于当时担任经济部部长的翁文灏一再敦促，更考虑到以大局为重，他才就任所长一职。

抗战时期的大后方生活艰苦，工作条件很差，可是中国的科学家还是尽一切可能，克服重重困难，以极大的爱国热情忘我地工作。尹赞勋先生在1941年作词的《中国地质学会会歌》，就充分表现了中国地质学家爱祖国、爱科学、爱大自然的博大胸怀："大哉我中华，大哉我中华，东水西山南石北土真足夸。泰山五台地基固，震旦水陆已萌芽。古生一代沧桑久，矿岩化石富如沙。降及中生代，构造更增加，生物留迹广，湖泊相屡差。地文远溯第三纪，猿人又放文明花。锤子起处发现到，共同研讨乐天涯。大哉我中华，大哉我中华。"

这首歌不仅抒发了中国地质工作者的胸怀，而且从"震旦水陆已萌芽"到"猿人又放文明花"巧妙地表述了各地质年代的特点。

正是在这一时期，尹赞勋引进了美国首创的古地质学理论和古地质图制图理论方法，绘制成了我国第一幅古地质图。这一成果对我国的地层研究，探矿和了解地质演变都有很重要的作用，受到了地质界的高度赞扬。

为了纪念地质调查所成立25周年，1941年，在尹赞勋的主持下，于重庆举行了庆祝大会。大会的门外，彩坊高扎，门上悬有楹联，上联是"平宁长庆"，既有对所庆的祝贺之意，又巧妙地介绍了地质调查所成立于北平，后迁至南京，抗战中一度搬到长沙，又辗转来到重庆的不凡经历。下联是"鸿文咏德"，这是地调所四任所长的名或号，他们是章鸿钊、丁文江、翁文灏、黄汲青。同时又赞颂了地调所科学家们的成就与功德，横额是"共赴前程"，这副对联巧妙地表达了中国地质科学工作者不怕艰难险阻、勇往直前的精神。

在庆祝会上，李书华、顾毓秀、叶企孙、朱森、李春煜等科学界的代表纷纷发表讲话，陈立夫也来致辞。一百多位来宾还参观了成果展览会，这个展览会分十一部分，陈列于十七个室中，在当时的条件

黄汲清(左)、尹赞勋(中)、李春昱合影

下，规模已经是很大了。可是1942年3月在重庆中央图书馆举办的地质展览会，更是规模空前，这也是由尹赞勋参与筹备的。在短短的三天时间内，就有几万人参观，被称为"战时陪都最有意义的展览之一"。

然而，在那个年月里，欢乐和成功太少，灾难与悲哀却太多。在南京陷落的日子里，尹赞

勋的助手、被他称为"年轻友人"的吴希曾，因在撤退的难民流中遭遇车祸而惨死，尹赞勋为此痛惜不已。在北碚的艰难日子里，年仅35岁的古地层学家、曾担任地调所古生物室副主任的计荣森不幸病逝。尹赞勋曾写了一篇7000字的长文纪念他。1944年4月，刚刚开完中国地质学会第20届年会的许德佑和他的助手陈康，以及年轻的女学者马以思在贵州考察时，遇土匪拦路抢劫，惨遭杀害。地调所为三位烈士举行的追悼会很隆重、很感人，会上悲声撼天，人们都为中国地质界的重大损失而悲伤，而尹赞勋不仅有悲伤，更有气愤。因为当局这时反而要大家"忍耐为高，免吃大苦"。这在他的心上留下了一块永远不能消去的伤痕。

抗日战争胜利了，尹赞勋和中国绝大多数科学家一样，在兴奋之余，更盼望从此能够安心建设一个独立、民主、富强的新中国。可是现实与理想的差距竟是那样大，他看到的是大大小小、形形色色的官吏，争先恐后地从重庆蜂拥而出，去争当"劫收大员"，去发不义之财，以致普通人连船票都很难买到。因此，直到一年之后，地调所人员才能分批返回南京。轮到尹赞勋启程时，他拿到的只是没有舱位的船票，全家六口人，都挤在甲板一侧，任凭冷雨浇身、寒风彻骨，还有乘客的挤撞、船员的白眼，煎熬了两天两夜，才到了宜昌……

1947年元旦，尹赞勋在《申报》上发表了一篇文章。在文中，他描述了自己的理想与现实的距离，他写道："烽火漫天，烟云蔽日，一幅天朗气清春光明媚的图画，距离现实有十万八千里。"

这时的尹赞勋已经对国民党政权彻底失望了。1948年年初，张群下台，蒋介石把翁文灏请出来充当行政院院长，一来是看中翁文灏和他同是宁波人，二来也是为了笼络人心，尤其是知识分子。因为在学术上，在培养科学人才上，翁文灏确有很大成就。那时有许多人到翁文灏那里去道贺，也借机为自己谋个职位，或是铺垫一下，以便以后可以得到点儿照应。尹赞勋虽然和翁文灏交往时间很长，他却不去凑那份热闹。

振臂疾呼绝旧尘，一锤定音开新元

1948年下半年，随着国民党军队在战场上的连连惨败，尹赞勋感到一个伟大的转变即将来临，他欢欣鼓舞，盼望解放军早日渡江并准备"箪食壶浆，以迎雄师"。至年底，解放军已经饮马长江，国民党政府想尽一切办法引诱南京、上海的科研人员跟他们到台湾。在指定"南迁"的自然科学研究所中，尹赞勋所在的"经济部地质调查所"规模最大，人员最多。在全所人员讨论是否"南迁"的大会上，时任所长的李春昱虽然内心不愿南迁，可是作为所长，他不便公开提出自己的主张。此时，已经成为中央研究院院士、担任古生物研究室主任的尹赞勋却心潮难平。在江西的20个月和到北碚后的6年时间里，他认清了这个政府的腐败本质。尤其是在抗战中，前方将士血染沙场，后方贪官却在花天酒地，"前方吃紧，后方紧吃"，"谁在玉关劳苦，谁在玉楼歌舞？"陪都重庆，被这些人闹得乌烟瘴气。

他想到这些年来，在国民党政府统治下，贪官污吏腐败成风，财阀买办挥金如土，可是许多科学家只能在贫病交加中苦撑。当时中国的地质科学工作者不过200人左右，除去老弱病残，真正能工作的只有100多人，可是在短短的30年中，竟有16位英年早逝：1929年，在考察中被土匪杀害的赵亚曾年方32岁；1934年，因急病死在工作岗位上的徐光熙不过37岁；中国地质学的开创者之一，曾担任过地调所所长的丁文江在考察途中，竟因住宿时中煤气而亡，时年49岁。还有35岁的计荣森、年仅20岁的张沅恺，都是因为抱病工作而猝死。因患抑郁症而自杀的刘庄才25岁。朱森则是由于操劳过度又受到诬陷，引发疾病而亡，死时41岁。刘辉泗的死更能体现当时科学工作者的处境，他是因为薪俸太薄，工作太重，积劳成疾而亡，年仅31岁……

想到这些，一向温文儒雅的尹赞勋不禁拍案而起，他大声疾呼："跟国民党走绝对没有前途，不管别人采取什么态度，我本人坚决不走，留待解放。"

尹赞勋的振臂一呼，得到了绝大部分人的响应，地调所成为抵制南迁最有力的单位之一。从此，地调所的科技人员和国民党政府断绝了联系，他们将无限的期待、美好的畅想都赋予了即将喷薄欲出的朝阳——他们心目中那民主、独立、富强的新中国。

新的历史篇章掀开了。从1951年起，尹赞勋担任了中国地质工作计划指导委员会第一副主任，参与了找矿和勘探工作，这是直接为新中国的生产建设服务。1952年起，他又担任北京地质学院副院长兼教务长，为解决中国急需的地质人才做出了重要贡献。

1956年1月，尹赞勋先生被调到中国科学院，担任生物学地学部副主任，中国科学院地质研究所一级研究员。他的家也迁进了中关村14楼303号，与童第周先生对门而居。此后，他又担任了中国地质学会理事长、中国古生物学会理事长等职，并当选为中国科学院第一届学部委员，也就是现在的院士。

从1949年到1954年的6年的时间内，尹赞勋全方位地参加了生产、教学、科研三大领域里有关地质方面的工作，不仅是我国地质学的"全才"，更由于他了解中国地质的全面情况，因而能够在科研工作中高瞻远瞩。他在回忆录中写道："进入科学院的第一年投入长远规划（地学部分）的起草工作，和大家共同调查人才、物力，特别是地质学古生物学的全国情况取得了统计资料，还制定了干部培养计划……就这样，从1956年晚起的一段时间内，我自诩是对于全国地质整体轮廓和发展前途了解比较全面的人员之一。"不难看出这字里行间洋溢着的兴奋和自豪。就在这一年，他郑重地向地质所党组织递交了要求加入中国共产党的申请书。

虽然这时他已经是著名学者，又担任着重要的学术职务，可是他仍然赴川、黔、云、桂等地考察。他经常和年轻人一起爬山越岭，涉江过河。年轻人爱护尹赞勋，在徒步涉水过河时，主动背他过河，他开玩笑说："过去只知道过河有两种办法，一是乘船；二是过桥。现在才知道还有第三种办法，就是人背。"茫茫的祁连山，气候恶劣，人迹罕至，只有一种"交通工具"就是骆驼。尹赞勋不顾自己年纪大，身体差，坚持深入那里进行考察。他一直秉持着年轻时期就形成的观念："读万卷书，行万里路。"

尹赞勋的研究领域非常广，他的贡献也是多方面的。他是中国第一个在法国专门学习古生物地层学的博士。他对中国大同火山的研究、镜泊湖的研究、房山云水洞的研究都是原创性的，成为后世的楷模。他是中国第四纪地质研究的先驱，他第一个发掘和研究了中国洞穴沉

积以外的第四纪地层和脊椎动物化石。他对志留纪的研究有详细、深入、独特的见解。1965年，他在澳大利亚参加学术会议，做了题为《志留纪之中国》的学术报告，引起了同行们好评，有人称他为"尹志留"，这是戏称，更是尊称。

石油是现代工业的血液，天生贫血的人要想变得强壮，只能是一个凄凉的梦。早在20世纪初，小学生就知道中国"地大物博，人口众多"，可遗憾的是，那时中国却戴着一个"贫油"的帽子。100多年以来，世界上已发现的油气田绝大多数处于海相地层中，因此"时尚"的理论认为，只有海相地层才可能生成石油。中国是一个陆相地层广泛，海相沉积地层相对缺乏的国家，先天不足，只能是贫油国。然而中国科学家对祖国的地质情况有更深的了解，他们认为陆相沉积也有可能生油。20世纪50年代末，以大庆油田的发现为代表，他们终于向世界证明了，陆相地层能够生油，从而唤起了中国人向强国进军的信心。许多人对这批为祖国立下汗马功劳的科学家耳熟能详：李四光、黄汲青、谢家荣、侯德封、张文佑……

早在1947年，尹赞勋就和潘钟祥、谢家荣、翁文波等人指出了石油与陆相沉积的密切关系。他们认为："石油不仅来自海相地层，也能够来自淡水沉积""至少新疆一部分原油系完全在纯粹陆相侏罗纪地层中产出"。尹赞勋在这一年的7月份考察了玉门油矿之后，曾写成论文《火山爆发白垩纪鱼层及昆虫之大量死亡与玉门石油之生成》，文中明确指出"大部分湖相沉积，淡水生物繁殖……生物之大量暴亡为玉门石油之源"。此文1948年发表在《地质论评》13期上，中科院戴金星院士认为，这就是初始期的陆相生油理论。在20世纪50年代末，尹赞勋又为大庆油田的发现立过功。

飘零时介绍"漂移"说，新时期首开新学说

除了担任学术职务外，尹赞勋还担任全国政协委员、全国人大代表，但是他从没有放松过科研工作。他领导编制的《中国区域地层表（草案）》，于1959年获得了国家科学奖。

"文化大革命"时，他的家早已从中关村搬到了地安门的中国科学院宿舍。这里的设施虽然不及中关村，但面积也还算大，最起码可以摆得下他的图书资料，可以安宁地钻研学问。可是"文化大革命"中，他却忽然接到一纸"命令"，限24小时内搬到沙滩后街59号，全家挤在一间18平方米的房子里，因为房间太小，许多书放不下，只好忍痛当废纸卖掉。多年后，尹赞勋提起这件事还痛惜地说："直到现在我提起十年动乱中蹲牛棚、挨批判，我都无所谓。而想到那些书的厄运，我确实非常生气。"

本来，他和地质研究所所长侯德封等人可以共坐一辆小汽车上下班，"文化大革命"当中，小汽车算是"特权产物"，他们只能挤公共汽车。因为年纪大，体力不济，那时的公共汽车又非常拥挤，尹赞勋有时被挤下车，有时被挤伤，有时因挤不下车，坐过了站……就是在这样的飘零不定的困难条件下，他仍然坚持搞科研，去北京图书馆、地质图书馆查资料，密切注视着国际上地质学发展的最新动态。就在中国陷入"文化大革命"中，科学、教育、文化的发展受到严重干扰时，国际上却爆发了地质革命，"大陆漂移和板块学说"这时已经被普遍接

受。20世纪70年代初，尹赞勋写了一系列文章向中国的地质学界介绍了板块构造学说，并且大声疾呼，如果不重视这一学说，"必然贻误大事，事后后悔不及"。尹赞勋更进一步指出，"板块学说具有重大的理论意义，它把辩证法带进了地质构造学，使地球变活了"。

尹赞勋的意见得到了同行的广泛注意。今天，我国在这方面已经取得了不少成果，这是和当时尹赞勋等人有着密切关系的。

1976年，尹赞勋还向中国科学家介绍了"古生物钟"的新方法。1978年，他又出版了重要著作《论折皱幕》。在这部科学论著中，他既肯定了国外某著名科学家的成就，也指出了他的错误和不足，对于我国地质学的发展有重要意义。刘东生院士评价说："这部书使国人耳目一新"。这一成果曾获1980年科学大会奖。

1980年，国际岩石圈计划问世。岩石圈计划主要是研究岩石圈的现状、起源、变化和动力学，特别把重点放在大陆及其边缘。尹赞勋积极支持岩石圈计划。他和张文佑院士、刘东生院士、叶连俊院士一起呼吁，迅速组织"岩石圈国家委员会"，推动我国的岩石圈研究。开始，这个呼吁并没有受到应有重视，幸亏刘东生院士当时任中国科协书记处书记，经他不懈努力，"国际岩石圈中国委员会"终于在1983年成立了。1986年，国家自然科学基金委员会也把有关岩石圈研究的课题列入了"七五"重大项目。两年后，中国科学院地质研究所（现为地质与地球物理研究所）成立了岩石圈构造演化开放实验室。

据中国科学院院士、地质研究所研究员孙枢和尹赞勋的学生谢翠华回忆，80年代初期，尹赞勋先生曾发表过两篇文章，提出要结合大气科学、海洋科学和自然地理科学，更全面地研究地球的气、液、固三态物质的辩证发展，建立更高级的地球科学（当时他称之为"地体学"）。

尹赞勋的这一观点当时并没有引起人们足够的重视。1983年年底，美国科学家提出，应当把地球看成一个由相互作用的地核、地幔、岩石圈、海洋、大气层、冰雪圈和生物圈组成的统一系统，这就是"地球系统"。这个观点和尹赞勋先生的观点是多么一致！孙枢院士和谢翠华在查证了一些资料后认为，尹赞勋是独立地、平行地和国外科学家一起提出了关于建立地球系统科学的学说。只是因为天不予时，尹赞勋先生来不及进一步展开他的学说，就离我们而去了。现在地球系统科学已经在中国和世界蓬蓬勃勃地开展起来了。这一切不是证明着他的生命仍在科学中延续着吗？一个把毕生精力献给科学的人，他的自然生命有终点，但他的科学生命是不会有终点的。因为他已经深深地融入了不断发展的科学事业中，融入了人类对真理的永不停歇、永无止境的追求中。

不要人赞勋业高，甘作碎石铺大道

尹赞勋先生是一位具有开创精神的科学家，然而他又是一位甘当铺路石的"无名英雄"。他从不霸占材料，不霸占人才，他还曾经多次把自己开拓，并且已经做了许多工作的课题转让给别人，他曾将笔石志留纪地层的研究转交给穆恩之；还曾经向许德佑、张守信、顾知微等人

转交过课题，他认为这是"培养青年人，以利科学的发展"。这些人后来都成为我国地质学、古生物学的骨干力量，做出过重要贡献。他的这种高风亮节，至今仍是科学界的佳话。

20世纪50年代，中国的地质科学正在大发展，可是工具书却非常缺乏，然而，编辑工具书却是一件非常烦琐、非常辛苦，甚至是费力不讨好的工作。可是尹赞勋毫不犹豫地开始了这项工作。他曾经讲过这样一段感人肺腑的话，"有人愿作开辟领域的大师、冲锋陷阵的闯将，谁愿翻箱倒箧，查阅卷帙浩繁的新旧书籍，甘当寻章摘句的老雕虫，投入繁琐的考证，埋头搞工具书的编写工作呢？但我深信，工具书是一人费事、万人省心的工作。这些铺路石能使道路畅通，何乐而不为呢？"

现在大力提倡培养创新型人才，这当然是非常重要的。然而我们也不得不正视一个事实，创新型人才毕竟只是少数。不可能人人是爱迪生，人人是爱因斯坦，人人是陈景润。况且，善于创新的人是人才，能够勤勤恳恳，兢兢业业工作，甘为铺路石和人梯的人也是人才，那些印错了的数学用表，没有刷干净的试管给科学和科学家造成的悲剧，难道还不发人深省吗？而且"勤能补拙"，有不少发明，发现和创造是"笨人"用"笨工夫"取得的。即使创新型人才，也要有兢兢业业、吃苦耐劳的精神，和实事求是、诚实求真的品德才能做出成果。在这方面，尹赞勋先生可称得上是我们的师表。

刘东生院士曾经这样评价尹赞勋先生："尹赞勋是一位深受地质学界广泛尊敬的前辈，是我国无脊椎古生物学的开拓者。他像一位经验丰富的向导，在地质学和古生物学领域里，默默地引导人们前进。"

尹赞勋不仅是优秀的科学家，还是一位好父亲；他的家既是一个民主家庭，又是·个科学家庭。在中关村居住时，他的大女儿、小女儿都在南京，只有二女儿在北京读书。大女儿有时到北京出差，会抽暇来共享天伦之乐；寒暑假，小女儿也会到北京来看望父亲，她们的到来会给尹赞勋带来很大快乐，这时常能看到他的脸上挂着笑，他的笑带着一脸慈祥，又透着一派儒雅。

现在，他的大女儿，著名昆虫学家尹文英也已经是中国科学院院士了。她研究的是原尾虫，她对这种很小的小虫子非常地喜爱，大有法布尔之遗风。世界上有4位科学家被公认为研究原尾虫的权威，她便是其中之一。

现在，人们又可以见到尹赞勋那慈祥、儒雅的微笑了，有关部门在周口店——他的安息之处，立起了他的胸像，以纪念这位杰出的地质学家、古生物学家。

尹赞勋和女儿尹文英

15楼112号

李善邦

现代张衡

李善邦（1902年10月2日—1980年4月29日），中国地震科学事业的开创者。生于广东兴宁，1925年毕业于东南大学物理系。曾任中央地质调查所地震研究室主任。1930年建起中国自办的第一个地震台，并编辑出版《鹫峰地震月报》和《鹫峰地震专刊》。抗日战争时期，转赴水口山、攀枝花地区做物探工作。1943年制成我国第一台水平摆式地震仪，建成四川北碚地震台。20世纪50年代，他设计制造的仪器装备了我国地震台网。他参加了中国历史地震资料的整理工作，完成了第一份地震区域划分图，编辑《中国地震目录》，并获得1982年国家自然科学三等奖。他将50年的地震工作经验总结为《中国地震》一书。

北京西北部的北安河有一座鹫峰，这里不仅林木茂盛，植物种类繁多，而且有鸣泉飞瀑、山庄别墅、古刹亭台，既是旅游避暑的好去处，也是地质学家和植物学家钟爱的地方。1931年，一位年轻人来到这里，建起了中国第一个地震台，他就是被称为"中国现代地震研究第一人"的李善邦。

无财陷窘境，有幸得贤助

李善邦的青少年时代是坎坷的，又是幸运的。他出生于广东省兴宁县的一个农家，自幼酷爱读书，学习成绩也很好，可是因为家境贫寒，父亲一度想让他辍学经商。幸运的是他的祖父出于"光宗耀祖"的理念，坚持让他读书，并拿出多年积蓄资助他，他才得以从东南大学毕业。

那时社会动荡不宁，连他这个名校毕业的高才生也逃不了"毕业即失业"的命运。在相当长的一段时间里，他很不顺利，工作很难找，即使找到了，也因为种种原因，很快又丢掉了。此时的李善邦贫病交加，苦不堪言，后来在朋友的帮助下，总算谋得一份在本县一所中学教书的工作。那时的中学教师收入菲薄，勉强度日尚可，治病就无从谈起了，至于成家立业，那就连想也不敢想了。他教的学生中，有一位女孩子叫罗海昭，她的哥哥是李善邦的同学。有这层关系，她就经常到李善邦的宿舍去，请李老师解答问题，渐渐地，两人都开始想了解对方了。当女学生了解到李善邦在困境中不屈的拼搏后，感动得热泪盈眶。她本来就敬佩李老师的才学和为人，而李善邦也非常喜欢这位出身于华侨富商，却没有大小姐脾气，敢做敢当的女孩子。最后，两人终于开始谈婚论嫁了，可罗海昭的父母却反对这门婚事，父母认为李善邦出身寒微，门不当户不对，怕别人笑话。女儿却说，《西厢记》中的张生和崔莺莺也是门不当户不对，不是留下了千古佳话吗？父母认为李善邦人虽好，可是太穷。女儿却说，只要人好、有学问，穷有什么关系？父母认为李善邦身体不好，有肺病。女儿却说，有病可以治，再说，家里不是有那么多的燕窝鱼翅吗？给他吃一些不就治好了吗？于是本来在坎坷人生路上独行的李善邦，从此有了一位同甘苦、共忧患的忠实伴侣。罗海昭毕竟是罗家的爱女，李善邦成了罗家的女婿，再加上罗海昭从中周旋，罗海昭的父亲不仅认可了这门婚事，而且拿出了许多燕窝给李善邦服用，李善邦的肺病果真好了。

李善邦

有这样的妻子，李善邦真是很幸运。不想，到了1929年，李善邦又一次陷入了失业的窘境，偏偏这时妻子又怀孕了。正在一筹莫展的时候，李善邦忽然接到一封信，原来是东南大学的老师叶企孙先生推荐他到地质调查所工作。李善邦没有想到，这么长时间，叶企孙老师一直想着他，有叶企孙这样的老师，李善邦真是很幸运。可是李善邦还有些犹豫不决，因为这时妻子正怀着孕，需要他在家尽一个丈夫的责任。然而开明大度的罗海昭态度鲜明地对李善邦说，你要是错过这个机会，就只能耽误在这小小的县城里，你的才学就再也得不到发挥的机会了。她的态度如此坚决，甚至颇有些"霸道"，根本不给李善邦留任何"退路"。对这样的妻子，李善邦还有什么好说的呢？他有了一种全新的想法，要做出一番事业报答妻子的深情厚爱。从此，李善邦在事业上有了根本的转变。

科学开西哲，空山研妙理

　　中国属地震多发区，研究地震的历史也很早。远在汉代，张衡发明的"候风地动仪"，就记录到了地震。可是在漫长的封建统治下，科学技术在中国被视为"奇技淫巧"，发展受到很大限制。尤其在近代，地震研究也如同其他科学一样，大大地落在了世界的后面。在1930年之前，中国竟连一个自建的地震观测台也没有。地调所派李善邦到外国人办的上海徐家汇地震台学习地震观测技术。开始，徐家汇观象台台长——意大利人龙相齐不大了解李善邦，显得不大热情。后来，看到李善邦学习很刻苦，经常跑到十里地以外的图书馆自学，有疑问处再主动请教，终于被李善邦的认真和敬业态度所打动，两人逐渐成了亦师亦友的关系。李善邦之后的出国学习，龙相齐的推荐信起到了很大的作用。1930年地调所决定把第一个中国人自己的地震台设在鹫峰，于是李善邦就来到鹫峰山下建站。这里有一块地，是一位热爱科学的著名律师林行规捐给地调所的。

　　鹫峰山下虽然风景优美，但是条件艰苦。建站之初，李善邦只能住在古寺当中，听松涛入梦，与青灯为伴，这里安装的第一台地震仪是从德国进口的。李善邦克服了许多困难，

年轻时的李善邦

甚至自己干磨、钻、锉、锻的工作，有时还要当泥瓦工。可是安装好以后，那地震仪就如鹫峰山上的石头一般冥顽不灵，哪里能记录地震！当时的中国没有一个人会调试这种地震仪，李善邦只好自己对照德文说明书，反复试验，不知投入了多少心血，可是那"冷血"的地震仪仍然呆呆地一动不动。有一天，吴有训先生到这里视察，他看了看这台不会动的地震仪，对李善邦说："这不是什么精密的仪器，不必拘泥于说明书，尽可放开了调，不至于坏的。"

这样一来，李善邦的胆子就大了，他把说明书扔在一边，凭着自己的理解和经验，终于把地震仪调试好了，当这台被李善邦驯服了的德国地震仪第一次记录到地震的时候，可以想象到他和他的同事们是多么激动。李善邦挥墨录写了一首诗挂在墙上，那是中国地质界的先驱、地调所所长翁文灏特意为鹫峰地震台落成写的，内容是赞张衡的"候风地动仪"：

> 地动陇西起，长安觉已先。
> 微波千里发，消息一机得。
> 科学开西哲，精神仰昔贤。
> 空山研妙理，对此更欣然。

有了地震仪，只是开展地震研究的第一步，要持之以恒地工作下去，困难就接踵而来了。观测地震必须定期到城里的图书馆去查有关资料，那时没有公共汽车，李善邦只能骑着毛驴往返，来回一趟要一百五六十里，当天是赶不回来的。而且一路上常受风寒之苦，他的身体又不好，几乎每进一次城，都要生一场病。那时，李善邦有两位助手，一位是本地人，叫贾连亨，文化程度不高，可是为人勤快、忠厚，给李善邦帮了不少忙。还有一位姓潘，是个大学生，没有多久，因为受不了这里的清苦，又被毒虫咬伤，便离开了地震台。那时地震台所在的北安河地区还没有通电，地震仪每隔十天半月就得充一次电，他们只好用骡马驮着电池，到四十里以外的清华大学去充电，常常是披星戴月地出发，又披星戴月地回来。经过不懈的努力，中国的第一个地震台不仅建立起来了，而且能按照国际标准，定期发布地震记录报告，渐渐地在世界上有了些名气。

看到鹫峰地震台很有成就，地调所决定，把鹫峰地震台扩展成"鹫峰地震研究室"，由李善邦任主任，这是我国第一个专门的地震研究机构。

乱世舍家不舍业，力排万难造神机

当时，地震研究在国内是一门新学科，李善邦非常希望有机会到外国去学习、考察。1931年，这个愿望实现了，他得到了一个在日本东京大学研习地震学的机会。不想，只学了几个月，就发生了"九一八"事变。在这种情况下，一个热爱祖国的人如何能在日本待下去呢？于是他放弃学习，愤然归国了。所幸的是，从1934年到1936年，李善邦得以作为访问学者到美国和德国进行学术交流，并有机会向一些国际著名地震学家如维歇尔、古登堡等人请教，收获不小。

七七事变之后，日本帝国主义占领了华北，李善邦辗转撤退到南京。不久，南京又遭日本飞机轰炸，地调所又要撤退。李善邦不忍让妻子儿女跟着自己过动荡不安的生活，就和妻子商量，一家人分成两处，妻子和孩子回广东老家，自己跟着地调所撤退。妻子是深明大义的人，虽然依依不舍，但是为了孩子，为了李善邦能无牵无挂地应付这混乱的局面，她还是回广东老家了。

家人走后，李善邦又全力投入到科研工作中，可是国民党军队在正面战场上节节退缩，日本军队推进很快，李善邦的工作常常是刚刚开展起来，就得放弃，继续撤退。

在动荡不宁的战乱生活中，也有幸运的事情发生，在往重庆撤退的路上，李善邦突然在滚滚的难民流中遇到了贾连亨，李善邦此时的欢乐，岂是古人所说的"他乡遇故知"所能相比的？当初，由于日本军队封锁了北平的郊区，李善邦被困在城里，不能回鹫峰地震台。他只好捎信，请贾连亨处理地震台的善后事宜。遇到贾连亨之后，他才知道鹫峰一带有共产党领导的游击队活动，附近的妙峰山更是中共领导的平西游击队的根据地。鹫峰地震台的仪器设备已经交给燕京大学物理系代管。他到重庆来，就是来找李善邦先生的。得知鹫峰地震台的仪器设备保存了下来，李善邦非常欣慰。

20世纪60年代曾经有一句口号："有条件要上，没有条件创造条件也要上！"其实，李善邦早在三四十年代就是这么干的。地调所撤退到重庆北碚后，执着于地震研究的李善邦又排除重重困难，开始研制中国第一台地震仪。那时的困难之多，一般人难以想象。日寇的飞机常常来轰炸，工厂很少，设备也差，画出来的图纸无法加工。万不得已，他就想办法自己制造零件，好不容易找到了一台车床，却发现车床上缺少一个大飞轮，而且哪里也配不到。李善邦苦思冥想，竟想出了用石轮代替铁轮的奇招，他让石匠打了一个石轮，装上一试，车床竟然勉强能用了。可是新的问题又来了，就是没有电力带动。这可如何是好？李善邦干脆就用人力推动车床运转。用这个怪诞的石器时代和工业化时代技术结合的产物，李善邦和他的助手们居然也加工出了合格的零件。实在没有办法加工的零件，他们就千方百计地找替代品，最后连皮鞋油盒都派上了用场。就这样，李善邦终于研制出了中国第一台地震仪，这台地震仪被命名为"霓式"地震仪，又称为"I式"地震仪。这是在汉代张衡之后，中国人自己设计制造的第一台地震仪。1943年9月，这台地震仪先是记录到了成都地震，接着又记录到了土耳其地震，到抗战胜利时，一共记录到远近、大小共109次地震。李善邦敢想敢干、富于创造的精神因此也更加出名。

除了研究地震，李善邦还在物探和地磁方面做了许多工作。他曾经带着他的学生秦馨菱跋山涉水，不顾旅途艰苦，到攀枝花考察并做了大量工作。面对这里丰富的矿藏，他们不由发出声声赞叹，同时又惋惜囿于当时的条件，还不能对它们进行开采利用。

力抗南迁智谋多，深研地震功勋殊

抗战胜利后，李善邦跟随地调所来到南京，修复了几台地震仪，建起了南京燕子矶地震观测台。但是，国民党政府的腐败行为，已经让李善邦深恶痛绝。国民党当局在败亡之前，强令各科研机构和人员也迁往台湾，李善邦是积极反对搬迁的主力之一。他和当时的地调所所长李

春煜等人，同国民党当局展开了一场不显山不露水的智斗。他们先是向当局要遣散费，说是没有钱，这么多人的家属怎么办？老婆孩子不安顿好，谁还肯南迁？以后又说需要大批的木箱装运仪器设备，不然，两手空空，怎么搞科研？可是当局发了遣散费之后，大家却把它拿去买大米和咸菜了，当局追查起来，他们振振有词，"民以食为天"，当局竟也无奈。为了强使地调所搬迁，当局拆东墙补西墙，弄来一批木料打造了许多大木箱，可是木箱到了地调所后，就像石头抛进了海里，再无下文了。这分明是要长期扎根，哪里是要搬迁！当局正想拿出颜色给地调所和其他"抗旨不遵"的科学家看看，忽然又得到消息，说是地调所要搬迁了。负责督办此事的官员将信将疑，亲自跑去观看，只见地调查所内，一个个木箱整齐地堆放在一起，箱子上郑重其事地用油漆写着"精密仪器，轻拿轻放""请勿倒置""严防受潮"。那几个官员不大放心，还去搬了搬那些箱子，只觉得如蚂蚁撼山，哪里动得一丝一毫！这时，又有人报告说，地调所已经把一部分箱子运抵下关车站，准备先到广州，再转台湾。官员闻听此言，面露喜色，对地调所的搬迁工作"嘉勉"几句之后，便打道回府了。他们哪里知道，那些箱子里装的根本不是什么精密仪器，而是野外考察用的铁锤等粗笨工具和过时的老旧仪器。这些东西既不值钱，又压分量，装进木箱，应付当局检查最为合适。

这些把遣散费拿去安家的妙计，在木箱里装废旧工具的绝招，都和李善邦有关。当他们得知，国民党要在地调所内发展特务组织，以督促南迁时，李善邦和李春煜等人不顾自身荣辱，自行成立了一个"中统组织"，这样一来，"正牌"的中统就不便在地调所发展了。地调所抵制南迁的斗争又取得了一个胜利。多年后李善邦在谈到抵制南迁的动机时说，"当时我们并不了解共产党多么好，但是了解国民党多么坏"。

新中国成立后，李善邦的才干得到了施展，那时赵九章是中国科学院地球物理所所长，可是因为工作繁忙，有一段时间常不在北京，就由李善邦代理所长。这时，他除了抓地震台站的布设外，还改进了"霓式"地震仪，命名为"51式"，并且进行了生产以满足急需。

李善邦不仅在地震研究上硕果累累，而且带出了一批优秀的学生。他最早的三位学生，秦馨菱、谢毓寿和刘庆龄都是中国地震研究举足轻重的人物。新中国成立后，为适应大规模建设的需要，李善邦和秦馨菱、谢毓寿一起，培训了大批地震研究人员。建设地震台网的工作也卓有成效，从20世纪30年代中国的"独子"——鹫峰地震台，到现在遍布全国、星罗棋布的地震台网；从只能简单地发布地震报告到深入广泛地开展地震研究，中国地震研究的每一步，都有李善邦的贡献。

揭秘水库多地震，力主唐山强设防

说起李善邦，有两件不能不提的事。1960年，广东的新丰江水库建成了，可是刚一蓄水，库区就频繁发生地震，而且随着水位的升高，地震越演越烈，多时甚至达到一天几百次，如果这个水库出了问题，将威胁东莞、广州，甚至香港等地的安全。为此，周恩来总理亲往新丰江水库视察，并指示中国科学院尽快进行调查。地球物理所受领任务后，决定由李善邦主管这项工作。李善邦一方面委派他的得意门生、地震专家谢毓寿组队赶赴新丰江考察，同时又与中国科学院地质所、地质部地质力学所积极协作，对新丰江水库开展全方位调研。

过去，人们不知道水库和地震还有什么瓜葛，直到20世纪30年代末，国外发生了几次水库诱发地震的事例，人们才开始认识到二者之间的联系。谢毓寿带领考察队在现场工作了一年多，记录地震2万多次，终于查明了发震机制，指出离大坝仅600多米有一条"东江断裂带"，还对这条断裂带的活动情况提出了看法。在如何加固大坝的问题上，专家们曾经有过不同看法，当时占上风的意见是按能够承受9级烈度的标准加固大坝，而谢毓寿主张按8级烈度标准加固就完全可以了。偏偏这时新丰江地区又发生了6.1级地震，出现了房屋倒塌、人员死伤的情况，于是按9级加固的意见就更强烈了，但谢毓寿仍坚持按8级加固。虽然仅仅是差一级，所需要的资金却相差很大，那时正值三年困难时期，如果能节省下这笔资金就更显宝贵。当然，如果加固标准降低了，大坝因此垮掉了，那后果是不堪设想的，要承担的责任也就非常重了。在李善邦的支持下，谢毓寿有理有据地提出了按8级烈度加固的理由，终于说服了有关部门和各位专家，最后决定，按8级加固，按9级校验，为加固工程省下了大量资金。历史已经证明，新丰江水库大坝按8级加固的意见是完全正确的。

同样的故事，在唐山却演绎出相反的结果。20世纪50年代，唐山为建成一个新兴工业城市，请李善邦等专家考虑地震设防问题。李善邦经过充分调查研究和反复论证，认为应当按烈度8级设防。可那时是"一穷二白"的年代，这样的设防标准就意味着大量的资金要投放在防震抗震上，唐山的建设规模就要缩小，时间也要拖长。有关部门太希望把唐山建得大些、快些了。在种种因素干扰下，李善邦没有办法再坚持自己的意见，唐山继续按低设防标准建设。结果，1976年那场大地震用震惊世界的大悲剧验证了李善邦当初的意见是正确的。

地震历史双联手，事业生活两开花

李善邦一生著作颇丰，他编写的《中国地震目录》，工作量非常浩大，在范文澜先生主持下，中国科学院历史所等研究机构的人员查阅了8000多种文献，找出自夏代以降的地震记录15000多条。李善邦则把这些记录进行分析整理，再按照现代的地震分级标准，标出1180次破坏性地震的时间、地点、破坏情况，编成《中国地震目录》第一集。之后又按地方和时间顺序列出历史上的地震，并且标明未来地震的威胁情况，这就是《中国地震目录》第二集。这是两部重要的著作，对研究和预报地震、对建筑和减灾防灾，都有非常重要的价值。

30年后，我国著名地震专家谢毓寿等主编的《中

鹫峰地震台大门前的李善邦铜像

国地震历史资料汇编》，也是在这两册被称为"天书"的基础上增补完善的。《中国地震区域图》是在李善邦的主持下，由中外专家参与，在大量实地考察的基础上编成的，并于1957年出版。李善邦在晚年主要致力于《中国地震》的写作，这本书是他50年研究地震的总结，是他的智慧与心血的结晶。当此书即将付梓时，李善邦已经因为心脏病住进了医院。不幸的是，这本50多万字的巨著正式出版时，他已经逝世了；幸运的是，这本书出版时，正逢中国进入改革开放时期，科学和教育受到空前的重视，出版界也进入了繁荣时期。1981年，此书被评为"全国优秀科技图书一等奖"。

善于创造的李善邦在生活中也富有创造精神，因为工作繁重，容易急躁，他自制了一种玫瑰茶，此茶有平抑肝火的功能，效果不错。他有时也用此茶待客。他的子女也有他的遗风，他钟爱的小儿子建荣开创了被称为"主观摄影"的摄影新流派。后来又探索用卡通的方式对少年儿童进行科普教育，周光召先生还为这套别开生面的卡通科普读物题词——"娃娃学科学"，他的科普作品《贪玩的人类》等，大受欢迎，他也因此成为著名的科普作家。

近些年，有关部门又恢复了鹫峰地震台，除了科学研究外，兼有科普功能和纪念意义。那新建的大门前面，立有李善邦的半身铜像，使参观的人们得以瞻仰他的风采，追忆当年创业的艰苦。

15楼212号

顾功叙

关键一钻

    顾功叙（1908年6月25日—1992年1月14日），中共党员，地球物理学家，浙江嘉善人。1936年获美国科罗拉多矿业学院硕士学位。曾任北平研究院物理研究所研究员。1949年后，任地质部地矿司副司长，地球物理勘探总工程师和地球物理勘探局副局长，中国科学院地球物理研究所副所长，国家地震局地球物理研究所副所长、名誉所长等职。1955年被选聘为中国科学院学部委员（院士）。他是中国地球物理学会和中国地震学会的发起人之一，并担任这两个学会的理事长。1977年，被选为国际大地测量和地球物理联合会（IUGG）中国委员会主席。1988年获美国勘探地球物理协会名誉会员荣誉称号。第一届至第七届全国人民代表大会代表。

地震对人类的危害很大，对付它的难度也很大。因此，许多国家的科学家都在努力探索地震的规律。三座"特楼"有一个特点，每个楼里有两位被授予"两弹一星功勋奖章"的科学家，排列得非常均衡，可是三位地震专家却集中住在15楼，人们因此开玩笑说："15楼是'震中'。"这三位地震专家是顾功叙、傅承义和李善邦。他们不仅在地震研究上成果累累，而且对特楼的住户有着特殊贡献。

1976年唐山大地震波及北京，特楼很多住户唯三位专家马首是瞻，如果他们进地震棚，自己就进；如果他们不进，自己也不进。不久，他们就发现，三位专家不仅不进地震棚，而且从容自若。于是大家安心不少。有一个时期，谣言很盛，如"某地某日某时将发生某级地震"，说得有鼻子有眼，叫人不敢不信，怎么办？于是人们就向三位专家请教，方知以现在人类对地震的研究，根本不可能做出那样"准确"的地震预报，于是谣言不攻自破。特楼地区的住户守着这样三位地震专家，可谓"得地独厚"。

探矿寻宝君行早

顾功叙院士是我国地球物理勘探事业的开拓者。1949年，北平刚解放，顾功叙便带领他的得意门生曾融生参加官厅水库的选址工作。官厅水库今天在抗旱、防涝方面，仍然发挥着巨大的作用，并且成为首都的重要水源之一，滋养着日益发展的北京。这其中自有顾功叙先生的一份功劳。

1950年，中国科学院地球物理所成立，赵九章任所长，顾功叙任副所长，主要分管地球物理探矿。旧中国底子很差，当时中国地球物理的人才如傅承义、秦馨菱等都荟萃于此了。这几员大将，虽然个个骁勇，人人善战，但数量实在太少，无法满足新中国大规模建设的需要。于是顾功叙等人就在南京和北京举办训练班，快速打造地球物理勘探人才，他们组织学员一边学习，一边到大冶和白云鄂博等地实习，既培养了人才又进行了实地勘探，可谓一箭双雕。

以李四光为首的地质部成立后，想请一位精通物理勘探的专家领导地质部的物探工作，他们左挑右选，最后看中了顾功叙，在和科学院协商后，顾功叙担任了地质部物探局副局长兼总工程师，以后又兼任地质部地球物理研究所所长。

新中国建立后，要搞大规模建设，要寻找当时急需的各种矿物就要摸清中国广袤的土地下，到底有多少可供开采的宝藏。这些任务的艰巨、繁重是不言自明的。顾功叙一方面大力培养人才，一方面不辞辛苦地奔走在群山荒野中。在中关村居住的这一时期，顾功叙作为我国地球物理勘探事业的开拓者，主持领导了地质部在全国范围内的煤田、金属和石油的勘探和普查工作，发现和摸清了不少矿藏，如鞍山、包头、大冶、铜官山等大矿的资源情况。对大庆油田的发现，他有着特殊的贡献。

生活求学坎坷道

1908年，顾功叙于出生于浙江省嘉善县高浜村，因为家境贫寒、母亲去世，他在上小学三年级时，被父亲顾祖尧先后送到姑母和姨母家寄养。这样，一直读到小学毕业。父亲本想让他去学手艺挣钱，好心的姨母却不答应。她说，这么聪明的男孩子不上学，太可惜了！她想尽办法凑了学费，父亲也借了些钱，送他上了中学。顾功叙牢记着家人送他上学多么不容易。因此，他刻苦读书，丝毫不敢懈怠，再加上天资聪颖，仅用四年就学完了六年的功课。老师、同学和家长大为吃惊，个个向他跷大拇指。

中学毕业后，他又面临着继续深造，还是就业挣钱的问题。最后还是靠父亲千方百计的努力，以及亲友尤其是姑父的慷慨帮助，他才得以走进上海大同大学的校门。

三年后，顾功叙毕业了。他在浙江大学当了一段时间助教，边教学，边自学，进步很大。然而日本帝国主义发动的淞沪事变，打破了顾功叙在西子湖畔的宁静生活，充满爱国热情的顾功叙决心去学弹道学，将来研究新式武器，打日本鬼子。那时中国国防科技落后，只有到国外去，才能学到新东西。可是出洋留学需要很多钱，自费出国连做梦都不敢想，报考庚款公费留学生吧，招生对象又只限于清华大学的学生。正在为难的时候，当时的教育部长王世杰搞了一个不大不小的改革，准许非清华大学的学生报考庚款留学，顾功叙终于达到了目的。可是喜悦之外又有遗憾，他想学弹道学的目的没有达到，只能改学地球物理。不过，顾功叙还是幸运的。那时有规定，在出国前，非清华毕业的庚款留学生，要在出国前赴清华学习一年，顾功叙有幸师从三位名望很高的教授，翁文灏、袁复礼和叶企孙。对他这个在所学专业上未能如愿的学生来说，也是个很好的补偿了。

1934年，顾功叙进入美国科罗拉多矿业学院，师从著名教授海兰德（P. C. Heiland）攻读物理勘探，并且在1936年取得硕士学位。一年后，矿业学院的学刊就发表了他的毕业论文。1936年，顾功叙又进入著名的加州理工学院，跟随著名的地球物理和地震学家古登堡（B. Gutenberg）教授做研究工作，这是顾功叙在专业上收获最丰的时期。

事业风险路崎岖

1938年，国内的抗日战争爆发后，顾功叙再也耐不住了，他迫不及待地回国了。为此，他舍弃了许多东西，包括唾手可得的博士学位。回国后，他来到抗日的大后方昆明，在北平研究院物理研究所任研究员。主持资源委员会的翁文灏得知顾功叙回来了，非常高兴，还交给他几件仪器，支持他开展物探工作。从此，顾功叙就带着助手奔走于云贵高原，进行艰苦的探矿工作。那时匪患很严重，他们没有钱雇保镖，地方政府也不愿派兵保护他们。没有办法，只好自己带上枪支护身，遇上个把蟊贼还能管些用，要是碰到成帮结伙的土匪，几个书生加上两三条枪又有何用！云贵高原的道路崎岖艰险，他们没有像样的交通工具，只能骑着马慢慢地在山

路上踯躅前行。有时，他们也搭过路的汽车，俗称"黄鱼车"，可是往往因为司机索价太高，他们只好无奈地望着"黄鱼车"绝尘而去。有一次，他们想搭一辆"黄鱼车"，因为价钱谈不拢，只好作罢。不想，走了一段路后，才知道那辆"黄鱼车"翻进了深深的沟壑里，车毁人亡，他们庆幸自己因祸得福，捡了一条命。那时，饥饿是他们的家常便饭，风雨是他们的天棚帐幕，土匪是不知什么时候就会来关照他们的"朋友"。

有一次，他们搭上了一辆美国军车，一路上和美国大兵聊得很开心。可是当美国大兵听到顾功叙他们不惜丢掉在美国如天堂般的生活，跑到这荒山野岭来搞勘探，就不解地说，"你们真傻！"

顾功叙和他的助手们吃了许多苦头，受了很多磨难，也几乎踏遍了云贵高原。七年中，他们先后用磁法、电阻系数法、自然电流法等现代勘探方法，为探查云、贵两省的矿产资源做出了重大贡献，有力地支援了全民抗战。

抗战胜利后，顾功叙所在的北平研究院于1947年迁回了北平，除了继续物探工作，开展研究工作以外，他还在北大、北师大、辅仁大学授课。在国民党政府败退前，他拒绝去台湾，坚持留下来建设新中国。

一钻摘掉贫油帽

顾功叙对大庆油田的发现和勘探，有着重大贡献。中国幅员辽阔，一向称为"地大物博"，可是在很长一段时间里，竟戴着"贫油"的帽子，没有石油怎么谈得上发展？当顾功叙看到长安街上的公共汽车顶着一个巨大的黑色煤气包时，心里非常痛苦，也非常焦急。

"贫油"的帽子是国际上一些著名权威给中国戴上的。当时中央领导同志曾询问李四光的意见，李四光和中国的一些著名地质学家一样，不同意外国权威的"结论"。他认为，中国应当有丰富的石油蕴藏。于是中央和国务院决定由地质部和中国科学院分别担任石油和天然气的普查和研究工作。根据李四光部长的意见，顾功叙在新疆、柴达木、鄂尔多斯、四川和华北等五个地区组织石油普查大队，顾功叙亲自指导18个地球物理勘探队的工作。1957年，顾功叙力主把一支力量雄厚的匈牙利物探队调到松辽平原，结果于1958年在大同镇找到成油构造，并命名为"大庆长垣"，这是个规模很大的构造，是最有出油希望的地方。地质部立刻把这个金盆宝地告知了石油部，由石油部进行试钻。

1959年的大年初一，北京城响着吉祥喜庆的鞭炮声，人们在走亲访友，请客拜年，人人脸上洋溢着喜气。此时，顾功叙却是一脸严峻，他正驱车驶向地质部副部长、党组书记何长工的家。这天一早，他就被电话铃催醒了，他得到通知，马上去何长工副部长的家中开会。当他到达时，一向雷厉风行的石油部余秋里部长、康世恩副部长已经赶到了。何长工是一位豪爽而又多才多艺的老同志，能文能武还会弹钢琴，平常总是谈笑风生，何况今天还是大年初一，但现在的他却一脸深沉。余秋里和康世恩也是如此，因为在这个不平常的会议上，要讨论松辽平原上的第一钻在哪里打。会上，人人都畅谈了自己的意见，顾功叙也坦陈了自己的看法，直至当天下午2点，才定下井位。会议一结束，余秋里顾不得过春节，立刻率精兵强将赶赴大庆开钻，这就是当年的作风和实干精神！

经过一番奋战，在中华人民共和国国庆10周年的喜庆日子里，终于传来了好消息，我国在大庆打出了第一口有工业价值的油井，"中国贫油"的帽子终于被甩掉了，这个喜讯大长了中国人民的志气！1982年，顾功叙参与领导的"大庆油田发现过程中的地球科学工作"，荣获国家科技发明集体一等奖。他的名字和李四光、黄汲青、谢家荣、侯德封、张文佑共23人一起，被列入了发现大庆油田的功臣名单里。

求真务实研地震

1966年，邢台发生了6级以上的地震，给人民生命财产造成了严重损失。周总理坐着噪声大、震动大，号称"空中拖拉机"的直升机，亲自前往视察，慰问灾区群众。邢台地震灾区的惨状给顾功叙很深的印象，他心如刀割。从此，他决定把自己的主要精力投入到地震研究当中。对一位卓有成就的科学家来说，"转行"就意味着要离开经过辛勤耕耘、已经硕果累累的金色果园，去重新垦荒播种。顾功叙的选择证明了他已经把个人的得失置之度外，而以国家和人民的需要为己任。邢台地震之后不久，中国就进入了"文化大革命"时期。顾功叙作为地球物理所副所长，中国地震学会第一届理事长，既要抓工作，又要提防"扣帽子""打棍子"的事情，确实是很不容易的。"文化大革命"后，顾功叙以高涨的热情投入工作中。他积极培养学生，鼓励学术交流。对许多论文，他都认真逐字修改，甚至连标点符号的错误也不放过。

地壳运动的情况不易看到，要进行地震预报非常困难。况且，造成地震的原因很多。著名地震专家、中科院女院士马瑾曾在一篇科普文章中介绍了三种类型的地震：一种是岩石破裂造成的地震，叫作"破裂型地震"，这种地震往往有许多前兆，可是震级并不大，"雷声大，雨点小"，相对好预报一些。一种是因为地层不稳定滑动造成的，称为"粘滑型地震"，这种地震前兆不多，出现异常的时间也晚，可是强度大，造成的损害也大，以人类目前的科学水准，还很难对它进行预报。此外还有一种"混合型地震"，就是这两种地震的结合。这种地震前兆比较多，震级大，具有预报的可能性，但是要想准确判断它的发震地点也不是一件容易事。

作为一名从事地震研究20多年的老科学家，顾功叙在谈到地震预报时，曾经这样直言他的看法，他说："如何准确预报地震发生的时间、地点、强度，还看不到任何可行的科学途径。只知其然不知其所以然，从现象到现象预报地震的方法，显然不应再继续采用。必须从研究地震发生过程的本质出发，实事求是地探索其与地震前兆之间的内在联系，开展严格的基础研究。"

也就是说，只有弄清地震发生的原因，才谈得上准确的地震预报，而这就必须加强基础研究。他曾为此呼吁，要放远眼光，加强基础研究，允许那些从事基础理论研究的科学家长期不出重大成果，甚至允许最后失败，"要从现象到本质，不再是现象到现象，才有可能使地震预报从必然王国进入自由王国。"

他的重要著作《地震预报》就包含了他的这些看法和观点，这是他对地震预报研究的一份宝贵贡献。此时，他已经是耄耋之年，是在助手肖承邺的帮助下，撰写成了30多万字的著作。

顾功叙和他的夫人王素明是在1938年结婚的，两人感情甚笃。顾夫人曾经在原子能所管理过器材，她不仅工作认真负责，而且很有眼光。20世纪50年代，所里丢失了做实验用的白金坩埚。一时众说纷纭，有人怀疑是被某位科学家偷走了。王素明凭着她平时对那位科学家的了解，坚定地认为：绝不可能！后来的事实果然证明她的看法是对的。可惜的是，她因病先于顾先生而去了。在她病重时，因生理和心理受到影响，脾气变得喜怒无常，而顾功叙先生却以一颗不变的爱心、恒久的耐心、入微的细心，精心照顾着自己的人生伴侣，看到此情此景的人，常会被深深地感动。1992年1月，顾功叙先生因心脏病住进医院。在他住院时，他的第二位夫人陈女士对他也是精心照料、悉心呵护，直到他辞世。

顾功叙先生的塑像

顾功叙先生对中国物探工作的发展和地震研究做出的宝贵贡献，会永远铭记在科学史上。

15楼113号

傅承义

破解地震信息

傅承义（1909年10月7日—2000年1月8日），中共党员，福建闽侯人，生于北京，地球物理学家。1933年毕业于清华大学，1941年获加拿大麦吉尔大学物理学硕士学位，1944年获美国加州理工学院地球物理学博士学位。中国科学院地球物理研究所名誉所长、研究员。专长固体地球物理学、地震学和地球物理勘探。他是国际地震波传播理论研究的先驱者之一，对地震体波、面波、首波、地震射线及地震成因的理论均有独特贡献。中国地球物理学会创建人之一。长期主编《地球物理学报》，为中国地球物理事业做出了重要贡献。1957年选聘为中国科学院学部委员（院士）。第三届全国人大代表，第五、六届全国政协委员。

三座特楼有三位"莫逆之交",他们是钱学森、郭永怀和傅承义。钱学森搬离中关村之后,春节期间还会来15楼看望傅承义。钱学森关注的是"天",傅承义研究的是"地",当他们满面春风地互道着新春快乐、健康长寿时,那份浓浓的情谊,仿佛把天地万物都融合在春意中了。

从不居人后,力逐地震波

傅承义可谓"少年才俊",他的原籍是福建省闽侯县。傅承义的祖父在清朝曾做过湖北襄阳道台。父亲傅仰贤精通俄文,曾任北洋政府最后一任驻列宁格勒(现"彼得堡")总领事。傅仰贤有强烈的爱国精神,而且思想开明。因此,傅承义不仅自小受中国传统文化的熏陶,也受到了现代文明的滋养。他既诵读四书五经,也学习英语、算术。有了这样的基础,再加上天分过人,他没有上小学,就在14岁时直接上了中学。在初中只读了一年,他又瞒着家里去考高中,而且"金榜高中"。家里虽然也为他的成绩高兴,可是为稳妥起见,还是让他按部就班地学习。只是在他那个年级里,考试时谁是第一名也就没有了悬念。

也许是禀赋即如此,也许是一贯"第一"的"学霸"经历,造就了傅承义不甘人后的脾气,哪怕有一个人比他强,他也要去争,只能第一,不能第二!进入高中后,他的体育成绩一度不好,他身材不高,体质也弱,体育考试不理想本也无可厚非。可是他不甘心,经过一段拼命苦练,居然夺得全校"三跳一跑"(跳高、跳远、三级跳和百米跑)总分第一名。

考大学时,傅承义成绩优异,原已被燕京大学录取,后来又按父亲的意思,改报清华大学物理系。那时,他那个班只有八名同学,赵九章、王竹溪和他是同班同学。在清华大学,傅承义仍然觉得功课轻松,常常不听课,躲在图书馆里如饥似渴地阅读各种课外书籍,一坐就是半天。他特别喜欢英文版的《福尔摩斯探案全集》,读了一遍又一遍。他的英文水平因此得以大大提高。不过,他自学的时间太多,不重视教师的作用,也吃了些亏。他自己就说:"大学4年,基本上以自学为主,而从教师之讲解获益不多。虽考试成绩恒能保持在中上之间,而因不重视教师的启发,多走了许多弯路。事倍功半浪费了许多时间。"

大学毕业后,王竹溪和赵九章都考上了庚款公费留学生,傅承义则留校当了研究生。有一位教授在说到他们三个人时,称两位留学的为"九章""竹溪",称他却是"傅承义"。也许这位教授并无更多的意思,可傅承义还是很敏感。一向只能第一、不能第二的傅承义如何咽得下这口气?从此,他发奋读书,担任清华大学物理系的助教后,又一边教书一边刻苦自学,即使在抗战期间,清华迁往大西南,条件很差,他也没有丝毫懈怠。1938年,傅承义终于如愿以偿,考取了庚款公费留学的名额。

1940年,傅承义和钱伟长、郭永怀、林家翘等一行24位中国留学生一起乘船来到加拿大。第二年,他们又来到美国。傅承义进入加州理工学院,师从著名的地球物理学家古登堡(B. Gutenberg)。

这所著名的学校里，聚集着一批中国留学生中的精英，他们虽然学的专业不尽一样，但他们同样年轻，同样有一腔热血。每逢周末，钱学森、钱伟长、郭永怀、周培源、林家翘、傅承义、孟昭英等人经常在周培源家聚餐。大家按照美国人的习惯，钱由大家共同出，技艺则由个人自己献。钱学森、孟昭英有些烹饪技术，担任"大厨"责无旁贷；傅承义等人不通此道，只能打打下手、充当小工；而周培源和郭永怀则是洗碗刷盘子的"专业户"。傅承义和钱学森也因此成了好朋友。除了在周培源家里聚餐外，有时钱学森或周培源还开车拉着大家到海边去野餐或游泳。不管是什么活动，大家最关心的主题却没变过，就是如何让中国强盛。

在美国留学期间，爱争第一的傅承义，终于为中国人争来个第一。古登堡是近代地球物理学的宗师，有一次，他在讲课时，谈到了地震波的折射问题。他说，这种波虽然已经被观测到，可是理论上一直没有被证明过。傅承义一听，顿时来了兴趣。他又拿出了争第一的劲头，凭着深厚的数理功底和刻苦的钻研，严格论证了地震时首波的存在，并从物理学的角度说明了首波和折射波之间的关系。这是具有独创性的成果。他终于为中国人争了个"第一"——世界上第一次从理论上证明了地震折射波的存在。1944年，傅承义以优异成绩获得加州理工学院地球物理学博士学位，这又是个"第一"——中国第一位地球物理专业的博士。

在获得博士学位之后，傅承义被加州理工学院聘为助教，这个学院的地球物理系在美国的学术地位很高，许多美国人想谋求这一职务尚不可得，傅承义作为一个中国人能被聘是很不容易的。傅承义博士还被多家美国公司聘为科技顾问，他的才华得到了公认。在这期间，傅承义在地震波的研究上，又取得了重要成果，他连续发表了三篇有关地震波的文章，系统地解释了地震波的反射与折射的问题，他独创的方法，为开拓地震的研究开创了新路。他的一系列成果，在国际上引起了很大反响，成为国际地震波理论研究的前驱者之一。几十年来，他的文章一直是相关专业学生的必读文献。曾任美国总统科学顾问和美国科学院院长的弗朗克·普雷斯（Frank Press）就说过："我是在傅承义科学论著的影响下进入加州理工学院学习并从事地震学研究的。"

此外，苏联、澳大利亚的著名学者也都说过类似的话。1960年，那家曾发表过傅承义关于地震折射波文章的杂志，在纪念创刊25周年时，将傅承义的著作评为"经典作品"。

1956年，因为傅承义在地震波研究上的突出贡献，他被授予国家自然科学奖。

实现"三立"之诺，创立"红肿"之说

1947年，傅承义接到了他的同学、好友赵九章的信，此时，赵九章已经就任中央研究院气象所所长。赵九章请他回国来一道工作。有这样一个机会，傅承义非常兴奋。

回国后，傅承义继续进行关于地震波的研究，发表了一系列很有水平的论文，可是另一方面，他又亲眼看到国民党政府的腐败给中国的科学事业造成的严重损害，因而产生了对国民党的反感。正因为如此，新中国成立前夕，他同赵九章、陈宗器等人一起坚决抵制"南迁"，也

拒绝去美国。他相信，新中国一定会大力发展科学事业的，他一定有更好的报国机会。

新中国成立之初，承继下来的科学研究力量实在微不足道。地球物理所成立时，集全国之大成，不过只有二三十人，而固体地球物理学家和物理勘探学家凑在一起，只有七八个人。这些人就组成了地球物理所的物理探矿研究室，傅承义当了室主任。

为了适应祖国建设的需要，从1952年起，傅承义和顾功叙、秦馨菱、曾融生等人举办训练班，大量培训大学物理系的毕业生，把他们打造成新中国第一代物理勘探方面的专家。

1953年起，傅承义又兼任了北京地质学院教授，他和曾融生一道，为这所新建的学院筹建物理探矿研究室。在这里，他不仅要教学生，还要教先生，因为这是全国第一个设立物探专业的大专院校，负有为其他院校培养师资的责任。直到1956年，傅承义连续培养了三届物探专业的学生，并且他亲自带的教师队伍也发展壮大起来了。中国的物探事业桃李芬芳，满园春色。

傅承义被公认为是一位很有成就的教育家，他实践了自己年轻时的誓言："有朝一日自己教书，一定要做到立德、立言、立身。"

中国"两弹一星"的研制成功，可谓撼天震地。傅承义虽然没有直接参加"两弹一星"的研制，但他参与了中国的核试验，尤其是地下核试验的研究工作。20世纪60年代初，超级核大国的核武器试验开始转向地下，其中固然有防止大气污染的一面，但它们更看中的是地下核试验隐蔽性好，不易被侦测到的特点。但这样一来，美苏两大国对地下核试验的侦测和反侦测，就演变成了另一场激烈的竞争。双方谁也不相信谁，都担心对方瞒着自己进行地下核试验，从而改进和发展核武器。为此，美国人投入几亿美元，加强对地下核试验的侦测与鉴别能力。苏联虽然没公布这方面的数字，但事实证明，他们对地下核试验的侦测与识别能力也大大提高了，可以推测投入的力量与资金也不会少。同时，一些非核国家出于各种目的，也开展了这方面的研究。考虑到这项工作不但在政治、军事上很有用，而且有利于提高地震的研究水平，于是，在傅承义的积极倡导下，地球物理所建立了相关的研究室，开展对地下核试验侦测的研究工作，挂帅人物就是傅承义。在他和全室人员的努力下，他们不仅为侦测外国的地下核试验做了许多工作，还为中国成功进行地下核试验做出了很大贡献。

听说过地球也能患"红肿"吗？这种说法源自傅先生的一个重要学说。傅承义是一位具有创新精神，但又实事求是的科学家。早在1956年我国制订

傅承义所著的《大陆漂移海底扩张和板块构造》

"十二年科学发展规划"时，他就提出了解决地震预测问题的途径和措施，其中包括"地震成因的研究""开展地震前兆观测"等。由于傅承义的提议，中国把开展地震预报的研究列入了国家科研计划。这比日本和美国大约早了8年。

1966年3月的邢台地震，标志中国进入了地震活动期。抗震防震成了全国上上下下都关心的大事。偏偏这时，"文化大革命"发生了，傅承义受到审查、批判，不仅不能搞科研，而且失去了人身自由。直到1971年林彪事件之后，他才重新获得工作的机会。就在这一年，他发表了一个独特的"红肿理论"。这个理论认为，在地震发生之前，"孕震区"的地球介质已经处于应力加速积累状态，因而会发生岩石变形等运动，并出现地震前兆，再发展下去，就会发生地震。在孕震区，不仅要考虑岩石的运动，还要考虑地下热的影响和变化。此后，他又多次对这一理论进行了修改和完善。"红肿理论"已经积累了许多观测资料，也经过了许多实践的检验，它特别有助于使用人造卫星观测和了解地震，傅承义又一次得到了一个"第一"。

预报地震实事求是，推介"板块"逆风而行

20世纪六七十年代，地震预报成了一件全民关注的事，一时间各种各样的理论、预报手段都出现了：大地测量、地电阻率变化、固体潮、地磁、数理统计、观察动物异常、测量水位等等，不胜枚举。只是这些方法都是探索性的，很不成熟。其实，早在1963年，傅承义就提出过地震预报的三类方法：一是地震地质方法，二是地震统计方法，三是地震前兆方法。那时五花八门的各种预报手段，其实都没有跳出傅承义归纳的这三大类。傅承义面对这种纷繁的局面，不轻易否定哪一种方法，同时又要求地震工作者以科学的、实事求是的态度进行深入研究。

在"文化大革命"那个特殊年代里，许多事情都受到极"左"思潮的影响，地震预报工作也不能幸免。那时的一种倾向是用"人民战争""群众运动"的方法搞地震预报。1975年2月4日，辽宁海城、营口一带发生了强烈地震，这次地震前兆比较明显，因此能够准确地预报出来，避免了人员伤亡。有些人因此就洋洋得意，认为地震预报已经过关，高呼"伟大胜利！"

可是傅承义却以科学家的冷静和他特有的直率，毫不客气地说，海城地震的预报成功是"歪打正着"。他认为，地震预报是一项复杂艰巨的科学任务，需要长期的探索和研究，偶然的胜利不是永久的成功。

1976年7月28日，震惊中外的唐山大地震给了人们一个措手不及的突然袭击，大自然以24万条生命的牺牲，证明了傅承义的话。那次地震没有明显的异常，完全是大自然对人类的一场偷袭。于是一些人又走向了另一个极端，他们悲观地认为地震是不可能预报的。这时，又是傅承义挺身而出，批驳了这种悲观、绝望的论点。他坚定地指出，虽然现在还不能揭开地震发生之谜，但只要锲而不舍，就一定能够成功——"而且曙光已经在望"。

傅承义对新科学、新思想非常敏感，他曾写了《大陆漂移海底扩张和板块构造》一书。那

时极"左"思潮还很猖獗，自然科学的问题会被扯到政治问题上去，学术之争会被说成是阶级斗争。有人甚至出于政治上的偏见，要"批倒批臭"相对论和爱因斯坦。在这种形势下，傅承义把"大陆漂移和板块构造"学说介绍给中国的科学界，是很需要一些胆魄的。这本书篇幅不长，但是影响很大，有些年轻读者就是受了这本书的影响，踏进了地球物理的研究领域。

傅承义是个直道行事的人，有话就说，不会"看风向"，他自称为"地球物理所的刺头"。赵九章很了解这位老同学、老朋友。除了在科研上给他支持外，对他的脾气和性格也很理解，因此，他们一直合作得不错。

傅承义的成功当然离不开夫人的支持。他的夫人杨若宪女士曾任力学所图书馆馆长，她把图书馆管得很好，也把家管得很好。夫妻二人对子女的教育也很成功，他们的儿子傅祖明后来成了一个科研机构的领导者。

2000年1月8日，傅承义先生逝世，为了纪念他一生的贡献，特设了"傅承义地球物理基金"和"傅承义青年科技奖"。

14楼103号

黄秉维

呵护地球

　　黄秉维（1913年2月1日—2000年12月8日），中共党员，中国现代地理学开拓者，国际著名地理学家。1934年毕业于中山大学，1938—1942年任教浙江大学，1942—1949年任资源委员会专员、研究委员，1949—1953年任南京市生产建设研究委员会副主任、华东工业部工业经济研究所副所长等职。1950年后历任中国科学院地理研究所研究员、代理所长、所长、名誉所长，中国地理学会副理事长、理事长、名誉理事长，国际地圈生物圈计划中国全国委员会（CNC—IGBP）委员、顾问，罗马尼亚科学院院士、英国皇家地理学会名誉通讯会员、国际山地学会顾问。曾任第三届全国政协委员，第三、五、六届全国人大代表，第五届全国人大常务委员会委员。1955年被选聘为中国科学院学部委员（院士）。

189

森林在生态环境中的作用已经越来越被人们重视。干旱地区如何增加雨量？粮食低产区如何增产？怎样增加江河的流量？如何治理沙尘暴？面对这些问题，有相当一部分人，包括一些学者都会开出一个"万能药方"——植树造林。

然而森林是万能的吗？大规模植树造林只有利没有弊吗？著名地理学家黄秉维院士的理论给人们以警醒。

立志研究地理，纠错李希霍芬

黄秉维先生1913年2月1日生于广东惠阳。清朝末年，中国饱受外强欺凌，面对帝国主义的坚船利炮，中国军队似乎毫无招架之力。1885年3月，老将冯子材率部在镇南关抗击法国侵略军。他身先士卒，官兵也勇于拼杀，终于大败法军，获得了在中国近代史上抗击外国侵略的少有胜利。黄秉维的祖父黄长龄就曾在冯子材部任官佐，他经常勉励后代要自力自强，奋斗不已。黄秉维的父亲黄元龙虽毕业于名校，且成绩名列前茅，但因世事混乱、谋职困难，家境并不宽裕。黄秉维出生在这样的家庭中，虽然没有富家子弟的物质条件丰厚，却有爱国自强精神的熏陶和文化的传承。

在他的亲人中，以舅父对他的影响最深。他的舅父早年追随康有为，鼓吹变法维新，后隐居故里。他为人正直，痛恨社会黑暗，常常教黄秉维读那些正气磅礴之作："不仕王侯，高尚其事"，"忘怀得失，以此自终"……

中国古代的优秀文化对黄秉维产生了很深的影响。半个多世纪之后，黄秉维先生曾经深刻剖析中国士大夫的退隐思想："隐逸者的思想，有积极的因素，也有消极的内容。对汲汲于名利者，是一剂良药；对为祖国为人类的功利主义者却可能起负面作用。为祖国，为人类，有时可能要效法伊尹，治亦进，乱亦进。"

黄秉维自小就热爱祖国，还在少年时，他听到老师用低沉、哀伤的声音吟念"皇皇华夏，将即于奴，戚戚江山，日变其色"竟感动地流下了泪水。他满腔悲愤，下定决心要为中国的独立富强贡献力量。

黄秉维爱祖国，也爱自己的父母和家人。他看到母亲在为家庭的生计操劳时，总是千方百计地设法为家里减轻一些负担。由于父亲痛感当时社会动荡不安，谋业求生非常艰难，希望他能投考到邮局或海关。因为那时的邮局或海关都由外国人把持，收入高，只要小心翼翼，不犯大错，就可以一直干到退休。因此，邮局和海关就成为许多人垂青的"金饭碗"。黄秉维体谅父母的心，可是要进洋人把持的机构，必须考英文，于是黄秉维加倍努力攻读英文。在即将端起这个"金饭碗"时，他忽然感到很压抑。因为在外国人控制的机构，一切都是洋人说了算。中国人即使混个一官半职，仍然只能仰承洋人的鼻息。一个有骨气的中国人岂能受这份窝囊气！于是他毅然砸了"金饭碗"，拂袖而去。

"金饭碗"砸了，以后的生活之路又当怎么走？黄秉维陷入了深深的思考中。当时知识界正在大力提倡"科学救国"。黄秉维接触到这种新思想后，眼前豁然开朗，他下定决心，要用知识报国，用科学救国。于是他排除重重困难，苦学苦读，"乃昕夕衔枚，疾足奔放"，竟然在两年时间内连跳五级，考入了中山大学预科。

在预科学习时，就要考虑今后的专业。本来，黄秉维想学化学，可是中山大学新开了地理学系，为鼓励入学，做了一个规定，地理系的学生如果学习成绩优秀，可免收学费。这对家境并不宽裕又特别体贴父母的黄秉维来说，是不能不考虑的因素。父亲也认为他应当学习地理。这倒不是为减轻自己的负担，而是考虑到儿子体质较弱，整天坐在实验室做化学实验，不如去学地理，既可以实现科学救国之梦，又能游走于名山大川，强身健体，岂不是两全其美？除此之外，还有一个非常重要的原因，他那时常常从报纸上看到，许多外国科学家纷纷来华考察，东北、西北、华南、华北，无处不去；可是进行科学考察的中国人却寥寥无几。为什么中国的大好河山、丰富资源，自己不研究，而让外国人去研究？他要争这口气！于是，黄秉维选择了地理专业，并且为此奋斗了终生。

地理系初创时期，中山大学从号称"近代地理之乡"的德国聘请了几位教授。因此，在中山大学地理系学习时，黄秉维一下子就站在了世界地理学的前沿，并直接受到德国地理学派的熏陶，德国人严谨的作风也给了他深刻的影响。无论是自然地理的基础理论，还是野外观察，他的功底都是非常深厚的。而且，在中山大学，他还选修或旁听了不少地质学与生物学的课程，此外还钻研了矿物学、古生物学、动物学、气候学、人文地理，并且自修了高等数学。正因为他涉猎极广，才得以在后来开创了地理学的新路。

1934年，黄秉维毕业了，由于他在理学院应届毕业生中成绩最优，不仅荣获金质优学奖章，还得到洛克菲勒基金会的奖学金，可以到地质调查所从事研究工作，这是当时中国地学界学术水平最高、实力最雄厚的研究单位之一。黄秉维进入地调所不久，就曾两次深入山东沿海作海岸调查，并且初露锋芒。他在研究山东东部海岸地貌时，修正了德国地理学家李希霍芬（F. F. Richthofen）对中国海岸性质提出的观点。

李希霍芬出身贵族，是德国著名地质学家，曾经在同治年间来到中国，他在14年间走遍了大半个中国，是最早对中国的地质、地理情况用现代科学进行研究的人。他对山西煤的蕴藏量进行过评估，而且评估得很准确。他首先提出了黄土高原风成说。他考察过都江堰，称它是最完美的工程，并且是最早把都江堰介绍给世界的人。有人根据他"殖民局局长"的身份，认为他也带有不光彩的使命。但不管如何，他是当时中国地理和地质研究的权威人物，要想摇撼他的学说观点，不仅需要扎实的科学功底，更需要胆量和魄力。李希霍芬在考察中国海岸线时，曾认定中国南方海岸为下沉型，北方海岸为上升型。一些中外科学家因仰慕李希霍芬的名望，也对此坚信不疑。而黄秉维根据自己的考察与多方面的对比，对这位世界级的权威提出了

质疑，认为这个结论是错误的，山东海岸不是上升型而是沉溺型的，并用德文写出了考察报告，纠正了李希霍芬的观点。此时，黄秉维仅二十多岁，初出茅庐，就给了中外地质界一个震撼。

传统观点认为南岭和秦岭一样，是我国一条重要的地理界线，有人甚至引古诗句"一树梅花岭上开，南枝向暖北枝寒"为佐证，认为南岭也是一条地理界线。我国地学界的先辈丁文江先生对此提出过疑问，不过由于种种原因，他一时还拿不出相关的证据。但他总想找适合的人、适当的机会，解开这个悬疑。有一次，他参加一个学术讨论会，当时备受尊敬的美国著名地质学家葛利普教授作了一个学术报告。不料，一位小伙子竟然对葛利普的某些观点提出了质疑，而且言必有据，实实在在，很有说服力。丁文江立刻看上了这个小伙子，他就是黄秉维。

1935年，正值青春芳华的黄秉维，受丁文江的约请，作为"特约撰述人"编写《中国地理》。丁文江先生特意嘱咐黄秉维要解决南岭是否是一条地理分界线的问题。为了找到确凿的证据，黄秉维花了半年多的时间对南岭进行了全面考察，足迹遍及江西、湖南、广东、广西等省。他认为，仅从地貌去判断，不能得到有说服力的证据，必须联系气候、土壤、植被等多种自然要素，才可以综合判定地理区域的性质。在经过周密的综合考察后，他认定南岭只是一条分水岭，不是一条自然地理分界线。半个世纪的时间过去了，时间和实践都证明，他的结论是正确的，对中国自然地理和自然区划的研究，仍有重要的参考意义。

从1938年开始，黄秉维受我国著名气象学家、地理学家竺可桢之聘，赴浙江大学地理系任教。在这一时期，他完成了《自然地理》一书的写作。

正在他的事业走向巅峰的时候，日寇入侵，抗战全面爆发，上海沦陷，南京失守……黄秉维痛惜山河破碎，他悲愤地发下誓言："一旦国亡，决不独活，必将以身殉国。"

抗战爆发后，浙江大学西迁，先到浙江西部建德，再到江西吉安和泰和、广西宜山，最后到达贵州北部名城遵义附近的湄潭。这里虽然没有日寇的暴虐，生活和教学条件却非常艰苦。在这个离开了浙江的浙大，黄秉维很快成为一位广受师生欢迎的人物。他为人谦和、思想敏锐、处事厚道，很受同事尊敬。他不仅讲课尽心，还亲自编写讲义，亲自刻写蜡纸，以便让学生们可以更好地钻研。因此，学生非常喜欢上他的课。中科院冰川所所长施雅风院士、中科院遥感所名誉所长陈述彭院士都是他的学生。施雅风院士回忆说，在浙江大学学习时，只要学习有需要，学生都可以随便去他那里查阅书籍。陈述彭院士曾经深情回忆起，抗战时期，他和几位朋友常到黄老师家中做客的情景，"那时候，黄先生往往是沉默寡言，耐心地听我们闲聊，在一旁吸烟、喝茶，偶尔发言提问和议论。即使是对我们工作中的建议和汇报，只要黄先生不提出反对，我们就认为是得到了他的默许。大概这就是所谓'放手不放心'吧。"

从1943年开始，黄秉维担任资源委员会经济研究室专员、研究委员、专门委员等职。他在这一时期发表的《中国之植物区域》以及《中国之气候区域》，是中国早期自然区划中具有开拓意义的著作。

1946年，黄秉维率队考察了长江三峡，目的是为了评估在三峡建水库后的淹没损失，并且写成了详细的报告。他成为早期考察三峡水库建设的专家之一。

1947年，他又受钱塘江水力发电工程处委托，对钱塘江上游乌溪黄坛口水库、新安江街口水库进行调查。

目光远大观念新，纵论森林非万能

黄秉维是一位目光远大、视野开阔的科学家。他对自然地理学钻研得很深，也非常重视相关科学的发展。因此，在科研领域里，他就能抢得先机，或是独树一帜。自然地理长期以来只是一种描述性的科学，河有多长，山有多高等。20世纪50年代后期，黄秉维先生就提出把综合研究地表的物理过程、化学过程与生物过程作为自然地理的主攻方向。直到过了近30年，全球环境已经发生了很大变化，赤潮、温室效应、厄尔尼诺现象、沙漠化、沙尘暴……这些日益威胁着人类的灾害已经越来越严重时，发达国家才意识到需要亡羊补牢了，这些国家的自然地理学家才向这个方向进行探索。

"文化大革命"中，黄秉维受到不公正的对待，研究工作也一度中断，甚至"下放"到"五七干校"劳动。但是情况稍有好转，他就立刻投入到他所热爱的科研工作中。这大概就是他一向秉持的"为祖国，为人类，有时可能要效法伊尹，治亦进，乱亦进"的理念吧。

20世纪70年代，黄秉维先生非常关注自然条件与农作物生产的关系问题。他又一次以他的厚重和博学，打破了学科间的界限，从自然、技术、经济条件综合作用的角度对我国生产潜力进行了研究，建立了农田自然生产潜力的基本理论，并被后来的生产实践所证实。当时中国正在大兴水利。黄秉维在仔细考察了华北平原后提出了独到的见解。他认为在本来就缺水的华北平原，想单纯靠灌溉解决干旱的问题是行不通的，要想根本上解决华北平原的干旱问题，必须充分

黄秉维在考察中

利用当地的降水才是出路。因此，他主张将部分灌溉农业改为雨养农业。那时有个口号"水利是农业的命脉"，而"水利"又常常被曲解为单纯地建坝、开渠、修水库，因此，黄秉维的独到见解，在当时很可能给他带来政治上的风险。黄秉维先生又一次表现了他是一位有眼光、有学识、有魄力、有勇气的科学家。

早在1972年，地理所讨论科研计划时，黄秉维先生就很有前瞻性地建议将"温室气体致暖问题"列入其中，以后他又发表了《如何看待全球变暖问题》等一系列论文。他在这些论文

中，又以辩证唯物主义的观点分析了"温室气体"和"全球气候变暖"问题，让人耳目一新。

进入20世纪80年代后，黄秉维先生在国土治理、黄河整治、水土保持、农业生态平衡、森林作用、沙漠改造和黄淮海平原综合治理等重大科研课题的研究上，都有自己系统的见解。对我国东部坡地的利用和长江三峡、黄河小浪底水利工程建设中的环境问题，也做了许多具有创新性的研究工作。也是在这一时期，黄秉维先生根据他长期从事水热平衡理论与石羊河、大屯等地的实验公认的观测结果，发表了《确切地估计森林的作用》一文。这又是一篇论述深刻、见解独到、充满科学精神的文章，不仅在当时引起了很大反响，而且至今对制定我国生态环境保护与建设的方针、政策都具有重大的科学意义。

黄秉维先生在文中指出："森林有防止土壤侵蚀、调节河水流量、提供木材和其他林产品的作用，强调保护森林和植树造林，的确是当务之急，我完全赞成，却不赞成过分夸大森林的作用。现在有一些议论，几乎认为'森林万能'，只要有了森林，便万事大吉。这是缺乏科学依据的。"

黄秉维先生认为，在干旱的草原和荒漠，降水量很少，而森林的生长是需要很多水的。他形象地指出，在干旱地区，由于树木的蒸腾作用，一棵树就是一台抽水机，认为森林能增加本地区的降雨量，久而久之，大漠荒原也会变成鱼米之乡，是缺乏根据的。

虽然如何治理沙尘暴、森林的作用到底有多大等，完全是学术问题，有争议一点儿也不奇怪，但是这些年的许多事例已经证实了黄秉维先生的论断是正确的。一些科学家已经在呼吁，不要宣扬"森林万能"，不要认为只要大规模造林就可以治理沙尘暴，甚至只要大规模种树，就可以把沙漠变成"江南水乡"。还是黄秉维先生说，"森林对于水的作用绝不是一个模式，绝对地讲有了森林，水的条件就变好了或变坏了，到处搬用这个模式，你非犯错误不可"。这就是他一向坚持的"实事求是"的辩证唯物主义观点。

两"家"联手，造福地球

黄秉维先生是著名的地理学家，他的老邻居钱学森是著名的力学家，这两位的研究范围看起来毫不相干，可是他们却有过密切的配合。

黄秉维先生认为，在中国，因为过于强调专业化、专门化的培养，使研究人员往往只局限于一个或两个分支。如果是一位地理学研究者，就会把地理学分割成互不相关的几小块，而不问它们之间的关联，也就是只见树木不见森林。这样就无法推进地理学的发展。

钱学森在20世纪80年代末90年代初，提出了"定性测量综合集成方法"的理论。他认为，从系统科学的角度来看，地理学要处理的是一个"开放的复杂巨系统"，也就是具有开放性、演化性、层次性、巨量性等特征的系统。社会系统、经济系统、人脑系统等，都是这种"开放的复杂巨系统"。如果没有一个能够研究"开放的复杂巨系统"的方法，就会阻碍地理学的发展，而"定性测量综合集成方法"却有可能给地理学研究者提供这样一个方法。

黄秉维非常支持钱学森的观点。他认为，随着时代的发展，科学的分工越来越细，而分工越细，综合就越重要。钱学森针对地理学研究提出的意见，实际上也就是综合的观点。

黄秉维和钱学森的想法如此的一致，这一点也不奇怪。因为不论是哪个领域的科学家，只要是杰出的科学家，他就不仅仅满足于具体的研究成果，而是更注重从方法论的角度和哲学的高度来看问题。他和钱学森真可谓英雄所见，一拍即合。

1994年，黄秉维先生又提出了"陆地系统"的概念，这是他对于中国地理学研究的又一个重要贡献。黄秉维先生认为：既然人类的生活和活动主要集中在陆地上，那么任何研究都不应当脱离人类集中居住的陆地。地球系统中包括陆地、海洋、大气三个子系统，它们是相辅相成的。相对而言，陆地子系统最复杂，而目前的研究深度和广度却不及海洋和大气子系统。因此，应先发展"陆地系统"。"陆地系统"的学术思想在中国地理学界引起了很大反响。人们认为，这是以黄秉维为代表的一批地理学家对21世纪中国地理学研究的战略构想，也是一种倡议和期望。

1970年，"文化大革命"的风暴正急，他的大女儿黄以平和一群回京探亲的插队知青朋友，聚集在黄秉维家中，辩论中国农业的发展道路问题。改革开放之风劲吹的20世纪80年代，当年的这场辩论会成了一些媒体关注的题材，可是在"四人帮"淫威正盛的时候，不仅那些知识青年的言论足可以获罪，就连黄秉维先生也不可能不受牵连。可是黄秉维先生在那个时候就敢于让追求真理的年轻人在自己家中辩论"敏感问题"，足可以反映出他对这些"修理地球"的知识青年的关心和支持，以及他本人对极"左"思潮的憎恶和对民主、科学、真理的追求。这个辩论会在北京的上山下乡知识青年中产生了很深的影响。他们当中有的人后来进入了国家农业改革的决策机构，为中国农村的成功改革做出了贡献。

黄秉维是一位执着的科学家，他把科研当作自己的生命。1977年10月，黄秉维64岁时，正值全国科学大会召开前夕，黄秉维发出豪言壮语，"要把64岁当46岁过，大干一场！"方毅院长11月3日在简报上看到了相关报道，即批示，"要表扬这样坚持真理，严肃治学的老科学家"。

黄秉维先生以"行万里路，读万卷书"为治学指导，祖国大地到处留下了他的足迹。1981年，他已经是68岁的老人了，还亲自登临长白山进行考察。他生活简朴，视名利如浮云，更不爱"当官"。中华人民共和国成立后，黄秉维曾一度担任华北工业部工业经济研究所副所长。此后，他就参与了中国科学院地理研究所的创建，是这个所的创始人之一，当过副所长、代理所长。可是为了集中精力搞科研，他多次婉辞了所长的任命，而这项任命是浙大的老校长、时任中国科学院副院长、于他有知遇之恩的竺可桢先生向郭沫若院长举荐的。直到1960年，由于工作的需要，他才接受了中国科学院的任命，担任了地理研究所所长。

　　还是为了集中精力搞科研，黄秉维于1982年主动辞去人大常委会委员之职。这并非受中国古代士大夫"隐逸"思想的影响。相反，他十分关心国家命运，积极向党组织靠拢，就在他请辞人大常委会委员的这一年，他加入了中国共产党。此后，他又多次获得"优秀共产党员"的称号。由于黄秉维先生的成就和学识，他担任着多种学术职务，如：中国地理学会副理事长、理事长、名誉理事长，罗马尼亚科学院外籍院士，国际地圈生物圈计划中国全国委员会委员、顾问，英国皇家地理学会名誉通讯会员，国际山地学会顾问，还担任过苏联地理学会外籍会员。在中国科学院1955年选聘的学部委员中，绝大多数自然科学家都是留学归来的"海归派"。而黄秉维院士却是一位在中国学习、在中国成长的"草根院士"。这除了和当时中山大学开放的办学思想，以及老一辈科学家的信任与培养分不开，还有一个重要的原因就是他自己的不懈努力和坚持实事求是、永远立于科学发展潮头的进取精神。伟大和谦逊总是伴生的，他自己说："60多年勤勤匪懈，而碌碌鲜成，又由于偶然机会，忝负虚名。偶念及此，常深感不安。"

　　和黄秉维先生接触过的人说：和黄老交流后除了在学术上会受益匪浅外，他的人格魅力亦令人折服。黄秉维曾经写过一篇文章赞扬一位地理学家的品质："守正不阿，从不为自己名利、地位而玩弄手段、损人利己。他正道直行，不断地积极工作，即使在工作条件很差、经济情况很困难的时候，他还是悠然自得，安之若素，不悲观失望，不止步不前。他与人交往，其淡如水，从不结帮结派，更未尝曲意逢迎，苟悦取容。"熟悉黄老的人都说，这其实正是黄秉维院士自己的写照。

　　黄秉维先生虽然在2000年12月8日永远辞别了我们，但他留给我们的，除了印在祖国山河上的足迹以及丰硕的科研成果、珍贵的学术著作外，更有他的精神和他的品格。

第五篇
五色泥石勤采炼

　　化学是多姿多彩、无处不在的科学，节日里绽放的礼花、少女们衣裙上争艳的百花、挽救生命的药物、冲天而起的火箭，都昭示着化学家的"神通广大"。三座特楼的化学家不仅有出神入化的本领、彪炳史册的业绩，他们也和中国的广大科学工作者一样，有着如黄金一般珍贵的品格。

15楼216号

叶渚沛

不会融化的心

　　叶渚沛（1902年10月6日—1971年11月24日），冶金学家。祖籍福建厦门，出生于菲律宾马尼拉市。1933年毕业于美国宾夕法尼亚大学。曾任中国科学院化工冶金研究所所长、研究员。他长期潜心于科学研究，善于运用多种科学和技术的综合观点，提出了许多解决国家建设重大课题的意见和建议。他倡导化工冶金学并创建了化工冶金研究所。对中国采用冶金中的新技术，提出了带有方向性的预见；对中国几个主要的钢铁基地和包头、攀枝花复杂矿的综合利用，以及一些有色金属矿藏的开发利用，都提出了重要的建议。他还积极建议发展钢铁化肥联合企业和竖炉炼磷，以迅速解决我国氮肥和磷肥短缺的局面。他还极力倡导发展技术科学，开展微粒学、计算机在冶金和超高温新化工冶金过程中的应用。1955年被选聘为中国科学院学部委员（院士）。

安徒生有一篇著名的童话，一个锡制的士兵倾心爱慕一个美丽的玩偶舞蹈演员，直到烈火把锡兵熔化，他那颗忠贞的爱心也没有熔化。叶渚沛也有一颗不会熔化的心，只不过，他那忠贞不二的心深爱着的是他的祖国。

20世纪40年代，李善邦曾历经艰辛考察了位于四川的攀枝花，但是面对那丰富的矿藏，他只能嗟叹国力不济，无法进行开采和冶炼。20世纪60年代初，中央决定大力开发西南钢铁基地，对攀枝花进行大规模开发，但又遇到了一个新的难题，攀枝花的矿属于铁矾钛共生矿，也就是三种矿物混在一起，你中有我，我中有你。由于当时的技术跟不上，炼出了这样就提不出那样，二者不可兼得，实在是两难。为了解决这个世界性难题，有关部门把这一任务交给了叶渚沛先生和他领导的中国科学院化工冶金研究所（现"中国科学院过程工程研究所"）。

爱国是传统，革新有遗风

1902年10月6日，叶渚沛出生于菲律宾马尼拉市的一个华侨家庭。他的父亲是一位商人，因为反对帝国主义列强和腐败的清朝统治，加入了孙中山先生领导的革命组织"同盟会"，并且用自己的行动和资产支持革命，受到孙中山先生的器重和表彰。他的言行对少年时期的叶渚沛产生了深刻的影响。因此，叶渚沛在少年时代就热爱祖国，反对帝国主义列强对中国的掠夺和侵略。

1921年，叶渚沛以优异的成绩考入美国科罗拉多矿冶学院学习冶金与化学工程，后又在宾夕法尼亚州立大学获博士学位。从1928年起，叶渚沛受聘于美国的多家著名企业，并担任重要技术职务。从1931年起，叶渚沛开始在美国与英国的化工冶金学术刊物上发表论文。至1933年，共发表了十余篇。这些论文的水平很高，许多人读后都会打听这位作者的情况：他是哪所大学毕业的？现在是什么职务？从名字上看，他好像是中国人，这是真的吗？

就在叶渚沛的事业蒸蒸日上时，日本帝国主义入侵中国东北，这激起了他的满腔义愤。他认为，祖国的危难就是对他的召唤。1933年年底，他毅然回到了祖国。

为了用自己的才智和学识支持抗战，他先是在南京建立了一个冶金研究室，从事铁、铝等战略金属的研究，同时还研究如何生产高效化肥。撤退到大后方后，他又兼任重庆炼铜厂厂长和电化冶炼厂总经理等职，历经辛劳，领导工人和技术人员生产了大量抗战急需的高纯度电解铜和特殊钢，真正做到让前方将士"手中有枪，枪枪有弹，弹弹能发，发发咬肉"。抗日战争的胜利，离不开当年如叶渚沛这样的爱国科技人员的贡献。

叶渚沛先生极富正义感。因为他成就斐然，国民党政府曾授予他"国防设计委员会化学专门委员"的头衔，可是他对国民党政府在日本帝国主义入侵时采取的"不抵抗主义"非常不满，一怒之下用那张委任状给猫擦了屁股。相反，他同情和支持中国共产党及其领导下的八路军、新四军。1938年3月，白求恩不远万里来到中国，但在途中医疗器械全部丢失，旅费也用完了。正在一筹莫展之际，叶渚沛的好友路易·艾黎得知了这一消息，就陪同白求恩登门向叶

渚沛求助。叶渚沛不仅将自己的全部积蓄拿出来，还四处募捐，为白求恩置办了行装和医疗器械，送他前往延安。叶渚沛还慷慨出资，鼓励有志青年到延安去学习，参加抗战。

"皖南事变"后，叶渚沛受中共委托，担着很大的风险，为周恩来副主席与英国使馆代办安排了一次秘密会晤。在这次会晤中，周恩来同志向英方说明了"皖南事变"的真实情况，并且通过英方让世界明白了事变的真相，有力地戳穿了国民党反动派反共的阴谋，维护了抗日统一战线，但叶渚沛也因此受到了国民党的监视。

1944年，叶渚沛再次出国考察，一方面是为了解世界科技发展的新成果、新动向，另一方面也是为了摆脱国民党政府的监视。不久，他就被聘为联合国教科文组织科学组副组长，组长是和他相交很深的李约瑟博士。在联合国的工作结束后，在风光旖旎的意大利水城威尼斯，叶渚沛和美国的玛茜女士喜结良缘。从此，他和她共同走上了一条波澜起伏的生活之路。

1948年，叶渚沛又进入联合国工作，担任联合国经济事务部经济事务官。在此期间，他仍然不懈地进行科学研究，发表了《生铁铸造》《钢铁生产增长的可能速度》《国家收入的依据》等多篇论文。

1949年，中华人民共和国成立的消息如春雷般震动了海内外。身居异国的叶渚沛欣喜万分，特意邀请朋友在家中举办家宴以示庆贺。这时的叶渚沛的工作、生活条件都很优越，而且还添了可爱的孩子，有了完美的家庭。可是叶渚沛的人生追求不仅是个人的幸福，他还要为祖国的强大贡献力量。1950年，他毅然辞去了联合国的职务，携全家回到了祖国。周恩来总理亲切地接见了他，并对他说："我们是老朋友了！"

只为求实，不畏不公

回国后不久，叶渚沛即被委任为重工业部顾问。这对他本来是一个很适合的岗位，不料，他和苏联专家在如何发展中国的炼钢工业，尤其是如何开发包钢的问题上产生了严重分歧。他的意见不但得不到采纳，还险些被打成"反苏分子"。在当时，这可是一顶足以让人陷于灭顶之灾的大帽子，但是倔强的叶渚沛仍坚持自己的意见。眼看就要"大难临头"之际，幸有老一辈无产阶级革命家吴玉章施以援手，他和中国科学院党组书记张稼夫协商，将叶渚沛调到中国科学院工作。张稼夫是一位爱护知识分子的领导干部，他遂任命叶渚沛为学术秘书，叶渚沛这才逃过一劫。1955年，苏联科学院副院长巴尔金来中国访问，此人是高炉专家，张稼夫有意安排叶渚沛陪同巴尔金去一些钢铁厂视察。巴尔金果然了得，高炉有什么问题，照他的意见一改就灵。更重要的是，巴尔金不仅在专业上很有造诣，而且作风也很民主，他听取了叶渚沛的意见后，对叶渚沛的看法大加赞赏，并且向中国领导人推荐了叶渚沛。与此同时，巴尔金还鼓励叶渚沛写文章宣传自己的观点，他还运用自己的影响，在有关刊物上传播叶渚沛的学术思想。

由于这一系列的原因，终于峰回路转，柳暗花明。有一天，张稼夫同志亲自找叶渚沛谈话，他豪爽地对叶渚沛说："我们决定由你组建一个研究所，人由你选。"这个研究所就是"中国科学院化工冶金研究所"。它从1956年开始筹办，到1958年正式成立，两年期间叶渚沛不知花费了许多心血。1956年，陈家镛、郭慕孙两位先生刚刚从美国归来，正被许多单位争抢，这些单位也都是爱才如命，纷纷邀请陈、郭两位先生"加盟"。但他们最终都被叶渚沛的诚意和他的事业感动，加入了正在筹办的化冶所，为中国的化工冶金事业做出了重大贡献。后来，人们为这种围绕着学科奠基人建研究所的方式，取了一个形象的名字——"因神设庙"。

高瞻远瞩，勇于创新

叶渚沛是一位富有创新精神、高瞻远瞩的科学家。他一方面紧盯着国际上科学技术发展的新动向，另一方面又牢牢立足于中国的实际，因此，在科学技术的竞赛场上，他总能抢占起跑点。他曾创造了"高压炉顶、高风温、高湿度鼓风"的"三高炼铁法"，这是一种很有发展潜力的新工艺。虽然"三高炼铁法"开始没有得到重视，但他毫不退缩，经过努力，终于在李富春、薄一波、聂荣臻三位副总理的支持下，在首钢（当时叫石景山钢铁厂）建起了一个小型实验高炉。用实践检验过的成果证明了"三高炼铁法"的优越性，为以后的推广开辟了道路。

早在20世纪60年代初，叶渚沛先生就高瞻远瞩地指出，自然界中的大部分固态物质都以颗粒状存在。研究这些"微粒"，不但对环保、国防和人类健康非常重要，而且能为化工、冶金、能源和轻工业的研究和生产提供科学技术支持。为此，他为化工冶金研究所拟定了有关"微粒"研究的八个题目，并结合所里的相关试验，进行了深入研究。现在，"颗粒学"已经成为一门跨学科的新兴学科了。这又一次证明了叶渚沛先生的远见卓识。

还是在60年代初，叶渚沛先生就提出，要在化工冶金研究中大力推广使用电子计算机，并开始招揽这方面的人才。当时，在一些人的观念中，电子计算机和化工冶金是风马牛不相及的事。他们不理解叶先生的举动，甚至冷言冷语。尽管如此，叶渚沛先生仍然坚持推动电子计算机的应用。1978年，化冶所终于建起了计算机应用研究室，比较早地开展了计算机化学的研究，只是叶渚沛先生已经不能亲眼看到这一天的到来了。

长期以来，人们都把冶金看成是物理过程，和化学过程没有太大的关系。而叶渚沛特别强调"用化学工程学的观点和方法来改进冶炼过程及冶炼设备"。他的观点不仅为化冶所的科研工作指出了方向和任务，更为我国在复杂矿的提炼方面指明了道路，这又一次表现出了他可贵的前瞻性。

叶渚沛是一位具有战略眼光的科学家。他对化工、农业、能源、地质等领域，都有独到的研究。出于一名科学家对祖国和人民的关心，他深深地了解农业对中国的重要性。他曾经自己掏了3000美元从国外买来一份利用高炉生产磷肥的专利，并根据国情进行了改进。正当这项技术准备大力推广的时候，却因为"文化大革命"而被迫中断。

求新求变阻力重重，不离不弃此心耿耿

真正的科学家不仅要有高瞻远瞩的眼光、富于创造的精神，还要有不屈不挠的意志，要敢于坚持自己的正确主张，决不轻言放弃。叶渚沛就是这样一位科学家。

1952年，氧气顶吹转炉炼钢技术刚刚在奥地利问世不久，叶渚沛就敏锐地意识到它必将取代平炉，成为主要的炼钢方法，因此他主张大力发展氧气顶吹转炉炼钢，可是苏联专家仍主张优先发展平炉。氧气顶吹转炉可以提高炉温、节省能源，提高产量和质量。不久，在世界范围内，发展氧气顶吹转炉炼钢就形成了潮流，但是直到20世纪60年代中期，中国的第一座氧气顶吹转炉才在首钢落成。

在包头钢铁厂的开发问题上，叶渚沛和苏联专家的意见更是针尖对麦芒。叶渚沛认为苏联专家的方案只顾炼铁，而包头一带有大量的稀有金属矿物，它们的价值远远超过钢铁，苏联专家的方案不仅浪费资源，还会造成污染。但有关部门仍然决定，包钢按苏联专家的方案进行建设。在这期间，叶渚沛不顾个人的荣辱，不断上书谏言。直到包钢投产后，造成了大量的资源流失和严重污染，给宝贵的稀土矿造成了严重损失，人们才意识到问题的严重性。又是叶渚沛为了挽救国家的宝贵资源，在深入调查和精心研究后，提出了如何改进的建议。

1971年，叶渚沛在生命将走到尽头时，对许多新技术、新成果没有得到应有的重视深感痛心，他发出了这样的感慨："采用新技术的障碍是非常大的。"

尽管如此，他仍然坚持自己的正确主张，决不轻言放弃。所幸，历史是公正的，他的关于合理利用包钢稀有金属资源的意见，终于在改革开放的春风中绽开了花蕾。攀钢也成长为一个综合性的大型金属冶炼基地。氧气顶吹炼钢工艺早已成了世界钢铁生产的主流，中国的钢铁产量无论是从数量上还是品种上，都达到了一个新的水平，有的指标已经跻身于世界前列。

竺可桢先生赞誉他："从不随声附和，往往提出独有的卓越见解，厥后为实践所肯定。"

叶渚沛先生为我们树立科学发展观，坚持可持续发展战略，做出了示范和榜样。

废寝忘食为科研，中西合璧家温暖

叶渚沛的成果得来不易，能坚持自己的见解更不易。为了攻克研究中的难关，他真的是"寝不安枕，食不甘味"，甚至说梦话都在讲高炉，妻子说他得了"高炉热"。为了坚持自己的见解，他不知要担多少风险与责任，听多少冷嘲与热讽。他能承受这一切和他的家人是分不开的。

叶渚沛先生的家是一个科学与文学结合的家庭，又是一个"中西合璧"的家庭。可是有些事情，却"融合"不到一起……

叶先生的夫人叶文茜（中文名）是研究西方文学的专家，曾经在北京大学担任英语教师，培养出许多出类拔萃的人才。一位当年的学生曾经回忆道，他进入北大后，遇到的第一位美国老师就是叶文茜（Marcillia Yeh）女士。因为她为学生补课，不辞辛苦、不要报酬，学生都称她为"活雷锋"。他还回忆说："记得有一次，在她的调教下，我念英文单词'博物馆'和'不满足'发得比较准，她竟高兴得手舞足蹈，说'你这两个词的发音比多数美国青年的发音还准确，比你们老家的青岛啤酒更美'。"这位对叶老师念念不忘的学生，就是后来曾任中华人民共和国外交部长的李肇星。

由此也可以看出，叶文茜是一位善于用文学的魅力感染人、富有亲和力的老师。为了能让叶渚沛缓解一下压力，研究西方文学的妻子也曾想把叶渚沛拉到自己的文学花园里小憩一下。为此，她给他介绍各种西方名著，讲文学经典中有趣的故事，可是叶渚沛只有在高温高压中征战的习惯，没有在文学花园中徜徉的雅兴。他很少偏离自己的生活轨道：他每天早晨4点起床，漱洗之后开始读书或工作；7点吃完早点，然后就是上班、工作；晚饭后散步10分钟，又是读书或工作，直至11点就寝。不分工作日还是节假日，天天循环往复。孩子们也曾尝试把爸爸拉到公园里去，一起呼吸大自然的清新空气，一起在蓝天白云下、绿草鲜花中玩耍，可是他们很少能成功。如果是现在，孩子们一定会用"工作狂"来形容他们这位不一般的父亲。

在叶渚沛的床头、案头到处是书。即使出差，行囊中装的也还是沉甸甸的书。终于有一次，从不知道休息的他，居然同意去外地疗养了，但是搬到疗养院的却是"三大件"——除了他以外，还有两大箱书，医生只好苦笑着劝告他："请不要把书斋搬到疗养院来！"

千锤万击浑不怕，只留清白在人间

在"文化大革命"中，叶渚沛受到了不公正的对待，被扣上了好几顶吓人的大帽子，甚至被关进了"牛棚"。不知是因为叶渚沛的声望太高，还是其他什么原因，他居然被允许带着打字机住牛棚。和他一起住牛棚的人曾看见他用那架老旧的英文打字机撰写文章。可见，"关牛棚"这种监禁方式只能禁锢他的身体，却禁锢不住一个热爱祖国、热爱事业的科学家的心。在这期间，他写了许多宝贵的论文和建议。

正在叶渚沛处境困难的时候，周恩来总理没有忘记这位帮助过中国共产党的老朋友。1969年，新中国成立20周年国庆时，叶渚沛接到了周恩来总理邀请他参加国庆观礼的请柬。为了表示郑重，他决定穿最好的衣服参加国庆观礼。这下全家都忙坏了，买新的？那时买棉布毛料服装都要票证，而票证又很少，再说时间也来不及，怎么办？妻子只好翻出一套压箱底的毛料中山装，可是当他穿戴好之后，一家人都笑了，那是一种无奈的苦笑。因为这件衣服还是他回国时买的，虽然那时中国人的服装变化得很慢，但20年的岁月，毕竟太漫长了，那服装的样式竟也显得陈旧了，可是他舍此就没有更好的服装了。他的工资不算低，又没有任何嗜好，但他的钱都拿去买书或是接济亲戚朋友了，他根本没有想过为自己添置高档服装。

叶渚沛的一生有许多辉煌，也有许多坎坷。不过，最让他痛心的是在"文化大革命"中，中国科学院化工冶金研究所作为"因神设庙"的"黑典型"被"砸烂"了。偌大的一个研究所

和一批德才兼备的科研人员一会儿被调到这里，一会儿又被推到那里，简直成了弃儿。他忍无可忍了，在中关村15楼自己的家里，提笔给毛泽东主席写了一封信，信中说："您能够理解一个年近70、只剩下不多几年工作时间的人，对浪费最后的生命感到痛苦。为祖国进行科学研究工作就是我的生命，剥夺我在自己专业内用伟大的毛泽东思想指导研究的机会，我就等于活着的死人。"

可是他不知道，由于在"文化大革命"中受到迫害，再加上长期的辛勤工作，他已经患了癌症。

当孩子们见他的面庞日益消瘦，生命已不可挽回时，问他是否后悔回国，叶渚沛回答说："在美国，我的工作只是给美国社会增添财富，不是我所追求的人生。因此，我不后悔……这是我人生必由之路。"在他弥留之际，他对亲属留下的唯一遗嘱是："把蹲'牛棚'以来所写的论文和建议书，献给国家，将来会有用的。"

入院后仅几个月，叶渚沛先生就辞别了人世。辞世时，他的手里还拿着自己的手稿，他不甘心放下自己热爱的科研工作，那天是1971年11月24日……

尽管当时对叶渚沛的"平反"不彻底，逝世的叶先生还顶着几个无中生有的"罪名"，但是中国人民的朋友马海德和路易·艾黎亲自为他守灵。他们不会忘记，当年叶渚沛曾经慷慨捐助过他们和斯诺共同组织的"三S协会"，这个协会做了许多帮助中国人民抗战的事。

1978年，党和国家为叶渚沛先生彻底平反，严济慈先生这样赞扬他："更为可贵的是，当他的科学预见暂时不能为人们所理解，甚至在他的处境十分艰难的情况下，仍能坚持自己的正确主张，并为实现这些主张孜孜不倦地工作。"

中国科学院党组书记方毅副院长称他为"人民科学家"，此称号于叶渚沛先生而言，当之无愧。

15楼313号

柳大纲

开创盐湖化学

　　柳大纲（1904年2月8日—1991年9月14日），无机化学家和物理化学家，江苏仪征人。1925年毕业于东南大学化学系。1948年在美国罗切斯特大学研究院获博士学位。曾任中央研究院化学研究所研究员、中国科学社《科学》杂志编译员。1949年后，历任中国科学院物理化学研究所研究员、副所长，中国科学院学术秘书处学术秘书，中国科学院化学研究所研究员、副所长、所长，中国科学院青海盐湖研究所研究员、所长、名誉所长等职。1955年当选为中国科学院数理化学学部委员（院士）。1959年加入中国共产党。

位于青藏高原的柴达木盆地，有着总面积达2000多平方千米的大小湖泊90多个，其中许多都是盐湖。20世纪50年代中期到60年代，经常可以看到一支科考队奔波在这些盐湖之间，为首的就是我国的化学家柳大纲。

立雄心大志，开光谱研究

柳大纲，字纪如，1904年2月8日出生于江苏省仪征县。父亲柳承元是一位清末秀才，他热衷于教育事业，辛苦工作了一生。在父亲的影响下，柳大纲自幼就刻苦好学。他的青少年时代，正是中国衰弱、落后的时代。偌大的中国，连孩子玩的塑胶玩具、女人用的化妆品和"玻璃丝袜"都要靠进口。各派军阀用外国的军火在中国的土地上大打出手，闹得民不聊生。帝国主义列强依仗着工业发达、船坚炮利，在中国横行霸道。这一切深深戳伤了柳大纲的心，他决心要掌握现代科学技术，为祖国的强大做出自己的贡献。

1925年，柳大纲毕业于东南大学化学系，并获学士学位。此后，柳大纲留校任助教，同时还兼其他学校的教员和中国科学社《科学》杂志编辑部编译员。1929年，柳大纲加入中央研究院化学研究所，从此走上了科学研究的道路，并取得了一系列可喜的成就。

20世纪30年代，中国的科学研究还处于很落后的状态。研究人员少、科研单位少、资金短缺、仪器设备落后，就在这样的条件下，柳大纲和物理化学家吴学周合作，研究了直线形分子的紫外光谱，标定出相应的键振动频率，推算出键力常数，弄清了这些分子的基本结构。照大多数人的看法，当时的设备条件太差，是不可能做这类实验。但是柳大纲和吴学周等人因陋就简，通过改进实验技术，不仅完成了这些实验，而且取得了许多具有重要意义的成果。柳大纲也因此成为我国分子光谱研究的先驱者之一。

在这一时期，柳大纲还对古代和现代陶瓷以及玻璃原料做过比较系统的研究。中国古代陶瓷精美绝伦，享誉世界，可它为什么会如此精美？柳大纲从化学的角度解开了其中的秘密，为弘扬中华文明做出了贡献。他还对玻璃原料进行了深入研究，为制造优质玻璃提供了科学依据。

为了学习外国先进的科学技术，柳大纲于1946年出国深造，并于1948年在美国获罗切斯特大学研究院博士学位。1949年，他携带着大批图书资料回到祖国。中华人民共和国成立后，他更以满腔热忱投入新中国的科学事业的建设中。

开发新光源，攻关核燃料

柳大纲很早就重视节能，重视为国民经济服务。他是我国新型荧光屏荧光料和日光灯荧光料的早期研制者。荧光灯是一种节能光源，但当时我国用的荧光材料成本高，而且还有毒性。柳大纲决定解决这一难题。在他的领导下，研究人员经过刻苦攻关，终于取得了可喜的成果。

1954年，柳大纲将这些研究成果无偿推广给南京灯泡厂。这种新工艺立足于国产原料，无毒安全，成本又低，很受欢迎。后来，柳大纲又把这种"无毒卤磷酸钙日光灯荧光料"的全套生产工艺在北京推广，彻底淘汰了过去价高、有毒的硅酸铍系日光灯荧光料。他的工作不仅给机关学校和科研院所创造了更好的工作条件，而且大大促进了我国照明技术的发展，为我国以后发展更加节能安全的新型光源打下了良好的基础。

1959年，苏联突然撕毁两国间的核合作协定，不再为我国提供原子弹模型，停止了有关原子能科学的援助，并且撤走了专家。中共中央和毛泽东主席决定，自力更生研制"两弹一星"。

张劲夫同志在回忆文章中曾经写道："搞原子弹，最重要的问题是浓缩铀的提炼问题，矿石里能提出的天然铀同位素235含量只有千分之几。此外，铀的提炼也很重要。所以，化学方面的科研任务很重。当时科学院有四个最知名的化学研究所都由优秀科学家担任所长，号称'四大家族'，一位是上海有机所庄长恭老先生，一位是长春应化所的吴学周先生，还有北京化学所的柳大纲先生。此外，大连化学物理所也是非常强的，那里有张大煜先生。"

为了研制我们自己的核武器，柳大纲领导中国科学院化学研究所的三个研究室开展了核燃料前处理和后处理工艺中关键问题的研究。经过两年多的努力，他们为核燃料（铀、钚）的生产和去污等后处理做出了重要贡献。他们做的铀回收率的实验结果，与当时美国阿拉贡实验室发表的结果相同。柳大纲还和北京大学张青莲教授合作进行了高浓度硼同位素的富集研究，得到95%以上的硼同位素，为中国第一次核爆炸试验提供了测定中子流所需要的材料。

化解国家所急，奠定盐湖化学

1955年，柳大纲被选聘为中国科学院第一届学部委员（院士），也就在这一年，已经年过半百的柳大纲急国家建设之所急，毅然放弃卓有成就的研究项目，来到条件异常艰苦的大西北，致力于盐湖的研究开发。他是第一位闯入青海进行科学考察的中国化学家。

其实，服从祖国需要，到最艰苦的地方去，急国家建设之所急，是柳大纲先生一贯身体力行的原则。中华人民共和国成立初期，为了充实和提高东北地区的科研能力，中国科学院决定，将上海物理化学研究所迁往东北。当时吴学周、柳大纲是该所的正、副所长，他们坚决响应"科学为国家建设服务"的号召，以实际行动支持东北的经济建设。上海和长春的气候条件、生活条件差距很大，加上新中国刚刚成立，朝鲜战争还未停战，而新建单位在初创时期又会面临许多困难，工作是很辛苦的，何况那时还要带家属一起去，有些人一时想不通也是情有可原的。然而，柳大纲不仅自己带头去，还耐心说服其他对搬迁有顾虑的科技人员，做了大量细致的说服工作。原国家科学技术委员会副主任武衡在纪念柳大纲先生百年诞辰时曾撰文赞扬道："这是爱国主义精神的体现，是为人民服务精神的体现，是永远值得人们怀念的。"

1952年年底，柳大纲随物理化学研究所从上海迁往长春并被任命为副所长。不久，为了大规模工业建设和保护古建筑的需要，他又不计较个人得失，服从组织安排，亲自组团到波兰学习矽化加固土壤的技术。归国后，他一方面大力推广这项先进技术，一方面又不顾辛苦地完成了对煤矿流沙层和大型厂房地基的加固工程。

现在的人们很熟悉"兼职"一词，现在的"兼职"除了一部分是工作需要外，还有许多人是为了多得一份报酬或是多得一份名誉。柳大纲当年也曾主动"兼职"。不过，他兼职是为了到最艰苦的地方去。

那还是20世纪50年代后期，为了摸清和开发中国的资源，柳大纲兼职于中国科学院综合考察委员会盐湖科学调查队，他亲任队长，带领队伍进行考察。从1957年到1963年，他们先后六次深入青海盐湖地区。在考察期间，柳大纲和其他科研人员一样风餐露宿、踏冰卧雪，经历了不知多少艰辛。尤其是在大柴旦和察尔汗盐湖地区，有许多人们想象不到的困难和危险。那里降雨量极少，"炎夏像蒸笼，隆冬似冰窖"，大风一年四季不断。除了荒漠特有的干燥外，还有能把一切都腌制了的咸涩，就连生命力极强的骆驼刺也难以生长，人们说察尔汗盐湖"天上无飞鸟，地上不长草"，此话绝非夸张。察尔汗盐湖说是湖，其实那湖面完全是数十厘米厚的盐和沙尘结成的硬硬的盐壳。盐壳下面是黄色的、比海水还浓十几倍的盐卤，就是站在湖面上也感受不到一点儿水的温柔和湿润。过去，公路就从湖上的盐壳经过，人们称为"万丈盐桥"，因为那盐壳硬得不仅可以走汽车，就是通火车、落飞机也没有问题。不过，察尔汗盐湖的地表结构很复杂，它还有不易被发现的沼泽，一旦有人陷下去不仅不能自拔，而且会被腌制成木乃伊一般的干尸，因为这沼泽中不是水而是浓浓的盐卤。

是柳大纲没有条件过舒适的生活吗？当然不是。一个舒适温暖的家对贪图安逸、胸无大志的人来说，是安乐窝；对住在中关村特楼的科学家来说，却是建功立业的基础。这里只有人因敬业而舍家，没有人为恋家而弃业。

柳大纲在中关村15楼的家有客厅和书房，冬天有烧得很热的暖气，夏天有遮蔽烈日的绿荫，更不要说安全感和家庭的温馨了。况且以他的年龄和资历，完全不必亲赴那"不毛之地"，可是他甘愿舍弃特楼的"特级享受"，居住在盐湖边简陋的帐篷里，甚至顶着凛冽的寒风，忍饥挨饿地工作。

三年困难时期，因为条件太艰苦，许多科考队都从野外撤离了，可是柳大纲领导的盐湖组不仅仍然奋斗在柴达木盆地，还建立了野外工作站和实验室。如果他这时回到中关村，生活要好得多。因为国家为照顾"高研"，帮助他们度过困难时期，给他们发了特供卡，凭着一张小小的蓝色纸片，可以买到一定数量的肉、蛋、黄豆和点心等。在那个时候，这些东西是非常难得的。

而柳大纲之所以要舍弃舒适的生活条件，献身于盐湖的科研工作，只因为在那荒凉的外表下面是惊人的富庶：盐湖有着丰富的钾、硼、锂、钠、镁等国家急需的资源。而且盐湖像一个淘气的孩子，把这些宝藏捏合在一起，形成了许多伴生矿，仿佛是在向化学家们挑战，看谁能把它们提炼出来。

就是为了迎接挑战，为了开发这些宝贵的资源，柳大纲才投身到那样艰苦的环境中去。直到1966年，已经是62岁的柳大纲院士虽然身体不好，仍不顾同事的劝阻，坚持到野外指导工作。那些年，柳大纲在中关村15楼的家，常常只是一个象征。

柳大纲的心血和汗水没有白流，他带领的考察队在这片被盐腌透了的荒凉之地，发现了一个又一个钠、钾、硼、锂大型矿床，其中最大的察尔汗盐湖群蕴藏着上亿吨氯化钾，是迄今为止已发现的我国最大的可溶性钾盐矿床。

在大柴旦湖，柳大纲根据地球化学和物理化学原理在湖中最低洼地区布置钻探，在经过详细分析研究后，终于确定大柴旦湖是我国大型硼矿矿床之一。这一发现和"硼酸盐的综合利用研"于1989年获中国科学院自然科学一等奖。在盐湖科学领域里，他们的许多成果都领先于世界水平。

柳大纲是1956年我国十二年科学技术发展远景规划中有关盐湖科学部分的主要起草人之一。1963年，国家科学委员会成立盐湖专业组，制订盐湖科学十年规划。柳大纲提出分别在三个盐湖建立三个工厂的构想：在察尔汗建一个年产10万吨钾肥的工厂，在柯柯湖建立年产250万吨食盐的工厂，在大柴旦湖建立生产硼盐、锂盐的示范车间，并提出了一整套方案。为国家组织各方科研力量，开展对盐湖的研究和开发，提供了可靠的依据。

柳大纲是开发大西北、开发青藏高原的先驱，是我国盐湖化学的奠基人。现在，盐湖化学已经成了无机化学研究的一个分支。在他的创议下，中国科学院成立了盐湖研究所，他长期担任所长和名誉所长。柳大纲为我国钾肥工业的起步和盐湖开发立下了汗马功劳。

柳大纲在调研北京大气污染问题

风范照千秋，品格不染尘

柳大纲胸襟广阔、心怀大度，他默默地做了许多工作，却不愿声张。在"文化大革命"中，他受了许多委屈，却从不谈起。他冷静又热情，既有远大目光又脚踏实地。曾任中国科学院化学所所长的科学家胡亚东曾经说，柳大纲先生在"文化大革命"中那种处乱不惊、泰然自若的气度"我们想学还真是学不来呢"。

柳大纲特别关注科学队伍的建设，他是长春应用化学所和中科院化学所的创始人之一，还是中国科技大学的创始人之一。他培养了一大批中、青年科学家。他谦虚谨慎、办事公正、学风正派，善于听取各方面意见。

柳大纲在南京大学的会议上讲话

现在有一种坏风气，一些当领导的或是作师长的，总想在学生和下级的成果上署上自己的名字，实际是变相剽窃。而柳大纲却截然相反，他从不在被领导人的论文上署名。这既是尊重别人的劳动成果，也是对勇于创新的支持和鼓励。现在鼓励创新，但是一个惯于在别人的成果上署名的领导或导师，绝不可能带出一支富于创新精神的队伍！更何况，在1955年第一次选聘学部委员（院士）时，柳大纲曾经两次上书恳请将自己的名字从名单中去掉，理由是"不够资格"。此事他生前从未向子女讲述过。这就是他对荣誉的态度。

20世纪80年代初，柳大纲又主动退居二线，为领导干部能上能下做出了表率。他不讲名利、不计个人得失的崇高境界，深受大家的爱戴和尊敬。

由于积劳成疾，柳大纲先生病倒了，不得不住进了医院。直至病重卧床之际，他还关心着盐湖"七五"攻关任务的进展。他的夫人樊君珊女士是一位小学教员，1927年与他结为夫妻后，他们互敬互爱，共度了六十余个春秋。她对柳大纲先生的关怀与照顾真可谓无微不至。柳大纲住院时，她不辞辛苦，不避风雨，一趟趟往医院跑，精心照料，给他以莫大的慰藉。有这样的夫人相伴一生，柳先生可慰平生。

今天，察尔汗已经建起了规模很大的现代化钾肥厂，大柴旦湖也立起了巍峨的厂房，柳大纲的心愿和梦想已经一一实现了。他虽然于1991年离开了我们，可是他的贡献、他的学识与品德却永远是我们的宝贵财富。

当我们漫步在华灯初上的大街上时，我们不会忘记他早年为研发卤素节能灯所做的努力。

当我们欢庆丰收的喜悦时，我们不会忘记他为了给我国的农业提供优质的钾肥所付出的辛劳。

当我们享受着安宁幸福的生活时，我们不会忘记他和化学所的科技人员为了解决核燃料生产过程和后处理中的化学问题，为"两弹"的研制做出的贡献。

柳大纲先生是我们的楷模。

13楼306号

梁树权

铁的原子量

梁树权（1912年9月17日—2006年12月9日），化学家，广东中山人。1933年毕业于燕京大学。1937年获德国慕尼黑大学博士学位。中国科学院化学研究所研究员。长期从事无机分析化学研究工作。1939年发表的博士论文《铁原子量修订》中的数值，次年即为国际原子量委员会所采用，并沿用至今。曾从事硫酸根、氟离子、钨、钼、稀土元素等分析方法的研究，殷商古青铜的分析以及微量和痕量分析方法的研究。包头白云矿稀土及稀有元素分析方法研究曾获奖励。1955年选聘为中国科学院学部委员（院士）。

住在中关村 13 楼的梁树权院士博学多才，他喜欢苏轼、辛弃疾的词，这两位都被称作"豪放派"词人，一位曾面对惊涛，吟咏"大江东去，浪淘尽，千古风流人物"，一位曾把栏杆拍遍，放歌"楚天千里清秋，水随天去秋无际"。由此也可见梁树权的胸怀。他还喜欢那首著名的《正气歌》——"天地有正气，杂然赋流形。下则为河岳，上则为日星……"然而这位喜欢豪迈风格的文学爱好者，从事的却是比"明辨秋毫"还要精细的工作，他是我国分析化学的奠基人之一。

汇文阅人世，燕京炼英才

1912 年 9 月 17 日，梁树权先生出生于风景优美的山东省烟台市，不过他的祖籍是广东省香山县（即现在的中山市）。梁树权的父亲曾在美国学习农业。做中学教师的母亲为他开蒙，使他自小就养成了认真、好学的习惯。这样的家庭，使梁先生既接受了中国传统文化的优秀部分，又受到了现代科学的熏陶。之后，他随家人来到北京，先就读于盔甲厂胡同的北京汇文小学，后进入当时位于船板胡同的汇文中学学习。船板胡同在崇文门内，崇文门当时又叫"哈德门"，是北京一个十分特殊的地区。在崇文门内，西面是当时的使馆区，即有名的"东交民巷"。此外，还有德国医院等，在这里常能见到趾高气扬的外国人。崇文门内的东面，有不少商家和住户。而出了崇文门，则是繁华的花市大街，这里是北京有名的闹市，既有富商巨贾的店铺，也有小商小贩的摊位，还有穷人在这里踟蹰乞讨。因此，这里的中外差距和贫富差距都表现得特别分明。这些都给汇文中学的学生留下了深刻的印象。在历次爱国学生运动中，汇文中学的师生常常是积极的参加者，这多少也和他们在这里的所见所闻有关。梁树权读完高一后，即升入燕京大学预科继续学习。1933年，他从燕京大学化学系毕业，并获得了理学学士学位。他的高质量毕业论文被发表在北平地质调查所的学报上。对于一名刚毕业的大学生来说，这是很不容易的。从 1933 年起，梁树权在北平地质调查所工作了一年，主要从事矿石的分析工作，这为他以后从事分析化学研究打下了基础。

刻苦求学慕尼黑，精密测定铁原子

1934 年，梁树权赴德国慕尼黑大学（University of Munich）深造，在何尼斯密教授（Hoenigschmid）的指导下学做原子量的测定。经过三年多苦读，他开始撰写毕业论文，他的博士论文题目是《铁原子量修订》。当时，测定原子量有两种方法，一种是化学法，一种是物理法。这两种方法各有利弊。物理法是用质谱仪进行测定，相对比较简便一些，可那个时候，质谱仪不够先进，测定的数据还不如化学法准确。化学法虽然可以测得比较准确，但是难度很大，要

求很严。梁树权迎难而上，采用了两种方法之所长，但以化学方法为主。为了尽可能地准确测量，他做了非常精细、周到的工作，把所有可能会影响实验精确性的因素都考虑到了。化学药品的纯度是影响实验精确性的因素之一，梁树权就想方设法买来纯度最高的药品。但这还不够，要把铁原子量测得准而又准，就要求做实验的化学药品纯而又纯，因此，这些高纯度药品还需要再度提纯。为了保证能提炼出高纯度的药品，还要防止器皿本身所含的杂质混进药品中，因此，所有的实验器皿都选用了白金或石英等化学性能特别稳定的制品，并且一遍遍地进行了清洁和检查。"一尘不染""分毫不差"，这些描写纯净和准确的词汇，用在这里都显得太粗放。天平的精度也是一个大问题，当时能在市场上买到的天平竟没有一台能达到要求，梁树权不得不找厂家特别定制。然而，更重要的是，进行原子量测定需要高超的实验技能和丰富的知识。梁树权多年寒窗苦读积累的深厚的专业知识，无数精心实验磨炼出的扎实功底，再加上名师的指点，这些都使他有了成功的可能。不过，要准确地测定铁原子量，更需要求真务实的精神。梁树权自幼就受到良好的教育，中国古代先贤做人和治学的事迹与格言，他很早就铭记于心。德国的伟大诗人歌德曾说："理论是灰色的，生活之树长青。"有异曲同工之妙的是，梁树权先生敬佩的德国化学家 K. 齐格勒（Ziegler）也说过："没有实践，理论就不值一文。请勿沉沦于灰色的理论，做实验吧。"梁树权正是以这种治学态度对待实验、对待科研。因此，他能够不辞辛苦、精益求精。为了精确测定铁原子量，梁树权竟反反复复进行了十几次测定，直到最后锁定"Fe = 55. 850"。

梁树权的博士论文答辩于 1937 年在慕尼黑大学进行，该校化学系主任维兰德教授主持了梁树权的博士论文答辩，并亲自对梁树权进行口试。维兰德先生是诺贝尔化学奖得主、世界著名的化学家。面对这样一位世界级权威，梁树权能顺利过关吗？一些关心梁树权的师生，也暗暗为他担心。但是，梁树权那篇出色的论文和他从容不迫的答辩换来了维兰德教授满意的微笑，也为关心他的教师和同学带来了喜悦。这不仅出于友谊，更出于对这篇论文的学术价值的肯定。梁树权最终获得了慕尼黑大学博士学位。

梁树权的博士论文发表后的第二年，国际原子量委员会根据这个数值，将铁原子量定为55. 85。这不仅是对梁树权学术成就的肯定，也是分析化学在 20 世纪 30 年代获得的重要成果之一。梁树权脱颖而出，这一年，他年仅 25 岁。

随着人类科学和技术的进步，人们对元素原子量的测定，也有一个逐步精确的过程。许多元素的原子量，都是经过一次又一次修订，才越来越精确的，其中也有一些后来被证明误差是很大的。铁的原子量测定也有这样一个经历时间考验的过程。梁树权测定的数值同样要经过时间的考验。23 年之后，即 1961 年，为了物理与化学的原子量标度统一，经国际纯粹与应用化学联合会（IUPAC）第 11 次大会讨论，铁原子量换算为 55. 847，但这并不是修订，而只是标度的改变。时间证明，梁树权测定的数值是经得起考验的。

测古铜析白云业绩可嘉，赴鞍钢探抚顺环保先锋

1938年，正在奥地利维也纳大学化学系做博士后的梁树权出于一腔爱国热情，毅然踏上了归国之路，他希望用自己的知识为祖国的抗战做贡献。经过好一番周折，他终于回到了祖国。回国后，他历任华西协和大学理学院化学系副教授、重庆大学理学院化学系主任等职，并先后在复旦大学和交通大学等多所院校兼任教职。1945年，他被中央研究院任命为化学研究所研究员。

1949年11月，中国科学院成立，原中央研究院的许多研究所都做了调整，研究人员也依据其特长和需要进行了调动。梁树权先生曾先后在沈阳金属研究所、上海化学研究所、上海有机化学研究所北京工作站、中国科学院化学所工作，期间取得了许多重要成果。

我国在殷周时期的青铜制品就具有很高的水准了，很长时间以来，人们都饶有兴趣地想了解殷周时期青铜的确切成分。1950年，梁树权等人对殷周古铜进行了测定，测定的种类有兵器、祭器、装饰品等。测定结果表明，这些铜器中都含有一定数量的锡、铅、铁等，而且不同用处的铜器，这些金属的含量也不同。梁树权作为中国科学家对殷周时期的青铜进行的精确分析，不仅证明中国人民很早就掌握了合金技术，而且也是中国科学家关心祖国历史文化遗产的体现。

位于包头的白云鄂博是一个世界闻名的多金属共生矿床，除了有铁、铜以外，它还是世界上最大的稀土矿。这里的矿石难分难选，按一般方法是无法进行分析的。怎样解决铁与稀土的分离、怎样建立稀土分析方法等，都是有待解决的难题。1953年，梁树权领导一批敢于向困难挑战的科研人员，承担了白云鄂博矿的全部分析工作。他凭着博学、智慧和辛勤的付出，攻

梁树权在实验室中

下了一个又一个难题，为这项国家重点任务解决了矿样的分析方法问题，并且弄清了这个复杂矿的组成成分，从而为包钢的设计、投产提供了准确的数据。这一工作的成功，还促进了分析化学在应用中的发展。包钢今天的辉煌成就离不开他当年的贡献。1978年，梁树权和他领导的科研集体以"包头白云鄂博矿稀土及稀有元素分析方法研究"的成果，获科学大会奖及中国科学院成果奖。

抚顺及鞍钢是我国的重要钢铁基地，为祖国的建设做出了重大贡献，但与此同时，也造成了相当程度的污染。如何既让这两大钢铁基地继续发挥它们的作用，又保护好当地的环境，梁树权先生在这里对环境污染问题做了最早的研究，开创了我国环境化学分析的研究工作。

梁树权先生在科研中，不断创新，硕果累累。据不完全统计，他与合作者在国内外专业期刊上发表的论文达120多篇，并获得了多种奖项。

立人立说首重德，治学治家亦求严

1955年，梁树权成为首批中国科学院学部委员（院士），他曾先后在北京大学、中国科技大学、中国科学院研究生院、上海工业大学、长沙国防科技大学，以及西北大学等校担任教授。因此，在60年的科研与教学生涯中，他培育了大批优秀人才。在培养学生时，他从大处着眼，从小处着手，一方面要他们了解国际化学界的最新动向，紧跟世界科学的发展步伐；另一方面又从查阅文献、确定课题、制备药品、实验操作，直到分析数据、撰写实验报告等具体环节上，对学生进行严格、系统的训练。

他认真听取学生的报告，鼓励他们参加各类学术活动，并且毫无保留地把自己的知识和经验传授给他们。对学生的论文，他往往逐字逐句地反复推敲、修改，甚至连用错的标点符号也不放过；对学生引用的文献，他都要一一查对，实验结果也要仔细验算。

他坚持"身教重于言教"的原则，因此，许多事情他都以身垂范。要求学生做到的，他首先会做到。即使是一般人认为是微不足道的小事，也是如此。比如，他要求学生注意节省，用最少的科研经费做出优秀的实验成果。为此，他不仅在购置仪器药品等方面量入为出，而且要求他们尽可能自己配制实验用的制剂，或自行提纯药品。

在授业的同时，他还用优良的学风、崇高的品德引导和影响学生。在发表论文时，他往往把别人的名字署在前面，而把自己的名字写在最后，以此体现对后学的提携与爱护，他的这一举动深深赢得了人们对他的尊敬。

现在，他的学生中有的已经成为院士，更有许多人成为学科带头人或教学骨干。

在漫长的科研和教育生涯中，梁树权先生曾获得许多奖励。如：1945年获教育部学术审议会年度三等奖。1982年获中国化学会成立五十周年庆祝会的表彰。1984年获中国海洋湖沼学会从事科学工作五十年奖状。1985年获中国科学院京区从事科技工作五十年荣誉奖状。1989年获中国科学院学部委员荣誉奖牌等。

梁树权有一子一女，他教育子女很严。他的儿子待人彬彬有礼，他的女儿不仅善良聪慧，而且受父亲的影响，也有很好的文学、艺术修养。在高中时，她写过一篇作文，大意是，她在钢琴上弹奏着一支曲子，那美妙的音乐带她来到蓝色的大海上。于是，她看到了美丽的海岛、高高的椰子树，树梢上有活泼的猴子，浪尖上有银白的海鸥……这篇作文曾在北大附中被同学们传阅。

他的妻子林兰善于理财，一向勤俭持家。她还是中关村家委会的成员，为居民们的生活奔忙，做了许多工作，可惜因操劳过度不幸辞世。1992年，梁树权将妻子生前积攒下的2万元人民币捐献给中国化学会，希望在化学会设立分析化学奖。他说："基金的数目虽然有限，但我热爱祖国、热爱分析化学和它的后来人的心是无限的。"

由此可见，梁树权院士喜欢那篇《岳阳楼记》，不仅喜欢它优美的文字、悠远的意境，更喜欢它那千古佳句——"先天下之忧而忧，后天下之乐而乐"。

2002年9月17日，梁树权院士90华诞时，化学所原所长胡亚东曾题词"治学如铁"，虽然简短，寓意却很深。时任中科院副院长、中国化学会理事长的白春礼更为他题词"毫厘大观"表示衷心的祝贺。

2006年12月9日，中国分析化学家、中国科学院院士梁树权辞世，享年94岁。但是，他的业绩、他的成果、他的优良作风仍如钢似铁地存在，只是人们能否把它们传承下去，这是需要一代又一代科技工作者回答的问题。

13楼303号
郭慕孙

永葆"三心"

郭慕孙（1920年5月9日—2012年11月20日），中国科学院院士，中国科学院过程工程研究所所长、名誉所长，中国颗粒学会名誉理事长，瑞士工程科学院外籍院士。原籍广东潮阳，1920年5月出生于湖北汉阳。1939年考入上海沪江大学化学系。1946年10月获美国普林斯顿大学研究生院硕士学位。1956年8月偕全家回国，参加中国科学院化工冶金研究所的筹建，创建了我国第一个流态化研究室，并担任室主任。1959年获全国先进工作者称号。1980年当选为中国科学院学部委员（院士）。同年，任化工冶金研究所（现过程工程研究所）所长。1986年任化工冶金研究所名誉所长和多相化学反应开放室主任。郭慕孙是中国共产党员，第四、五、六、七届全国政协委员，并在国内外担任多种学术职务。2008年，郭慕孙被美国化学工程师协会评选为化学工程百年开创时代50位杰出化工科学家之一。

郭慕孙有这样一句名言："儿童是生命中最富有好奇心、进取心和创造心的时代。作为研究工作者，我们要尽一切可能保住这'三心'。"他自己就是一直保持着"三心"的典范。

善于创新，硕果累累

郭慕孙曾经这样说："研究工作不是知识的传播，而是知识的创造。如果一个科学工作者对创造和改造自然不感兴趣，那就应该改做别的工作。"

郭慕孙院士的科研成果丰硕。只要是搞流态化的科学家都知道他的名字。什么是"流态化"？如果用比较通俗的话来说，"流态化"就是研究颗粒状物质在流体中的流动和化学反应。近年来，它已渗透到化工、石油、能源、冶金、原子能、材料、轻工、环保等行业，并日益彰显出它的重要作用。

郭慕孙祖籍广东潮州，1920年5月9日出生于湖北汉阳一个知识分子家庭。父亲郭承恩（伯良）曾在英国留学，回国后担任过工程师、高级职员。因此，郭慕孙有良好的家传，从小就爱好学习、喜欢读书，善于动脑动手。大学毕业后，他曾经在上海的著名化工及制药企业担任化学师。1945年赴美国学习，在普林斯顿（Princeton）大学研究生院进修化工专业，次年10月即获硕士学位。郭慕孙和他的老师共同撰写的论文《固体颗粒的流态化》，在学术界影响很大。在这篇文章中，他们提出了"散式"和"聚式"这两个概念，从此这两个概念就在流态化领域中被广泛应用。

郭慕孙曾在著名的美国碳氢化合物（Hydrocarbon）研究公司任工程师，从事煤的气化、气体炼铁和低压空气分离等研究工作。1948年，他还曾受可口可乐公司的聘请，先后出任驻中国和印度的工程师，并且在新德里建造了印度第一个可口可乐工厂，后又调任纽约总部实验室负责人。1952年，他感到可口可乐公司的工作和自己的专业相差比较远，又返回碳氢化合物公司工作。在美国，郭慕孙工作出色，曾发表过重要论文8篇，获得过3项专利。

1956年，他和夫人得知祖国迫切需要发展科学，中共中央发出的"向科学进军"的号召，更激起了海内外科学家的爱国热情。郭慕孙先生毅然辞掉了碳氢化合物公司优越的工作，放弃了丰厚的报酬，和妻子儿女一同回到了祖国。

回国后的50年里，郭慕孙取得了许多科研成果，并且在许多方面都有创新，形成了自己独到的理论。他和他的研究生共同提出了建立"多尺寸度能量最小化"数字模型的设想，这种数字模型既可定量地叙述流态化中不同区域的过渡，又可以在理论上统一散式和聚式不同的现象，并预测可能存在的过渡态。他在认真总结前人工作的基础上，提出了自己的设想，并逐步建立了系统的"广义流态化"理论和"无气泡气固接触"的概念与技术，使其成为流态化研究中的一个独立的、完整的理论体系。

他曾于1982年和1990年获国家自然科学二等奖，1989年获国际流态化成就奖，1994年获

郭慕孙和方毅

何梁何利基金奖。此外，他还多次荣获中国科学院和全国科学大会奖等奖项。

他担任过的职务有：中科院化工冶金所所长、名誉所长，中国金属学会常务理事，中国化工学会副理事长，中国化学工程专业学会和中国颗粒学会理事长，国家科委化学工程学科组副组长、冶金学科组成员，《化学工程科学》（在英国牛津出版）国际编辑，国际循环流态化会议顾问委员会委员，国际数据库中国委员会国家代表（1984—1988，1989年起为名誉代表）……

他还多次获得全国先进工作者称号和全国劳动模范称号，是第四、五、六、七届全国政协委员。

郭慕孙为国家做了许多贡献。他回国后不久，就挑起了帮助大冶钢铁厂改进冶炼当中的工艺问题的重担。大冶是我国开采最早的铁矿，这里的汉冶萍公司曾是洋务运动中建起的中国规模最大的钢铁基地和机械制造企业之一。当年，郭慕孙的父亲郭承恩先生，就曾经在汉口钢铁厂工作过，郭慕孙自己也出生在这里。因为大冶的铁矿石中除了含铁以外，还有铜和钴，而过去只能提炼出铁，这就太可惜了。经过长期艰苦的努力，郭慕孙终于用流态化的理论，创造了新工艺，达到了既能提炼铁，又能提炼铜和钴的目标。这个成果于1978年获得了中国科学院重大科技成果奖。

中国的铁矿不算少，可是以贫矿为多。郭慕孙为这些贫矿的开发提出了新工艺、新方法。它们有的被采用了，有的还获了奖，也有的由于各种原因没有被采用。但不管怎么样，他从不灰心，从不止步。他知道，创新路上从来不可能一帆风顺。

当年，叶渚沛先生坚决反对苏联"权威"关于包头钢铁厂的建设方案。因为这个方案根本没有考虑到那里蕴藏着丰富的稀土矿，稀土矿中含有制备新型材料不可或缺的稀有元素，而这些新型材料是发展航天、航空、电子、原子能等尖端科技所必需的。我国的稀土矿储量当时占据世界的三分之二，具有得天独厚的优势。因此，管好、用好、开发好这个"国宝"是非常重要的。要是按苏联专家的意见，包钢不仅会丢弃了珍贵的稀土元素，还会造成严重的污染。于是，郭慕孙跟随叶渚沛先生进行了大量的调查研究工作，在1962年写出了《关于合理利用包头稀土稀有元素的建议》。可惜的是，当时的主管部门迷信苏联权威，叶渚沛和郭慕孙等人的意见没有被采纳。但是郭慕孙不甘心，他排除了重重阻力，克服了重重困难，采用根据流态化理论设计出的新工艺，既提炼出了铁，又保住了珍贵的稀土，叶渚沛先生对此深感欣慰。

20世纪60年代中期，三年困难时期刚刚过去，我国面临的国际形势十分严峻。为此，毛泽东主席提出要在我国西南、西北等战略后方地区，建设一大批工业基地和成昆铁路等多条铁路干线，当时称为"三线建设"。这些工业基地一旦建成投产，就离不了钢铁，而攀枝花是西南地区唯一一个储量丰富的铁矿。因此，中央决定在攀枝花建设后方战略基地。但是攀枝花的矿是钒钛铁共生矿，而钒钛铁冶炼是一个世界性难题。三种矿物混在一起，你中有我，我中有你。当时的技术跟不上，炼出了这样就提不出那样，于是大批矿渣就堆积如山，成了"鸡肋"，舍不得扔，又不能用，实在是两难。在郭慕孙院士和其他人的多年努力下，这一难题终于得到了解决。

在那个一穷二白的年代，郭慕孙不畏艰苦，冬天去过风狂雪冷的内蒙古，夏天去过有"火炉"之称的武汉，他经历过戈壁滩的干热，穿越过大西南急骤的暴雨，可是他从无怨言，更没有因此放松对工作的严格要求。

郭慕孙还多次为国争光。在多个国际学术会议上，他都因为观点新颖、论述严密，成为与会者追捧的"明星"。20世纪六七十年代，中国对阿尔巴尼亚的支援可谓不遗余力。阿尔巴尼亚有一种镍钴红土铁矿，要把这三种"宝贝"都提炼出来是一个难题。他们找过苏联，苏联的专家没有解决好这个问题；他们找过捷克的专家，捷克的专家也解决得不好。阿尔巴尼亚和苏联及其他东欧社会主义国家交恶后，转而向中国求援。国家把这个任务交给了郭慕孙，他全力投入到这项援外任务中。他用流态化的理论做指导，不辞辛劳，在很短时间内圆满完成了任务。这项成果获得了1978年科学大会奖。

妙趣横生，知识休闲

郭慕孙在工作中富有创新性，在生活中也富有创新性。三座特楼里有懂艺术的科学家和懂科学的艺术家，而郭慕孙则是一位能把科学和艺术融于一体的科学家。他的休闲方式很独特。

郭慕孙善动脑，也善动手。一根铁丝在他手上弯一弯，就能弯出各种各样的鱼、鸟，个个神气活现，有的瞪着大眼，凶猛中透着憨厚；有的挺着长嘴，贪婪中透着拙朴。不管什么样子，都很可爱、很传神。

摆在客厅里的一个酒柜是他20世纪40年代设计制作的，就是现在看去也仍然很时尚，可见当年这酒柜是多么"前卫"了。

他会吹玻璃。有时做实验需要的特殊仪器买不到，他就自己吹。年轻人看了往往佩服不已。

郭慕孙先生曾经构想过一个膨化装置，可以对谷物、果仁甚至小虾、小鱼进行膨化。那天，他坐在火车上还在考虑工作，后来累了，为换换脑筋，就发明了这么一个"小东西"，权当休息和消遣。

少年时代的郭慕孙就喜欢做风筝，人过中年了，他还喜欢做风筝，他做的风筝样式很独特。过去13楼前有一片花园，有时可以看见他带着儿女在那里放自制的风筝。

13楼原来的窗帘杆是粗笨的木杆，窗帘根本就拉不动，许多人家就改用铁丝挂窗帘。但郭慕孙家的窗帘却与众不同，他在铁丝的一端装了一个弹簧。原来，郭慕孙看到挂窗帘的铁丝都有一定程度的下垂，要想拉平很难，于是就有了这么个小发明，只要调节弹簧，就可以轻而易举地把铁丝拉紧了。

1976年，唐山地震波及北京，家家都搭起了防震棚。特楼的住户们有人用砖砌，有人用木板搭，有人用三合板钉，又费工又费时，防震棚的形状也都是千篇一律的长方形，和农村的草房、木屋差不多。但不管怎样，家家都有了一个可以避风雨、躲地震的小窝了，可是郭慕孙一家却迟迟没有动作。正当邻居们为他担心时，只见他和大儿子伟明不慌不忙地扯起一根1米多长的绳子，绳子两头各拴一个钉子，郭慕孙把一头扎在地里，伟明拉着另一头，然后以郭慕孙为圆心，以绳子的长度为半径，在地上规规整整地画了一个圆。这第一招就出手不凡，让大家看得目瞪口呆。接下来，他们在圆心上立起一根铁管，以它为支撑，用几张苇席一围，包上几片旧塑料布，再扣上一个圆锥形的顶，不一会儿就搭成了一个圆形的防震棚。在众多的防震棚中，郭慕孙家的防震棚别具一格。这时人们才明白，这可是最省料、最省时、最结实且容积最大的地震棚。因为圆形的结构是最结实的，圆形容器的容量又是最大的。

他家的家具都有按比例缩小的纸样，要布置房间时，他会先用这些纸样在坐标纸上摆，坐标纸上面有按同比例画成的房间平面图，等一切都安排妥当了，再动真格的。这样就可以保证一次到位，而且也是最合理的布置。后来有了电脑，他就用3D软件来布置房间。他是电脑高手，那些排满了公式和图表的专业论著，都是他亲手用电脑做出来的。

郭慕孙最大的业余爱好是制作"几何动艺"，这也是他独特的休闲方式。所谓"几何动艺"，是艺术与科学相结合的巧夺天工之作。它们都是由三角、圆、方等几何形状构成的。几块无用的纸板、废弃的铝片，甚至自行车上用的辐条、牙医用的金属线，一经郭先生"点化"，就仿佛有了灵气，成了构型奇特、科技含量极高的艺术品。它们有的看似一串弯月，有的形如一束鸟羽，既是美妙绝伦的艺术作品，也是超凡脱俗的科技作品。它们或置于台上，或悬于屋顶，或挂于壁上，稍有微风穿堂，甚或有人飘然而过，它们就会运动变化，或回旋升降，或扑簌颤动，有如纷纷蝶舞、翩翩凤飞、袅袅云蒸、腾腾霞蔚。有的还能发出仙乐神韵般的清音，真可谓变幻莫测，美不胜收，常使观者赞叹不已。

有人把"几何动艺"归于现代派雕塑。传统雕塑是三维艺术，相比之下，"几何动艺"可以运动、变化，因此在不同的时间内，它有不同的构形，比传统雕塑多了一个时间维，可以说是"四维艺术"。

"几何动艺"是郭慕孙自己取的名字，它还有别的名字，有人称它为"动态雕塑"，有人称它为"魔摆"。钱学森曾经给郭慕孙写过一封热情洋溢的信，大意是说，在美国时，看到过有人制作这类东西，现在社会主义中国也有人从事这项工作了，他很高兴。他建议将"几何动艺"命名为"灵像"。

"几何动艺"的样子看上去简单，制作起来却很难。首先要有好的构想，这就需要有丰富的想象力。郭慕孙先生的每一件作品，都是经过反复的构思后，再建立数学模型，并用电脑计算出来，然后制作、调试而成。郭慕孙先生还为"几何动艺"的制作定了一个原则，就是没有边角余料，每一个"几何动艺"基本上都可以复原成未加工时的原状。化工出版社曾经为他出了一本书，名为《几何动艺》，中英文对照，乍一看，人们会认为那是一部数学或物理方面的专著，因为那里面都是密密麻麻的方程式。

制作"几何动艺"需要有很强的动手能力。人们往往有一种偏见，觉得科学家似乎只动脑，不动手，其实许多有成就的科学家都有很强的动手能力。以三座楼的科学家来说，除郭慕孙外，汪德昭、杨承宗等也都是能修表、会做木工，甚至会吹玻璃的能工巧匠。这可能是因为他们做的是前人没有做过的事，因此常常没有现成的仪器、设备可供使用。他们如果没有动手能力，就只能垂手空嗟叹，再好的想法也只能停在脑子里、纸面上。郭慕孙院士在制作"几何动艺"时，用的都是轻薄小巧的铝板、纸片等，既要制成相应的形状，又要防止它们变形，这就需要一些特殊的加工方法。这些加工方法也是他自己摸索出来的。

郭慕孙（左二）、杨承宗（左三）

又要冥思苦想地构思，又要小心翼翼地计算，又要坐在电脑前敲击键盘、点击鼠标，还要干切、刨、磨、钻的杂活，这还是"玩"吗？对于郭慕孙这样的科学家来说，抽象的数学公式中有无穷的乐趣，也有无穷的美。能畅游在艺术和科学的胜境中，亲手实现自己的想象、体验创新的快乐，就是最好的"玩"、最好的休闲。因此，我们不妨把他的休闲方式称为"知识休闲"。如果有一天，"知识休闲"成了中国人的一种重要休闲方式，那该多好！

为了纪念清华大学建校40周年，在李政道博士的倡导下，由李政道和吴冠中等人发起了一个"科学与艺术"的国际研讨会，许多海外的科学家和艺术家参加了这个讨论会。科学和艺术本来就有不解之缘。美中有科学，科学中也蕴含着美。李政道博士本人就曾经多次为著名画家李可染、华君武、黄胄、常沙娜等人讲述物理学的边沿科学，请他们以此为题作画，创作了以超新星爆发为主题的《神奇的光》、以"超导"为主题的《双结生翅成超导》、以表面物理为主题的"三维朱雀"等。因此，这个研讨会受到了各方面的关注。郭慕孙院士应邀介绍了他的"几何动艺"，受到热烈欢迎。中央电视台"科学与教育"频道还进行了转播。这个研讨会上不乏独到的见解、新颖的观点，但是能触摸到的艺术与科学相结合的实体却不多，而郭慕孙的"几何动艺"是其中最受欢迎的作品之一。

其实，国外一些著名企业的门前或楼顶早就用这类动态雕塑当作标志物，可惜国内认识"几何动艺"的人还不多。这也不奇怪，看看"几何动艺"曾遭遇过的尴尬就可以理解了。某地的少年儿童出版社想出一本给孩子们介绍"几何动艺"的书，这书要有少儿读物的特点。出版社想请一位既通晓数理，文字功夫又好的作者，将郭慕孙院士提供的原稿改写一番。可是就是找不到一位合适的作者，最后只好作罢。在某赫赫有名的美术学院，郭慕孙应邀讲他的"几何动艺"，许多听讲者虽然礼貌地做听课状，但他们的眼神却告诉主讲人，他们实在是听得云山雾罩。因为理解"几何动艺"需要一定的数学和力学知识，而他们却没有这方面的素养。科学和艺术是人类进步的两翼，可惜长期以来，我们在人才培养中往往只注重一翼，而忽视了另一翼，学文的不知理工，学理工的不通晓人文科学。人类要想展翅高飞，不能只有一翼，必须双翼齐飞。

学风严谨，家风优良

制作"几何动艺"需要创造性的思维，也需要十分严谨、细致的工作作风。郭慕孙的这种作风表现在科研工作中，更是十分突出。他是一个对工作、对学生、对自己都十分严格的人。他工作勤奋，同时也讲求高效率的工作方法。他的学术论文结构严谨、推理严密、思路清晰，谁想增减一字都很难。看了他的文章，就会知道什么是科学家的文风了。他对学生要求严格也是有名的，不管是内容上，还是标点符号等小节上，他都严格把关。他曾经这样剖白自己的心曲，"我之所以如此，是因为不愿拿二等品交给国家和人民"。如果每一个中国人都有如此心愿，那该多好！

　　郭慕孙平易近人，丝毫没有架子，从不以"国际知名学者""院士"等头衔自居，可是对那些弄虚作假、学风不正的现象，却深恶痛绝。他对搞学术腐败的人从不留情面，常常当面让这种人下不来台。

　　"木受绳则直，金就砺则利"，有严师，必有高徒。他的学生如李静海院士，就因为学术成就突出，成为我国担纲重任的科研主力，并担任过中国科学院副院长。

　　郭先生能取得如此多的成就，自然和家人的支持是分不开的。他的夫人桂慧君教授和他是大学时期的同学，是社会学硕士。他们于1950年喜结连理，从此在顺境中琴瑟相和，在逆境中相濡以沫。桂慧君教授是一位成就斐然的社会学家。

郭慕孙在做学术报告

改革开放之前，社会学不受重视；改革开放之后，桂慧君教授以极大的热情，将自己的所学回报社会。为了解决弱智儿童和自闭症儿童的教育问题，她不知投入了多少精力，为师资、校舍、毕业生的就业等问题奔波。她的办学经费大都是来自热心慈善事业人士和亲友们的捐赠，她不仅没有得到过一分钱报酬，反而把自己的存款、物品捐给了这份功德无量的事业。在家里，她全力支持郭慕孙先生的科研工作，也同样全力支持他制作"几何动艺"。只要看看郭慕孙家中满室、满屋、满桌，甚至满屋顶的"几何动艺"作品，就可以知道桂慧君教授对郭慕孙先生的支持了。如果没有她的支持，郭先生能这么"高产丰收"吗？更何况桂慧君教授还会烧制美味可口的饭菜，必须承认，这也是郭慕孙先生精力充沛、创造力旺盛的一个重要原因。他们的儿子伟明、向明，女儿瑞明都在国外，他们都是各自领域的栋梁之材，工作和生活的担子都不轻，不过他们还是尽力支持父亲，支持他的工作，也支持他的"玩"。他们有的从国外买了画册、书籍，有的为父亲的作品摄影，提供制作条件。这也是"家和万事兴"之一例吧。

休闲须重品位，科研应保三心

　　后来，郭慕孙先生的"休闲"又添了新项目，就是在业余时间为一位著名的海外剧作家审订英文原稿，双方用互联网传送稿件，沟通交流得热火朝天。郭慕孙自幼受父母影响，英语的功底非常好。1933年，他考入上海青年会中学，此后又进入上海圣约翰大学附属高中。这两所学校都很重视英文，加上郭慕孙底子好，学习用功，英文成绩自然很优秀。在初中时，他还获得过英文作文奖。后来，郭慕孙考入上海沪江大学化学系，还被选为英文校刊编辑。在美国学习、工作期间，他的英语自然锤炼得更加精准了。因此，海外剧作家请他来审定英语稿件也就不奇怪了。

现在有一个时尚的名词——"玩家"。什么是真正的"玩家"，"玩家"不应是"玩世不恭"的"玩"，不应是"玩人丧德、玩物丧志"的"玩"。"玩"，应当像郭慕孙院士那样，玩出情趣、玩出学问、玩出品位。这种"玩"既是辛勤工作后的休憩，更是再冲新高前的准备。

传说亚里士多德喜欢带着学生一边游山玩水，一边讲学，称为"逍遥派"，实际上是以"玩"的形式教学。法布尔喜欢观察昆虫，也算是一种休闲，但他因此"玩"成了文学家、昆虫学家。人的一生中，孩童时期是最爱玩的，郭慕孙有一段精辟之论，他说："儿童是生命中最富有好奇心、进取心和创造心的时代。作为研究工作者，我们要尽一切可能保住这三'心'。"

可见有成就的大科学家，都永存着一颗好奇、进取、创新的赤子之心，而不以名利为猎物。从这个角度来说，大科学家是不是也可以算是童心未泯的大"玩家"？

郭慕孙到了晚年，头脑仍然灵活，思维仍然缜密。除了科研，他还积极参与各类社会公益活动。在"走近科学家"的活动中，他不顾繁忙与辛苦，接待了青少年科技爱好者，参加新版少儿科普图书的首发式，为北京二中"'几何动艺'小组"做辅导。当2012年11月20日，他溘然去世时，亲人、朋友和他的同事、学生都震惊极了，悲伤极了，人们都以为如他这样在创新科技之路上不倦的奔跑者，一位充满了好奇、创造和进取心的学者，离人生的终点还很远、很远……

郭慕孙在家中设计制作"几何动艺"

可以告慰郭慕孙先生的是，他的夫人桂慧君老师虽已愈百岁，但身体健康，仍能上下四楼，能健步行走千米以上，甚至还亲手照料前来照顾她的年轻人；在98岁时，她还为贫困地区的儿童织毛衣。有人发感慨说，哪位贫困地区的儿童能穿上这件毛衣，真是幸福！她的儿女们事业有成，孙辈也健康成长。儿女们虽然都远在美国，但会轮流回国照料这位慈爱、可敬的母亲。

13楼203号

陈家镛

"陈家镛一号"卫星

陈家镛（1922—2019），出生于四川省金堂县。曾任中国科学院化工冶金研究所研究员，中国科学院化工冶金研究所湿法冶金研究室主任，中国科学院化工冶金研究所副所长。1980年当选中国科学院化学学部委员（院士）。1978年获全国科学大会奖2项，1980年获国家发明三等奖1项，1987年获国家自然科学三等奖，1988年获国防科技进步二等奖1项。中国共产党党员，第四、五、六、七、八届全国政协委员。

2017年2月15日，在陈家镛院士95岁华诞前两天，中国和以色列合作研制的微重力化工科学实验卫星——"陈家镛一号"于北京时间上午11点58分发射升空。这是第一颗以当代中国科学家的名字命名的人造地球卫星。

曾住在13楼203号的陈家镛先生有"点石成金术"，不过，他不是身在虚无缥缈的仙境中的神仙，他是化工冶金专家。

说到冶金，人们往往想到的是冷的铁、硬的钢、灼热逼人的高温，可陈家镛先生却是一个热情和蔼、平易近人的学者。他经常带着温和慈祥的笑容，给人以春风扑面的感觉。他会细致地为学生修改英文论文，他会亲自打电话祝贺晚生后辈写出了一本书。

1922年2月17日，陈家镛出生于四川省金堂县的一个书香门第，少年时就知书达礼，学习非常用功。中学毕业后，即考入了当时设在重庆的中央大学化学工程系。1943年，他以优异的成绩毕业，被留在该校化学系任助教。当时，杀虫剂DDT（滴滴涕）正风行世界，可是外商却对中国进行技术封锁。陈家镛攻坚克难，终于把它试制成功。虽然现在滴滴涕已经成了明日黄花，但他的才华和创新精神却留下了佳话。1947年，陈家镛告别祖国，前往美国留学。在四年后获得伊利诺伊大学博士学位。该校化学化工系主任这样评价他：聪明好学、功底扎实、勤奋上进。

1952年秋天，在麻省理工学院攻读博士后的陈家镛，应伊利诺伊大学H. F. 约翰斯顿教授邀请，主持"用纤维层过滤气溶胶"的研究工作，他们取得的部分成果在美国《化学评论》上发表，引起各方面的重视，被视为气溶胶领域早期（1955年前）科研工作的权威性总结，并被不断引用至今。1954年，陈家镛任美国杜邦公司薄膜部约克斯（Yerkes）研究所的研究工程师，他引入了当时刚刚兴起的化学反应工程学的概念，对聚合反应速度的控制因素提出了新的看法。

他的夫人刘蓉与他是大学校友，是学长和学妹的关系。刘蓉是学习生物的。他们在美国工作、生活得不错，可是和那时的许多爱国学者一样，他和妻子都希望把自己的才智贡献给祖国。由于当时的中美关系处于不正常状态，他们的愿望一直未能实现。1956年，由于中美两国政府达成了相关协议，中国留学生的归国之路被打开了，同时，周恩来总理又代表党中央发出了希望海外学者归国的号召。于是，他们决定带着两个花朵一般的女儿启程归国。那时，虽然美国已经允许中国学者返回祖国，可是联邦调查局和移民归化局对中国学者总是另眼看待。就在回国前的一个傍晚，陈家突然闯进来一个莽汉，自称是联邦调查局的调查员。这个莽汉问的都是挑衅性问题，"有没有接触美国国家机密""回国带些什么东西""为什么要回到共产党中国去"等。完全是恫吓，当然，这些都吓不倒他和刘蓉。

陈家镛处事既有钢的坚硬，又有钢的韧性。但是为了防止万一，他还是和刘蓉商定了万一回国路途中遇到麻烦时的应变措施。第二天，陈家镛偕夫人刘蓉带着两个女儿登上了克利夫兰总统号轮船，直到船开航，他们才松了一口气。

陈家镛院士和夫人刘蓉

在船上，陈家镛和杨嘉墀、郭慕孙两家很快成了朋友，三家的孩子也玩到了一起。到了北京之后，这三家人又同时住进13楼同一个单元。陈家镛住二楼，郭慕孙和杨嘉墀同住三楼，成了邻居。不久，郭慕孙和陈家镛又一同被叶渚沛先生请到了化工冶金所担任研究员。

"炉火照天地，红星乱紫烟"是李白的名句，描绘的是古代高温冶炼的情景。这种高温冶炼的方法又称为"火法"。可是"火法"有很大的局限性，遇到低品位矿石或是复杂难选矿时，往往只能提炼出一种有用金属，将其余的当矿渣抛掉，有时甚至会将矿石中最宝贵的金属丢掉。

第二次世界大战时期，美国研制原子弹，因为要从铀矿中提炼稀有的铀235，而发展出了"湿法冶金"。它利用化学溶液对矿物进行浸取，将有用金属浸入溶液，然后再用萃取的方法将这些有用金属分开。因为这种方法耗能低、污染少，所以特别适合于处理难选、复杂、低品位的矿物。从1958年起，陈家镛就担任了化冶所的湿法研究室主任。化冶所的"湿法冶金研究室"是国内第一个以化学工程学的观点从事冶金研究的实验室，在许多方面都处于国内领先地位。

陈家镛更以其深远的学术眼光，倡导将化学反应工程学与湿法冶金相结合，实现了化工技术的新飞跃。他首次提出了建立环流反应器的分区模型的设想，继而又与国际化工界同步，对环流反应器整体建立了二维流体模型，并以新的思路和多学科交叉的方法，对滴流床气—液—固三相反应器中的数学模型进行了研究，大大推动了这方面的工作。陈家镛也成为我国湿法冶金的开拓者之一。

20世纪50年代末60年代初，陈家镛结合云南东川难选氧化铜矿、云南墨江氧化镍矿及进口的高砷钴矿的湿法冶金研究，开发出了一批技术上先进的湿法冶金新工艺及新流程，并为以后的理论研究提出了新的课题。

我国甘肃金川有着丰富的镍钴铜共生矿，却一直难以分离；攀枝花亦有一种钒钛磁铁伴生矿，探明的储量达近百亿吨，其中钒、钛储量分别占全国已探明储量的87%和94.3%，分别居世界第三位和第一位，有"世界钒钛之都"之称。矿石中还伴生有铬、钪、钴、镍、镓等多种有用矿物。但是，用传统的办法很难把它们分开。要是能够成功分离，就能抱得好几个"金娃娃"；要是搞不好，很可能连一个也得不到。陈家镛和同事们克服重重困难，试验一种用胺类萃取剂进行分离的办法，最终取得了成功。接着，他又用类似的办法解决了钨、钼、铼等伴生矿的分离等一系列难题。这项胺类与中性萃取剂协同萃取的成果，由于其独创的见解而获得1987年国家自然科学三等奖。由于陈家镛的贡献，许多过去被认为没有开采价值的低品位矿、难选矿、复杂矿，现在成了真正的宝库，这不就是"点石成金"吗？

在半个多世纪的科研生涯中，陈家镛为我国培养了一批又一批化工科学研究的骨干。陈家镛对学生要求很严，但又循循善诱、爱护有加。他经常教诲学生，搞科研、做学问必须老老实实，埋头苦干，来不得半点虚伪，更不能投机取巧。只有长期积累，才可能有偶然突破；只有严肃认真、一丝不苟，才能在科研上有所作为。而且，这一切他都是以身垂范。年轻人有了一点成绩或进步时，他也会非常高兴。

"文化大革命"中，化工冶金研究所动荡不宁，研究方向变换不定，甚至一度被逼着改行去研究电子。研究所还被"肢解"成几块，一部分划归北京市，一部分划归某企业。在这种情况下，陈家镛也不可避免地受到了冲击。这时，他们的住房中又挤进来几家人，陈家镛夫妇被挤到两间房子里。厨房里的几只炉子挤成一堆，谁家做饭都转不开身，夏天更是热得如走近了火焰山。卫生间又脏又乱，不成样子。陈家镛一家的正常生活全部被打乱。在这种情况下，陈家镛处乱不惊，尽力保持科研方向的稳定，他和同事们一起，为国防工业部门研制出多种复合涂层粉末材料。由于有了这些特殊材料，国产战斗机的发动机降低了油耗，延长了寿命，提高了推力。

陈家镛的大女儿陈明钢琴弹得很好，人也纯得如同一泓清泉。能培养出这样的女儿，想来陈家镛先生也很爱好艺术。其实，他在研制"湿法冶金"和"复合粉末材料"时所表现出的出神入化的技巧，不就是一种艺术吗？

陈家镛一家一向关心人，善待人。他家的保姆吴桂英精明能干，烧得一手好菜，尤其是淮扬菜，更是拿手。从20世纪50年代起，她在陈家干了许多年，后来也到许多"豪门深宅"干过，可是相比之下，她最留恋的还是陈家，因为陈家一家人都平等待人。她把陈家当成了自己的娘家，有什么心里话都愿意来找陈家镛夫妇说，陈家镛夫妇也会尽力帮助她。

曾经有一度盛传三座特楼马上要拆。陈家镛本不想搬出13楼，他们只求能在一个安静的环境里看书、想问题。为了照顾院士，所里分给陈家镛先生一套面积约为160平方米的住房。但那时国家已经开始了"房改"。按新政，院士的住房面积是130平方米，这130平方米要付

费，不过便宜一些，而超出部分的收费就要高出近一倍了。在今天看来，当时的价格是很便宜的，可是陈家镛院士还是买不起。他给人家算了一笔账。回国后，他享受二级研究员待遇，月薪200多元，这个数字直到"文化大革命"结束，基本没有动。到了80年代，工资才有了增长。算来算去，40年的时间，他的工资收入一共是30多万元，即便不吃不喝，也不够买房。可是想到如果不搬，将来这里要大兴土木，无论是盖商品房，还是建创业园，都会喧嚣吵闹，这如何能安居？更遑论乐业了。再说，这时的特楼已经因为产权的变更、时间的打磨，加上管理不善、设施老化，不是这里堵，就是那里漏，他们只好硬着头皮搬家。为了凑够买房的钱，陈家镛和刘蓉想尽了办法。再加上有关部门对相关政策进行了调整，他才在一个新的小区买下了一套130平方米的房子。当时二老都已经是80多岁的老人了，要跑装修，还要收拾家里的东西，又不忍让在美国的女儿回来帮忙，他们只好如蚂蚁搬家一样，一点儿一点儿地搬。虽然搬家公司很专业，可是成堆的书需要自己收拾，新居里的东西需要自己安顿，着实辛苦。经过好长一段时间的"折腾"，他们总算迁进了新居。此时，他们并没有感到什么乔迁之喜，只觉得终于可以松一口气了。

不过，无论是在13楼，还是在新居，陈家镛的创新步伐从来没有停止过。他早就敏锐地意识到，认识多相化工体系中颗粒（包括液滴、气泡和固体颗粒）在宏观流场和浓度场中的行为，是建立反应和分离设备的整体数学模型的重要基础。他为之做了大量的工作，并取得了可喜的成果，为我国化学反应工程数值模拟放大技术的发展做出了贡献。他还创立了中科院绿色过程与工程重点实验室。

陈家镛和他的团队曾获全国科学大会奖、国家技术发明奖、国家自然科学奖、国家科技进步奖、何梁何利基金科学与技术进步奖等多种奖项。在他和同事们的努力下，我国的"湿法冶金"现在已经居于世界先进水平。

院士没有退休一说，有人对此有意见。且不去评论是与非，陈家镛作为一位院士、老科学家、连续五届的全国政协委员，又何曾"休"过？直到他生病住院时，他仍然在指导学生，仍然保持着那份社会责任感。多年前，他就在报上发表文章，尖锐地提出：反对片面强调论文数量，而应该注意积累，提高论文质量。同时又对科技刊物收取版面费的问题提出了严厉批评，引起了很大的反响，许多人都认为他的文章切中时弊。现在，党中央和国务院一再强调，反对片面强调论文数量，科技刊物收取版面费的做法也在整改中，由此可见陈家镛院士的远见，更可以看到他严谨的学风、正直的人品。

陈家镛还对现在某些人不重视，甚至否认前人成果的做法提出过意见。创新固然重要，但任何创新都是在已有的知识上进行的。如果对已有的成果和前人的努力一概抹杀，其目的不是想在空中造楼，就是想盗名欺世。

陈家镛热情和蔼、平易近人，温和慈祥的笑容是他标志性表情。他对学生循循善诱，耐心细致，先后培养了50余名研究生（其中博士30名），指导博士后8名，现在他们大都成了学术带头人。陈先生对社会上的学术腐败非常痛恨，经常教育青年"要实事求是，不要弄虚作假，不要心存侥幸"。这是他留给晚辈的宝贵精神财富，而他的学生对他也十分敬重。正是为了表达对师长的敬意，他的学生决定把一颗和以色列共同研制的、在微重力条件下进行化工过程应用基础研究的人造卫星，命名为"陈家镛一号"。北京时间2017年2月15日11点58分，微重力化工科学实验卫星——"陈家镛一号"成功发射。"陈家镛一号"卫星由天仪研究院、中科院过程所、中科院力学所和以色列Space Pharma公司联合研制。这颗卫星的命名和成功发射，不仅是向老一辈科学家致敬，也体现了中国人尊重师长的传统美德。

近几年，陈家镛先生身体欠佳，虽有女儿不辞辛苦的侍奉，学生们暖心的关怀，所里从领导到普通工作人员的精心照顾，但体力、精力和思维的敏捷度都日渐衰微。虽然他心中惦记的仍是他的科研工作，虽然他仍挂着那"标志性"的笑容——温和又慈祥，但仍旧摆脱不了自然规律。2019年8月26日，在他的终身伴侣刘蓉教授辞世两年后，陈家镛先生也永远地离开了我们。他取得的成就，仍在为我们造福；他培养的学生仍在传续着他的事业，并且会发扬光大，再结硕果。

13楼202号

林 一

突破高分子化学

林一（1911—1990），中国科学院化学研究所研究员，福建福州人，高分子化学家。1932年毕业于福建协和大学化学系，1935年获燕京大学生物化学硕士学位。曾任福建省炼油厂厂长，福建省工业研究所研究员、所长。1950年获美国宾夕法尼亚大学博士学位。1956年回国，担任中国科学院化学所研究员，研究室主任。中国科技大学高分子专业教研室主任。

特楼科学家们是冲破樊篱的勇士，打碎禁锢的英雄，突破封锁的功臣。当年，他们当中有许多人不畏种种刁难和打压，甚至是冒着生命危险回到了祖国。同样，他们当中也有不少人，用自己的知识、辛劳甚至生命为代价突破了外国的封锁，将敌人手中的"捆龙索"，化为了我们手中的"斩妖剑"。"两弹一星"的研制成功即是这样的代表。其实，在23位"两弹一星元勋"的后面，还有千千万万的功臣，他们同样为这项事业做出了不可磨灭的贡献。在三座特楼中，杨承宗、王承书、何泽慧都是这样的人，化学家林一也是这样的人。

1911年6月18日，林一诞生于福建省福州市，他自幼聪明好学，1928年考入福建协和大学化学系，1932年毕业后成为燕京大学的研究生，从事结晶化学和反应动力学的研究，获理学硕士学位。1935年研究生毕业后又回到母校担任讲师。抗战爆发后，日军从1939年开始封锁福建的沿海，给这一地区的军民，带来了很多困难，尤其是燃油奇缺，以致汽车开不动，轮船不能行，交通几近瘫痪。抗战需要大量的武器弹药、粮食物资，没有现代化的运输工具，就没有可靠的后勤保证，只靠马驮人背，不可能给前线提供可靠的物资供应，也满足不了战时福建人民的生产和生活需要。但福建不产石油，因为沿海被日军封锁，外地的原油和成品油都运不进来。怎么办？自己干！林一以一个爱国者的心怀和热情，和一个化学家的渊博与智慧，为突破敌人的封锁，开始寻找代替汽油和柴油的办法。当时，为了突破日本的封锁，中国的科技人员想了各种办法寻找汽油和柴油的代用品：从粮食和甘蔗中提炼酒精；给汽车背上个锅炉，把汽车变成了烧木炭的"炭车"。而林一却独辟蹊径，他想到，福建盛产松树，松树含有油脂，能不能从松树中提炼出汽油和柴油的代用品来？但是松树的用途非常广泛，需要量很大，直接用松树提炼燃料不仅不经济，还会造成松木的供应紧张。因此，林一舍不得用成材的松树提炼燃油。他想，可不可以用松树砍伐后留下的残根提炼燃油呢？这虽然是一个两全其美的好办法，可是真的要实现它，不仅要进行深入的研究，在实验室中反复地做实验，还要深入到大山和林区实地考察。由于工作条件艰苦，又是战时，吃饭也没有保证，糙米粗饭就如山珍海味一般珍稀了，考察时生活也没有规律，常常是饥一顿，饱一顿，他因此患上了严重的胃病，但仍一丝不苟地坚持工作。经过刻苦研究和反复实验，他终于从伐树后残留的松树根中提炼出了柴油和汽油的代用品。为了能够大量生产这种新型燃油，他又辗转于福建建瓯、沙县、将乐和三元等山城创办炼油厂，采用自己创新的工艺，从松树根中提炼燃油。为了保证工厂的正常运转和产品的质量，他还亲自担起了炼油厂厂长的重任。此外，他还担任了福建省研究院工

业研究所所长，帮助福建人民解决了许多工业和民生中的问题。由于林一为福建，为抗战贡献突出，他受到了福建政府的表彰，并被福建人民誉为"才子"。

1947年，林一成为了教授，并且被选派到美国宾夕法尼亚大学学习。他出国学习的目的，就是为了学成归来，报效祖国。因此，他于1950年获得宾夕法尼亚大学博士学位后，就准备整装回国了。但是万万没有想到，就在这时，朝鲜战争爆发了，美国军队以联合国军的名义出兵朝鲜，并且不顾中国政府的严正警告，把战火烧到了中朝边境、美国还派遣第七舰队，封锁了台湾海峡。中国政府和中国人民忍无可忍，1950年10月19日，英勇的中国人民志愿军雄赳赳、气昂昂地跨过鸭绿江，抗美援朝，保家卫国。这时的美国政府更是变本加厉地实行反华、排华政策，不准许中国留美学者回国。林一和其他中国留美学者一样，只能滞留在美国，他一面在大学当教授，一面在企业中研究高分子材料，储备知识，为回国做准备。当时，林一的一位美国同事在信中这样写道："林一博士不但是一位优秀的高分子化学家，而且是一位爱国者，经常想用自己的知识为祖国服务。"

1955年，由于中国政府的努力和中国留美人员的抗争，美国政府被迫解除了对中国留美人员归国的禁令。林一不仅自己回国，还劝说其他旅美学者一同回国。1956年，他终于实现了自己的愿望，回到了祖国，并且担任了中国科学院化学研究所研究员和第五研究室主任。

当时的中国，高分子材料品种很少，只有被称为"电木"的酚醛塑料和被称为"赛璐珞"的硝化纤维塑料等少数几种"大路货"，而且无论是品种、数量和质量都远远跟不上国家发展的需要，跟不上世界的发展潮流。林一回国后率先在化学所开辟了有机硅高分子化学的研究。有机硅高分子材料耐高、低温，耐辐照，耐候性好，绝缘，物理性能随温度变化小，是我国经济和国防建设中不可缺少的高分子材料。林一积极热情地承担国家任务，努力研制有机硅高分子材料。经过大家的努力，他领导研制的有机硅油、树脂和乳液等产品正式投入了生产。

林一重视理论和实践的结合。他对有机硅的水解、缩合、环化、重排和乳液形成的机理，对硅氧烷的开环聚合机理，以及硅橡胶的高温降解反应机理等理论问题，进行了深入探讨，发表了具有创见性的论文。

林一重视人才培养。他担任了中国科学技术大学高分子化学教研室主任，为办好中国科技大学，提高青年教师的学术水平，培养高分子化学人才，特别是有机硅高分子化学方面的科研人才，做出了重要贡献。改革开放后，林一成为全国首批博士生导师之一。

236

　　20世纪50年代末到70年代，我国开始了"两弹一星"的攻关，因为人造卫星在太空中运行，要求卫星能经受高温和低温，辐射和震动等等恶劣条件的考验。因此，我国的第一颗人造地球卫星"东方红一号"就需要采用许多新材料，硅橡胶就是其中之一。

　　"东方红一号"的仪器舱为圆柱形，安装在卫星中部。在舱罩与底盘的连接部位装有密封圈，以保证仪器舱的密封。仪器舱底座是卫星的主要承力结构件，也是卫星与运载火箭连接的重要部件。它既要承受卫星自身的重量和在发射过程中受到的强烈震动，还要承受在太空中飞行时，贯穿粒子辐射、太阳辐射，以及高温和低温的考验，用普通橡胶制造的密封圈达不到要求，必须用特殊的材料制造。在人类的航天史上，由于密封圈的问题，曾经发生过多起事故，最惨烈的一次就是发生在1986年1月28日的美国"挑战者"号航天飞机爆炸事件。"挑战者"号于美国东部时间当日上午11时39分（格林尼治标准时间16时39分）在美国佛罗里达州的卡纳维拉尔角发射升空后，于第73秒钟发生爆炸，机上7名宇航员全部罹难。而事故的原因，就是右侧火箭助推器的密封圈在低温下失效。甚至就连2003年1月16号，美国"哥伦比亚"号航天飞机因为防热瓦脱落撞伤机体，而造成机毁人亡的事故中，也有密封方面的问题，由此可见密封圈的重要性。从20世纪50年代到70年代初，当时的西方国家都正在对我国进行技术封锁，不让我国掌握这项关键技术。怎么办？自己干！当时的口号叫"自力更生，艰苦奋斗"。于是，林一承担起了研制硅橡胶的任务。这个任务比当年从松树根中提炼燃油要复杂得多，林一以高度的热情，积极组织和动员全研究室的人员参与到研制中。他们不畏难，不怕苦，一方面广泛收集国外的文献资料，另一方面又刻苦攻关，反复试验。由于精心组织和周密指挥，林一和他的团队终于解决了当时国产品耐温性差和力学性能差的问题，研制出了性能高于技术要求的优质产品。

　　1970年4月24日，我国在酒泉卫星发射中心成功发射了"东方红一号"卫星，这颗卫星重173千克，由"长征一号"运载火箭送入近地点441千米、远地点2368千米、倾角68.44度的椭圆轨道，进行了科学在轨测控，还播放了乐曲《东方红》。这在当时是轰动世界的事件。按照设计要求，这颗卫星在太空中应当工作20天，但是实际上它工作了28天，远超出了预期。这也证明了卫星的密封性优良，稳定可靠。林一和他的研究团队为此立下了汗马功劳。

　　高分子材料用途广泛，林一也因此常常忙得不可开交。1961年，他参加新安江水坝坝面的塑料覆盖工程。1963年，他指导过山西云冈石佛修复工作……

　　"文化大革命"中，林一也曾受到冲击，但一旦条件稍有改善，他就投入到工作中，完成了有机硅乳液的研制，为维纶帆布防水整理开辟了新路。用他研制的有机硅乳液处理后的军用篷布，受到解放军指战员的欢迎。这个成果曾先后获得"全国科学大会奖"和"国家发明三等奖"。改革开放之初，我国的纺织品虽然出口的数量不小，但档次不高，林一这时年纪大，身体差，但仍积极组织力量研制出有机硅整理剂，并推广到出口纺织品的后整理工序中，使我国出口纺织品提高了档次，增加了出口竞争能力，为国家增加了外汇收入。这个项目曾获得"科学院科技进步一等奖"。1988年，林一还获得了中国科学院"老有所为精英奖"，但是仅两年后，勇于突破封锁，一生辛劳，一生创新，一生奉献的林一先生就辞别了人世。现在"东方红一号"卫星虽然早已停止了工作，但仍然在围绕着地球运行，其实它还有另一个作用，让人们记住当年中国科学家、工程技术人员、工人和解放军指战员，曾经为突破封锁，建设一个强大的祖国，做出了多么大的奉献。这在今天格外有意义。

第六篇
万类霜天竞自由

　　动物学是最古老，也是最年轻的学科之一。中国动物学的第一代"洋博士"，竟是清朝的举人；奇特的"童鱼"引来了大画家的创作灵感；中国的生物学家们在"用生命研究生命"，用生命创造奇迹……

14楼202号

秉 志

举人博士

　　秉志（1886年4月9日—1965年2月21日），出生于河南开封，号农山，原名翟秉志，曾用名翟际潜，满族。1902年以秀才身份考入河南大学堂，1903年考中举人。1904年入京师大学堂，1909年赴美国留学。1914年在美国与留美同学共同发起组织中国科学社。1921年创建了我国第一个生物系。1922年在南京创办了我国第一个生物学研究机构——中国科学社生物研究所。1927年创办北平静生生物调查所。抗战胜利后，秉志在中央大学和复旦大学任教，同时在中国科学社做研究工作。曾任中央研究院评议员，1948年当选为中央研究院院士。

　　中华人民共和国成立后，任复旦大学教授至1952年。中国科学院成立后，他先后在水生生物研究所和动物研究所任室主任和研究员。1955年被选聘为中国科学院学部委员（院士）。曾任全国政协第一次会议特邀代表，华东军政委员会文教委员，河南省人民政府委员和人民代表大会代表，第一、二、三届全国人民代表大会代表。

举人博士"双学位"，中学西学两精通

20世纪50年代，住在14楼的孩子们有时会去"捡垃圾"。"捡垃圾"本是生活贫困者的谋生之道，这些书香门第的后代，虽不是个个家中富有，却也人人不愁吃穿，何故落到这般境地？其实，他们不是捡那些到废品收购站换钱的垃圾，他们专捡"墨宝"——被秉志先生丢掉的、用来练习书法的字纸。家长们看到孩子捡来的"墨宝"，也会啧啧赞叹说："好，写得好，真的有功底！"

"为什么他的字写得这么好？"孩子们会问。

"秉志先生嘛，中过举人，得过博士，学贯中西呀！"大人们往往会这样回答。

"举人"这个词似乎很难和代表现代科学的"博士"联系起来，可是秉志先生实实在在地既是"举人"又是"博士"，是特楼里唯一一位有这样高的"双学位"的人。

现在人们把从海外归来的学子戏称为"海归派"。中国古代谁是出国留学第一人，恐怕难以考证，汉朝的张骞出使西域，也有考察、交流、学习的使命，唐朝的玄奘肯定是有史可查的"访问学者"。而近代出国留学的第一人应当是容闳。1846年，他从广州乘上一艘美国船，在海上颠簸了98天才到达美国。8年后，他又带着第一张属于中国人的美国大学文凭和让现代教育惠及中国的梦想，回到了中国。但如果咬文嚼字的话，"海归派"即是"派"，总要"成帮成派"才算数，容闳只能算"独行侠"，还称不上"派"。中国第一批赴国外留学，后又回国的"海归派"，可能就要算清政府派赴美国留学的学童了。那是容闳归国后，说服清朝政府选拔了一批学童赴美国学习，原计划是选120名12岁—15岁的学童分四批前往，每一批的留学期限为15年，学成后回国。那时，他们必须坐在烧煤的、又慢又不安全的轮船中去闯荡风云莫测的茫茫大洋，学童的家长们都要签生死文书，"倘有疾病生死，各安天命"。因此，当时并没有多少人羡慕这些"幸运儿"。

虽然由于守旧派的搅局，这个幼童留学的计划半途而废，不过，在他们当中还是涌现了一些优秀的人才，如著名铁路工程师詹天佑、为维护主权奋力拼争的顾维钧、当过民国政府总理的唐绍仪等。

第二代的"海归派"，就是借美国等国用庚子赔款设立留学基金的机会，出国深造后归国的学者了。这一代的出国留学生又分多批，他们的经历虽然各不相同，但大都受到了现代科学和教育的砥砺。旧中国的科学和教育落后，无力培养掌握现代科学技术的人才，那时想用现代科技和现代文化报国的人只能走出国留学的路。

在中关村的三座特楼中，最早出国留学的就是秉志先生。秉志先生的祖上是满族人。1902年，秉志以秀才的身份考入河南大学堂（后改称河南高等学堂）。那时，清政府在内外形势的逼迫下，不得不在教育制度上做一些表面上的改革，数学等也列入了科举的内容，因此，秉志得以学习英文、数学、地理等学科。不过，毕竟还是科举制，因此，沾上一些现代色彩的秀才和举人们仍要读古文，这可苦坏了处于中西文化大撞击时期的莘莘学子。他们刚刚捧着洋书读

完"ABCD"之后，又得马上拾起老祖宗的典籍大念"之乎者也"。

1903年，秉志考中举人，次年被选送至京师大学堂。在北京求学时期，他就痛恨帝国主义侵略中国的罪行，并积极参与爱国运动。他博览群书，特别对进化论等介绍新思想、新科学的著作感兴趣。他认为达尔文的学说打破了宗教迷信，有利于富国强民。中国要富强，必须接受西方的先进科学和先进思想。因此，他下定决心要赴美国攻读生物学。

1909年的一天，秉志登上了驶往大洋彼岸的轮船，以第一届官费留学生的身份，赴美国留学。当船渐渐离开码头时，他看到在大清朝的龙旗下，不管是绣衣锦裙的贵妇人，还是衣不蔽体的女乞丐，都被一双小脚羁绊着，不能大步前行，甚至不能挺起腰杆堂堂正正地做人。他看到无论是罗绮满身的老爷，还是负重如牛的"苦力"，都拖着一条长辫，只不过老爷们的头发油滑发亮，苦力们的头发蓬乱无光。这就是当时的中国，他多么希望当他学成回国时，这一切都会发生翻天覆地的变化。

秉志来到美国后，进入了康乃尔大学农学院，在著名昆虫学家J. G. 倪达姆（Needham）指导下学习和研究昆虫学。1918年获博士学位，他不但是第一位在生物学领域里获博士学位的中国人，也是第一位既中过举，又得过博士学位的人。

1918年至1920年，秉志在美国韦斯特解剖学和生物学研究所，跟著名神经学家H. H. 唐纳森（Donaldso）从事脊椎动物神经学研究两年半，收获颇丰。

在美国，秉志就一心希望发展中国自己的科学。他和一些志同道合者成立了中国科学社。这个历经艰辛创办起来的民间学术团体出版学术刊物、探讨学术问题，对推动中国科学的发展、普及和传播现代科学知识、促进中国社会的发展与进步起了很大作用。

谈古论今传播生物学，艰苦创业建立科学社

1920年秉志回国时，中国人虽然推翻了最后一个封建王朝，剪掉了辫子，但封建的土壤还远远没有被铲除，贫穷落后的面貌仍没有改变，大多数中国人还是文盲和半文盲，许多人生了病不是求医问药，而是烧香磕头。中国还站在现代科学的门槛之外。次年，秉志出任东南大学生物系主任。因为这是中国的第一个生物系，东南大学因此集中了一批中国生物学界的先驱者，如胡先骕、邹秉文等。

那时在南京郊外，人们常看到一位三十余岁的教师，带着学生兴致勃勃地在山野中采叶、在小河边垂钓。有时，那位老师又带着年轻学生在湖畔谈诗，在林中论道。不明就里的人们诧异了："这些人是中国的'湖畔派'诗人，还是现代的'竹林七贤'？"其实，这是秉志先生带领他的学生在采集标本，切磋问题。秉志先生虽然是举人出身，却没有一点儿呆板的"八股气"。相反，每到星期天，他就会把那些埋头书斋的学子们拉出来，一同到湖畔和山野中去呼吸新鲜空气、舒展身体、采集标本。那往往是青年学生们最愉快、收获最丰富的时候。据那时他的学生回忆，秉志"体魄健全，脚力极好，一走就是几十里"。

在这样的郊游中，他们一路行，一路采集标本。秉志不仅手把手地教学生如何处理标本，还和大家谈闲天，话题非常广泛，天上地下、古今中外，无不涉及。他不仅谙熟中国古典文学，而且精通西方文学。他常常将中西方文学进行对比，阐述自己的见解。事后，学生们会发现，老师的谈话里常有"微言大义"，或是鞭策，或是劝诫，或是警示，或是鼓励，令学生们折服。

不过，除了专业以外，他谈得最多的还是治学精神，他常对学生们讲述生物学的重要性。那时，社会上重视数理化和工科，对生物学比较轻视，认为"草木虫鱼"不过是"小技"而已。秉志批评这种看法说："现在不少人高谈救国，可是不知道怎样有利于生命的繁衍，不了解生物生存发展的自然法则，那不过是空谈救国！"当时生物系刚刚创立，各方面的条件都很差，秉志鼓励他的学生们要"破釜沉舟，努力奋斗，务以所学贡献于国人"。

秉志先生坚持倡导一种学人品格，他谴责那些在外国得到了很高的学位，镀了金身，却不想如何救国的人；他批评那些在学校教书，却没有真知灼见，只是现炒现卖的人；他更蔑视那些不惜放弃专业，只图升官发财的人。他痛心地看到一些在海外学习的青年，因为国内动乱不宁，便失去了意志和理想，只要能赚钱，什么事情都做。他认为，这表现了中国国民性的脆弱，而国民性的脆弱正是国家衰弱的根本原因，他向学人大声疾呼："吾国人宜以坚毅忍之态度，百折不回，研求基本之科学。"

秉志带领学生们做的标本采集工作，为生物研究奠定了坚实的基础，也培养出一批勤俭刻苦、孜孜不倦、具有优良学风的生物学家。这些学生中有许多都成了中国生物学研究的中坚。1920年，秉志向中国科学社董事会提出建立生物研究所的建议。在谈到办所目的时，他充满激情地说："为了在学理上能有所创获，以增加人类知识，使世界研究生物之人，多少知悉中国人在此项学问上表现研究之能力，时时有所贡献。"

1922年8月18日，由秉志任所长的中国科学社生物研究所终于正式成立了。这时的研究所只有一块牌子、两个房间，条件非常简陋，可是大家都有一股为中国生物学发展而奋斗的精神。没有图书，大家就从自己的藏书中捐助；没有仪器，就向学校借用，研究人员也都由东南大学生物系的教师兼任。不过，作为民间学术团体办的研究所，最缺的还是资金。研究所初创时期，一年的经费不过几百元。秉志先生是"洋博士"，回国时虽带回几套西服，可几年下来免不了会破损，但是他不添新衣、不买新鞋，而是缀上补丁又照样穿，到最后实在不能穿了，就改穿便宜的蓝布大褂和老牛皮鞋。他如此节衣缩食，就是要把省下的薪水捐给生物研究所。

1920年至1937年，秉志除历任南京高等师范学校、东南大学、厦门大学、中央大学、复旦大学等校教授等职外，还同时担任中国科学社生物研究所和静生生物调查所所长兼研究员。这期间，他往返于宁、京、沪等地，教学与科研两副担子一肩挑。他在脊椎动物形态学、神经生理学、动物区系分类学、古生物学等不同领域中进行了大量开拓性的研究，发表近40篇学术论文，其中相当一部分在学术上有重要创见，在国内外有重要影响。

中国地质学界的先驱丁文江先生曾经在给友人的信中说，为办好生物研究所，秉志"生活

异常之苦"，"把收入的半数也都贴在里面，往来北平、南京多坐二等车，有时坐三等"。

当过多年科学社社长的任鸿隽先生也说过，"秉农山（秉志）、钱雨农（钱崇澍）诸君无冬，无夏，无星期，无昼夜，如往研究所，必见此数君者，埋头苦干于其中"。

秉志等人的献身精神和刻苦工作的态度，正是中国科学先驱们崇高品德的写照，而科学社生物研究所的体制以及他们不务虚名的实干精神，在今天改革的年月里，不是也很值得我们学习和借鉴吗？

秉志所主持的生物研究所在开拓我国的生物科学事业过程中，还培养出一批优秀的生物科学人才。蔡元培曾经说道："在中国当代的著名生物学家中十有九个以这样或那样的方式与这个研究所发生联系。"他们当中有胡先骕、周仁、贝时璋、沈其益等人。秉志和著名植物学家胡先骕被胡适称为"中国动物和植物研究并立的两大领袖"。他的学识和品德为中国科学界所称道。秉志先生不愧为中国生物学界人人称道的先驱者之一。

力阻"鱼类专家"，巧讽日伪群丑

秉志先生是一位非常爱国的科学家。他的爱国主义不是一时的冲动，更不是做出来给人看的，而是如同江河奔涌、火山喷发一般的自然流露。1930 年，一个日本鱼类专家带着一支"科学远征队"来到了中国。科学交流本是好事，可是作为一名爱国的科学家，秉志不能容忍帝国主义对中国生物资源的窃掠。当时，一些外国学者在研究中国生物资源上"大题小做，大报虚账"，"到中国玩一趟，顺手牵羊地带去了几件标本，就写一篇中国鱼类志、蛇类志，什么什么志的文章"，秉志先生斥责这种行为是"沽名钓誉"。秉志了解到，这支由五个日本人组成的"科学远征队"颇为蹊跷，除一个渔业专家外，有两个不过是学生，另外两个竟然是日本陆军省侍从武官，而且他们的行动根本没有得到中国政府的批准。看来这支"科学远征队"显然不是为科学而来的，他们怀有不可告人的目的。洋溢着满腔爱国激情的秉志，急电在重庆的中国科学社社员，要他们全力阻止这支"远征队"的行动。同时，一定要抢在日本人的前面拿出成果。生物研究所立刻组成调查队准备赴四川进行生物资源调查，人员没有问题，中国的生物科学家们士气正旺，困难的是资金不足。在这种情况下，以民生轮船公司卢作孚总经理为首的爱国实业家和川中父老伸出了援助之手，资金问题也很快得到了解决。调查队不顾山高林密，江河湍急，深入到川西、川中进行考察，很快便满载而归。可是新的困难又接踵而至，大量的材料需要整理，而时间又非常紧迫。在这紧要关头，生物研究所的青年学者担起了重任，其他单位的学者也赶来协助整理资料，他们夜以继日，很快就完成了长江中下游与沿海主要动物的分类工作。日本"科学远征队"失去了借口，但仍不甘心，他们四处活动，可是由于秉志的动员、科学社成员的积极响应、中国民众的爱国热情，让"科学远征队"处处受阻。他们船票买不到，问路问不到，甚至想从鱼市场上买几条鱼也遭到了鱼贩子的拒绝。"远征队"被困在重庆日本领事馆很长时间，出不得，行不得，更无法开展他们的"远征"。后来，他们费尽心机总算来到成都，可是这支"科学远征队"却不进行任何科学考察工作，只是整天在军政要员中活动，他们的真实面目也因此暴露无遗了。不久，那个带队来的"鱼类专家"，因为整日沉迷于宴饮当中，再加上年纪太大，抵不过暑热，竟然病死在成都。这支打着"科学"旗号的"远征队"只好铩羽而归。这在当时中国的学术界曾被引为一件快事，而日本军国主义者对此又气又恨。后来日寇占领南京，先是把生物研究所的标本物品抢掠一空，后又把生物研究所炸毁以泄积愤。这是日本帝国主义在南京犯下的又一罪行。

抗战期间，秉志因夫人有病等故不能离开上海，只好避往租界，日伪政权想利用他的声望，用高官厚禄引诱他出山，但他秉志不移，改名为翟际潜，蓄须"隐居"，坚决不为日伪政府所用。在非常困难甚至危险的条件下，他仍然坚持做科研工作，完成了多种论著，表现出崇高的爱国主义情操。同时，他还化名"骥千""伏枥"发表文章，揭露日本军国主义的罪行。秉志文笔犀利，他把日寇比为"毒蛇""野兽""强盗"，进行了猛烈而巧妙的抨击。秉志先生不愧为中华民族的硬骨头！

日本投降后，生物研究所因为在南京的房子已被日本侵略军毁掉，他们只好借科学社在上海的明复图书馆顶层开展工作，仍由秉志担任所长。当秉志的学生从大后方回到上海，与久别的老师重逢时，他们惊讶地看到，秉志老师还是穿着有补丁的蓝布大褂与老牛皮鞋。他的装束没有变，他那一颗质朴忠贞的中国心更没有变。

抗战胜利的喜悦很快过去了，国民党反动派的腐败日益显现出来。虽然秉志被选为第一批中央研究院院士，他的学术成就和他的品德受到社会和学术界的尊敬，就连国民党当局也对他恭敬有加，可是他对国民党当局的腐败，以及不重视科学发展的态度非常不满。他用犀利的笔锋谴责被腐败社会扭曲的几种人，斥责他们是"科学罪人"，其中包括勾结强权的政客和急功近利、逐末忘本的商人等。

中国科学社是一个民间学术团体，在国民党溃败前夕，"官办"科研单位都很困窘，民间学术机构就更是难熬了。那时物价飞涨，生物研究所人员的生活难以为继，大都自寻活路去了，只剩下秉志和两位与他同样矢志不渝的研究人员坚持进行研究工作，坚持守护得来不易的研究所，直到新中国成立。陈毅同志在解放军进入上海不久，专门会见了秉志，对他的学术成就和他的热爱祖国、追求真理的品德给予了高度评价。

终身奉献科学矢志不渝，晚年研究鲤鱼贡献殊多

秉志先生对中国共产党和新中国寄予了厚望，抗美援朝时期，他把自己节衣缩食攒下的房产全部捐出来，给中国人民志愿军购买飞机、大炮。

中国科学院成立时，周恩来总理本想聘他为副院长，可是他再三恳辞，只想致力于科学研究，最终，周总理还是遵从了他的意愿。

他住在中关村14楼时，许多生物界的著名科学家都曾来造访。看到秉志先生冬暖夏凉的

房子，他们常常回忆起当年"中国科学社生物研究所"的那段艰苦光景。

有人回忆说："1922年，中国科学社生物研究所刚成立时，我们只有一块牌子、两个房间，条件非常简陋。我们这些穷教授没有钱啊！"

"是啊，那时没有图书，我们就把自己的藏书捐赠出来；没有仪器，就向学校借。亏得东南大学还支持我们。"

"最难熬的是夏天，南京是有名的'火炉'，酷热难当，什么电风扇，连想都不敢想。大家都是一身短打扮，一手工作，一手拼命摇扇。最热的时候，有人只穿一件汗背心、一条短裤。秉志先生热得用毛巾一把一把地擦汗，诚所谓'挥汗如雨'。现在想想，那情景真是不堪回首。"

"冬天也不好过啊，南京虽然地处江南，可是没有取暖设施，室内常比室外冷，大家一边搓手跺脚，一边坚持工作，连秉志先生也概莫能外。有人戏言，说生物所是'冻物所'呢！"

那时，秉志正在全力研究鲤鱼。鲤科是鱼类世界中最大的家族之一，有2000多个品种。鲤鱼几乎分布于北半球的所有淡水区域，特别是在我国、东南亚和非洲。它除了具有重要的经济价值外，还有重要的科研价值。因此，对鲤鱼的研究无论从经济角度来看，还是从科学角度来说，都有重要意义。在中国民间传说中，只有鲤鱼能变成龙，但它必须跳过高高的龙门。秉志先生希望中国的动物学研究，有朝一日也能跃过龙门，变成一条腾飞的金龙。

秉志先生工作很辛苦，有时他挥笔写几幅字，权作休息。这些字，有的是临帖，有的是书写他人或自己的诗作，他的诗和文章都非常出色，因为他练字只当消遣，常常是信笔写来，又随手丢掉，所以孩子们才有机会去把他丢弃的"墨宝"捡回来，当作字帖摹写。

1965年2月21日，积劳成疾的秉志先生在北京逝世，直到他去世的前一天，他还在实验室工作……

秉志先生晚年出版了《鲤鱼解剖》专著，完成了《鲤鱼组织》专著的手稿。《鲤鱼解剖》一书对鲤鱼的外部形态及内部各系统、各器官，尤其是骨骼系统和神经系统，进行了详细、精确的阐述。《鲤鱼组织》一书的出版则比较坎坷。秉志先生在生前已经完成《鲤鱼组织》的全部手稿及大部分插图和注释。他逝世后，《鲤鱼组织》一书又由他人做了进一步的补充完善、校核整理。在该书准备出版之际，遇上了"文化大革命"，因此直到1983年才得以正式出版。在此期间，或因为研究参考，或因为教学需要，不少科研机关和学校都派人到动物所联系，以"手抄本"解决急需，可见此书的学术价值之大。

秉志先生一生热爱祖国，热爱科学，真正做到了他对自己要求的"心术忠厚、度量宽宏、思想纯正、眼光远大、性情平和、品格清高"。

人们不应当忘记这位中国生物学界最早的博士、中国生物科学的先驱者——秉志先生。

13楼305号

刘崇乐

研究小虫子的功臣

　　刘崇乐（1901年9月20日—1969年1月6日），福建省福州人。生于上海。他是昆虫学家，我国昆虫学创始人之一。曾任中国科学院昆虫研究所和动物研究所研究员、云南分院副院长，兼任中国昆虫学会理事、《昆虫学报》主编。1955年被选聘为中国科学院学部委员（院士）。为第一、二、三届全国人大代表。

现在，有人企图用芯片卡中国的脖子，使中国的科技、国防和经济无法发展，这已经是人尽皆知的事了。而在20世纪50年代初，某些西方国家也曾经用一种重要的战略物资卡中国的脖子，而这种重要的战略物资竟然源自一种小小的虫子，叫作紫胶虫。

紫胶的优点很多，它绝缘、防潮、防水、防锈、防腐、防紫外线、黏合力强、易干、耐酸、耐油、弹性好、化学性质稳定、对人没有毒性和刺激性等，因而用途非常广泛。在国防工业中，紫胶树脂主要用作雷管、引信、枪弹、炮弹的防潮涂料，枪托和手榴弹弹体的涂料，也用于坦克、飞机、军舰、汽车仪表中，还可用作火药的黏合剂。

在民用方面，紫胶主要是用于防锈、防蚀、绝缘等，用它还可以制造高级黏合剂和印刷油墨。它的制品还可以防止糖果和糕点潮解变质，保持食品和水果的水分和鲜味，让它们美观诱人，延长贮存时间，对人体还没有任何伤害。它还是制造西药的重要辅料，同时又是一种中药材。因此，它才成了某些国家对中国封锁的重要战略物资。而刘崇乐就用他的学识和汗水解开了紫胶虫繁育、生长、推广的难题，破解了某些国家对新中国乃至整个社会主义阵营的封锁。

刘崇乐生于1901年，曾在北京师范大学、清华大学任教。1920年毕业于清华学校，也就是后来的清华大学，后赴美国康奈尔大学学习，1922年获康奈尔大学农学学士学位。1926年，刘崇乐在获得康奈尔大学博士学位后回国，出任清华大学生物系教授兼系主任，创办了附属昆虫研究所兼任所长，并且培养了一批我国早期的昆虫学人才。那时的中国政局不稳，军阀混战，经济文化和科学都非常落后，能在这样的条件下培养出国家急需的昆虫学人才，是非常难能可贵的。

在刘崇乐等人的带领下，清华大学在虫害的防治方面做了许多工作。首先是进行了虫害的调查，刘崇乐他们本来有心把华北各省的虫害都普查一遍，但无奈人力、财力都不充足，所以只好先从河北省开始。但即便是查河北省的虫害，也是力不从心，最后只能在北平普查虫害。查了虫害，还要治理虫害。刘崇乐等人除了研制适合国情、效果好、易于生产的杀虫药外，还努力普及防虫治虫知识。他们在北平周围进行虫害防治演讲，许多普通农民都踊跃来听讲，收到了很好的效果。刘崇乐他们还编写出版了《昆虫浅说》的小册子，以普及昆虫防治方面的知识。其中有"什么是昆虫""询问及报告虫害须知""昆虫的食性"等。像他这样一位"洋博士"，如此重视科学普及，而且是面向普通的农民，确实难能可贵。

1936年10月，刘崇乐教授受中华教育文化基金会资助，赴欧美考察虫害防治事业。趁此机会，刘崇乐着手编制《世界昆虫名录》一书，至1937年，完成初稿14册。此后，不管是在清华大学农学院，还是在北京农业大学、中国科学院，刘崇乐都一直在做昆虫分类工作，为我国昆虫学文献的积累做出了巨大贡献。

抗日战争爆发后，刘崇乐随校南迁昆明。在十分艰苦的条件下，他仍坚持搞科研。他深入林莽山野，研究云南的昆虫，取得了许多成果，也为以后的研究打下了基础。

抗战胜利后，刘崇乐随校返京。由于他的学术水平高、资历深、为人忠厚，即被多所名校聘为教授、系主任或其他学术领导职务。中华人民共和国成立前，他曾历任清华大学生物系和农研所教授、清华大学农学院昆虫系主任、东北大学生物系教授兼系主任、北京师范大学生物系教授兼系主任，以及北京农业大学昆虫学系教授兼系主任，并任该校昆虫研究所所长。他还是英国皇家昆虫学会会员。

新中国成立前夕，刘崇乐正在美国访问，美国和台湾地区有关部门聘请他"高就"，但是他拒绝了优厚的待遇，怀着满腔热忱毅然回国，迎接中华人民共和国的诞生。

1952年，刘崇乐调任中国科学院实验生物研究所昆虫研究室主任。这个研究室就是中国科学院昆虫研究所的前身。

就在他调进中国科学院的那一年，美国在侵朝战争中悍然使用细菌武器。刘崇乐受命参加"美帝国主义细菌战罪行调查团"前往中朝边境调查取证。他与钟惠澜、陈世骧、钱崇澍、胡先骕、邓叔群、林镕、刘慎谔、吴征镒等科学家一起，不顾危险，在鸭绿江两岸以及沈阳、丹东等地进行了现场调查，获得了一系列的科学证据。刘崇乐以精湛的学识和分析能力查获了美军撒播的带菌昆虫，坐实了美军的罪行，向国际科学委员会提出了有力的证据。

20世纪50年代初，美国等西方国家把紫胶作为战略物资，对中国和其他社会主义国家进行封锁。为了打破西方国家的封锁，中苏决定联手突破封锁。紫胶来自紫胶虫。紫胶虫的雄虫和雌虫体形不一样，雌虫的体形近似球形或圆锥形，体色为紫红、黄或橙黄色。体长3.4mm至6.0mm，体宽2.5mm至4.0mm。它们会分泌出一种蜡状物质，以包裹保护虫卵，这种蜡状物质就是"紫胶"。由于紫胶虫主产于云南省，于是中苏两国科学院于20世纪50年代初组成了云南紫胶考察队，由刘崇乐任队长。

考察紫胶虫是细致而又艰苦的工作。紫胶虫喜欢选择在阳光充足而不直接照射的树冠上层、中层的二三年生枝条上生活。因此，考察队员要想了解紫胶虫的分布和生活状况，就要爬高山、探密林，风餐露宿，还要防毒虫叮咬、猛兽袭击，非常辛苦。

除了考察紫胶虫的生活，刘崇乐还要带领考察队考察和研究如何放养紫胶虫、怎样扩大产区、怎样提高产量、如何防治病害等。刘崇乐率领这支百余人的中苏两国科学家混编的考察队连续工作了近4年，做出了卓有成效的贡献。

1956年，"中苏科学院云南紫胶工作队"更名为"中苏云南生物资源考察队"。除紫胶虫之外，他们考察和研究的范围又扩充到动植物资源方面：包括昆虫、鱼类、两栖爬行类、鸟类和兽类等，并且有了许多新发现，从而让云南因为动物种类繁多而获得了"动物王国"的称号，这就为在云南建立专业性的动物学研究机构做好了准备。

1955年，刘崇乐被选聘为中国科学院学部委员，任中国科学院昆虫研究所和动物研究所研究员。

刘崇乐是利用现代科学进行生物防治的先驱，是我国捕食性天敌昆虫应用和开发的先锋。他带领自己的团队，进行了寄生蜂、寄生蝇的研究和利用，为我国综合治理农业、林业和园艺害虫做出了贡献。现在人们越来越意识到过度使用化学药物防治害虫的结果是既治不了害虫，又污染了环境，而用以虫治虫的方法，就不用担心这方面的问题了。

早在20世纪40年代，刘崇乐就开始研究天敌昆虫，也就是以虫治虫。有一种赤眼蜂，它很小，身长只有0.5mm至1mm，但它本领很大。它能把卵产在玉米螟的卵内，玉米螟的卵就再也不能孵化成幼虫。用赤眼蜂还可以防治松毛虫等害虫，因此赤眼蜂有"植物守护神"之称。又如人们常见到的瓢虫，它的种类繁多，还有许多俗名，如"花大姐""红娘"等。全世界有5000多种瓢虫，中国已查明的有400多种。瓢虫分多个亚科，其中既有益虫，也有害虫。益虫可以帮助人们防治蚜虫等害虫，而害虫则会损害庄稼。谁是我们的朋友，谁是我们的敌人，这是防治虫害的首要问题。刘崇乐对瓢虫进行过大量深入细致的研究。在瓢虫大家族中，有害的只是少数食植性瓢虫，如二十八星瓢虫。而大多数瓢虫是益虫，它们以捕食害虫为生，也有的瓢虫是既食植物，也吃害虫。经过刘崇乐等老一辈科学家的努力和后人的继续努力，现在用七星瓢虫防治棉蚜虫已经成了许多棉农的首选，因为它治虫效果好，又不会造成污染。

刘崇乐除了研究以虫治虫之外，还研究用细菌和病毒防治害虫。他最先从国外引进了苏云金杆菌。苏云金杆菌适用作物非常广泛，主要用于防治鳞翅目害虫，如小菜蛾、夜蛾、烟青虫、玉米螟、稻纵卷叶螟、松毛虫、茶毛虫、茶尺蠖、玉米黏虫、豆荚螟等多种害虫，还可以广泛应用于蔬菜、瓜类、烟草、水稻、高粱、大豆、花生、甘薯、棉花、茶树以及苹果、梨、桃等果树的病虫害防治。

用细菌和病毒治虫，同样有不会造成污染的好处。随着环保观念的深入人心，这种防治虫害的方法越来越受到人们的重视，同时也越来越凸显出刘崇乐的功绩和他的远见卓识。

1958年，刘崇乐担任了中国科学院云南分院副院长兼昆明动物研究所所长，为建立这个处于"春城"的研究所，他费了不少心血，做出了重要贡献。

生活中的刘崇乐为人忠厚老实，深得同事、朋友的敬重。关于他，有这样一段轶事。朱自清的著名散文《荷塘月色》中有一处写到作者在月下漫步时听到了蝉声，文中写道："这时候最热闹的，要数树上的蝉声与水里的蛙声……"后来有一位叫陈少白的读者写信给朱自清，说蝉在夜晚是不叫的。朱自清特意求教于刘崇乐。殊不知，这给刘崇乐出了一道大难题。因为全世界的蝉有32800余种，仅中国已知的就有1930余种。它们的"夜生活"是否都一样、它们的"性格"与"爱好"是否都一致，博学如刘崇乐者，也不可能准确回答。但是，刘崇乐翻遍书山，总算找到了一段文字，用他的话说，是"好不容易找到这一段！"文中说，蝉平常在夜晚是不叫的，但有一个月夜，笔者却听到它们在叫。朱自清后来又查证此事，证明刘崇乐给他的那段文字是正确的。朱自清后来发感慨说："我们往往由常有的经验作概括的推论。例如由有些夜晚蝉子不叫，推论到所有夜晚蝉子不叫。于是相信这种推论便是真理，其实只是成见。这种成见足以使我们无视新的不同的经验，或加以歪曲的解释。"朱自清的这一段话意味深长，这已经远远超出"月夜有无蝉声"的讨论本身了。

本来刘崇乐还可以有更多、更大的贡献，但是因为积劳成疾，尤其是在"文化大革命"中得不到及时有效的治疗，他不幸于1969年1月6日去世。

让我们记住刘崇乐吧！20世纪五六十年代，注重宣传集体的功勋，不大宣传个人的贡献。此后，由于商业化对媒体的侵蚀，人们熟知的是二流、三流，甚至不入流的歌星、影星，像刘崇乐这样的科学家的知名度并不高，甚至可以说是默默无闻。但是他的贡献几乎无处不在：从电视、洗衣机等家用电器，到光可鉴人木器家具；从老人保健养生的药物，到孩子吃的巧克力；从田野中丰收的庄稼，到边防军人手中的枪；从奔驰的汽车，到高飞的人造卫星、宇宙飞船……都包含有他辛苦工作的结晶。也许他的名字不为人所熟知，但他的功勋永在人间。

14楼304号

童第周

破壁腾飞

童第周（1902年5月28日—1979年3月30日），浙江鄞县（今宁波市）人，曾任山东大学、中央大学、同济大学、复旦大学等校教授，中央研究院心理研究所研究员，英国剑桥大学和美国耶鲁大学研究员。新中国成立后，历任山东大学教授、副校长，中科院实验生物研究所副所长、海洋研究所所长和动物研究所所长。1955年被选聘为中国科学院学部委员（院士），曾任生物学地学部副主任、生物学部主任。1978年任中国科学院副院长。20世纪50年代中期至60年代初，任中、苏、朝、越四国渔业委员会副主任委员。他是第一、二、三、四届全国人民代表大会代表，第三、四届全国人民代表大会常务委员会委员，中国民主同盟中央常委。1978年加入中国共产党。

童第周院士在中国是知名度很高的科学家，因为他的事迹上过报纸、电视和教科书。他的科研成果曾经成为诗人吟咏的对象、画家创作的题材。

20世纪五六十年代，童第周一家住在中关村14楼304号，那时他正担任中国科学院生物学部主任，外地的生物学家到北京来开会，常常要来看他，有的是叙旧谊，有的是谈工作。"有朋自远方来，不亦乐乎？"童第周先生常常会招待他们吃饭。此时，童师母会亲自下厨，做几个地道的宁波菜，如雪菜大汤黄鱼等来款待客人。童师母的厨艺极好，她烧的宁波菜味道醇美，非常地道，直到今天仍被朋友和儿女称道。不过，可不要以为童师母只是善于烹饪，她也是一位成就斐然的科学家，更是童第周最好的助手与合作者。

后来居上

在浙江鄞县的东乡，有一个景色秀丽的小村庄，两条小溪潺潺流过，把这个小村庄装点得如诗如画。1902年5月28日，童第周就出生在这个叫童家岙的村子里。童第周的父母人品都很好，而且夫妻二人一直相敬如宾，是村里有名的"模范夫妻"。他们共生育子女八人，五个是男孩，三个是女孩，童第周排行第七。童第周的父亲是一位秀才，在村里教着一个蒙馆。因此，童第周在童年时期就能得到良好的教育。

不过，当童第周刚刚踏上人生之路时，就遇到了一连串的坎坷。到了上中学的时候，童第周考进了师范学校，读完预科和一年级之后，他想转到宁波有名的效实中学学习。但是师范学校有规定，转学就要把历年由学校支付的伙食费和服装费全部退还。这可让童第周犯了难，他的家境并不富裕，他能上学还是靠了当中学教师的二哥支援。现在要退出这么一大笔钱，如何办得到？幸亏师范学校的校长开明，他看到童第周学习成绩好，作为特例，免去了这笔费用，童第周这才能够如愿以偿地转到了效实中学。

然而，进了效实中学，童第周却遇到了更大的困难。他是一位插班生，是"后来者"。效实中学的课程中，有些是师范学校根本没有的；有些虽然一样，但是进度要快得多。童第周要赶上去，就要付出比别人更多的努力。更要命的是，师范学校不大重视英语，而效实中学连讲课都用英语，童第周听老师用英语叽里咕噜地讲课，就像听天书一样。童第周学得非常努力，晚上熄灯后，同学们都睡觉了，他还在路灯下苦读；早晨天还没有亮，他又悄悄起身攻读了。可是第一次期末考试，他的平均成绩只得了45分。学校按规定想让他留级或退学，只是由于他的再三恳求和多方努力，才勉强同意让他再试读一学期。从此，他就更加刻苦努力地学习了。功夫不负有心人，他不仅赶了上来，第二次期末考试时，几何还得了100分。这个100分让童第周增强了走好人生道路的信心。当时一位教几何的老师也感动地说："原来我向学校建议，童第周学得这样吃力，可以考虑让他留级。现在我要向学校建议，即使他考不好，也要让他升级，因为他付出了比别人多一倍的劳动。这样的学生，早晚会赶上去。"

此后，他的学习成绩果然越来越好，虽不是名列第一，也相差不了几分。校长感动地说：

"我教了十几年书，还没有见到进步这么快的学生。"

效实中学的毕业生本来可以直接升入上海圣约翰大学，可是因为大哥病了，需要有人管家，童第周只好回到家乡，管了一年家，也正因为如此，他考大学竟落了榜。又过了一年，他才进入复旦大学心理学系。在复旦大学，他受到了郭任远教授很深的影响，郭任远是一位很有成就的科学家，他的主要成果都是通过实验得来的。童第周从郭任远教授的成功中认识到：搞科研，实验是非常重要的，只有通过实验，才能有所发现。

"我要回国"

1930年的秋季，一列火车奔驰在西伯利亚的莽原上。在漫漫的旅途中，每当用餐时，餐车都会聚满旅客，这里有美酒佳肴，但是价格也惊人。这里的食客当中自然有不少富商巨贾，但也有一些人是硬着头皮来餐车换换口味的。因为在漫长的旅途中，总是吃随身带的食物是很倒胃口的。可是有一位年轻旅客却从来不进餐车，他只啃自己随身带的面包，他就是童第周。他将要在莫斯科转车赴比利时的布鲁塞尔大学读书。出国之前，童第周在中央大学当过一段时间的助教。在那里，他一方面感到外国学者的水平确实比较高，另一方面又看到某些从国外"镀金"归来的中国学者工作不努力，只是在麻将桌上消磨时间，更感到有责任把国外的先进科学学到手，以报效祖国。于是，他借了1000块钱，踏上了留学之路。为了尽可能省钱，上火车前，他买了一堆面包，就靠它们撑了一路。

布鲁塞尔大学，当时中国的留学生又称它为"比京大学"，是一所世界闻名的大学。本来，童第周是师从布拉舍教授的。布拉舍教授是著名学者，还担任过布鲁塞尔大学的校长，他对中国人的印象很好。可惜的是，没有多久他就病了，于是就由达克教授代理了他的工作。童第周来到这里的第二年春天，达克教授主持做一个实验，这个实验需要剥掉青蛙的卵膜，那东西比纸还要薄得多，十分娇嫩，可是它又紧密地包裹在蛙卵的外面，很难剥离。这个实验室里还有两位美国人，其中一位还有博士头衔，可是他们想尽了办法，也达不到目的，要么剥不下来，要么就是剥下来了，卵也被破坏了。这时，他们和达克教授想起了童第周，听说中国人手巧，何不请他来试试？童第周不负众望，经过一番努力之后，终于掌握了剥离卵膜的技术。当他成功地把青蛙卵膜剥离后，实验室的同事们都欢呼起来，并且热情地向他祝贺。一位美国同事还要他当众表演"奇迹是怎样发生的"。达克教授兴奋地说："我们搞了几年都没有成功，可是童成功了！"他还神秘兮兮地对童第周说："这个技术可要保密！"

此后，童第周又成功地剥离了更难对付的海鞘卵膜，达克教授对童第周的工作非常满意，认为他简直就是一个创造奇迹的人。以后就什么工作都放手让他做了。不久，童第周就完成了由他自己设计的一项实验，并且取得了很好的结果。

在比利时，童第周深切地感受到了比利时人民对中国人民的友好情谊，同时，也感受到了一个丧权失地的弱国国民所受的屈辱和不公。在比利时，童第周租了一间阁楼住，房东老太太

254

对中国人很和善，还经常帮助童第周练习口语。同租这个房子的，还有一个俄国人，他号称是经济学家，然而到比利时多年了，连一篇论文也写不出来，可是竟敢不知天高地厚，当着童第周的面骂中国人无能。童第周一听，立刻反唇相讥说："从明天起，我也学经济学，你已经学了三年，看看咱们谁先得到博士学位！"

房东老太太也以蔑视的态度对那个俄国人说："你不能和童比，你来了三年，连一张便条都写不好，而童先生却能写文章。"那个俄国人又羞又窘，只好悻悻地溜掉了。

当九一八事变的消息传到比利时后，许多比利时人都对中国人民持同情态度，可是也有人看不起中国人，有的报纸上还出现了污辱中国人民的漫画。童第周怒不可遏，联合了在比利时各地的中国学生，举行抗议日本侵略我国东北的活动。比利时政府因为要顾及日本人的面子，竟然不准中国人举行抗议活动，许多比利时人都支持中国学生，法律系的老师还自愿为他们当法律顾问。可是童第周和几位带头发起抗议活动的中国学生还是被比利时当局逮捕了。尽管有比利时朋友为他们鸣不平，前任司法部长还亲自为他们奔走，找人辩护，但童第周还是被判处了二年徒刑。比利时的民众哗然了，一些主持正义的人士说："他们的国家被侵略，甚至连家都没有了，为什么不准他们抗议？"慑于舆论的压力，比利时当局才将童第周改判为"缓期执行"。但是按照规定，他必须定期接受警察的询问，那些警察还威胁他说："再胡闹就把你驱逐出境！"

为了避免一旦被驱逐，就失去学习的机会，童第周在达克教授的帮助下，不得不做好了转到法国继续学习的准备。这件事在童第周的心里打下了深深的烙印，他更加盼望着祖国早一天强盛起来。

1934年，童第周通过了博士答辩，他的论文得到了等级最高的"A级"。于是达克教授又找他谈话，希望他能再学习一年，这样就可以拿到"特别博士"的学位。童第周感谢达克教授的好意，可此时他的心却牵挂着祖国的命运。他坚定地对达克教授说："'特别博士'不要了，我要回国！"

烽火岁月

1934年，童第周回到了祖国。第二年，他和夫人叶毓芬来到青岛大学做教学和研究工作。那时他们常常在实验室埋头工作到深夜。他们的研究证明，海鞘的卵子在受精之前已经有了器官形成物质，而且已经有了一定的格局和分布。但是很可惜，因为日本帝国主义军队的入侵，他们的实验被迫中断。在艰苦的抗日战争中，他们不得不为躲避战祸而颠沛流离。1941年，童第周一家来到当时为躲避战乱而迁至四川李庄的同济大学，这里的条件十分艰苦，吃的是廉价的陈米，喝的是混浊的江水，没有电灯，更没有实验室需要的设备。因为远离大海，没有了海鞘，为了能坚持搞科研，他们就以青蛙、蟾蜍、金鱼为研究材料，研究其他课题。为了克服没有器材的困难，他和夫人从旧货摊购回了一台旧的双筒显微镜。这台显微镜在当时并不

算贵，可是以童第周的收入，却得四处借债才能买得起。他和夫人为了能够在艰苦的条件下继续搞科研，还是下决心把显微镜买了回来。为了归还买显微镜欠下的债，他和夫人甚至下了决心，准备一辈子过苦日子。在如此艰苦的条件下，童第周在两栖类动物胚胎纤毛运动的研究中仍旧取得了可喜的成果。英国著名学者李约瑟博士看到这一切非常惊讶，也非常感动。他对人们说："在那样困难的条件下，童第周和汤佩松（植物学家，后为中科院院士）仍然坚持工作，很令人钦佩。"

抗战胜利后，童第周又回到青岛，在山东大学任教。他不仅在科研上成就斐然，而且还积极支持学生的爱国民主运动。1947年，在青岛爆发了"反饥饿，反迫害"的游行示威活动，游行遭到了当局的镇压，童第周不顾危险，和海洋生物学家曾呈奎（后为中科院院士）一起，用照相机把镇压学生的场面照了下来，留作军警镇压学生的铁证。那时的报纸都不准许登载这个消息，只有一家英文的《民言报》进行了简短的报道，童第周就用自己的钱买了一百份《民言报》，邮寄给朋友和知名人士，揭露了反动派镇压学生运动的真相。

由于童第周的成就和名望，他于1948年被选为中央研究院院士。不久，美国洛克菲勒基金会来信邀请他到美国去做访问学者。他本来不想去，他的朋友和同事考虑到他的民主进步倾向已经引起了国民党特务机关的注意，都认为到美国去更有利于他的安全。在朋友的劝说下，童第周告别了祖国，赴美国耶鲁大学任客座研究员。

驱遣风雷

中华人民共和国即将成立的消息传到北美大陆，兴奋不已的童第周立刻放弃了美国优裕的生活和工作条件，不顾国民党政府已经把他列入"左派"的名单中，冒着风险返回了祖国。归国后仅三个月，他所在的青岛市就解放了。

新中国成立后，童第周先任山东大学生物系主任，后又担任副校长。不久，他又担任了中国科学院水生生物研究所青岛海洋研究室主任。1955年，他被选聘为中国科学院第一届学部委员，并担任中国科学院动物研究所研究员、1956年任生物学地学部副主任。1956年，他偕全家来到了北京，不久就住进了中关村

谈家桢（左）、童第周（右）

14楼。

在中关村居住时期，童第周在文昌鱼的研究上获得了重大突破。文昌鱼其貌不扬，是一种低等动物，在世界上的分布很少。童第周长期从事对文昌鱼的研究，到了20世纪60年代初，童第周终于用一系列研究成果，进一步证明了文昌鱼属于无脊椎动物和脊椎动物之间的过渡类型。这个研究结果曾被国内外的媒体广泛报道。由于童第周，文昌鱼在动物进化过程中有了自己的地位；由于文昌鱼，世界看到了中国科学家的能力。

童第周最关心细胞核与细胞质在发育中的关系。这本是国际上实验胚胎学家都关注的问题，但是直到1952年，有了核移植的方法，才为这一研究开辟了道路。童第周利用这一技术对两栖类、鱼类和海鞘类进行了研究。他还选择了用金鱼替代国外使用的青蛙和蟾蜍做实验，金鱼的胚胎细胞比较小，也很脆弱，所以在技术上更难，但金鱼好饲养，在一年内就可以看到实验结果。

1963年，童第周首次完成金鱼和鳑鲏鱼的同种核移植研究，经过细胞核移植的鱼卵中，有百分之十孵化成小鱼，中国的克隆鱼诞生了。童第周在发表论文时称这些小鱼为"核移植鱼"。只可惜，由于当时的国际环境，外国对中国的科研成就不大了解，童第周的成果没有在国际学术界引起应有的重视。实际上，这就是世界上首个克隆鱼类的记录，也为20世纪70、80年代国内完成鱼类异种间克隆和成年鲫鱼体细胞克隆打下了基础。因此，他被媒体誉为"中国克隆第一人"。

不久，童第周将鲤鱼细胞核和鲫鱼卵细胞移植在一起培育出了有须的鲤鲫鱼，这种鱼像鲤鱼一样大，又有着鲫鱼的鲜美，成为完美的食材，展示了克隆技术广阔的应用前景。

在"文化大革命"中，童第周受到了错误批判，还被迫搬出了14号楼，住进了一个9平方米的小房子。童第周的子女们在那个艰难的时期，也被迫星散各地，有的到陕北、海南插队，有的到"五七干校"劳动。

但不管在怎样困难的情况下，童第周都把科研工作放在第一位，而把自己的得失荣辱置于脑后。那还是在1972年春天，在热心人和所领导的一再争取下，童第周得到了一个在小汤山休养的机会，但是当他得知有一个难得的开展科研工作的好机会时，他不待休养结束，就匆匆回到所里，投入到繁重的科研工作中去了。

在70年代，童第周计划和美籍华人科学家牛满江合作开展研究工作。那时，中国的科技界还处在"极左"思潮的桎梏中，搞国际合作不仅要层层审批，还要对外国科学家进行"审查"。有人还指责他和牛满江的合作是"洋奴哲学"。这件事最后竟然惊动了邓小平同志，在邓小平同志的支持下，这项国际间的合作才得以进行下去。1973年5月，牛满江和妻子、生物学家张葆英一起来到中国，与童第周开始了中美生物科技的第一次交流合作。他们把鲤鱼的核糖核酸放入金鱼体内，发现金鱼尾鳍从双尾变成了单尾，这说明并不只是细胞核控制生物的遗传性状，细胞质也起着非常重要的作用。这种具有特异性状的克隆鱼，被人们赞誉为"童鱼"。

多彩人生

在工作之余，童第周还有其他的爱好。他喜好古字画，如有余暇，他就喜欢到琉璃厂的店铺中去"淘金"。童第周只有工资和一点稿费，因此只能购回一些价格尚可接受的字画。不过，凭童第周的鉴赏水准，他也能以较低的价格购得一些精品，如唐寅画的仕女图等。这些字画有的在"文化大革命"中散失了，有的捐给了北京故宫博物院。

童第周喜欢交友，他的朋友很多，在14楼里，就有和他既是同行又是朋友的陈世骧先生，还有虽不是同行却是好友的赵忠尧先生。除了科学界的朋友，他还有艺术家和诗人朋友。吴作人是尽人皆知的美术大师。他特别喜欢画金鱼，他画的金鱼不是"跃然纸上"，活脱脱是"跃然水上"。无独有偶，童第周是"夫妻科学家"，而吴作人是"夫妻画家"，吴作人先生的夫人萧淑芳女士是中国现代音乐宗师萧友梅的侄女，也是一位著名画家，尤其善画花卉。童第周培养出"童鱼"后，吴作人画了一幅名为《睡莲金鱼图》送给童第周。著名诗人、书法家、中国佛教协会会长赵朴初为此画题诗："异种何来首尾殊，画师笑道是童鱼。他年破壁飞腾去，驱遣风雷不怪渠。"表达了画家和诗人希望中国科学早日"破壁腾飞、驱遣风雷"的美好愿望。

童第周和张伯驹夫妇也是好朋友，张伯驹先生是诗词和文物鉴赏方面的名人，他的鉴赏力极强，收藏也极丰，曾将珍藏的李白的《上阳台帖》、陆机的《平复帖》捐献给国家。张伯驹的夫人潘素擅长画青绿山水，童第周很喜欢她的画。

不过，童第周先生最大的爱好是想象，是在广阔无垠的思维世界中神驰。早在青少年时期，他就有广泛的学习兴趣，他学过心理学和行为心理学，他还曾经想学哲学。对许多人们习以为常的问题，他都喜欢刨根问底，如"眼睛为什么会长在头上？""手臂为什么长在两边？"等，而这些古怪的问题都可以从实验胚胎学那里得到解释，这大概就是他最终转到实验胚胎学研究的原因之一吧。

左起：童第周夫人、越忠尧夫人、蔡邦华夫人

已经成为著名生物学家的童第周，仍然喜欢从哲学角度去思考问题。因此，他对各不同学术派别都有自己的见解，既不随波逐流，又能汲取其他学派有益的东西。

童第周的成功离不开妻子。他们于1926年相识，先是同乡，后来又成为校友，在复旦大学生物系成了师兄妹。1930年，在童第周赴比利时深造前，他们举行了俭朴的婚礼。直到1934年，童第周在布鲁塞尔大学获得博士学

258

位，返回祖国后，一对恩爱夫妻才得以团圆。这时，他们已经有了第一个孩子。童第周取得的成就中，都有妻子的心血和汗水。有时为了取得一项成果，夫妻二人会在实验室不分昼夜地连续工作几十天。有人统计过，他和她共同完成的论文在童第周已发表的主要论文中占百分之七十左右。因此，有人称他和她是"中国生物界的居里夫妇"。

童第周和夫人叶毓芬

春风化雨

1976年，打倒"四人帮"之后，童第周和他的家人终于走出了严冬。由于同事们的热心奔走、呼吁，党和国家为身为全国人民代表大会常务委员会委员的童第周落实了政策，他有了条件更好的住房，可遗憾的是，叶毓芬教授不幸于1976年3月因病去世，这是童第周一家永远无法弥补的缺憾。对童第周来说，中关村14楼的那个家，曾是最完美的家。

1978年，当科学的春天来到时，童第周担任了中国科学院副院长、全国政协副主席，并且加入了中国共产党。1978年2月，他的身体已经很差了，但是他壮心不已。他曾在《诗刊》杂志上发表了一首诗：

周兮周兮，年逾古稀。
残躯幸存，脑力尚济。
能作科研，能挥文笔。
虽少佳品，偶有奇意。
虽非上驷，堪充下骥。
愿效老牛，为国捐躯。

这是76岁的童老在全国科学大会的前夕，向党和人民写下的誓言。一年多之后，他辞别了人世，但是他带出的队伍、他所奠定的细胞遗传研究事业，仍然在前进。中国科学院在"文化大

童第周和妻子、儿女

童第周全家合影于20世纪50年代末

革命"中被"砸烂",或是被强行分给外单位的一批研究所又重新回到"娘家"。不仅如此,国家还建立了一批新的研究所。童第周生前一直想建立一个现代化的"发育生物学研究所",但在那个动荡的年月里,这个愿望很难实现。1980年,中国科学院发育生物学研究所正式成立。2001年至2003年,中国科学院遗传研究所、发育生物学研究所及石家庄农业现代化研究所又整合成立了中国科学院遗传与发育生物学研究所。这个研究所不仅有院士,还有国家"千人计划""青年千人计划"、中科院"百人计划"遴选的人才,以及承担着国家"973"等重大项目的首席科学家等。童第周先生的事业后继有人。

15楼211号

蔡邦华

治虫圣手

蔡邦华（1902年10月6日—1983年8月8日），昆虫学家，江苏溧阳人。日本鹿儿岛高等农林学校动植物科毕业，回国后曾任北京农业大学教授。1927年赴日本东京帝大农学部从事研究。1928年任浙江大学教授。1930年至1932年赴德国进修，先后在德意志昆虫所、慕尼黑大学应用动物研究院从事研究。1932年回国后，历任浙江昆虫局局长，浙江大学农学院院长，中国科学院动物研究所副所长、一级研究员，第一届全国政治协商会议全国政协委员，全国人民代表大会第二、三届人民代表，1955年被选聘为中国科学部委员（院士）。共发表114篇科学论文。他为我国昆虫种类增添了新属、新亚属、新种团、新种和新亚种达150个以上，并写出了我国自己的《昆虫分类学》上、中、下三册。

　　小小的虫子，常被作为身微命贱的象征。在封建统治者眼中，广大人民群众是"蚁民"；文人自谦时，常称自己的才艺是"雕虫小技"；阿Q用"虫豸"骂别人也骂自己。然而，小小的虫子给人类带来多少福、多少祸，又有多少人清楚明了？法国的法布尔，因为自幼"爱玩虫子"，而成了著名的昆虫学家和文学家；英国的赖尔，在童年时期特别喜爱昆虫，并且能识别上百种昆虫，还能说出它们的生活习性，他后来成为著名的地质学家，被称为"近代地质之父"。中国也有在儿时就喜爱捕捉和研究小虫的科学家，蔡邦华就是其中的一位。

带条小虫去留学

　　1902年10月6日蔡邦华出生于江苏省溧阳县。他的父亲是清朝的秀才，因此蔡邦华从小就受到了良好的家庭教育。在小学时，他就喜欢在田里和草丛中观察和捕捉小虫子，会叫的"纺织娘"、漂亮的蝴蝶、打着"灯笼"的萤火虫，都会带给他无限的快乐。有一次，哥哥进行蚕体解剖时，他见到了蚕宝宝身体的内部构造，觉得真是奥妙无穷，这引起了他对这些小东西的兴趣。上中学时，他竟在课桌里悄悄地养起了芋青虫，想观察它的生活史。这本来是不允许的，幸亏他的博物老师有惜才之心，不仅没有批评，反而表扬了他。这一切，更促使他抱了学习昆虫学的决心。

　　1920年，蔡邦华和哥哥一起东渡日本深造。半年后，他进入鹿儿岛国立高等农林学校动植物科学习。入学后不久，他就找到老师，说是想提一个问题。天下的老师都喜欢爱提问题的学生，于是老师和蔼地点点头，表示愿意为他解答。只见蔡邦华小心翼翼地从衣袋里掏出一个珍藏的小盒，老师和在一旁观看的同学都以为那里面一定是什么宝贝呢。不料蔡邦华拿出来的竟是一个小虫子的标本。有的同学忍不住"噗"地笑出声来，说："这不就是普通的家蚕嘛，怎么连蚕都不认识了？"

　　可是老师认真地看了看却说："不，这不是家蚕，尽管它很像家蚕。在中国，有的地方称它为'白蚕'，有的地方把它叫'蚕蟥''桑蟥'，有的地方干脆叫它'蟥虫'。它的幼虫的确很像家蚕，可是你们看，它呈白黄色，腹部第八节背上有一个棕黑色尾角，这就是它和家蚕的区别。这东西吃起桑叶来很凶，常常把桑叶吃得只剩下了叶脉，害得家蚕活活饿死。因此，它是蚕农的大敌。"老师又问蔡邦华，"你是从哪里得到这个标本的？"

　　蔡邦华说："这是我从自己的家乡带来的。"

　　老师和同学们一听都惊讶了。

　　"你为什么要把它从中国带来呢？"老师问蔡邦华。

　　"我是想弄清楚它的学名是什么。"蔡邦华平静地说。

　　这下倒令老师为难了，因为这只像蚕却又不是蚕的小虫叫什么学名，他一时也答不出来。本来，连老师都答不出来的问题，学生完全可以把它放在一边。可是蔡邦华不这么做，他拿着那个小小的、装着蚕蟥标本的盒子到处跑，到处请教。那股子"不破楼兰终不还"的劲头终于感动了一位冈岛教授，他热情地帮助蔡邦华找参考书，教他如何查阅相关的文献。在翻阅了一本又一本参考书、查阅了一篇又一篇文献之后，蔡邦华终于找到了关于蚕蟥学名的记录。他抑制不住内心的兴奋，在那篇文献上狠狠地拍了一下说："终于找到了，我终于找到了!"

他终于找到了蚕蟥的学名——"*Rondotia menciana Moore*"。

和蔡邦华以后取得的成就来比，这个"成果"确实是微不足道的，可是这标志着他真正迈进了昆虫研究领域。

打蛇打七寸

1924年，蔡邦华回国，在国立北京农业大学任教授。这所学校的前身是京师大学堂八个分科大学之一的农科大学。1914年2月，农科大学独立，改组为"国立北京农业专门学校"，是当时北京著名的国立八校之一。1923年3月，北京农业专门学校改为国立北京农业大学。蔡邦华是当时最年轻的教授之一，只有22岁。1927年，他再次赴日本研究蝗虫分类，并且对竹蝗做了详细的研究。竹蝗是危害竹林的一种主要蝗虫，它啃食竹叶，对竹子的损害很大，蔡邦华的研究对保护和开发竹资源有着重要的贡献。

在粮仓贮藏的谷物中，经常会藏匿着一种啃食谷物的昆虫——谷象。它是农业和仓储业的大敌。谷象很能适应环境，它有寿命长、发育快、繁殖能力强三大特点，比较难对付。俗话说，"打蛇打七寸"，也就是只要打到蛇的心脏部位，蛇必死无疑。治虫也像打蛇，要找到虫的"七寸"，也就是要抓住害虫生长、繁殖最关键的时刻进行治理。这样花钱不多，耗费劳力也少，成效却最显著。因此，昆虫学家们在研究治理虫害时，都尽力想找到这个"七寸"。治理谷象也是如此，要是找到了"七寸"，就可以事半功倍地对付它了。不过，在谷象寿命长、发育快、繁殖能力强的三个特点中，哪个是关键呢? 许多国家的昆虫学家们为此争论不休。1930年，蔡邦华受浙江大学农学院的派遣，又到德国跟随雪立希教授研修昆虫生态学。在这一时期，他对谷象进行了细致、反复的对比和认真、深入的探究，最后终于认定，繁殖力强是谷象为害的主导因素。蔡邦华的研究成果深受雪立希教授的赞许，他也向其他国家的昆虫学家介绍了这个研究成果。这场由小小的谷象引起的"国际纠纷"，终于由蔡邦华的努力而画上了一个圆满的句号。

病虫害往往有暴发凶猛的特点，要是能像天气预报一样，提前报出病虫害的趋势，不是很好吗? 但这需要对害虫有深入的了解。

螟虫如玉米螟、豆荚螟、桃蛀螟等对农林业的危害一向很严重。长期以来，只有到螟虫大量发生、酿成灾害时，人们才手忙脚乱地灭虫，可是往往已经难以扼制虫害的势头。蔡邦华经过大量细致深入的研究，发现螟虫的发生与气候有密切的关系，这不仅具有重要的学术价值，而且对于创立一套螟虫测报制度非常有帮助。他写的《螟虫研究与防治之现状》一书，曾被指定为农学院参考教本。

老百姓把蝗灾与水灾、旱灾、兵灾并列为危害最甚的灾祸。为了消除这个灾祸，蔡邦华在蝗的生态学研究上投入了很多精力。竹蝗的身体呈黄绿色，触角为黑色，是竹子的大害。早在

第二次赴日本研修时，蔡邦华就对竹蝗进行过研究，并写出了很有价值的论文。他还发表过《中国蝗患之预测》等一批论文，在预报、消除蝗灾的实践中起到了重要作用。今天，我们能够比较准确及时地预报许多种虫害，与蔡先生那时的工作有着重要的关系。

"虫害"与"人害"

除了对付"虫害"，蔡邦华先生还要对付"人害"。他是一位真正的学者。1936年，他正在浙江大学任教，因为对国民党当局在学校里强行灌输反动理念非常不满，认为是毒害青年，破坏思想和学术自由，便愤然离校，转到南京中央农业实验所继续从事病虫害防治的研究。此后，他当过浙江省昆虫局局长，后又应聘为浙江大学教授。可是不久，又遇到了一场空前的"人害"——日本帝国主义入侵中国。在抗日战争最艰苦的阶段，他正担任浙江大学农学院院长。为避战乱，学校曾多次搬迁。那时交通经常受阻，还常有日本军队的骚扰、日军飞机的轰炸。在非常困难的条件下，蔡邦华机智灵活，从容不迫地一边指挥学校的搬迁、处置各种突发事件，一边还千方百计地抓紧一切机会开展教学和科研。学校迁到大西南，他就进行西南山区的昆虫考察，并出版了《病虫知识》期刊。在战火纷飞的中国，有这样的学术刊物坚持出版，它的意义远不止于科学本身，更充分地表现了中华民族的自信、胆魄和对现代科学的孜孜追求。

1947年，浙江大学广大师生参加了"反饥饿、反内战、反迫害"的民主救亡运动，受到军警围攻。许多学生受到迫害，学生领袖惨死狱中，竺可桢校长怒不可遏。蔡邦华不顾个人安危，于1948年1月亲赴南京，向国民政府教育部部长朱家骅陈述学校被军警包围、遭受歹徒破坏的情况。他告诉朱家骅，现在教师们无法生活、无法教学，因此代表竺可桢校长前来辞职。他义正词严地指出，现在这种状况完全是军警一手造成的，因此教育部必须出面善后！为了避免事态扩大，国民党当局只好派出大员前往杭州处理此事，使浙江大学的危机得以缓解。蔡邦华为伸张正义不惜赴汤蹈火的品质，受到浙江大学广大师生的赞誉和钦佩。

又是一个春天

蔡邦华研究的是"草木虫鱼"中最小的"虫"，可是那关系着国计民生。松树是我国非常重要的林木资源，占我国森林面积的四分之一。松树在中国人的观念中是象征长寿的长青之树，可是这长青之树却有一个危险的祸患，那就是松毛虫。松毛虫要吃掉大量松叶，虫害最凶的时候，十五六米高的树用木棒敲一敲，就能震下好几百只松毛虫来。在虫害严重地区，松毛虫甚至可以在一个月不到的时间内，吃光几万顷松树的叶子。过去，为了防治松毛虫，人们就大量使用"六六六"。这药一打，被杀死的松毛虫就像下雪一般掉下，看上去又痛快又解恨。相当长的一段时间内，人们都认为，用"六六六"治松毛虫，是天经地义的。可是渐渐地，人们发现这松毛虫的本事好像越来越大，甚至加大用药量也治不住它们了，这是怎么回事？

蔡邦华对松毛虫很有研究，不仅因为他谙熟文献，有着深厚的理论功底，更因为他经常深入林区进行考察，掌握第一手资料。有人开玩笑说，蔡先生更像一只专门找虫子的小鸟。这时，蔡邦华只能让夫人留守家中了。

又是一个春天，蔡邦华先生又一次来到了山林中，鸟儿在歌唱，万物一片生机，可是蔡邦华先生望着这一切却在沉思：会不会有一个春天，这一切都消失了……

在长期的实践中，蔡邦华敏锐地发现，用"六六六"治虫有许多弊病。这种办法虽然能图一时之快，但带来的问题也很多。"六六六"杀死了松毛虫，也杀死了松毛虫的天敌，尤其是那些鸟类。再则，那些残存的松毛虫因为产生了抗药性，会更加猖獗，结果竟形成了"年年防治，年年成灾"的局面。他在考虑，人类是否应当换一个思路治虫……

但是，要换一个治理松毛虫的思路却不是一件容易的事。甚至有人怀疑，"六六六"的危害真的有那么严重吗？还有人质疑，不用"六六六"又用什么？

就在这个时期，美国一位女生态学家蕾切尔·卡逊写了一本风靡世界的书《寂静的春天》。书中描绘了一个可怕的未来：由于人类滥用杀虫药，害虫的天敌——鸟类被大量杀死，以致我们将会遇到一个再也没有小鸟的鸣叫、万物枯竭的春天。要避免这样的恶果，人类应该走"另外的路"。这是一本振聋发聩的著作，在全世界引起了强烈反响。作者提出了非常现实也亟待解决的问题，这就是如何保持生态平衡、如何保护我们人类的生存环境。这本书的出版使人们意识到，蔡邦华要改变治虫思路的观点是多么难能可贵。

又是一个春天，蔡邦华又一次来到林区，他提出了一系列新的治虫方法，如混合育林、生物治虫等。这些新方法既有利于保护生态，又能取得良好的治虫效果。他的这些新思路、新方法受到了学术界和生产部门的重视。蔡邦华也更深化了他的理论。

人们钦佩蔡邦华，甚至尊崇蔡邦华，因为他在昆虫研究方面成就斐然。他对我国昆虫研究的贡献是多方面的。除了治理谷象、竹蝗的成果，他对如何治理危害很大的白蚁也进行过深入的、很有成效的研究。蔡邦华还是我国最早从事昆虫分类学研究的学者之一，总共为我国昆虫分类增添了新属、新亚属、新种团、新种和新亚种共达150个以上。他还撰写了我国第一部《昆虫分类学》共三卷，此书有着重要的学术价值。

大地常绿人长在

蔡邦华院士的夫人陈绵祥女士是江苏吴江人。她出身名门，还是著名诗人。她博览群书，才华过人。十多岁时，就参加了南社。她的父亲陈去病和柳亚子等，都是南社的创始人。五四运动后，南社出现分化，柳亚子于1923年在上海成立"新南社"，陈绵祥又成为新南社的社员，鼓吹新文化运动。在南社的女社员中，陈绵祥的诗作超然不群，既有女子的隽永清秀，又有男子的潇洒大气。她曾长期与柳亚子先生诗词唱和。因此，后人凡出版柳亚子诗文集，都要向她请教。她著有诗集《秋梦馆诗剩》。她和蔡邦华先生在东京相识相爱，共同走过了五十多年的风雨人生路。蔡邦华先生辞世后，她曾作诗一首：

一自东京邂逅迟，相亲相爱不相离。

为何五十余年间，半是忧患若个知。

五十余年一夕孤，锦茵文簟两模糊。

今朝细把从前忆，欲与君谈人已古。

别来二月最伤神，日必电话问病身。

垂死归家几许话，感君涕泪倍酸辛。

米盐琐屑复如何，我待无心听自过。

只恨啼螀秋月夜，有谁为我扑飞蛾？

蔡邦华先生经常出差，他要到森林和田野中去，研究如何治理害虫、如何保护庄稼和森林。因此，他在家的时间不多。幸好蔡先生的夫人和童第周的夫人、赵忠尧的夫人是好朋友，有时她们还会一道结伴出外游玩，倒也可以消弭一些孤独感，多添一些欢乐。

蔡邦华先生的女儿蔡小丽是著名画家，且能诗擅文。抗战时期，她曾和父母一起随西迁的浙江大学在遵义附近的湄潭生活过。2007年7月，浙江大学纪念西迁70周年，她应湄潭政府之邀，重返湄潭，并赠亲绘芍药图一幅，还题写了一首诗：

回首沧桑七十年，共游故地话西迁。

当时硕德几人在，遗泽长留天壤间。

风雨晨昏思往日，芳菲桃李看今妍。

东南学府弦歌地，芍药春来又满园。

非常可惜的是，蔡小丽在2020年4月于美国探亲时，因不幸染上新冠肺炎而辞世，熟悉她的人都深感惋惜和悲痛。

蔡邦华的长子蔡恒胜于1943年出生于湄潭，那时正是抗日战争最艰难的时期，也是西迁的浙江大学最艰苦的时期，于是蔡邦华夫妇给长子取名"恒胜"，体现了对抗战必胜的信心。恒胜学有所成，现在是美国一家大公司的高端人才。他还写了不少回忆中关村生活的文章。蔡邦华的小儿子蔡恒息不仅学习成绩优异，待人和蔼，知识面广，而且乒乓球也打得好，是当时三座特楼同龄孩子中有名的"三好"学生。这一切当然是和良好的家教是分不开的。

抗日战争胜利后，蔡邦华曾经和中央研究院植物研究所所长罗宗洛等人，赴台湾接收台湾大学。在那里，蔡邦华结识了一些台湾教育界和学术界的朋友，因此他对台湾地区有深入的了解、对台湾地区的人民有着深厚的感情。直到病重时，他还想念着台湾的朋友、惦念着祖国的统一大业。

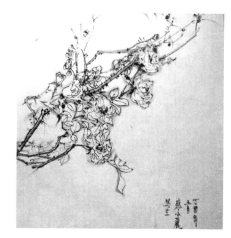

蔡小丽作品

14楼204号

贝时璋

用生命探索生命

贝时璋（1903年10月10日—2009年10月29日），实验生物学家、细胞生物学家、教育家，我国细胞学、胚胎学的创始人之一，我国生物物理学的奠基人。贝时璋在1948年被评选为中央研究院院士，1955年被选聘为中国科学院学部委员（院士）。曾任浙江大学理学院生物系教授、系主任、理学院院长，中国科学院实验生物研究所、北京实验生物所所长。他先后组织开拓了放射生物学、宇宙生物学、仿生学、生物工程技术、生物控制论等分支领域和相关技术，并培养出一批生物物理学骨干人才。他曾任《中国大百科全书》总编委副主任。他是第一至六届全国人民代表大会代表，第三至六届全国人民代表大会常务委员会委员。

中关村的三座特楼中，长寿纪录的保持者是贝时璋先生，享年107岁，这也是到目前为止，中科院院士的最长寿纪录。而人生的价值不仅在于活得长，更在于活得有意义、有质量，贝时璋院士就是典范。

实验生物君行早

现在人们一提起宁波，就会想到誉满商界的"宁波帮"。其实，宁波是一个出过许多旷世奇才的地方，不仅出过许多著名的商界人士，也是许多科技、文化、政治名人的诞生地。曾经住在贝老楼上的童第周夫妇就和他同为宁波老乡，曾任中国科学院院长的路甬祥也是宁波人。

1903年10月10日，贝时璋出生在宁波镇海县北乡憩桥镇。他的爷爷靠打鱼为生，父亲给人放过牛，当过店员，也开过小店，后来在德国洋行里当过账房。贝时璋在12岁之前一直跟着母亲，母亲不识字，但是她身上所具有的中国妇女的传统美德，给了少年贝时璋以深远的影响。憩桥镇那弯弯的小桥和印着苔痕的石板路留下过他的足迹，那绿荫如盖的百年大树下，是他和小伙伴嬉游的地方，那设在低矮老屋里的学堂，曾经响起过他稚嫩的读书声："天地日月，山水土木……"

童年时期的贝时璋有一个那个年龄阶段的孩子少有的特点，就是经常久坐不动、默默沉思，或是看书，或是写字，或是痴痴地望着蓝天白云，对天地人生做各种遐想。

少年贝时璋曾亲眼目睹过渔民风里来浪里去，翻船丧生、家破人亡的悲惨情景，他因此经常思考生命的价值。他曾随着亲属到过号称"十里洋场"的上海，为那种种新奇的事物和富豪们光怪陆离的生活所惊讶，也许，他因此也思考过人生的意义。14楼的住户们都记得贝时璋最爱坐在楼前的树下小憩、沉思。也许，这就是他在儿时养成的习惯。当然，那时是在低矮的屋檐下幻想，现在则是在科学殿堂的花园中作深邃的思考。

自少年时，贝时璋就最喜欢李白的文章："夫天地者，万物之逆旅也；光阴者，百代之过客也。而浮生若梦，为欢几何？古人秉烛夜游，良有以也。"不同的人对这篇《春夜宴从弟桃李园序》会有不同的理解，而贝时璋一定是从中悟出了古人感叹人生苦短，要珍惜光阴、抓紧时间的真谛。

12岁时，贝时璋跟随在德商洋行做事的父亲，来到汉口德国人办的德华学校求学，德国人办事严谨、一丝不苟的风格给了他很深的印象。15岁时，他在旧书摊上偶然买到一本菲舍尔（Emit Fisher）著的《蛋白体》（*Eiweisskoerper*），虽然还不能完全理解，可是他已经被书中的内容深深地吸引了。他从这本书中初步了解了蛋白体对生命是很重要的，也因此对与生命有关的学科产生了兴趣，因而在1919年春，投考了上海同济医工专门学校（现同济大学的前身）。他先在德文科学习，后升入医预科学习。1921年秋天，他从这里跨出国门，赴德国留学。本来，德国福莱堡大学承认同济医工专门学校医预科的学历，贝时璋可以立即转入医科学习，可是他却"舍近求远"，半路"改行"，先后在福莱堡、慕尼黑和图宾根三所大学学习自然科学，主攻动物学，兼修了物理学、化学、地质学、古生物学等，还自学了数学，并参加实验或野外实习，这对他以后学习实验生物学大有裨益。

贝时璋在德国学习和生活了八年，这八年对贝时璋非常重要。在图宾根大学，他在著名的实验生物学家哈姆斯教授（J. W. Harms）指导下，开展醋虫的研究，并作学位论文。1928年3月1日，贝时璋的论文《醋虫生活周期各阶段及其受实验形态的影响》得到很高评价，他获得了自然科学博士学位，这是图宾根大学第一次向他授予博士学位。后来，他就留在该校动物系任助教。一些著名的科学家在写论文时还会引用他的那些研究成果，这说明他已经得到了学术界的承认。他在德国的八年中，不仅学到了知识，而且学到了德国人的好传统：治学严谨、办事认真、有条不紊，以及多做少说。

年轻时的贝时璋

1929年，正值桂花飘香的季节，贝时璋回到了祖国。第二年，又是一个秋季，杭城的人们正忙着闻桂花飘香，赏平湖秋月，可是贝时璋却没有这番雅兴，因为他已经被浙江大学聘为副教授并任生物系主任，该校生物系以发展实验生物学为主要方向。因此，他正忙着筹建工作。生物系在初创阶段时，师资严重缺乏，贝时璋一人竟先后开了组织学、胚胎学、普通动物学、比较解剖学、遗传学等许多课程，就如有三头六臂一般，可惜他并没有三头六臂，他只能不惜力地去做，尽可能挤出每一分、每一秒，甚至舍弃休息、牺牲假日……

20世纪30年代初，实验生物学是生物学的前沿，贝时璋在浙大生物系大力发展了这门前沿学科。实验生物学使现代物理学的实验方法进入了生物科学，从根本上改变了生物科学的实验技术，人们对生命现象和过程的认识也随之深入。除了培养实验生物学的人才外，他自己更是积极从事这方面的研究工作，并且取得了许多重要成果。他可以当之无愧地被称为我国实验生物学的先行者。

发现"细胞重建"

科学家常常会遇到很多"偶然"。传说牛顿就是在苹果"偶然"掉落时，受到了启发，发现了万有引力定律。然而，并非每个人都能意识到自己偶然遇到的情况意味着什么，这就需要知识、智慧、丰富的联想力，而且还要有勇气。贝时璋就遇到了这样一次"偶然"，他抓住这个"偶然"的机会，发现了一个他一生为之奋斗的目标——"细胞重建现象"。

杭州有个地方叫松木场。1932年春天，一个偶然的机会，贝时璋在研究从松木场采集到的一种中间性丰年虫时，发现了一个奇异的现象。

丰年虫并不稀奇，它是一种分布广泛的小型甲壳类水生动物，属于节肢动物门、甲壳纲、

叶足类、丰年虫科。因为人们传说，这种小东西多了，就预兆着丰收，因此称它为"丰年虫"。贝时璋正是从这其貌不扬的小东西身上，发现了一个奇异的现象，这就是"细胞重建现象"。生物学界一直认为，新的细胞只能是由细胞自身通过分裂的形式产生，可是贝时璋在采集到的丰年虫身上，发现了一个奇特的现象，新形成的细胞不是通过自身的分裂产生，而是利用细胞物质重新组建成的。这难道是真的吗？贝时璋经过反复观察后认为，这是千真万确的。他知道这个发现对未来生物学的发展会产生很大影响，有着重大意义。他开始考虑，在什么场合或是在什么学术刊物上发表这一新的发现，可是再仔细想想，他又犹豫不决了。

在我们这个世界上，发现真理难，要宣传和坚持真理更难。为了宣传和坚持日心说，科学家曾经付出了生命的代价；进化论到现在仍不被某些人承认。即便对科学的发现已经很宽容的今天，相对论、大陆漂移和板块构造、宇宙大爆炸等新理论或新观点都是历经曲折才被大多数人承认的，而且反对的声音至今也仍然存在。

贝时璋意识到，公布细胞重建现象的研究结果，很可能被人们嘲笑为愚昧和狂妄，甚至被看作是对生物学的大不敬。但是科学家的良知和责任心促使他下了决心，既然通过严格的实验观察到了这个现象，那就要公布出来，以引起生物学界的讨论。

1934年，在细胞重建研究进行了两年之后，贝时璋在浙江大学生物系组织的一次讨论会上，报告了他的研究结果，提出了"细胞重建学说"。然而由于当时正处在抗战时期，正式的研究论文直到1942年和1943年才得以发表。没有想到，论文发表之后，倒是没有受到责难，可是也没有任何赞同、置疑、讨论的声音，也就是说，学术界根本没有理睬"细胞重建学说"。贝时璋就像是一位拳手挥起重拳却打了一个空……

其实，这也不奇怪。当一项发现与人们的固有的观念和常识相一致的时候，它很快就会受到欢迎。反之，如果与人们固有的观念和常识发生冲突时，往往会引来怀疑、猜忌、冷嘲热讽、打击排斥。然而，还有一种情况，就是当某项发现和人们的认识相距太远时，人们往往只会迷惘地望着它。贝时璋关于"细胞重建"的发现就是这种遭遇。

但贝时璋没有因此而放弃，他仍在继续努力揭开"细胞重建"的秘密。只不过后来又有许多更紧迫的事情等着他做，还有其他一些客观条件的限制，他只得把这项研究放了下来，这一放就是20多年。

劳苦功高硕果丰

虽然在1949年以前，贝时璋就取得了许多成果，并且于1948年被选为中央研究院院士。但是1949年10月之后，贝时璋的科学生涯才走入一个崭新的阶段。中华人民共和国成立初期，为协助筹建中国科学院，在半年多的时间里，他多次往返于上海和北京之间，参加讨论中国科学院如何建立与调整的有关问题。

1950年，贝时璋离开浙江大学，正式调到上海主持中国科学院上海实验生物研究所的工作，任研究员兼所长。他博学、知识面广，又有很好的数理基础，是一位前瞻性非常强的科学家。此时，他不仅密切关注着世界上科学技术的最新动向，尤其是生物学和不同学科的交叉渗透，而且在实验生物所开展了相关工作。

1954年，贝时璋又被调往北京任中国科学院学术秘书处秘书，将实验室迁往北京。在此基础上，于1957年成立了北京实验生物研究所，他任研究员兼所长。

科学家经过长期的研究认识到，既然生命是自然界的高级运动形式，必然遵循物理学和化学规律。因此，要用物理学、化学的概念和思维方法来研究生命系统，才能最终揭示生命之谜，并进而为利用和改造生物开辟广阔前景。

由于贝时璋了解国际上相关科学的最新动态，又有在上海实验生物所工作的良好基础，因此，在建立北京实验生物所时，他就提出要吸收物理和数学方面的专业人才参加，以便在中国开辟生物物理学的研究。

1958年，中国科学院根据贝时璋的建议和科学发展的需要，以北京实验生物所为基础，建立了以贝时璋为所长的生物物理研究所。在他的领导下，生物物理所在建所初期就成立了"放射生物学研究室""宇宙生物学研究室""生物化学研究室"和"生物工程技术研究室"。1959年底又成立了由他参加并领导的"理论生物研究组"，着重研究生物控制论、信息论和量子生物学。

贝时璋

贝时璋不仅建起了中国第一个生物物理研究所，而且又于1958年在中国科技大学建立了生物物理系。他从科研和人才培养等方面为中国生物物理学的研究指出了方向，提出了一系列指导方针。中国的生物物理学得以迅速发展，他有很大的功劳。

生命科学的发展离不开生物物理学的支持，载人航天工程也离不开生物物理学的支持。1958年，中国科学院成立研制卫星的"581"领导小组时，贝时璋就是生物组的领导成员之一。20世纪60年代中期，我国的科学家发射了一批生物火箭，把小白鼠和名叫"小豹"和"珊珊"的两只小狗送上高空，并且成功地进行了回收，这就是由贝时璋领导的生物物理所与中国科学院上海机电设计院共同完成的。

航天员在太空的失重状态下，生理条件会发生很大的变化，如何让航天员适应失重条件以及抵御太空中强烈的宇宙射线，完成科学实验任务，就少不了生物物理学的支持。当年在贝时璋的领导下，开展了生物在宇宙中生存条件的研究，为我国的载人航天事业打下了基础。今天，当"神舟号"飞船载着我国的航天员遨游太空时，人们不应忘记他们的贡献。贝时璋先生被公认为我国宇宙生物学的开创者。

用生命探索生命

尽管贝时璋先生用一个又一个的成功，构建了他人生旅途的一路辉煌，可是几十年来他心中一直有一个要征服的目标，这就是"细胞重建"。然而，这个目标却一直难以完成，因为许多干扰和困难是他根本想不到的。

20世纪70年代初，当他得知毛泽东主席的一份谈话笔记上有"细胞起源的问题要研究一下"的记载时，立刻抓住机会，在生物物理所内成立了一个"细胞重建"研究组，加强了对这个课题的研究。虽然这时"文化大革命"对科研的干扰仍很严重，但许多条件比起20世纪30年代已经不可同日而语了。首先是人员增加到了20多人，再也不是贝时璋自己一个人奋斗了。其次是贝时璋当年研究这个课题时，手中只有光学显微镜，而20世纪70年代有了电子显微镜、显微缩时电影、拉曼光谱仪等多种新仪器。研究对象也不只限于丰年虫，更扩大到鸡胚、小鼠骨髓、沙眼衣原体以及大豆根瘤菌等。

在贝时璋的领导下，经过10余年的艰苦努力，研究组克服了重重困难，对"细胞重建"有了较系统的认识。他们以大量实验证明：除细胞分裂外，生物体内以一定的物质为基础，在一定的条件下可以一步一步重新建成完整的细胞，从而提出了完整的"细胞重建学说"。

1983年，在贝时璋指导下拍摄的科教电影《细胞重建》，获第五届中国电影金鸡奖最佳科教片奖，后又获意大利巴马国际医学科学电影节金质奖。细胞重建理论终于受到了国内外的重视。当然，要人们普遍接受这个理论，还要经过长期的探索和实践的验证，这一直是贝时璋最关心的问题。

2003年9月26日，中国科学院和生物物理所为"寿星院士"贝时璋百年诞辰举行了隆重的庆祝大会。会上，图宾根大学第四次授予贝时璋学位。1928年3月1日，图宾根大学曾授予贝时璋博士学位；1978年3月，图宾根大学再次授予他自然科学博士学位，这次是"金"博士；1988年3月，图宾根大学第三次授予他自然科学博士学位；2003年是图宾根大学第四次授予贝时璋学位，而这次他得到的是最高级的"钻石"博士学位。这不仅在图宾根大学是绝无仅有的，在世界上也是罕见的。

中国国家天文台为表示庆祝，宣布把1996年发现的36015号小行星命名为"贝时璋星"。在这一年，贝时璋的论文集《细胞重建·第二集》也出版了，"我用自己的生命研究生命科学"，贝时璋先生说。

贝老是一位充满了创新精神的人，可是在生活中，他又是一位很怀旧的

杨承宗和贝时璋亲切交谈

人。他在14楼住了50年，有人如果走进他的家中，很可能会有回到20世纪50年代的感觉，因为自从搬到14楼之后，他家的家具和陈设基本上就没有换过。在这里甚至还能找到当年迁到北京时，北京实验生物所配发的家具。家里人也曾想换一换，可贝老就是不让。他对人说："我对这房子的感情很深，住了几十年了，知道什么东西放在哪儿，知道什么地方能扶，什么地方不能动。"

作为一位百岁老人，自然会有"恋旧""怀旧"的情感，这其实也是一种历史感，但更主要的还是科学家崇尚俭朴、献身科学的生活态度使然。

贝老珍惜旧物，更珍惜亲情，有客人造访，他常会提到他的老朋友，郭沫若、苏步青、谈家桢……

贝老重亲情，也重乡情，他一直订阅着来自家乡的《宁波晚报》，因为那里面有家乡的人、家乡的事。不过，贝老最重视的还是他的科研事业。人总会头痛脑热、总会生病，贝老当然也不例外，可是他不愿意去看病。有人不理解，认为他"固执"。其实，他只是想抓紧每一分每一秒搞他的科研。他一直在用生命探索生命。

直到百岁以上，贝老仍是"鹤发童颜"。即使在家中，那头发梳理得也和他的为人一样——一丝不苟。在他100岁时，他还能步行上下班。据他自己计算，从生物物理所到14楼他的家，来回3000步。后来因为年纪太大，他虽然不到所里去上班了，可仍然在家中工作。早晨起来还要活动活动，甚至连洗袜子这类的事，他也是亲自动手。"生命在于运动"，此话不假。

中国传统文化中的"老寿星"有一个硕大的额头，贝老虽没有那么大的前额，却有骄人的成就。他是我国实验生物学的先行者，是我国生物物理学、放射生物学的开拓者，在80多年的科研工作中成就斐然。

中国传统文化中的"老寿星"的手中托着一个仙桃，而贝老是一位栽桃育李的教育家，仅仅在浙江大学就任教20年，到中国科学院之后，除了带研究生外，他还在中国科技大学担任生物物理系系主任。他一生硕果累累，培养出许多人才。他的不少学生都成了教授、研究员，有的还是国内外著名的生物学家、中国科学院院士。

说起他的长寿之道，各种说法不少，他自己总结了四条：淡泊名利，宽厚待人，适当运动，饮食清淡。

终究，再短的生命也有价值，再长的生命也有终点。2009年10月29日上午，著名生物学家和教育家、我国生物物理学的奠基人和开拓者、中国科学院最年长的院士贝时璋先生在北京的家中辞世，享年107岁。他用一生的时间探索生命，他的事业还会继续下去。因为他曾经自豪地说："我的学生已经超过我了。"

贝时璋及家人

14楼202号

陈世骧

变与不变的哲理

　　陈世骧（1905年11月5日—1988年1月25日），昆虫学家。浙江嘉兴人。1928年毕业于复旦大学。1934年获法国巴黎大学博士学位。陈世骧从1950年起，历任中科院昆虫所所长、动物研究所所长。1955年被选聘为中国科学院学部委员（院士）。曾任第二、三届全国政协委员，第三、四、五、六届全国人大代表。

起于虫鸣稻香中

1905年11月5日，陈世骧出生于杭嘉湖平原上的嘉兴。杭嘉湖平原是有名的鱼米之乡，这里的孩子有许多乐事，捉小虫子就是其中之一。那漂亮的金龟子、奏着琴的蟋蟀、有趣的"叩头虫"，让他们在欢笑声中感受到世界万物的奇妙。他们经常会争论着永远争论不清的问题："这些小虫子是什么变的？""它们是从哪里来的？"虽然找不到答案，却引起了陈世骧对昆虫世界的浓厚兴趣。

从前的文人喜欢以"农家乐"为题材吟诗填词："稻花香里说丰年，听取蛙声一片"，那是诗意的描绘，农家有多少苦难又有谁知道？天灾人祸不必说了，就连那种叫稻螟的小虫子也欺侮农民。儿时的陈世骧看到农民遭受虫灾时呼天不应、叫地不灵的惨状，唤起了一种朦胧的意识："为什么找不到一种好办法，杀灭掉这些可憎的害虫呢？"

陈世骧的父亲曾经在复旦大学读过书，虽然只是肄业，但在那时就已经足以影响一方了。他凭着自己的威望和学识做了一件很重要的事情，就是发起成立了我国第一个民间治虫组织——治螟委员会，指导农民科学治虫。那时，大人们常常聚在陈世骧的家中谈论防治稻螟的方法，他们有时也争论孩子们争论的问题，这些虫子是从哪里来的，是什么变的？有位老秀才说，有一种胡蜂，叫螺蠃，它们把螟虫弄去当自己的孩子养。可是一位淳朴的老农却说，他仔细观察过，螺蠃根本不是养螟虫，而是用它喂自己的幼虫……

这些都引起了陈世骧对昆虫世界的兴趣，他也常常想，这个世界上有各种各样的生物，天上有各种各样的鸟，水中有各种各样的鱼，地上有各种各样的走兽，光是小小的虫子就有那么多花样，有的漂亮，有的丑陋，有的会叫，有的会跳，有的对人类有好处，有的却给人类带来灾难。它们为什么会有这么多种类？它们是怎么来的？这世界上到底有多少种虫子？也许，这一切就是促使他决心研读昆虫学的原因。1927年，陈世骧以优异的成绩从复旦大学毕业了。第二年，他即赴法国留学。万里之行，始于足下。应当说，他的昆虫学研究起步是始于稻香虫鸣中，始于中国那富饶又贫穷、丰裕又饥馑，常常播种希望却往往收获悲哀的农村中。

功力不凡细看鞘

1934年，巴黎大学传出一个喜讯，中国学生陈世骧的博士论文《中国和越南北部叶甲亚科的系统研究》获法国昆虫学会1935年巴赛奖金（Prix Passet）。这是陈世骧博士拔剑出鞘、锋芒初露的时候。

1934年8月陈世骧回到祖国，先后任中央研究院动植物研究所研究员。从此，他把主要精力放在了昆虫分类研究上，而重点又是鞘翅目昆虫中的叶甲总科。鞘翅目昆虫就是俗称的甲虫，瓢虫、金龟子、天牛、叩头虫等都属鞘翅目。它们有一个鲜明的特点，就是生有一双坚硬、有光泽的翅膀，称为"鞘翅"。静止不动时，这对翅膀盖在身体上，活像剑鞘，又像铠甲，可以起到吓唬天敌、保护身体的作用。这副装扮，使它们活像昆虫中的一群"剑客"。鞘翅目在昆虫世界中可是一个庞大的家族，种类达25万种左右，在昆虫总类中约占百分之四十，几乎就是"半边天"。其中既有金龟子、象鼻虫等害虫，也有七星瓢虫等益虫。因此，研究鞘翅目昆虫，对植物保护、农业生产等有很重要的意义。

许多昆虫都有两对翅，可也有一些只有一对翅，另一对后翅退化成了一对小小的"平衡棒"，我们常见的各种蚊、蝇就属于这种双翅目，这就是双翅目昆虫。陈世骧在双翅目昆虫实蝇、眼蝇、甲蝇、牛虻等的研究方面，也做了很多工作，并取得了公认的成就。

检定黑蝇查黑幕

中华人民共和国成立后，陈世骧担任中国科学院实验生物研究所昆虫研究室主任。不久，朝鲜战争爆发，1952年初，在我国东北某些地区的寒冬季节，竟然发现了苍蝇、蚊子等昆虫，同时民众中又发现了脑炎等疾病，还有疑为装载细菌的空投容器。这些迹象表明，有可能是美国使用了细菌武器。为了查明真相，中国政府本着实事求是的原则，指示中国科学院等单位组织了一批最优秀的科学家前往调查，并且邀请了由瑞典、法国、英国、意大利、巴西、苏联六国科学家组成的"调查在朝鲜和中国细菌战事实国际科学委员会"参加调查。钱三强担任了联络员，协调工作。陈世骧

陈世骧在研究

领导实验生物研究所昆虫研究室的科研人员对美军飞机撒下的多种昆虫进行鉴定。植物分类研究所的植物学家钱崇澍、林镕、胡先骕、俞德浚、吴征镒等对美军飞机撒下的树叶进行鉴定。此外，参加这项工作的还有我国著名医学家钟惠澜等人。为了进行详细、公正的调查，陈世骧等人不顾危险，深入到战火连天的朝鲜境内。有一次，他们住在一个志愿军的营房内，刚刚转移不久，美国飞机就把那里夷为了平地。在朝鲜，他们还险些遇到翻车事故。

1952年8月31日，在北京举行了《调查在中国和朝鲜的细菌战事实国际科学委员会的报告书》签字仪式。报告书得出的结论是："朝鲜及中国东北的人民，确已成为细菌武器的攻击目标，美国军队以许多不同的方法使用了这些武器。"报告书中肯定了中国科学家在科学调查和分析中所做的大量工作，随后由《科学通报》出版了《反细菌战特刊》。

陈世骧在经过细致认真的调查研究后，发表了这样一篇声明，他说："目前在东北各地所发现的一些带菌毒虫，除了其中有一些著名的害虫（如蚊、蝇等）外，还有很多在昆虫学上无关重要的昆虫，例如我所检定的黑蝇，在一般情况下并不属于害虫之类，也不大引起医学界的怀疑；但这种黑蝇身上有很多绒毛，而它的幼虫又是生长在蔬菜上的，美帝国主义就利用这种条件来将它培养成为传染病菌、危害人民的毒虫。"

钱崇澍、胡先骕、林镕、刘慎谔、吴征镒等人，对收集到的美军空投树叶进行了分类学的鉴定，他们确认了这些树根本就不生长在中国，而是生长在朝鲜南部。而李佩琳、吴执中、陆宝麟等病理学家也证明了当时在我国东北地区发现的一种脑炎病原体是当地没有的。

此外，参加调查团的外国科学家也认定美军确实在我国东北和朝鲜使用了细菌武器。为了表示对调查结果负责，他们还不顾个人安危，郑重地在调查结果上签上了自己的名字。

现在有人根据只是传抄的、既不可靠也不充分的材料和当年美国否认进行细菌战的声明，试图证明美国没有在朝鲜战争期间使用细菌武器，但众多中外科学家已经拿出了证明，想否认是不可能的。中国政府在这类问题上是实事求是的，王淦昌的经历就可以说明这一点。也是在朝鲜战争期间，美军使用了一种威力很大的火炮，有人认为可能是原子弹。为了查清美国是否使用了原子弹，王淦昌奉命与肿瘤放射治疗专家吴桓兴一起携带必要的仪器设备，冒着危险进入朝鲜。他们经过认真分析和细致调查后，认为并没有原子弹爆炸的迹象，中国政府自然也就没有就这个问题指控美国。可见在这类问题上，中国政府尊重科学家的意见。而参加调查的中外科学家中，许多都被历史证明是只服膺事实和真理的人，他们不会造假，也没有必要造假。

变与不变说辩证

从20世纪50年代初期到中期，对我国的生物学界，特别是遗传学界来说，是一段很不正常的时期。1952年4月至6月间，有关部门召开了三次座谈会，批判乐天宇领导北京农业大学期间的错误。乐天宇的错误发生在1949年至1950年期间。他排斥、打击孟德尔-摩尔根学派的学者，致使著名遗传学家李景均出走。乐天宇是一位农林生物学家、教育家，一位老共产党员。在延安时期，他曾经提出开发南泥湾的建议，为边区建设立过大功。对他的错误，毛泽东主席进行了严厉批评，乐天宇因此被调离北京农业大学，到中国科学院任遗传选种实验馆馆长。有关部门就是在这样的背景下，召开了这次会议。会后，根据座谈会上的结论，《人民日报》发表文章《为坚持生物科学米丘林方向而斗争》。文中一方面批评了乐天宇严重的经验主义、教条主义错误和武断的非科学态度、恶劣的学阀作风，"把米丘林生物科学作为一根打人的鞭子，使国家科学事业遭受损失"；另一方面又强调，"必须为坚持米丘林方向而斗争，要继续系统地批判摩尔根主义对旧生物学各方面的影响"。甚至说，"生物科学上摩尔根主义和米丘林学说的斗争是两种世界观在科学上的表现，是不容调和的根本性质的论争"。

　　这篇文章起了很不好的作用，至此，中国的遗传学研究独尊"米家"，实际上是跟着苏联大学阀、政治骗子李森科跑，孟德尔-摩尔根学派的学者从此更是抬不起头来。

　　正是在这个时期，沃森和克里克发现了DNA双螺旋结构分子模型，证明了孟德尔-摩尔根学说的正确性，并且奠定了遗传工程的基础。也是在这一时期，斯大林逝世，苏联学者开始批判把米丘林捧上神坛、靠骗术和权术称霸一时的李森科。可是，当中国学者胡先骕等人批评李森科的时候，苏联专家却向中国有关方面提出了"抗议"，并且导致1955年中国有关部门在"纪念米丘林诞生100周年座谈会"期间，对胡先骕进行了错误的批判。

　　真理不可能永远被掩盖，虚假不可能永远不被揭穿。随着苏联生物学界开展针对李森科的大讨论，事实真相越来越清楚。中国科学家也在密切注视着这场大争论，陈世骧就是其中之一。

　　1956年8月，中国科学院与高等教育部根据党中央和毛泽东主席的指示，在青岛联合召开遗传学座谈会。这个会议坚持了"百家争鸣，百花齐放"的方针，充分发扬民主，与会的科学家畅所欲言，进行了热烈的讨论，胡先骕先生也多次发言。陈世骧受座谈会的委托，在会上做了《关于物种问题》的发言，批驳了李森科的"种内无斗争"的反唯物辩证法、反达尔文主义的论点。这是他第一篇系统地阐述物种问题的报告。经过此次座谈会，中国遗传学的学术环境才有了好转。也应当提一下，乐天宇在"文化大革命"中曾遭受"四人帮"迫害，离休后，他积极捐资办学，在非常艰苦的条件下，创建了一所民办大学，这所大学的名字以毛泽东著名诗句"九嶷山上白云飞，帝子乘风下翠微"的"九嶷"命名。毛泽东的这首诗名为《赠友人》，其实这"友人"就是乐天宇，他是毛泽东的老朋友，曾经参加毛泽东领导的湖南"驱张"运动。但乐天宇从不把自己和毛泽东的关系作为抬高自己的资本。那时，乐天宇每月300多元的工资，只给自己留50元，其余都交给学校，用以补助经济困难的师生，因而受到人民群众的好评。他的一生，使人想起这句名言——"君子之过如日月之蚀。过也，人皆见之；更也，人皆仰之。"

　　这场争论使得陈世骧深深体会到，"学术讨论，尤其是反面意见的争论，最能启发思想，提出问题"。同时，也引起了他研究辩证唯物主义的兴趣。李森科之流不就是打着辩证唯物主义的幌子骗人吗？可是他的"种内无斗争"论，实际上就是否定矛盾的普遍存在，否认事物是在矛盾斗争中前进的，是违反辩证唯物主义的。因此，陈世骧更加努力地学习辩证唯物主义。随着陈世骧对辩证唯物主义理解的加深，随着科学的迅猛发展，陈世骧发现，许多事实说明，在生物的进化过程中，物种有变的一面，也有不变的一面，变是绝对的，不变是相对的。进化是在又变又不变的矛盾中进行的。他把相对不变的征状称为"祖征"，比如一切昆虫都有头、胸、腹三个部分，一切鞘翅目的昆虫都有一对坚硬的鞘翅，这些都是"祖征"。陈世骧又把变的征状称为"新征"，它们千差万别，因此才有圆圆的瓢虫、长长的螳螂、会"磕头"的叩头虫、"牛气"十足的"天牛"。

变是物种发展的根据，不变是物种存在的根据，变是绝对的，是矛盾的主要方面，物种在又变又不变的矛盾中演变。这个"又变又不变的物种概念"，就是陈世骧的进化论与分类学的理论核心和立论根据。陈世骧在生前一再对身边的学生深情地说，是两个原因促使他达到现在的研究水平：第一，他学习了辩证唯物主义，体会到辩证唯物主义作为科研工作的主导思想，可以提高思考能力，有助于发现问题和分析问题。第二，当年那场关于遗传学的大讨论，使他开始注意对物种问题进行研究，也认识到不同意见的争论有助于科学的发展。

作为昆虫学家、进化分类学家，陈世骧成就斐然，他一生共鉴定和发表了中国、日本和东南亚地区昆虫新种700多个，还发现了60多个新属。他把叶甲总科三科分类改进为六科系统，并被国际同行采用。他还对昆虫行为、昆虫进化、物种分类原理、进化论等进行了深入的研究。尤其是他总结的"又变又不变"的物种概念为核心理论，为生物分类学理论发展做出了贡献。他主编的《中国动物志：昆虫纲鞘翅目铁甲科》具有很高的学术价值。他的系统分类研究和《进化论与分类学》一书，都获得1978年科学大会奖和1978年中国科学院重大科技成果奖。1985年，他主编的《中国动物志：昆虫纲鞘翅目铁甲科》包括4亚科、417个种的记述，获国家自然科学奖二等奖。

陈世骧先生生活俭朴，待人谦和，扶掖后进不遗余力。他为年轻人改论文，有的改得非常多，年轻人为了表示感激，在署名时把他的名字列在首位，他却把自己的名字删去。年轻人说，自己不是他的学生，他这样精心修改论文，按学术规范理应署名。可是他说，身为前辈理应为后进修改文章，不管是不是自己的学生。

在特楼附近，有人常看到一位老人穿着一件中式棉袄，套一件皮背心，戴着一顶怪怪的黑毛绒帽子，像是一位老农民，又像是一位老工人。当听说这就是著名昆虫学家、研究所所长、中国科学院学部委员陈世骧时，他们都感到非常惊讶。其实，许多如陈世骧这样的前辈科学家，都不追求生活上的时尚，而只关注学术上的新观点、新趋势、新成果。

陈世骧对家人既宽又严。在子女教育方面，他从不苛责，而是身体力行，言传身教。子女曾经问他，奔赴朝鲜前线时怕不怕。他回答说，怎么不怕，但这是国家需要。只要是国家需要，就要去做。他就是这样的典范。同时，他对家人又是严格的。20世纪60年代初，所里对一批科研人员提级，他的夫人是留法学生，和他同在一个研究所。按资历，按学历，都够提级的标准，可他就是压住不提。他对妻子解释说："你这次不能提，僧多粥少，名额有限，我先提升了自己的老婆，如何服人？"他还对子女们解释说："我也觉得亏待了你们的妈妈。但是当了所长就得为全所考虑，自己的事就不能多想，这样才能使人信服，才能办好所。"

现在一些官员，喜欢借着权势，为亲友提级晋职，如果与陈世骧等老一辈科学家比较，不知能否激起他们的羞愧之心。

良好的家风必定会培养出优秀的人才。陈世骧的儿子陈受钧是北京大学地球物理系教授、气象学家，曾担任大气科学名词审定委员会委员。

陈世骧的女儿陈受宜在中国科学院遗传与发育研究所工作。她毕业于北京大学生物系生物化学专业，毕业后在中科院生物物理研究所工作，后来在美国哥伦比亚大学生物系和纽约公共卫生研究所任访问学者。她还担任过中科院遗传研究所研究员、博士生导师、所长。1990年，她获中科院科技进步一等奖并受国家教委和劳动人事部表彰，被称为归国有贡献的中青年科学家。1995年，她获中科院巾帼英雄奖及优秀教师奖。2000年，获中科院华为奖教金；2004年，获"973项目"完成先进个人奖等一系列奖项。她还是第八、九、十届全国政协委员。

1988年1月25日，陈世骧先生在北京辞世。他去世后，和他夫人的骨灰一起回归大海。儿女们没有为父母立碑，但在儿女们心中，已经为他立起了一座永远不倒的丰碑。

第七篇
落红化春泥

　　中国地大物博，植物种类繁多，百花争艳，万物争荣。

　　植物和人类的关系非常密切，人类的衣食住行、生老病死，都和植物有关。尤其是中国作为一个农业大国，必须对本国的植物资源有深刻的认识。中国的许多老一辈科学家都是以研究植物为自己终生的事业，并做出了宝贵的贡献，更留下了丰硕的成果。他们以落红化春泥的精神，传给了我们深厚的学识和崇高的品德。

钱崇澍

中国近代植物学奠基者

钱崇澍（1883年11月11日—1965年12月28日），浙江海宁人，植物学家。1910年考取公费留美，1914年毕业于美国伊利诺伊大学自然科学院，继而在芝加哥大学、哈佛大学学习，获芝加哥大学硕士学位。1916年回国。历任金陵大学、东南大学、清华大学、厦门大学等大学教授，中国科学社生物研究所所长。1948年被选为中央研究院院士。新中国成立后，历任中国科学院植物研究所所长、中国植物学会理事长、《植物分类学报》《植物学报》主编。1955年被选聘为中国科学院学部委员（院士）。

人人都知道草木花卉皆有根，可是又有多少人知道中国植物学的奠基者是谁？问及这个问题，我们就不能忘记钱崇澍。

留洋的秀才

钱崇澍，字雨农，是中国近代植物学奠基人之一。1883 年 11 月 11 日出生在浙江省海宁县，他的祖父曾当过县令，父亲是一位教书先生，擅作诗词。因此，钱崇澍的家虽无良田千顷，却有翰墨飘香，这对于他一生的成长自然有着潜移默化的影响。他在读私塾时就勤奋好学、聪颖过人。清光绪三十年（1904），他考中了秀才，家人本希望他再中举人，可是 1905 年清政府宣布废除科举制度，钱崇澍顺应时势，考入了上海南洋公学学习。因各方面都很突出，毕业后被保送进唐山路矿学堂学习，后来又考入清华大学的前身——清华学堂。1910 年，行将灭亡的清王朝正在苟延残喘，对钱崇澍来说，却是一个新的起点，他和竺可桢等一批怀有远大抱负的学子远涉重洋，奔赴美国学习现代科学。在大洋彼岸，钱崇澍先后在美国著名的伊利诺伊大学、芝加哥大学、哈佛大学学习，攻读植物学课程，并获得了学士学位。1916 年，钱崇澍学成归国。这时，他已经

钱崇澍

获得芝加哥大学硕士学位。他回到祖国时，人们已经把"大清"称为"前清"了。君主专制的中国已经变成了名义上的"共和国"，可是中国的落后面貌仍然没有任何改变，现代科学几近空白。

寻遍芳踪

中国号称地大物博，可是长期以来，"地大"却不知地下有多少矿藏，"物博"却不晓得动植物的种类有多少。虽然在康熙年间一度有外国传教士把现代科学引入中国，并且受中国政府的委托，做了一些科学考察工作，但随着中国国门的又一次关闭，中国现代科学的嫩芽还是夭折了。19 世纪中叶，外国的坚船利炮打开了中国的国门，各色各样的外国人纷纷涌入我国调查植物资源、采集植物标本，他们当中有真正的科学家，也有打着传教、考察的旗号，实际上却为掠夺中国的资源而来的盗贼。中国的大批珍稀植物标本也因此流落到国外，有关中国植物的论文和调查报告署的都是外国作者的名字。直到 20 世纪初，近代植物学在我国还是一片空白。不建立中国自己的植物学，怎能改造我国落后的农业、林业，发展中国的经济，建设富强的国家呢？钱崇澍和当时许多热爱祖国的科学家一样，决心要用自己的努力、学识改变中国植

物学发展严重滞后的状态。为此，他克服了重重困难，把全部精力投入到建立和发展我国自己的植物学工作中。

由于中国植物学发展严重滞后，因此，在相当长的一段时间内，查清中国的植物资源、为它们建立"家谱"、摸清它们的生长习性，不仅是一项迫在眉睫的任务，更是中国植物学家的历史使命。钱崇澍在这方面做了大量工作，为中国科学家在世界植物学界占有一席之地做出了贡献。

钱崇澍回国后不久，就克服了重重困难，深入浙江和江苏南部进行植物区系的研究。他攀高山、越急流，不辞辛苦、历经艰难，采集到各种植物标本一万多号。他还特别对浙江省的植物做过系统的收集和整理。他的著作《浙江之兰科三新种》《中国植物之新种》等，都和这一阶段的工作有着密切的关系。他的故乡浙江是兰花的产地之一，兰花生长在深山幽谷，与世无争，它不以妖艳的姿色诱人，而以高雅的品格闻名。钱崇澍的鉴定使长在深山无人识的兰花新种能够为世人所知，也让全世界知道，中国还有这样的幽兰，有这样的植物学家。

钱崇澍选择研究的兰科、荨麻科、豆科、毛茛科等植物，在植物分类工作中难度较大，可是他不畏困难，在充分调查研究和采集大量标本的基础上，做出了显著的贡献。钱崇澍还制订了江苏、浙江、安徽、四川各省的植物调查规划，并且对南京附近的植物进行了专门的考察和研究。他组织的植物标本采集队走遍了四省，许多巍峨的高山、湍急的流水，都见证了他们工作的艰辛。他们在考察中积累的丰富资料，为我国东南、西南植物分类的研究工作开辟了道路，也为以后编写地区植物志、全国植物志以及研究植物地理学打下了坚实的基础。他还写出了《安徽黄山植被区系的初步研究》等我国植物生态学和地区植物学领域的最早一批论文。

开拓创新

钱崇澍是一位出色的、具有开拓创新精神的科学家和科研领导者。他不仅是植物分类学家，更是我国近代植物学的奠基人之一，而且研究领域十分广泛，在许多方面都做了开创性的工作。早在1916年，他就在国外发表了《宾夕法尼亚毛茛两个亚洲近缘种》，这是中国人用拉丁文为植物命名和分类的第一篇文献，在世界和中国的植物学史上，都是一件具有划时代意义的事。

他是我国最早关注稀有元素对植物影响的科学家。早在1917年，他就在国外发表了名为《钡、锶、铈对水绵属的特殊作用》的论文，这是我国应用近代科学方法研究植物生理学的第一篇文献。1929年，他又翻译了《细胞的渗透性质》《自养植物的光合作用》等植物生理学方面的论文，对我国的生物学研究发展做出了重要贡献。

1922年，钱崇澍放弃了待遇较好、声望很高的国立大学教授职位，加入了秉志教授等人创立的中国科学社生物研究所。这颇有些像现在人们说的"下海"。因为这个研究所除了能得到中华文化教育基金会的一些补助外，其他一切只能"自谋生路"。如果说今天的人"下海"

是因为有"商机"，可以发财，那么钱崇澍的"下海"除了与志同道合者共谋科学的发展外，绝没有半点儿"发财"的念头，相反，他们只能甘于清贫。就在非常艰苦的条件下，钱崇澍和植物学家胡先骕一起建起了实验室、标本室。他们克服重重困难开展科研工作，对我国的植物资源进行调查研究，出版科学刊物和植物图谱，同时还培养和造就了不少我国一流的植物学家。当过多年科学社社长的任鸿隽先生曾说过："秉农山（秉志）、钱雨农（钱崇澍）诸君无冬，无夏，无星期，无昼夜，如往研究所，必见此数君者，埋头苦干于其中。"

钱崇澍是一位关心人民疾苦的科学家。他重视把研究成果和劳动人民的生产实践相结合。在当时，这尤其难能可贵。注重理论与实际相结合，也是钱崇澍的治学特点之一。早在1917年，他就对棉花栽培的植株密度进行过研究。许多棉农希望把每一株棉花的高产能力都发掘出来，让每一株棉花上都结满雪白的棉桃，可是要取得单株最高产量，就必须稀植，否则棉花得不到适当的光照、水分和养料，就会落铃，甚至死亡。可是稀植，又会影响单位面积的种植密度，产量反而不高。因此，要取得棉花单位面积的最高产量，就要合理确定棉花种植的疏密，也就是合理确定棉花栽种的行距和株距。钱崇澍为此进行了试验，并且撰写了论著。

1933年，植物学的科学研究和教学队伍逐渐扩大，迫切需要将全国从事植物学研究的工作者组织起来，以更好地开展学术交流和科研工作。为此，钱崇澍与胡先骕、陈焕镛、张景钺等共同倡议组织中国植物学会，钱崇澍被选为评议员。1934年，他又在江西庐山召开的学会年会上被选为植物学会的领导人之一。

桃李满园

钱崇澍是一位公认的教育家，在他回国之初，国内虽然已成立了一些高等学校，可是师资缺乏、教育水准落后的情况并没有改变。因此，水平高、资历深的教师常要在几所学校兼任多门课程，钱崇澍受聘在江苏甲等农业学校教授植物学和树木分类学，同时还要开展研究工作，负担很重，非常辛苦。由于他的学术水平高，教学又认真努力，不久又被聘为金陵大学、东南大学教授，主要是讲植物分类及植物生理学等课程。1923年，钱崇澍应聘到清华大学的前身——清华学堂任教，1925年该校更名为清华大学，钱崇澍是第一任生物系主任，曾讲授科学概论、植物学等课程。后来，他又受聘为厦门大学教授。20世纪20年代后期至1949年，钱崇澍在中国科学社生物研究所任研究教授兼植物部主任，并任四川大学教授兼生物系主任、复旦大学教授。

钱崇澍教学有一个特点，就是让学生既看到树木，也看到森林。他不光讲某一种植物的性状特点，还讲它的生长环境及其与其他植物的关系。那时教学没有现成的讲义，有些学校只好用外国的讲义，可是外国讲义中的许多内容又不适合中国的特点，钱崇澍就下决心自己编写教材。1923年，他和邹秉文、胡先骕等人合作，编写了《高等植物学》，为我国的植物学教学提供了高质量的教材。即使是在抗日战争时期，条件异常艰苦、物资严重短缺的情况下，钱崇澍

仍然在昏暗的小油灯下，埋头编写教材，直到夜阑星稀……

　　钱崇澍在改编教科书时，不仅力求内容新颖，而且勇于对旧教科书中不科学的地方"开刀"。例如，"蕨类植物"是我国很早就使用的名称，可是受外国学者的影响，以前的教科书上将其称为"羊齿植物"，既不符合中国的习惯，也不科学。钱崇澍在教科书中又将它改为"蕨类植物"，这样的例子还有许多。

　　在教学中，钱崇澍非常重视培养学生的科研能力。他教植物分类课时，放手让学生自己采集标本、自己查阅资料、检索图鉴、自己定名，然后再给以辅导并且评定成绩。他讲课不是只孤立地教某一科、某一属或某一种，而是注重综合讲解，详细阐述某一地区植物之间的亲缘关系、它们在自然中所占据的地位和它们之间的相互影响。钱崇澍在教学中十分重视学生的实践活动，他每个星期都带领学生到野外实习。学生们在这样的实践活动中，可以品察万物之丰，体验自然之美，更可以深入理解课堂上所讲的内容，同时也提高了学习兴趣。钱崇澍讲课语言生动、条理清楚，很受学生的欢迎。

　　为了造就和培养人才，为了给有培养前途的学生争取国内外的奖学金，钱崇澍常常不辞辛苦到处奔波。他热情支持青年人发表著作，当时许多初出茅庐的年轻人，都是在他的建议和鼓励下才完成了具有很高学术价值的论著。他甚至亲自为他们修改和校对稿件，如裴鉴的《中国药用植物》、吴中伦翻译的《植物群落学》等，都是在他的指导和帮助下完成的。他是一个热情的人，年轻人向他求教，他总是有求必应、热情帮助。他是一个对助手和学生充满关爱的人，他的助手陈长年，因为在野外采集标本时不幸牺牲，钱崇澍非常痛心。为了纪念他，钱崇澍特地把兰科中的一个新属命名为"长年"（Chang-nienia）。

　　由于钱崇澍的不懈努力，他的不少学生如秦仁昌、李继侗、郑万钧、曲仲湘、方文培、杨衔晋等，都成为国内外知名的植物学家，也成了年轻人尊敬的前辈和学习的楷模。钱崇澍，这位以研究植物为毕生事业的学者，在培养人才的"苗圃"中，也是硕果累累的丰收者。

　　中华人民共和国成立后，钱崇澍先生担任了中国科学院植物所所长。中关村的三座特楼建成之后，钱崇澍即住进了14楼，和他的老朋友秉志、陈世骧、陈焕镛同住一楼。尤其是秉志先生，他和钱崇澍同为中国科学社生物研究所的创始人，两人的感情甚笃。秉志先生八十诞辰时，钱崇澍曾赋诗一首以贺："嘉宾满座仰名师，共祝春风八十姿；非是先生来教导，何来桃李遍天涯。"其实，钱先生自己不也是一位"桃李满天下"的名师吗？

钱崇澍（中）

品格如松

钱崇澍是著名的植物学家和教育家，也是一位有正义感、热爱祖国的科学家。抗日战争爆发后，钱崇澍和中国科学社生物研究所的部分科研人员迁往重庆北碚，在那里继续进行科研工作。抗战时期，经费非常紧张，物价飞涨，柴米油盐等生活必需品供应困难。国民党政府又趁火打劫，逼迫生物所改为"国立"，硬要把这个成就卓著的研究所从中国科学社挖走。他们甚至威胁钱崇澍等人，说是如果不改成"国立"，就不供给平价米，生物所的许多职工就将陷于断米断炊的困境。生物所千里迢迢到了大后方的北碚，本以为有了一个可以遮风避雨的"家"，不想国民党政府竟要出这样的无赖手段，以达到强占生物所的目的。钱崇澍和生物所的同事们气愤至极。那时也有人曾劝钱崇澍去做国民党立法委员，当了"立委"可以改善生活条件，但他不为五斗米折腰，宁愿到几十里以外的一个中学去兼课以维持生计，也不去做什么"立委"。

在那段艰难的岁月里，为了免去冻馁之苦，保住生物所这支来之不易的科研队伍，也为了摆脱国民党政府的控制，钱崇澍带领大家种菜、养猪，开展"生产自救"。他还组织一些科研人员和他一起到其他学校兼课，用教课所得补助生活困难的职工。由于采用了这些办法，生物研究所总算维持住了最低的生活水准。钱崇澍为中国植物学的发展不知动了多少脑筋，不知流了多少汗水。而且，就是在这样艰难的条件下，他还坚持研究工作，写出了《四川北碚植物鸟瞰》《四川的四种木本植物新种》《四川北碚之菊科植物》等论文。1943年，英国著名学者李约瑟在钱崇澍的陪同下，参观中国科学社生物研究所时，被中国科学家的精神和工作态度深深感动，曾经著文予以介绍。

抗战胜利后，钱崇澍返回上海，担任复旦大学农学院院长。他积极支持学生的正义斗争，学生参加反对国民党反动统治的活动都不算缺课，他自己也参加过进步组织的活动。

国民党的贪官污吏在抗日战争中的表现，太让钱崇澍失望了。在那个民族危难的时候，国民党要员却趁机大发国难财，他们不仅不支持科学事业的发展，还把科研单位视为自己的山头、私产，互相之间不仅不合作，还大挖墙脚、明争暗斗。在国民党统治即将在大陆土崩瓦解的前夕，有人劝他去台湾，遭到他的坚决拒绝。

中华人民共和国成立以后，钱崇澍担任了中国科学院植物所所长，并且亲自参加了植被与植物区划的研究工作，取得了许多新的可喜成果。他和吴中伦合作写出了《黄河流域植物分布概况》一文，这部论著为黄河流域的人工造林和水土保持工作提供了科学依据，至今仍有科学价值。他还主持编撰了《中国植物区划草案》《中国植被类型》《中国森林植物志》等重要著作。钱崇澍是中国科学院第一批学部委员（院士），还先后当选为全国人民代表大会第一、二、三届人民代表和第二、三届常务委员会委员，以及全国政协常委会委员、中国植物学会理事长、北京市科协副主席等职务。1963年10月，在北京科学会堂举行了中国植物学会30周年纪念会，并隆重庆祝钱崇澍从事科学研究工作50周年。在会上，德高望重的钱崇澍继续当选

为植物学会理事长，尽管当时他已经是80岁高龄的老人了。

钱崇澍是我国老一辈植物学家，在他古稀之年，仍以"老骥伏枥，志在千里"的精神主持编撰《中国植物志》，他不仅担任主编，而且亲自担负荨麻科部分的编写工作。这是一个巨大、浩繁的工程。全书共计80卷125册，约4000万字，它是发展我国农、林、牧、渔、医药、环境保护等事业以及进行植物学研究的基本资料，也是我国植物学发展史上的一项划时代的成就。从1959年到1965年，在由他担任主编的期间，《中国植物志》共出版了3卷。

不幸的是，钱崇澍先生于1965年12月28日因患胃癌在北京逝世，享年83岁。他的许多计划和目标还没有来得及实现，这是钱崇澍先生的遗憾，更是中国植物学界的不幸。

人们走进茂密的森林时，可能不会去寻找那棵最早在此扎根的老树，但生生不息的林木已经继承了它的高大和苍翠；人们看到满山遍野的似锦繁花时，可能不会去追问哪株是最早的报春花，但它正在烂漫山花中含笑望着人们。钱崇澍先生就是那棵最老的树，那株最早的花。

14楼303号
陈焕镛

草木情缘

　　陈焕镛（1890年7月12日—1971年1月18日），字文农，广东新会（今江门市新会区）人，植物学家。1913年考入美国哈佛大学。1919年毕业于该校植物学系，获硕士学位。1920年后，历任金陵大学、东南大学、中山大学等校教授，中山大学农林植物研究所所长，广西大学经济植物研究所所长。1954年，中山大学植物研究所隶属中国科学院华南植物研究所，他仍任该所所长。1955年选聘为中国科学院生物学部委员（院士）。他是第一至第三届全国人大代表，曾被推选为国际植物分类学执行委员、命名法规小组副主席。

"草木有本心，何求美人折"，中国古人认为花草树木也和人一样，有心、有情。陈焕镛就是一位对中国的花草树木有着深厚情感的植物学家，这份炽烈的感情，甚至胜于亲情。

英俊多才一"王子"

有人说，如果不知道陈焕镛是科学家，可能会把他当作演员，而且是专演外国王子、公爵的特型演员。因为他明目灼灼、气质高贵，在舞台上演哈姆雷特之类的角色，不需要任何化妆。这绝不是任意杜撰，因为陈焕镛的身上有西班牙血统。陈焕镛字文农，号韶钟，1890年7月12日出生于广东新会一个清代官宦家庭，他的爷爷办过洋务，父亲曾任清朝政府驻古巴公使。古巴原是西班牙的殖民地，有西班牙血统的人不少。陈焕镛的父亲家里就有一位有西班牙血统的古巴女工。后来，陈焕镛的父亲因原配夫人去世，就娶了这位女工为妻，她就是陈焕镛的母亲。

陈焕镛不仅有着王子一般的相貌和气质，更是一位多才多艺的学者，除了植物学家外，他还是文学家、诗人、演说家。他精研过莎翁的英文原著，并且能大段大段地背诵，他博览中外文学名著，他的英文诗写得也非常漂亮，被人评价为"寓意深而语音谐，修辞精且内涵雅"。

他擅长用英文演讲，且声情并茂、逻辑缜密、妙语连珠，经常引得听众如醉如痴、掌声不绝。据说他在金陵大学执教时，校长曾邀他到每周一次的《圣经》布道班演讲，他用行云流水一般酣畅的英语，谈起了森林和诗歌的优美，听众都被他带入了莎士比亚和雪莱作品中那美妙的意境里，带入了诗歌所描绘的大森林中……

直到讲演结束，人们还沉醉在那动人的演讲中，没有意识到演讲者并没有讲《圣经》、没有布道，但所有在场的人，包括外籍教师都为他的讲演所倾倒。开明的校长当场宣布，从此以学术讲演替代每周的传经布道。

陈焕镛还是一位美食家和厨艺家，他不仅善品尝，而且善烹饪。节假日，朋友们都喜欢到他家中，品尝他烹调的佳肴美味，并以此为幸。

尽管陈焕镛多才多艺，但他首先还是一位植物学家，他把一生都献给了中国的植物学，献给了那些历经风雨，仍然挺立不倒的杉树和在深壑峭壁上顽强生长的小草。

草木牵动赤子心

1915年，陈焕镛负笈远游，到美国哈佛大学（Harvard University）森林系学习。他看到这里珍藏着外国人采集的许多中国植物标本，而在中国，这些芳草佳卉却无人关怀，只能任其凋落，甚至被任意践踏。他心中的痛楚无法排遣，只能化作声声叹息。中国是一个植物和动物资源都非常丰富的国家，当时外国来人到中国可以随意掠夺，造成了中国的自然资源大量流失。那时的中国，烟馆、青楼处处可见，却没有一座像样的植物园。因此，中国人只能到国外去研

290

究自己国家的植物，这真是一个悲剧！年轻的陈焕镛下定决心，一定要建立中国自己的植物园、中国自己的植物学研究机构，编撰中国自己的植物志。他要在植物研究的领域里，为中国人争一席之地，要取得中国植物学家在世界上的话语权。

1919 年，陈焕镛的毕业论文顺利通过，他获得了哈佛大学植物学系硕士学位，并获得校方奖学金。导师特别器重他，建议他继续攻读博士学位，还邀请他一起去非洲考察，但是被陈焕镛婉言谢绝了。中国古人相信花有语、草有心、叶有情，更何况他是一名中国的植物学家，"一枝一叶总关情"，祖国的花草树木在牵动着他的心。他要归国了，他不能眼看着祖国的植物资源被外国人掠光，家园将芜，胡不归？于是，他毅然告别了恩师，告别了哈佛，回到了祖国。在这片广袤的土地上，他要把根扎得很深很深，让果实结得很多很多。

百花千草一心求

中国自古以来就有许多先人、贤人都和花草树木有着割不断的联系，灵芝仙桃是神仙手中的"吉祥物"，神农尝百草已是尽人皆知的传说；屈原以草木譬喻世间的君子或奸佞，李时珍为悬壶济世采集百草；而陈焕镛却一心要探究草木的"本心"，研究和探索它们的生长环境和生长规律。为此，他不辞辛劳，甚至不顾生死。

在古人看来，海南岛是"鸟飞尚需半年程"的海角天涯，是瘴气肆虐的地方。唐朝文学家李德裕更有诗云："一去一万里，千之千不还，崖州在何处，生度鬼门关。"诗人竟把海南写成了一个有去无还的鬼门关。宋朝大学士苏东坡被贬后，所写的文字更让人毛骨悚然："孤老无托，瘴疠交攻，子孙痛哭江边，魑魅逢迎海上。"其实，海南岛地处亚热带地区，风光秀丽、植被丰富，而且有自己的地域特点，是我国一个重要的植物宝库。

1919 年秋季，为了考察海南岛的植物，陈焕镛只身闯入海南岛植物最丰富的五指山，成为在海南岛采集标本的第一位中国植物学家。这时的海南岛虽然已不再是"鸟飞尚需半年程"，但交通等各方面的设施还是很落后的，五指山仍被许多人视为"蛮荒瘴疠之地"。陈焕镛出入于遮天蔽日、藤缠蔓绕、虫蛇出没的密林和高山中采集标本，不仅艰苦，而且危险，从树上坠下、被毒虫叮咬是常事。他还曾感染过恶性疟疾，发烧高达 40 摄氏度，可是仍坚持工作达 10 个月之久，采集了大量珍贵标本。如果不是对草木有深情的人，怎么会甘心吃这样的苦，冒这样大的风险？他采集的这些标本，绝大部分都收入了他主编的《海南植物志》。这些生长在"天涯海角"的草木，终于能够认祖归宗了，世界也因此知道了在中国的海南岛，竟有如此多的瑞草香花、奇果佳木。

1927 年，陈焕镛被广州中山大学聘为教授，校方接受了他的建议，决定设立植物研究室，筹建和主持研究室的工作都由他担纲。当时政局动荡，治安很乱，交通阻塞，经费困难。他以极大的热情克服了重重困难，到处募资金，购器材，采集标本，延聘人才，竟在很短的时间内把研究室建立了起来，在当时可谓奇迹。

陈焕镛不仅要采集百花千草，还要建立一个植物标本馆，这样才能妥善保存来之不易的标本，让它们为科学研究发挥作用。他立志，不建则已，要建就建一个世界上最好的植物标本馆。作为一位既了解中国也了解世界的科学家，陈焕镛当然知道要实现这个目标有多么难，可是他知难而进，想尽办法收集祖国各地的植物标本。作为一位了解世界也了解中国的植物学家，他深知中国的植物学要发展就必须走向世界，陈焕镛又和英、美、法、德等许多国家的学者、标本馆联络，建立交换关系，获得了3万多份外国标本。1928年，我国南方第一个植物标本馆终于在广州中山大学落成了。和参天大树诞生时一样，新生的标本馆开始只是一株嫩苗，虽然它的规模还很小，可是凝集了陈焕镛的心血。为了管理好这个来之不易的标本馆，陈焕镛亲自订立了一套科学的管理方法。现在，他亲手创建的这个标本馆，已经成为我国三大植物标本馆之一。这里已经实现了电脑管理，当年陈焕镛创造的标本管理方法，为实现电脑管理提供了良好的基础。

1929年，中山大学植物研究室扩充为植物研究所。一年后，因为要担负起促进广东农林经济发展的使命，又被更名为"中山大学农林植物研究所"。从"室"到"所"，规模扩大了，花销也增大了，资金成了大问题。虽然陈焕镛争取到每年一千元大洋的经费，但仍然入不敷出，于是他就把自己的薪金全部捐献给了研究所。不仅如此，他还把亲友也动员起来，资助研究所的工作。他曾动员在香港开印书馆的叔父相助，挽救了濒临停刊的学术刊物，并最终把它办成了在国内外颇有影响的刊物。

1934年，广西大学聘请陈焕镛到梧州筹建广西大学经济植物研究所。翌年，陈焕镛到广西履职，因为还兼着中山大学的职务，他经常往返于桂、粤两省之间。在短短几年当中，陈焕镛派出了多个采集队到十万大山、龙州、那坡、百色、隆林、大瑶山采集了大量植物标本，其中有许多珍稀品种，为编写中国植物学的力作《中国植物志》和《广西植物志》打下了雄厚的基础。

奇花异木慧眼识

在漫长的科学生涯中，陈焕镛把主要的精力放在了植物分类研究上。为植物分类，就如同人们寻亲、续家谱一样，是一件烦琐而细致的工作。它不仅需要深厚渊博的知识，更需要极大的热情。如果不是把那些不言不语的草木当成有情有义的"亲人"，熟悉它们的亲缘关系，了解它们细微毫末的差别，是很难胜任的。世间的草木之繁、种类之多，恐怕远胜于人类的任何一个名门望族，可是陈焕镛对植物家族却是惊人地熟悉。他甚至可以由叶子的残渣碎片判断出那是什么植物的叶子，这种植物有什么特性。

陈焕镛发现的植物新种达百种以上，新属十个以上，尤以对华南植物区系的研究成果最为丰富。1946年，陈焕镛发现了一种新的豆科植物，为了纪念中国植物学界的先驱任鸿隽先生，他把这种新的豆科植物命名为"任公豆"。

中华人民共和国成立以后，陈焕镛以更大的热情和精力投入到工作中，并且不断有新的发现和新的建树。1955年夏季，植物学家钟济新带领一支调查队到广西大瑶山的龙胜花坪林区进行考察时，发现了一片奇特的树林。它们的树龄虽然不一样，但每一棵都高大挺拔，给人以直入云霄之感。它们的叶呈线形，一遇山风穿林，那树叶就随风舞动，闪着熠熠银光，非常美丽。这是什么树种呢？当时还不能确定。后来把标

陈焕镛在研究

本送到北京，请陈焕镛和其他专家鉴定，最后他们认定，这就是曾被人们认为在地球上早已灭绝的，现在只保留着化石的珍稀植物——银杉。

银杉是常绿乔木，属于松科，它的叶呈线形，背面有两条银白色的气孔带，犹如镶嵌着两根银丝，所以微风吹拂树叶时，便会反射出银光，因此也就得到了"银杉"的美名。地质年代上的第三纪时，银杉曾广布于北半球的欧亚大陆。后来，由于气候变化而逐渐消失，人们再也没有见到它的"倩影"，只是在国外发现过它的化石。因此，人们一度认为它已经灭绝了，没有想到在中国竟找到了活的银杉。它的发现和水杉的发现一样，在国际上引起了轰动。从此，它和水杉、银杏一起被誉为植物界的"大熊猫""活化石"，成为我国的"国宝"。

观光木是一种常绿乔木，是木兰科中比较进化的一种，对木兰科的进化研究有重要的意义，作为用材，它的木纹直顺、美观，结构细致，易于加工，尤其适合制作家具；作为观赏，它的花朵芳香美丽，是园林栽培的理想品种。因此，它被列为国家二级保护植物。它的发现和任公豆、银杉的发现与鉴定一样，都是陈焕镛取得的重要成果。

陈焕镛在植物分类上有过不少重要发现，如"天目铁木"等。对于这些发现，他都要经过深入研究、慎重考虑、反复查证之后才肯公开发表。在发现银杉的考证中，他虽然早已根据它的外部形态鉴别为新属，但为了深入了解部分器官的特征，取得更可靠、更完备的材料，他竟将这一重大发现推迟了两年多才发表。而观光木属和任公豆属，从发现到公开发表文章，更经历了十多年的时间。在这期间，他多次搞调查，采集标本，反复核实材料，直到一切都确凿无疑了才肯公布。他这种严谨、认真、一丝不苟的科学态度和当前某些人为了争名夺利，将不成熟、甚至根本就是伪造的"成果"匆匆忙忙地发表，形成了鲜明的对比！

陈焕镛的丰硕成果还集中体现在他的著述中，在60年的科研生涯中，他一共发表了重要的论文50多篇。他主持编写的科学专著有《中国经济树木学》《中国植物图鉴》（与胡先骕合著）、《海南植物志》等多种。

为国争光辟新路

陈焕镛不仅是我国著名的植物学家、植物分类学的先驱和权威之一，而且在国际学术界也享有很高声誉。

1930年，他曾应邀参加在印度尼西亚召开的第四届太平洋科学会议。陈焕镛风度翩翩，比这个千岛之国盛产的兰花更具有君子之风，因而受到与会代表的欢迎。这年8月，他又作为中国代表团的团长，出现在英国剑桥大学的第五届国际植物学会议上。他用英语向大会致辞并作专题报告。他的发言内容深刻，英语纯正优美，显示出渊博的学识，加之他那幽兰一般高雅的气质，征服了与会者。大会决定，把中国植物研究列入重要议题。他还为我国在国际植物命名法规审查委员会中争得了选举权，并且和胡先骕一起被选为该委员会的代表。

1935年，陈焕镛的才华又如郁金香一般在荷兰绽放，他应邀出席在荷兰召开的第六届国际植物学会，同样因为突出的学术成就和超群的才干，被选为该会分类组执行委员会和植物命名法规小组副主席。1936年，英国爱丁堡植物园苏格兰植物学会又特聘他和胡先骕为该会名誉会员。

中华人民共和国成立后，陈焕镛受中国科学院的委托，担任代表团团长，出席于1951年在新德里召开的"南亚栽培植物起源与分布"学术讨论会。那时的新中国还不为世界所了解，因此在大会上，陈焕镛的一举一动也就格外受人关注。在大会的发言中，陈焕镛谈到了水稻的发展。他从中国古代农学的渊源，谈到中国水稻的现状；从中国农民丰富的栽培实践，讲到现代遗传学的新观点。他的精辟见解和充满魅力的演说，在大会上受到了热烈欢迎。在陈焕镛和其他中国代表的身上，人们看到了新中国的风采：光彩照人，却又朴实无华；虽然没有艳丽的外表，却有丰硕的果实，能给那些普普通通的劳动者带来希望和丰收的喜悦。

1958年苏联有关部门在得知陈焕镛即将访苏后，立即在有关学术刊物上介绍了他鉴定的银杉。在苏联同行看来，这是中国植物学家一个了不起的成果，而银杉又最能代表古老而又焕发了青春的新中国。在一个月的访苏工作中，陈焕镛鉴定了大批采自亚洲各地的植物标本，得到苏联同行的高度赞赏。

1954年，中山大学植物研究所归属了中国科学院，改名为中国科学院华南植物研究所，陈焕镛被任命为所长。不久，陈焕镛即调到北京工作，住进了中关村14楼。

风雨坎坷人生路

陈焕镛的诞辰是7月12日，农历六月初六。有人迷信数字，相信所谓的"六六大顺"，可陈焕镛的一生却经历了许多艰苦和磨难。科学考察中遇到困难和危险自不必说，一个明明是热爱祖国的科学家，却两度被诬为"文化汉奸"受到了不公正的待遇，这是最让人痛心的。这一切还要从抗战时期说起。

1938年，由于广州遭到日本飞机轰炸，为避免农林植物研究所的标本、图书和仪器被毁，经中山大学批准，陈焕镛把它们全部搬运到了香港，其中标本就有7万多号。这样多贵重的物品，哪里有地方放？当时研究所资金困难，买不起房子。于是，研究所的全部贵重家当都存在九龙码头附近陈家寓所的三层楼房内，陈焕镛还在这里设立了农林研究所驻港办事处，可是这样一来，一切费用都得由陈焕镛和他的亲友承担。

不想，1941年日军侵占香港，日本军队包围并搜查了植物所驻港办事处，科研用的标本、图书也被野蛮的日本兵查封，眼看积累20余年，来之不易的标本、图书面临厄运，陈焕镛心急如焚。就在一筹莫展之时，当时在伪政权中任"广东教育厅厅长"的林某，提出将农林植物研究所迁回广州，并且承诺愿意协助解决运输、搬迁等事务，他还允诺将被扣留在广州的研究所一并交还。陈焕镛与全所职员反复商议后认为，"名城弃守，光复可期；文物去亡，难谋归赵"。虽然这些名贵的标本运往广州后是在敌伪政权的名下，但广州这座名城终归是要光复的，它们还有希望回到祖国的怀抱。如果毁于战火，就再也不可能完璧归赵了。因此，他们立下誓言，"来日大难，当抱与物共存亡之念，赴汤蹈火，生死不辞，毁誉功罪，非所敢顾"。决定同意林某人的计划，但一再声明研究所是纯粹学术机关，决不涉及政坛，以免此事被日本侵略者和汪伪集团利用来进行宣传。1942年4月底，这批珍贵的标本和图书终于运回广州，农林植物研究所此时已更名为广东植物研究所，陈焕镛仍任所长兼广东大学特约教授，但他从不涉足政坛，不与敌伪官员合流。

汪精卫的老婆陈璧君与陈焕镛是同乡，因为仰慕陈焕镛的名声，特别邀请陈焕镛在公众场合演讲，无非是想借陈焕镛的名望为汪精卫的伪政权抹上几道油彩。不想，陈焕镛登台演讲的题目竟是"植物与人生"。陈焕镛大谈了一通植物对人生的重要意义，它们的用处如何之广，还有神农如何尝百草、李时珍怎样辨药材……滔滔不绝，听众听得津津有味，可是这离陈璧君希望他讲的题目却有十万八千里之遥，陈璧君这个汪精卫集团中有名的悍妇对陈焕镛却无可奈何。

就这样，陈焕镛不顾个人的荣辱与功罪，终于使科研成果和珍贵标本完整无损地保存了下来。

抗战胜利后，陈焕镛将保存下来的标本和图书"完璧归赵"，由中山大学派人接收。中山大学农学院院长在给校长王星拱的报告中还特别提到："查所称各节与及经过之记载，确属实情。该员忍辱负重，历尽艰危，完成本校原许之特殊任务——保存该所全部文物，使我国植物学研究得以不坠，且成为我国植物学研究机关唯一复兴基础，厥功甚伟，其心良苦，其志堪嘉。"

不料，1946年竟有人借此事做文章，诬陷陈焕镛是"文化汉奸"。一时间，一些不明真相的人也都对陈焕镛另眼相待，陈焕镛受到很大的精神压力。不久，中山大学又以他在抗战时没有随校迁到昆明为由，将其解聘。正在他精神上苦闷、生活上困难的时候，他的美国朋友请他去讲学，而且可以携全家一起赴美，可是他婉言谢绝了。他感到中国刚刚取得抗日战争的胜利，被战争蹂躏得不成样子的科学和教育都需要振兴，此时，他怎忍离开？幸亏有主持正义的

人出来说话，教育界、法律界的许多知名人士都联名上书，陈述事实真相，并表示愿意担保。1947年，法院才以"不予起诉"了结此案。后来中山大学校长王星拱在弄清历史真实情况后，也恢复了陈焕镛原来的教授和研究所所长职务。

不想，过了近三十年，在"文化大革命"中，"四人帮"的爪牙又重新翻出这段旧账，对他进行诬陷、迫害，甚至在他重病期间也不放过。

人们称陈焕镛是草木花卉的"保护神"，他曾在各个历史时期、各种不同场合，用各种方式保护花草树木和它们的标本。陈焕镛是第一至三届全国人大代表。他曾经和秉志、钱崇澍等人在第一届全国人民代表大会上提出提案，要求在全国各省（区）划定天然森林禁伐区，保护自然林区供科学研究之用。那时，人们对保护生态环境，远没有今天这样重视，人们热衷的还是开采森林、伐木取材。在今天看来，陈焕镛等老一辈科学家当年的提案更显出他们的高瞻远瞩和不怕担风险的精神。

1957年，在陈焕镛的领导下，华南植物研究所建立起鼎湖山树木园自然保护区，为了实现这项他梦寐以求的计划，除了他自己投入了很大精力外，他还特别邀请了我国著名的植物学家和园林专家共商建园规划。他还选用了最得力的人员担任植物园主任。他对花草树木的呵护，在某种程度上甚至超过了对儿女的关爱，以致他的儿女们都对他"有意见"，认为他是一个好的科学家，但不是一个"好父亲"。

陈焕镛是草木花卉的"保护神"，可是这位保护神在"文化大革命"中，却没能保护好自己的生命和名誉。1971年，在离别人世时，他吃力地说："相信群众，相信党……"

打倒"四人帮"之后，最高人民法院在对"四人帮"的判决书上，认定陈焕镛是被"四人帮"迫害致死的著名科学家之一。他的冤案终于得到了昭雪，历史终于为他讨回了公道。

现在，除了他的亲人、学生、同事、朋友，一般人已经不大知道陈焕镛这个名字了，可是当年中关村特楼的邻居们仍记得他。当年的孩子们现在会给自己的子孙辈讲述陈焕镛先生的故事。相信一辈子研究、呵护草木花卉，为了它们甚至将生死毁誉置之度外的陈焕镛，看到他所钟爱的那些绿色生命正在他热爱的这片土地上生生不息地繁衍，一定可以慰藉平生了。更何况，如今他所从事的事业有了新的发展。现在，中国科学院华南植物园已逐步建成为我国重要的研究热带、亚热带植物的基地。根据2017年1月华南植物园官网显示，目前中国科学院华南植物园保存植物13000多种，其中热带、亚热带植物6100多种、经济植物5300多种、国家保护的濒危野生植物430多种，被誉为"中国南方绿宝石"。截至2015年8月，中国科学院华南植物园标本馆收藏标本100多万号，图书馆收藏专业书刊21万册。2017年12月，又入选教育部第一批全国中小学生研学实践教育基地、营地名单。中国科学院华南植物园在植物学知识普及和科学研究方面发挥着重要的作用。这一切不正是陈焕镛的梦想吗？

14楼101号

戴芳澜

菌蕈之学岂有垠

戴芳澜（1893年5月4日—1973年1月3日），号观亭，湖北江陵人，真菌学家、植物病理学家。1914年赴美国留学，获康奈尔大学农学院学士，哥伦比亚大学硕士学位。回国后，他曾在多所大学任教。1929年中国植物病理学会成立，他是发起人之一。1934年起，他任新组建的清华大学农学院植物病理研究室主任。1948年被选为中央研究院院士。中华人民共和国成立后，戴芳澜历任北京农业大学植物病理学系教授、中国科学院植物研究所真菌病害研究室主任、中国科学院应用真菌学研究所所长。1955年被选聘为中国科学院学部委员（院士）。1959年起，任中国科学院微生物研究所所长兼真菌研究室主任。1956年加入中国共产党，曾被选为全国人民代表大会第一、二、三届代表。

树大志远涉海外，开新学立足国内

戴芳澜，号观亭，湖北江陵人。1893年5月4日出生于一户书香门第的家庭。在兄弟当中，戴芳澜排行第二。受家庭影响，童年时期的戴芳澜即聪敏灵慧、斯文好学。17岁时，戴芳澜进入上海震旦中学学习，这所学校重视法语，他得益于此，打下了很好的法语基础。1911年4月29日，清华学堂第一次举行开学典礼。那时主持典礼的中国官员还穿着清朝的朝服，戴着"顶戴花翎"。学员们嘴里说的是英文，脑袋后面却拖着辫子。戴芳澜和此后成为中国著名化学家的侯德榜、逻辑学家金岳霖一起，名列清华的第一批学员名册中。1914年，戴芳澜从清华结业后，即赴美国康奈尔大学（Cornell University）深造。他先在该校农学院获学士学位，后又到哥伦比亚大学（Columbia University）研究生院攻读植物病理学和真菌学，于

戴芳澜院士

1919年获得硕士学位。次年，一心报国的戴芳澜就回国了。他先在广东省立农业专门学校任教，不久，被聘为东南大学教授，后来又担任金陵大学教授兼植物病理系主任。

在这一时期，中国的植物病理学基础薄弱，不仅研究人员奇缺，就连大学里教这门课的教师都非常稀有，一般都是由中外的昆虫学家、植物学家"客串"。教材也是零乱不成系统，常常是单纯介绍外国的情况，与中国的实际相去甚远。戴芳澜先生回国后，既采用外国的高质量教材，又以国内的最新研究成果充实讲课内容，使植物病理学的教学有了适合中国国情的完整体系。他还亲自从国际上最新的科技文献中为学生选编课外必读资料，并且打印出来，装订成册，以方便学生使用。这在当时只有手动打字机和油印机的条件下，是件很辛苦的事，可是戴先生坚持做下来了。

1934年，戴芳澜赴美国纽约植物园和康奈尔大学研究院做了一年研究工作，回国后担任了清华大学农科所主任。那时植物病理研究室还处在筹备阶段，经过戴芳澜等人的一番艰苦奋斗，总算初具规模，可以开展工作了。大家正准备大干一番，不想日本帝国主义挑起了卢沟桥事变，抗战全面爆发。戴先生只好依依不舍地离开刚刚建成的研究室，跟随清华大学迁往昆明郊区的大普吉。清华大学的理科研究所大都在大普吉。那时，住在那里的还有汤佩松、孟昭英等教授和一些年轻的教职员。战时昆明的生活很艰苦，可是戴芳澜和西南联大的众多师生一样，坚持教学和科研，直到抗战胜利。

教学生循循善诱，做学问求真务实

戴芳澜先生是中国植物病理学与真菌学的奠基人之一。他是中国这项专业的开拓者，也是传播者。从回国之初，为了填补这个专业的空白，他即全力倾注于教学中。戴先生对学生既严

格要求，同时又循循善诱。在条件允许的情况下，他总是坚持亲自讲课、亲自编写教材和参考资料，甚至亲自带学生做实验。做实验时，过一段时间，他就会到实验室里转一转，对学生进行检查和指导。如果不合要求，就要求重做，只有他完全满意了，签了字，才能当作正式实验报告，否则实验就不通过。

除了严字当头外，戴芳澜带学生还有两个特点：第一个特点是理论联系实际。他不仅亲自带学生做实验，还亲自带学生去野外实习，亲自带学生到果园去喷洒农药。这时，戴先生俨然如一个果农，戴着斗笠和喷农药的口罩，一边在一排排果树下打着农药，一边为学生做示范。他还经常不辞辛苦，带领学生去采集标本。采标本不仅需要跋山涉水，而且还免不了蚊叮虫咬之苦。由于这种采集可以让学生学到课本上学不到的知识和技能，增强他们的学习兴趣，戴先生也就乐此不疲了。

戴芳澜教学的第二个特点是注重采用启发式，不搞填鸭式。用他的话说，就是"无为而治"。如果他对学生交来的论文不满意，他不提具体修改意见，而是点到为止，让学生自己去想、去反复修改和完善。他的学生，现为中科院院士的郑儒永就有过这样一次经历，当初她把准备独立发表的第一篇论文送给戴先生审阅时，戴先生对其中一个词不满意，但他不明说，只是让郑儒永自己考虑。郑儒永三易其稿，直到把那个词改掉了，戴先生才满意地操着湖北口音说了一声"要得"。

戴芳澜与学生郑儒永（1999年被评为年院士）

正因为戴芳澜先生教学有方，所以桃李满天下，许多人后来也成为我国科学界的学术带头人和领跑者。如：植物病毒学家周家炽、裘维蕃、魏景超、林传光，真菌学家王清和等，都曾经是他的学生。20世纪40年代，他曾指导沈善炯和相望年进行过水生藻菌的研究。沈善炯在和赵忠尧、罗时钧同船归国途中，一起被驻日美军羁留，经过一番英勇斗争，才回到新中国。他曾为我国的抗生素研究，尤其是金霉素的研究和生产做出过重要贡献，是著名的微生物生化和分子遗传学家，1980年被选为中国科学院院士。裘维蕃是我国著名的真菌学家、病毒学家，曾获美国威斯康星大学博士学位，在国际上因最早发现真菌异核现象而闻名，1980年被选为中国科学院院士，还担任过中国科协副主席、中国真菌学会理事长、全国人大常委会常委等职。相望年先生也是我国著名学者，硕果累累，只是不幸于1986年去世。

戴芳澜是一位成果丰硕的学者。他非常重视植物病理研究，并且注重解决实际问题。他曾经在广东指导过芋疫病的研究，在南京进行过水稻病害和果树病害的研究，在昆明开展过对小

麦、蚕豆病虫害的研究。他还曾对抗御小麦锈病和防治大白菜病害的工作，在技术和物质方面给予了大力支持。

戴芳澜又是一位求真务实、学风严谨的人。1955年，有关部门组织了一个座谈会，纪念米丘林诞生100周年。那时正是受李森科的恶劣影响，片面宣传米丘林学说、压制孟德尔-摩尔根学说的时期。当筹备会议的人拿着准备好的稿子，请他在开幕式上作主报告时，他一口拒绝了。这样做是要顶着很大压力的，搞不好还会被戴上"反苏""反米丘林学说"的大帽子，可是戴芳澜全然不顾。

戴芳澜曾经编过一部《中国真菌杂录》，后来考虑到中国真菌研究的需要，他决定按照"国际植物命名法规"，对中国的真菌进行归类，编写一部《中国真菌总汇》。这部鸿篇巨制直到他辞世，还没有定稿，最后是由他的及门弟子完成的。如果从他1919年开始编《中国真菌杂录》算起，这部书整整编了54年。50多年来，戴先生不知经历了多少人生坎坷、世事更迭，但他却始终矢志不渝、锲而不舍。如何开展这样浩大的工程，是对领导者学术功底和组织能力的考验。戴先生让他的学生分别调查不同大类的真菌，这样即使不能在短期内把这些大类调研得十分详细也没有关系，以后可以一代一代地继续下去。只要发扬这种"挖山不止"的精神，总会把中国的真菌资源搞清。为了编这本巨著，戴老和他的学生总共参考了

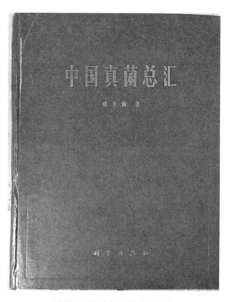

鸿篇巨制《中国真菌总汇》

768篇文献，包括英、法、德、俄、意、日、西班牙、拉丁等许多语种的珍贵资料。他们还对所收真菌的学名以及分布地区一一加以订正，工作量之大是惊人的。当这部耗费了戴先生大半生精力的巨著终于在1979年出版时，他已经不幸于1973年1月3日辞世了。

为了坚持可持续发展战略，现在我国有关部门开发了《中国国家可持续发展共享数据库》。其中的《中国微生物菌种目录数据库》中特别说明："本数据库中的数据主要来自于戴芳澜教授的巨著《中国真菌总汇》一书，该书详尽记载了戴芳澜教授数十年来关于中国真菌资源方面的研究成果。"

在我们坚持科学发展观、实行可持续发展战略的今天，我们仍然享受着戴芳澜院士辛勤工作的成果，他的风范将永远激励着我们。

三怒显磊落胸怀，一身是凛然正气

和许多著名科学家一样，戴芳澜先生很有个性，但他既能坚持己见，又能顾全大局。1958

年，科学院生物学部想把真菌研究所和微生物研究室合并，成立中国科学院微生物研究所。真菌研究所的一些人有顾虑，担心真菌研究会因此受到影响，戴先生就耐心地说服大家，终于促成了微生物研究所的诞生。

在科研工作中，戴芳澜先生不存门户之见，他能和一切有真才实学的人精诚合作。邓叔群先生从沈阳农学院调来的时候，有人担心这两位同样杰出又同样很有个性的著名科学家能不能在一起合作。事实让他们放了心。戴先生把自己负责的标本室主动让给邓叔群先生，邓叔群先生接手后，积极出主意、想办法，标本室的工作又上了一个新台阶。在戴芳澜先生和邓叔群先生的直接关怀下，微生物所的真菌标本室发展成了全国最大、最完善的真菌标本室。

熟悉戴芳澜的人说，戴老是个坦荡真诚的人，即使发脾气，也是出于对工作的认真负责，或是为了坚持某项他心中不可更改的原则。他发脾气还有个特点，来时如暴风骤雨，去后则云淡风轻，决不留痕迹，更不会"秋后算账"。不过，他一生有"三怒"，却怒得很"出彩"。第一怒，怒出了一项很有意义的成果。那还是20世纪20年代末，戴先生在金陵大学教书的时期。当时有一个美国人到中国来，采集了大量的标本，但是他不让中国学者进行研究，把它们都运到了美国。戴先生对此表示了异议，可是那个美国学者却说："你们不能做，我们能做。"这句话伤了戴先生作为一个中国人的民族自尊心。当时，中国正处在军阀混战时期，各路军阀你争我抢，根本无力、也无心去保护自己的主权和资源，更遑论发展中国自己的真菌学研究。戴先生不能忍受中国真菌学的落后，更不能忍受外国人对中国的轻蔑。于是，他发愤要搞真菌分类研究。他从20世纪20年代起，就留心收集有关中国真菌的资料，并由此开始了真菌分类研究，后以《中国真菌杂录》的标题，陆续发表在有关的科学杂志上。1958年出版的《中国经济植物病原目录》就是利用上述资料编辑而成的。此后，他确定了编辑方向，决定采用国际公认而合理的命名方案，使在中国记录的真菌名称，根据同物异名的优先权而获得了合理的归类，在他和他的学生们的努力下，终于取得了《中国真菌总汇》这一举世公认的成果。

如果说戴先生的第一怒怒出了冲天豪气，那么戴先生的第二怒就怒得有些喜剧色彩了。中华人民共和国成立后，戴芳澜在北京农业大学和中科院植物所工作过一段时间后，于1956年任中国科学院应用真菌学研究所所长。从1959年起，任中国科学院微生物研究所所长兼真菌研究室主任。有一天，戴芳澜先生一脸怒气，径直闯到张劲夫副院长那里，张劲夫好生奇怪，想想院里也没有做什么对不起戴老的事，不知他因何而怒。原来由真菌研究所和微生物研究室合并而成的微生物研究所的实验室不够用，几次给院里打报告，都迟迟不见反响，戴老因此才"犯颜直谏"，责问院里为何不管微生物所的困难。张劲夫副院长在科学院的干部和群众中很有威望，他热情高，干劲足，又尊重知识分子，因此，这样怒气冲冲来"兴师问罪"的老科学家还真不多。张副院长听明白戴老的来意后，连忙含笑耐心解释。戴老正在火头上，时不时还顶撞几句。当然，最后戴老还是明白了院里的苦衷。张劲夫同志的"雅量"确实可称表率，而戴老对工作负责、敢于向领导提意见的认真态度也值得学习。也许，现在这样的情况不多了，其实这倒是正常的领导和被领导的关系，是真正的同志关系。戴老这样"犯颜直谏""顶撞领

导", 其实是出于对工作负责、对领导干部和组织的信任。可以与此相对照的是这样两件事: 戴芳澜先生曾被选为中央研究院院士, 他参加了院士大会, 但拒绝参加蒋介石为院士所设的招待宴会。他认为, 参加院士大会是学术性的, 而参加"蒋总统"举行的宴会就带有政治意义了。戴老并不是不问政治的人, 他在世时, 从第一届人民代表大会开始, 历届人民代表大会他都被选为代表, 他只是不愿为腐败的政权"增光添彩"。另一件事是国民党曾经给他送去许多"入党申请书", 拉他和他的同事们加入。戴芳澜先生也不说加入, 也不说不加入, 只是把它们撕了个粉碎, 丢进了废纸篓。鲁迅先生说, 最大的轻蔑就是不理睬, 甚至连头也不转过去。戴先生就是用这种态度表达他的反感的。

戴芳澜先生的第三怒, 发生在"文化大革命"时期。戴芳澜和邓叔群都是在1956年加入中国共产党的。那时, 科学院发展了一批科学家入党, 以后的事实证明, 他们当中的绝大多数不仅是合格的, 而且是优秀的共产党员。可是"文化大革命"期间, 有人竟说这是"修正主义建党路线"。于是就有人跑去找戴老谈话, 说戴老是资产阶级反动学术权威, "劝"他"主动退党"。戴老一听此言, 勃然大怒, 他斥责来人说:"我是自愿加入中国共产党的, 没有人来逼我入党。我决不会退党的!"

在那个时候, 这叫"对抗革命群众""反对'无产阶级文化大革命'", 罪名是很重的, 可是戴老全然不顾。这充分说明他把共产党员的称号看得比生命还重要。他虽然没有上过战场, 没参加过对敌斗争, 但同样经受住了严酷的考验, 证明了他是一名真正的中国共产党党员。

14楼102号

邓叔群

铮铮傲骨

邓叔群（1902年12月12日—1970年5月1日），福建福州人。1915年考入清华学堂，1923年毕业后赴美留学。1928年在美国康奈尔大学先后获得森林学硕士学位和植物病理学博士学位。1928年回国，历任岭南大学、金陵大学和中央大学的教授。1932年起历任中国科学社生物研究所、中央自然历史博物馆、中华教育文化基金董事会研究员和中央研究院动植物研究所研究员，中央研究院林业实验研究所副所长等。1948年当选为中央研究院院士。

中华人民共和国成立后，邓叔群历任沈阳农学院、东北农学院副院长，为东北教育事业的发展做出了贡献。1955年，被选聘为中国科学院学部委员（院士），1956年加入中国共产党，1958年任中国科学院微生物研究所研究员、副所长。他是第三、四届全国政协委员，林业科学研究院顾问，中国植物学会常务理事，中国植物保护学会理事。

和戴芳澜对门而居的是邓叔群先生，他们两位可真称得上"门当户对"。

他们都是我国著名的真菌学家、植物病理学家，都在同一个单位——中国科学院微生物研究所工作。一为正所长，一为副所长。他们都是清华留美预备学校的毕业生，后来都曾在美国康奈尔大学学习。他们都是1948年中央研究院院士，而且都是中国科学院1955年选聘的学部委员。他们都在1956年加入了中国共产党。

两人的性格也有相似的地方，少言寡语、个性鲜明。

"如果我是一只鸟，我将冲上云霄"

该怎么写邓叔群？说他的人生故事感人肺腑，还是说他的悲壮经历催人泪下？都贴切，但都远远不足。

在中国的古代传说中，灵芝是仙草，生在虚无缥缈的仙界，只有独具慧眼的人才能识得它，只有身怀绝技的人才能采到它。

在生物学上，灵芝和蘑菇、木耳等同属于真菌类。邓叔群就是我国著名的真菌学家、植物病理学家，同时还是森林学家。他是中国第一批院士，即原中央研究院于1948年选出的院士之一，也是新中国成立后的首批学部委员（院士）。

有人说邓叔群先生的性格是孤傲冷漠的，他给人的印象是"少言寡笑、严肃认真、不善交际"。其实，有些巍峨的火山常常是终年积雪，而在它的深处却是随时会喷发的炽热岩浆，邓叔群就是一座这样的火山。因为深感旧社会令人窒息的顽固和腐朽，他曾经用英文写过一首诗，翻译成中文如下：

> 如果我是一只鸟，
>
> 我将冲向云霄。
>
> 不怕雷电风暴，
>
> 展翅翱翔长啸，
>
> 脱离那尘污浊世。
>
> 听那自由的呼声在向我召唤。

这里分明有沸腾的热血、燃烧的激情。没有一颗诗人之心，怎么可能写出这样的诗歌？真正了解邓叔群的人，会透过他的冷峻感受到他那炽热的赤子之心。

1902年12月12日，邓叔群出生在福建一个多子女的家庭，他的父亲叫邓鸥予。邓鸥予有四子二女，邓叔群排行第四，在其后还有一妹一弟，他最小的弟弟叫邓子健，也就是邓拓。由于旧时大家庭复杂的宗族和嗣承关系，邓叔群刚出生就被外祖母严氏领养。慈爱的外祖母给他起名严农荪，意思是要他记住他是农民的子孙。严祖母把他送进私塾读书，可是对小农荪来说，比跟着老师念"天地玄黄，宇宙洪荒"更有趣也更难忘的是和严祖母在一起的时候。严祖母在一个教堂当杂役，生活贫寒，经常是清晨带着幼小的农荪去砍柴、挖笋、采摘山上成熟的果子，晚上就在昏黄的油灯下教农荪认字，给他讲精忠报国的岳飞、奋力抗倭的戚继光……那是多么让人难忘的时刻。严祖母那慈爱的面容，还有那盏小小的，虽然只有微弱的光，却是尽力燃烧着自己的小油灯，都是邓叔群一生一世不曾忘怀的。

就在严农荪七岁的那一年，严祖母突然去世，父亲邓鸥予把小农荪接了回来，并为其改名为邓叔群。小小的邓叔群非常好学，经常跑到教室的窗前听老师讲课。邓鸥予在福建省一中教语文，邓叔群经常翻看父亲批改的学生作业，并且如饥似渴地学习。父亲见他如此好学，就给他办了免费旁听的手续。由于他的勤奋和聪敏，1915年，他刚刚13岁，就以优异的成绩考取了清华学堂。八年寒窗苦读后，邓叔群于1923年毕业。因成绩优秀，他获得了公费到美国深造的机会。他没有选当时"最有前途"的专业，如"外交""金融""法律"等，而是进入了以农、林、生物等专业见长的康奈尔大学，专攻农学。因为他牢记着严祖母对他的期望，他要以解除中国农民的困苦为己任。在取得学士学位后，他又转攻森林学，此后又读了植物病理学。他成了他最敬重的两位老师——著名植物病理学教授惠凑（H. H. Whetzel）和真菌学教授费茨（H. M. Fitzpatrick）的研究生，这使他一生受益。伟大的目标产生伟大的动力，由于他的才智与刻苦，终于获得了优异的学习成绩，在获得学位的基础上，还得到了全美国最高科学学会的两枚金钥匙证章：PHI KAPPA PHI 和 SIGMA XI，这是非常珍贵的荣誉。

在康奈尔大学留学的邓叔群不仅学业突出，而且有强健的体魄和高尚的品格。一次他在伊萨克湖中游泳，突然风浪掀翻了两位中国同学的划艇，他不顾个人安危，凭一腔热情奋力搭救他们脱险。此后他利用课余接受专业培训，并通过考试获得了美国救生员证章。

1928年，岭南大学准备开"植物病理"课，向邓叔群的导师惠凑求聘教授，这位导师推荐了邓叔群，不过此时邓叔群的博士论文还未完成，导师建议他得到博士学位后再回国，可是满怀报国热情的邓叔群不愿影响岭南大学秋季开课，毅然表示想立即回国，因为他非常明确：写论文只是为了个人的学位，文凭不是他的奋斗目标，获得真才实学使祖国人民受益，才是他艰苦奋斗13年的真正目的。惠凑本有意挽留他，但见他态度如此坚决，非常感慨。他说："你真是个优秀的年轻人。相信你会为中国做出一番事业的。你回去只要写一篇论文来，校方立即给你补发博士学位证书。"临行前，惠凑以一本绝版的色谱工具书签名赠给邓叔群留念，可惜这本书在"文化大革命"中遗失了。

"在这里生命多么感人!"

1928年，邓叔群回到了祖国。他热爱祖国的心激励他在这片热土上充分展示着他的才华、释放着他的智慧和激情。他先后在岭南大学、南京大学、中央大学任教，还在中央研究院动植物研究所、中国科学社生物研究所和中国自然历史博物馆等单位担任研究员。此外，他还担任过中央研究院林业实验研究所副所长等职。在这期间，他写了不少论文，不过那都是为了探索问题、阐述科研成果而写的，惠凑教授要他写的有关学位的论文，他却无暇顾及。他的心思不在个人的地位和名誉上，而是在祖国的命运中。

邓叔群回国后，除了滋兰树蕙、培养人才外，还致力于农作物病害的防治研究，并发表过多篇论文。他的一生都在实践着他的志向——"解救贫困的中国农民"。为此，他不顾艰难险阻，跋涉于崇山之间，穿行在密林之中，到处采集标本，鉴定研究，甚至在日机空袭时仍在实验室里坚持工作。

1931年，九一八事变爆发，日本帝国主义占领了东北，邓叔群义愤填膺。在日军即将占领南京时，以"国家兴亡，匹夫有责"为己任的邓叔群捐献了家产，送走了家眷，不仅坚持工作到最后，而且还准备好了一支猎枪，他要和日本侵略军拼命! 只是因为中央研究院强令他撤退，他才不得不乘最后一趟列车撤退到四川。在路上，他悲愤地唱起自己作词的新歌:

> 我们的故乡是那遥远的扬子江，
>
> 轰炸声已响彻偏僻的西部。
>
> 我们的心悲愤激昂，
>
> 勿再彷徨，
>
> 不惜牺牲打回老家收复失地。
>
> 燃起民族复仇的火焰，
>
> 誓死不做亡国奴!

就在日寇的铁蹄步步紧逼、空袭频频的条件下，他终于以最高的效率完成了英文版《中国的高等真菌》。1939年，这部长达600页的、在中国真菌研究史上具有里程碑意义的力作发表了，填补了中国在真菌研究史上的空白。邓叔群怀着极其痛苦的心情，挥笔在扉页上题道:"谨以此书纪念难忘的1931年9月18日，日本入侵东北三省。"

撤退到重庆北碚后，根据当时的形势，邓叔群把精力集中于森林的繁育和保护上。1939年，他带领西南森林调查团，跑遍了云南、西康、四川的森林，风餐露宿，沐雨栉风，对那里的森林资源进行调查。在高原地区，生活条件很艰苦，但是对祖国命运的关怀使他们战胜了重重困难。那时，在湍急的河流边，在茂密的森林里，他们常常会唱起一首歌，那歌词是邓叔群在1940年写的：

> 我们跨越高原前进，
>
> 进到云杉和云南松林。
>
> 你们将会看到不管天雨和天晴，
>
> 我们总是兴高采烈。
>
> 我们必须挺立和工作，
>
> 抢救我们正在消灭的原始森林，
>
> 改造我们的荒山变为绿色的用材基地。
>
> ……
>
> 在黑暗时刻坚持信心，最后胜利归于我们。
>
> 斗争和拼搏，振奋我们的职责，
>
> 用坚强的意志和勇气，
>
> 为我们可爱的祖国献身。

夜里，为了抗御潮湿阴冷、毒蛇猛兽，邓叔群和他的同伴们不得不常常围坐在营火前。尽管生活和工作条件是如此艰苦，可是他们却在营火边唱起了这样的歌：

> 穿过参天的云杉和青松，月光流照。
>
> 白雪披戴的群峰之间，营火在闪烁，
>
> 来加入我们的欢乐之队，来到这原始森林。
>
> 绿色的森林在召唤着您，营火在吸引着您！
>
> 在这里生命是如此甜蜜，在这里生命多么感人！
>
> 在这里生命充满着欢乐！

歌声即心声，这发自肺腑的歌也是邓叔群作词的，即使今天看到这样的歌词，也会使人们怦然心动。

邓叔群不仅要和恶劣的自然条件苦斗，还要和国民党政府的官僚体制苦斗，他在西南康定地区考察需要经费，而资金却迟迟不到，以致他不得不仰天长叹："苦恼！苦恼！如同关在监牢。苦恼！哪年哪月，才能够收到他们慷慨的汇款，中国呀！中国呀！什么时候，才能好好地改良？"

西南考察完毕后，邓叔群回到重庆，国民党政府拟聘他出任农林部副部长。"副部级"——官位可谓高矣，可是邓叔群却嗤之以鼻："现在不少贪官发国难财，我绝不和他们同流合污。"

他不愿做官，却心甘情愿地当一头老黄牛，为祖国和人民做贡献。他说："我不愿做官，宁愿做一头老黄牛。因为牛吃的只是草，而能为人耕田、拉车，牛奶还能给人吃……得了胆结石，痛苦的是牛，牛黄却成了为人治病的贵重药材。牛真的全身都能为人所用。"

卓尼，遥远的卓尼

洮河是黄河上游的一个主要支流，位于甘肃省境内。1940年，甘肃省建设厅厅长张心一和邓叔群等人，创建了甘肃水利林牧公司。邓叔群亲自带着几位有志青年和家人一起来到了遥远的卓尼县，他是抱着为了保护和扩大森林资源，防止水土流失，以达到治理黄河上游生态环境，减轻其对中下游地区人民的危害。

卓尼，遥远的卓尼！这里没有街市，没有学校，没有商店，人烟稀少。邓叔群的孩子们没有学校可上，只好放羊、种菜、养鸡鸭，因为这里时不时还会有猛兽、土匪，有时还有少数民族部落间的械斗，他们只能住在不见日光的碉堡里，外出还必须带着枪支防身。一切粮食、给养，都要用牛车从很远的地方运来。

邓叔群经常带着年轻的科技人员深入原始林区考察，他们吃的是又粗又硬的、用青稞蒸熟晒干后做成的"火米"，只有用水浸泡后才能下咽，但它抗饥饿，在那样的条件下，这就算最好的干粮了。在原始森林中，他们常常要顶着风寒雨雪连续工作几个月。待他们归来时，常常是蓬头垢面，又瘦又乏，可是却洋溢着丰收的喜悦。因为他们又采集到许多标本，得到了许多宝贵的资料。

卓尼及其周围地区有大片茂密的原始森林，当地的土司为了赚钱，把山林卖给木材商，木材商不顾后果地进行毁灭式采伐。他们把森林茂密的青山砍成了荒山秃岭后，才把它们还给土司，这还有一个名目，叫作"林尽还山"。当时国民党政府也在这里划定了所谓的"国有林区"，除了派驻官员和林警外，还聘了几位有职无权的专家。可是国民党的官吏只会设卡收税，对森林的发展和保护毫不关心。为了保护这里的原始森林，邓叔群想方设法筹措资金。在甘肃省建设厅厅长张心一的鼎力支持下，他得到了一笔资金，从当地土司手中买下森林，建起了面积达4万多亩的洮河林场，和大峪沟、卡车沟、绿珠沟三个分场以及一个畜牧场。邓叔群用科学手段对这里的林业资源进行了详细调查，绘制了详细的林型图，为甘肃的林业发展做出了典范和榜样。他制订出一整套科学的开采、养护和育林的新方法，提出了保证更新量、营造量大于采伐量的经营管理制度，以使森林长青，保护了黄河上游的生态与众多国家濒危动植物物种。他首倡农林牧综合发展，是在中国最早提出并实践"生态林业"的人。根据甘肃省林业厅总工程师张汉豪先生的回忆，早在1943年，邓叔群就提出了"大农业"的概念，并在岷县建立了农、林、牧结合的林寨岭牧场。他还指导科技人员在兰州皋兰山南白塔山的北荒山上开展水平沟造林试验，选择抗旱树种，进行雨季造林。在邓叔群的努力下，直到今天，邓叔群亲手创立的洮河林场仍然绿叶森森，生机盎然。他当时制订的许多护林、育林措施，现在仍然被沿用着。

看到邓叔群在森林管理上成就斐然，国民党岷县县党部就想拉拢邓叔群，好为自己增添政绩。他们的举动遭到了邓叔群的严词拒绝。于是他们转而在工作上处处刁难邓叔群。邓先生天性倔强，从来不会向威胁和刁难低头。他常说，一个有骨气的人应该"贫贱不能移，富贵不能淫，威武不能屈"。他是这样说的，也是这样做的。

在卓尼，邓叔群和他的同伴们取得了丰硕的成果。在卓尼，他不仅付出了心血和汗水、知识和智慧，还献出了自己九岁女儿的生命。那是他最喜爱的一个女儿。那天，一场暴雨刚过，纯真的小姑娘带着弟弟邓煌来到河岸边放鸭子，她看到洪水仍在河床中咆哮，浊浪滚滚，就让弟弟站在远离岸边的树旁，自己向河边走去。谁知看上去仍是绿茵茵的草地、青幽幽的河岸，却因为连日来山洪的冲刷，底部已经被淘空，只剩一层薄薄的草皮空悬在奔腾的激流上。小姑娘刚刚走到河边，正想看看水里有没有欢快的游鱼、可爱的卵石，河岸却突然坍塌了，女孩落入了咆哮的激流中。弟弟哭喊着跑回家呼救，家人顺着河追着、喊着，却再也不见女孩的身影！太晚了，实在是太晚了！其实，即使追上了又能如何？那洪水吞噬一切，任何人都无法对落水者施以援手，无情的洪水甚至连孩子的尸体都没有交还给悲痛欲绝的父母……

心爱的女儿被汹涌无情的山洪夺走了，对一个父亲来说，还有什么比这更痛苦！可是邓叔群没有被击倒，因为在邓叔群的心中，祖国的命运更重于个人的命运。正是在卓尼，他写下了这样的诗句：

> 拿起枪来，团结一致！
>
> 杀尽敌人，灭此朝食！
>
> 热血可洒，
>
> 头颅可掷，
>
> 奴隶不可做，
>
> 国土不可失！

了解了这一切，谁能不钦佩邓叔群在卓尼所做的一切？谁能不为他对祖国的赤诚所感动？

"自由的呼声在召唤"

1948年，邓叔群当选中央研究院首批院士，可是他并没有感到多少欢乐，因为国民党统治下的中国，投机倒把猖獗，物价一日数涨，逮捕进步人士、迫害青年学生的事更是屡屡发生。中国的前途在哪里？中国科学的前景又如何？

其实，早在白色恐怖最厉害的20世纪30年代，邓叔群和他的夫人陆桂玲女士，就已经把关注的目光放在了中国共产党身上，并对共产党的英勇斗争寄予极大的同情了。1933年，当邓叔群的胞弟邓拓被国民党当局逮捕后，邓叔群和陆桂玲就并肩穿行在风雨凄凄的黑暗中，四处奔走，想尽各种办法营救邓拓。最后通过中央研究院院长蔡元培先生，才把邓拓救出。他们这样做不仅仅是为了骨肉情谊，更是为了对光明的追求，对自由的向往。后来，邓拓成长为一名才华横溢的学者、一名著名的共产党人，而邓叔群也更加关注中国共产党领导的革命斗争了。就在中华人民共和国成立前夕，有一位既熟悉又神秘的客人到上海造访邓叔群。说熟悉，是因为他曾经是邓叔群的学生，而且和邓叔群之间有一种亦师亦友的关系；说神秘，是因为他是受中国共产党委派特

邓叔群院士和夫人陆桂玲女士
（摄于1929至1930年之间）

意到尚未解放的上海，和邓叔群等一批科学界人士接头，向他们转达中国共产党对他们的问候与希望。他就是后来也成为中国科学院院士的著名科学家沈其益。在听了沈其益介绍中共的政策和东北解放区的情况后，他不仅欣然同意前往条件艰苦的东北地区工作，而且兴奋地把那首诗——《如果我是一只鸟》的最后一句改为："遵循你的指示唯命是从。"这里的"你"当然是指他心目中光明与希望的化身——中国共产党了。

为了对东北解放区有所贡献，邓叔群甚至不顾自己当时正在咳血，立即着手编写适合东北地区使用的林业大学的教材纲要，而且在不到半年的时间内就编写出了一整套，共20大本，现存于清华大学图书馆珍藏室。

到达东北后，邓叔群先后在东北农学院和沈阳农学院工作了六个年头。在这期间，他既担任教学、科研工作，又担任学校的领导工作，非常繁忙。但他不辞辛苦，高效率、高水平、高质量地完成了各项工作。除此之外，作为社会知名人士，他还要参加许多社会活动。他曾亲自赴朝鲜慰问志愿军战士，带头为抗美援朝捐献飞机大炮，并因在反细菌战时的科研贡献，获得过朱德总司令签发的奖状。此外，他还做过许多"分外"的工作，如1954年，他应铁道部之请，为解决枕木防腐问题提供了宝贵的建议，献出了一个行之有效的验方，为节约木材、发展中国的铁路运输做出了贡献。

"展翅翱翔长啸"

1955年，邓叔群服从中央"科技干部归队"的号召，来到中国科学院微生物所工作（当时为"真菌研究所"）。这一年，他被定为特级研究员，并被选聘为第一批学部委员，即后来的院士。1956年，他加入了中国共产党，他是中华人民共和国成立后第一批入党的高级知识分子之一。

为了照顾他的工作和生活，领导根据他的贡献和级别，把他的家安排在14楼102号，这是当时能够提供给他的最好的住宅。其实，他在南京本来有一处私宅——一座漂亮的花园洋房，只是他在抗美援朝的高潮中，把它捐献给志愿军购买飞机大炮了。那所洋房在当时价值一架飞机，现在这里是南京市第29中学的校址。

在新的岗位上，邓叔群如雄鹰展翅，显现了一位科学家的学识和对祖国的忠诚。

从1957年至1964年，为了编集《蘑菇图谱》，他不知多少次冒着危险跋山涉水。

1963年，他一手创建了广州中南真菌室。现在这株由邓叔群亲手栽下的"幼苗"，已经成长为"广州微生物研究所"了。

邓叔群的家是一个完美的家，同时又是一个科学之家、充满了艺术氛围的家。邓叔群有一位忠实的人生伴侣，也是科研工作中的得力助手，这就是他的夫人陆桂玲女士。陆桂玲女士本是北京贝满中学的高才生，后就读于金陵女子大学。1949年，邓叔群响应号召，举家迁往东北，参加筹建沈阳农学院和东北农学院的工作。在当时原中研院留沪的科学家中，他是第一位迁往东北的。在东北，邓叔群的工作非常繁忙。陆桂玲甘当助手，夫妻二人经常出入于山林中采集标本，然后由陆桂玲做成切片，在显微镜下观察、画图。最后，还要把论文用打字机打出来。邓叔群在1949年以前完成的40多篇论文和重要学术著作《中国真菌志》中，都有陆桂玲的心血。

除了妻子，邓叔群还有一个得力助手，就是他的二女儿邓庄。她不仅学的是父亲从事的专业——真菌学，而且是邓叔群的研究生和助手。她和父亲一样，非常热爱这门学科，并且取得了突出的成就。20世纪50年代末，她就在父亲的指导下，克服了重重困难，成功地解决了人工培养灵芝和猴头菌等十种大型食用菇的难题。人工培养试验成功后，受父亲委托，邓庄在北京劳动人民文化宫举办讲习班，免费散发菌种，传授人工培养技术。她还因此获得了中国科学院"三八红旗手"的光荣称号。如今，药用、食用真菌的栽培技术使许多农民得以脱贫致富，许多企业收到了良好的经济效益，人民群众获得了更多的健康食品和安全有效的药物。

邓叔群本人是一位酷爱音乐的科学家，收藏了不少世界著名歌唱家的唱片。陆桂玲也喜爱音乐，并且会弹钢琴。他们的子女自然也会受到他们的影响。邓钢是邓叔群的小儿子，妈

妈亲自教他和他最小的姐姐邓颐学钢琴，因为要做许多反复、单调的练习，那琴声实在是枯燥乏味，可是最喜欢安静的邓叔群不仅从来不阻止，反而要求孩子们必须认真完成练习。直到邓钢成年之后才领悟到，父亲之所以那样严格要求，并不是指望他成为大钢琴家，而是想培养他持之以恒、决不半途而废的品格，因为这是做任何事情都必须具备的素质。

那时，钱学森住在邓叔群的楼上。有一天，蒋英教授正在练声，邓煌听到那优美动听的歌声，想听听蒋英的唱法和其他歌唱家的唱法有什么不一样，于是就找出父亲珍藏的唱片，蒋英唱哪首，他就听哪首歌的唱片。当然，那都是由其他著名歌唱家演唱的。不料，唱机的声音太大，竟传到了楼上，搞得蒋英好生奇怪，这是谁在和自己"唱对台戏"？而且唱得还很不错。

此时的邓叔群正处于事业的巅峰，他有很高的学术地位、很好的科研条件，还有着运动员一般的体魄，而且家庭成员个个都具有良好的素质。这些都是使他更加辉煌的基础。他正雄心勃勃地向更高的高度冲击，他为自己也为自己的学科制订了一系列宏大的目标：他计划培养出一批真菌分类学的研究生，他准备以自己当年在甘肃的成功经验为依据，推动生态林场的大规模建设，他计划实现微生物提炼石油，他还计划使用微生物探矿。

日本曾提出，要派真菌学家来华协助编写《中国真菌志》，周恩来总理委婉而又坚定地回绝说，"我们有自己的专家"。邓叔群闻知此事后，立即亲自组织力量开展了这方面的工作。

那时，人们都认为，他的雄心壮志一定会变成绚丽多彩的现实。他自己更是全力投入其中，真可谓呕心沥血、鞠躬尽瘁。

那时，每逢"五一"、国庆、春节等重大节日或是重要活动，他常会收到参加国宴或是到人民大会堂看戏的请柬，他都婉言谢绝。有人对此不理解，其实邓叔群是为了争分夺秒地工作。他常说，"一个人的生命是有限的，但是需要做的事是无限的"。

他的子女们都记得，1960年的一个冬天，已是深夜两点多了，邓叔群还没有回家，家里人都很焦急。打电话到办公室，他只说，"等我工作告一个段落再说"。谁知，等到他准备回家时，却发现办公楼的大门早已经锁上了。怎么办？请传达室看门的师傅把门打开？他不忍搅扰了老人的好梦。于是，他抖擞精神，索性夜以继日地干了下去。这种因为加班被困在实验室和办公室的经历，在邓叔群身上已经不知发生过多少次。每遇重要法定假日，如国庆、春节等，单位按规定要封门，邓叔群却要求不要封他的实验室，因为他要在假日里加班。有一次，他竟连续工作了三天三夜，鉴定了微生物所标本室内多年积压的几百号真菌标本。难怪他的妻子曾经嗔怪道："别总以为自己是累不垮的铁牛。"

据有人统计，微生物所标本馆内至少有14811份真菌和粘菌标本是由邓叔群亲自鉴定的。现在，他的学生回忆邓叔群时这样说："邓先生要求我们很严。有时，我们很难做到，可是他却能做到。"

"富贵不能淫，贫贱不能移，威武不能屈"

邓叔群早年即为自己立下了座右铭："富贵不能淫，贫贱不能移，威武不能屈"，并且努力实践它。

他一生清正廉洁，贫困不能让他坠青云之志，富贵不能让他俯首折腰。除了工资外，他从来不收额外的钱，更不会给自己"捞外快"。1960年，他受中央林业部委托，培养了50名高级专业人才，为期两年半，他亲自负责编写教材，登台讲课，操了不少心。当这批专业人才毕业时，林业部将一笔高额酬金送到他的家里，邓叔群却婉拒了，只留下了一张他和全体毕业生的合影。

他平日常为《植物学报》《中国植物志》《中国真菌志》等刊物审稿，所得稿费全部交了党费。他常说，"国家已经给了我工资，其他任何钱我都不能收，也不会收。至于其他的事情，是我甘愿做的，不需收报酬"。他还严肃地告诉妻子："你只能替我收工资，任何其他钱你都不能收"。他的身上一般只带30元钱，除了应付急需，更主要的是为了帮助生活困难的同志以及向社会捐款等。那个年代，许多票证甚至比钱更贵重，可是邓叔群常用票证帮助别人，而且从不催人归还。

三年困难时期，国家对高级知识分子有特殊照顾，可以凭专用票证购买一些市场上不易见到的副食。特楼的科学家还可以到中关村福利楼特设的餐厅改善伙食，"享用"一些"熘鸭肠"之类的"美味"。可是邓叔群不仅自己从来不享用这些特殊照顾，而且也不许家人享用。有一次，陆桂玲想到福利楼特设的餐厅款待一下从外地来探亲的儿女，这是做母亲的一片心，更在政策和法规允许的范围之内，不想邓叔群竟非常严厉地批评道："现在是国家、人民困难的时期，你们该是什么态度？"

邓叔群和他的家人也曾有过轻松、欢乐的日子。邓叔群的孩子们记得，逢年过节，叔叔和婶婶会带着他们的孩子来到中关村14号楼前，车门一开，首先跳下来的总是孩子们，于是两家的孩子欢聚在一起，有着无限的快乐。邓拓的子女们至今还记得，伯伯也会在假日进城来看他们，有一次还给他们带来了一个玻璃缸，里面有一层厚厚的培养基。伯伯对他们说，只要按时浇水，它就会变化。他们按伯伯的话做了，过了几天就长出了白白的蘑菇。城里的孩子看到蘑菇稀罕极了。那时，两家的孩子都以为生活就像那时的天空，总是蓝蓝的，太阳也总是暖暖的……

然而1966年，"文化大革命"突然袭来，这一切都被打断了！只因为邓叔群是邓拓的兄长，就受到"三家村"一案的株连。在这种情况下，邓叔群仍然想保留下他的工作成果，尤其是那部因为"文化大革命"而被自顾不暇的出版社退回的《蘑菇谱——中国食用菌和毒菌》，那是从1957年至1965年，他带领科技人员跋山涉水、历经千辛万苦写成的一部400多万字、含600多幅插图的珍贵文献。邓叔群担忧书稿的安全，送交微生物所要求保护，但在极"左"思潮的影响下，他的这个要求也遭到了拒绝。这部书稿最后竟遗失了。1970年，铮铮傲骨的

邓叔群倒下了，他用生命践行了自己的座右铭。

当春天重新来临的时候，邓叔群的冤案得到了平反，他的一生终于得到了公正的评价。张劲夫同志曾为他题词"怀念为我国真菌科学做出卓越贡献的科学家邓叔群同志，学习他的高尚品德和优良学风"。

远在海外的顾毓琇教授是邓叔群在清华学堂的同级学友，他为邓叔群题词"学术报国，风范永存"。

邓叔群的一批重要学术著作，在"文化大革命"中遗失。为增补于1963年出版的《中国的真菌》，邓叔群又增加了1000多个新品种的内容，只待再版时补充进去，却不料在"文化大革命"中丢失了近三分之一。后经邓庄将残稿重新整理，于1996年用英文在国外出版。著名真菌学家考尔为此书作序说："该遗著是中国最重要的真菌分类学家邓叔群的总结性的顶峰巨著……它提供了相当新颖而大多非常先进的分类系统，深刻而细致的描述……"

值得一提的是，邓叔群一家在经受多次浩劫，甚至自由被剥夺、生命受到威胁时，却勇敢机智地保存下了邓拓同志的骨灰，使后人得以凭吊英灵，牢记住那段动荡的历史。

15楼316号

林　镕

秋菊风范

　　林镕（1903年3月27日—1981年5月28日），字君范，江苏丹阳人，植物分类学家。曾任中国科学院植物研究所研究员、副所长，主要著作有《中国北部植物图志》第2册、《中国植物志》第74和第75卷、《中国新见或未得悉之菊科植物》等。1955年被选聘为中国科学院学部委员（院士），曾任中国科学院生物学部副主任。他于1956年加入中国共产党，是第三届全国人民代表大会代表。

林镕是我国著名的植物分类学家，尤其是在菊科植物的分类方面，更是成就卓著。1903年3月27日，林镕出生于江苏省丹阳县。父亲是清朝秀才。他虽然出身于书香门第，但不幸幼年丧父，全靠勤劳节俭的母亲抚养长大。林镕凭着自己的勤奋好学，才得以完成从小学到高中的全部学业。他高中毕业时，五四运动和留法勤工俭学运动在中国造成了深远的影响，这股追求民主、追求科学的潮流也影响到了林镕，他毅然在1920年走上了赴法留学的道路。经过刻苦努力，他先是于1923年获法国南锡大学农学院农学学士学位和"农业技师"称号，继而进克莱孟大学理学院，师从著名真菌学家摩罗教授，并获克莱孟大学硕士学位，后又于1930年在巴黎大学理学院获理学博士学位。法国的学位分为两种，即学校授予和国家授予，林镕获得的就是级别更高的国授博士学位。在法国期间，他和志同道合的刘慎谔、刘厚、齐雅堂等，创办了"中国生物科学学会"，并且开始编辑《中国植物文献汇编》。1930年秋天，林镕终于回到魂牵梦绕的祖国。这时，他阔别亲人、阔别乡梓已经整整十年了。

　　1930年，林镕应聘担任国立北平大学农学院农业生物系教授。这所大学是民国时期南京政府教育部设立的，由医学院、农学院、工学院、法商学院、女子文理学院组成。为了和"北大"，即北京大学区别，人们简称其为"平大"。不久，林镕担任了北平大学农学院生物系主任，同时兼任北平研究院植物学研究所研究员，并在中法大学、辅仁大学、中国大学等校兼课。这时，他和刘慎谔等人将在法国就开始编辑的《中国植物文献汇编》转移到国内，继续编辑发行。与此同时，他们还创办了《生物学杂志》。这期间，林镕根据当时国内的情况和需要，从研究真菌学转为以研究种子植物分类为自己的主要方向，这对于他的学术生涯甚至中国的植物学研究，都是一件大事，并且从此奠定了他一生的研究方向。

　　抗战期间，北平大学、北平师范大学、北洋工学院、北平研究院等学校和研究机构撤至西安，组成了国立西北联合大学。它与著名的西南联大遥相呼应，成为抗战期间临时成立的名校。但是林镕因为妻子生产，未能随校转移。北平沦陷后，日伪政权为了笼络中国的知识分子，进行文化侵略，培养忠实于日本帝国主义的奴才，也曾经用高薪聘请一些学者出任大学教授，林镕就是他们企图拉拢的对象。当时伪北京大学农学院的校长到处打听林镕的下落，想拉他出任该校教授。尽管林镕那时家庭经济十分困难，但他坚决拒绝日伪的"聘用"，甚至为此多次搬家，从名声赫赫的铁狮子胡同的花园式洋房，最后竟然搬到成坊街租来的民房中，以躲避敌伪的骚扰，表现出了一位爱国者崇高的民族气节。1938年，为了能够回到西北联合大学，他变卖了家产做路费，惜别了夫人和孩子，不顾路远途危，绕道香港，只身到达陕西武功，担任了西北联合大学的教授，后转任西北农学院教授，并与刘慎谔等人创办了西北植物调查所。

　　1942年，林镕的家人逃离北平，辗转来到了福建永安。林镕利用假期，经四川、贵州、广西、湖南、江西数省到永安接家人。不料，归途被日本军队切断，他和家人已经不可能回武功了，林镕一家只好留在永安。幸好同是留法学生，并且在国立北平大学、国立西北联合大学和他曾是同事的汪德耀，担任了福建省研究院院长，于是林镕就受邀组建福建省研究院动植物研究所，并任研究员兼所长，还创办了福建省研究院研究丛刊。在此期间，他还受汪德耀之邀，在当时转移到永安的厦门大学任教。虽然这时日本帝国主义的军队已经占领了中国的大多数沿海省份，却因为福建多山，而且依据日本发动太平洋战争后的战略需要，并没有占领福建全境。这让林镕等人有了可以从事科研和教学工作的难得时机。他的工作从北平起步，在武功延续，至永安得以深入。福建多山、潮湿，又是抗战时期，条件十分艰苦，但林镕却克服了各种困难，率领队伍先后在永安、长汀、连城等地进行植物调查，采得了标本数千种。后来，他就以这些标本为基础，撰写出了一批高质量的论文。

林镕是一位有正义感的学者。早在武功时，有爱国学生因为不满蒋介石的不抵抗政策，被投入监狱。林镕不仅前往探视，而且为营救他们奔走呼号，因而被称为"武功四君子"之一。1944年，以奉行"国家主义""反苏反共"为宗旨的青年党人当了福建省研究院院长，林镕毅然离开了福建省研究院，接受萨本栋校长之聘，专任厦门大学教授和该校生物系及海洋生物研究所主任。抗战胜利后，林镕因为不满国民党特务的胡作非为和派系倾轧，毅然离开厦门，来到了上海，在海关做检疫工作。不久，他又因为不满国民党官员的贪腐，愤而辞职。他还怒斥海关总署的官员，说在他们的治理下，根本不需要检疫，因为只要给钱，任何动植物都可以进关，结果是贪官的腰包鼓了，受害的却是中国人民。

林镕辞职后，一家人的生活没了着落，妻子只好去当中学教员。由于当时的社会风气糜烂，没过多久，妻子的工作也干不下去了。没有了经济来源，孩子们也失学了。这时，林镕全家几要断了生路，一家人只能挤在林镕岳母家的一个十几平方米的房间内。只有林镕的岳母有一张小床，其他人只能挤在地板上睡觉，苦不堪言。不久之后，林镕只身北上，于1946年起担任了北平研究院植物学研究所研究员，并在北京师范大学、辅仁大学兼课。半年后，包括岳母在内的全家人才得以在北平团聚。

北平临近解放时，国民党政府企图将北平的知名学者接出北平，南迁到广州、台湾。有人甚至送来了台湾大学的"聘书"，但林镕曾经目睹国民党奉行"不抵抗主义"，给国家和民族造成的灾祸；曾经在福建亲历国民党的派系争斗，给教育和科研造成的损害；曾经在上海怒斥国民党的贪腐，甚至不顾会让自己和家庭陷入困境，愤然辞职。他怎么可能跟随这样的政府南逃？他和大多数著名学者一样，选择了留在北平，等待解放军进城。

中华人民共和国成立后，林镕任中国科学院植物分类研究所研究员，1953年该研究所更名为中国科学院植物研究所，钱崇澍任所长，林镕任副所长，后又任代理所长、顾问。

林镕从20世纪30年代开始从事高等植物分类学的研究，是中国菊科、旋花科和龙胆科植物系统分类的奠基者。他发表了凤毛菊属、兰刺头属、苍术属、川木香属、重羽菊属、亭菊属、毛冠菊属、合头菊属、紊蒿属等十余个新科属。他还发表了火绒草属、旋覆花属、苇谷草属、蚤草属的新分类群共百余种，为中国菊科植物分类和植物区系做出了重要贡献。他汇集的旋花科、龙胆科、菊科植物的文献资料多达数十卷，仅菊科就有37卷，龙胆科3卷。他独立编写或与他的学生合作编纂出版了《中国植物志》（菊科）三卷册，即《中国植物志》第74卷、

第75卷、第76卷第1册，这些专著的水平与质量，得到了学术界的好评。此外，他还留下许多宝贵的中国菊科文献资料，为后人继续编纂其他《中国植物志》（菊科）和进行专题研究打下了坚实的基础。在我国菊科植物分类的开拓和发展上，林镕做出了突出的贡献。菊科是种子植物中属种最多的一个科，在我国已查明的就有240余属，约3000种。由我国植物分类学家集体编纂的《中国植物志》共125卷册的巨著中，菊科植物共7卷11册，在全书中所占的数量最多。菊科植物中有许多种药用植物、油料植物以及其他经济植物，研究菊科植物对开发利用我国的植物资源具有指导意义；了解菊科植物的种类、分布、习性和亲缘关系等，对于阐明中国植物区系的起源和发展也有重要的理论价值。由此可以看出林镕对祖国植物研究的贡献之大。

林镕还非常关心祖国的资源调查、生态保护等问题，早在20世纪30年代，他就发表了《西藏植物采集意见报告书》，介绍刘慎谔如何首先在西藏进行植物调查工作，并呼吁政府和社会给予重视。20世纪50年代，他参加了黄河中上游水土保持综合考察，编写了《水土保持手册》，为黄河综合治理和黄土区水土保持规划提供了科学依据。

他关心祖国命运，勇于捍卫科学、捍卫真理。1950年，朝鲜战争爆发。不久，美国悍然在朝鲜和我国东北投放带有细菌的树叶、苍蝇、跳蚤等。林镕不顾当时自己正患着严重的胃病，和钱崇澍、吴征镒、胡先骕等植物学家共赴中朝边境，不辞辛苦，不惧危险，日夜工作，对标本进行了鉴定，获得了美军使用细菌武器的证据，为中朝人民伸张了正义。

20世纪50年代初期，苏联的学阀李森科以米丘林学派的代表人物自居，用各种手段打压孟德尔-摩尔根学派，宣称要"把孟德尔-摩尔根-魏斯曼主义从我们的科学中消灭掉"，还不惜以"唯心主义"的大帽子和"阶级敌人"的罪名，对持不同学术观点的科学家进行打压、迫害，甚至将有的科学家囚禁致死。这种恶劣的学风和对遗传学发展的严重干扰也影响到了中国。但李森科的学说和霸道作风毕竟站不住脚，从20世纪40年代末到60年代初，苏联关于李森科的争议时起时伏，其中1952年卡切夫院士主编的《植物学杂志》可谓是春雷震响，他们发表了一系列文章，揭露了李森科学说的虚假，揭开了关于物种和物种形成问题大论战的序幕，最终这个骗子兼学阀被历史淘汰。中国在20世纪50年代中期也开始揭露和批判李森科。林镕精心编写了《有关物种和物种形成的讨论资料》，对李森科进行了有力的批判。文中指出："总之，李森科所理解的物种概念忽视了物种的形态、生理、生态、地理、历史及其他方面的内容，无视种的细胞育种上的基本构造，即忽视了种的现代的、基本的和多样性的意义。"

1955年，林镕被聘任为中国科学院黄河中游水土保持综合考察队副队长，为了解决黄土高原严重的水土流失问题，他连续几年率队赴山西、陕西、甘肃等省的水土流失区考察，并先后发表了《对黄河中游黄土区水土保持工作的初步意见》《黄河中游水土保持综合考察》等文章。他和考察队其他人员一起，提出了在合理利用土地的原则下，因地制宜，自上而下，沟坡兼治，将生物措施与工程措施相结合的综合治理方针，还提出了不同类型区的水土保持措施和合理配置方案，为黄土高原地区制订水土保持规划和实行综合治理提供了科学依据和正确指导。例如，他明确提出的退耕陡坡耕地、还林返牧、造林植树等措施，现在已经被实践和时间证明是合理有效的。

　　1955年，林镕被选聘为中国科学院学部委员（院士），1957年又被任命为中国科学院生物学部副主任。20世纪50年代中期到60年代初期，他曾多次代表中国科学院生物学部参加中国科学院代表团，到苏联、波兰、捷克斯洛伐克等东欧国家访问，商谈科学合作事宜。同时，在国内经常接待各国科学家的来访，为促进国际间的科学合作交流和科学家之间的友谊做出了贡献。

　　他曾任《中国植物志》编辑委员会副主编、主编，中国植物学会秘书长、副理事长，北京植物学会理事长，曾被选为第三届全国人民代表大会代表。他是中国民主同盟盟员，1956年光荣地加入了中国共产党。

　　林镕不仅有丰硕的科研成果，还有良好的学术作风。他治学严谨，从不浮躁，更不会沽名钓誉。当他发现了植物的新种群时，决不轻易发表，而是在反复检查比较，直到标本完备、证据充分时，才会公布自己的新发现。

　　林镕在植物分类学研究上有丰富的经验，且掌握了大量的文献资料。但是，他从不把这些据为己有，而是毫无保留地提供出来，让大家共同使用。有一些他日积月累、付出巨大心血的重要成果，只要再前进一步，就可以摘取胜利的果实了，可是他却让给学生去做。明明是他指导学生做的研究工作，或是经他仔细审阅修改过的论文，他却不准许署自己的名字。他所写的论文，即使学生只帮他做了一点工作，他也会主动署上学生的名字。他不仅是位杰出的科学家，也是位杰出的教育家。北平大学、西北联大、西北农学院、厦门大学、北京农业学院都曾是他的滋兰树蕙之地。

　　1955年林镕一家住进15楼，"文化大革命"中一度被迫搬到44楼，1980年落实政策后又搬到了13楼。其实即使住在15楼和13楼时，他也缺乏一个好的治学环境。作为最多的时候有十多口人的大家庭，热闹有余却欠缺安静，因此林镕就难得有一个理想的工作环境。又因为他还担任行政职务，很少有时间搞科研，但他又不愿意丢弃科研工作，于是他就在业余时间把标本带回家搞科研。夫人开玩笑，说他"尽带些'枯枝烂叶'回家，给植物编'户口簿'"。他却认真地说，给植物编"户口簿"的工作很重要，这些"枯枝烂叶"很珍贵，且来之不易，有的甚至是科研人员用生命换来的。他就是在这样的条件下，做出了许多人即使在宁静轩敞的书斋中也做不出的成果。

　　林镕的夫人经佩蘅女士是中关村医院职工、海淀区政协委员。她直爽、干练、热情如火，而林镕宽厚、宁静、深沉如海。人说"水火不相容"，但是这对夫妻却相敬相爱，在困境中相濡以沫，在顺境中共享欢乐。女儿们敬重父母，有一门好家风，有的还继承了父亲的事业。他的大女儿林稚兰在抗美援朝时期，就在父母的支持下毅然参军。复员后，又经过自己的刻苦努力和父亲不辞辛苦的辅导，考上了北京大学。二女儿林慰慈、三女儿林静慈都毕业于北京师范大学。二女儿毕业后，主动要求去新疆工作，母亲也坚决支持女儿到边疆、到祖国最需要的地方去，只是不忍去车站送别，担心自己控制不住掉下眼泪来。四女儿林平苹在北京理工大学雷

达专业学习，毕业后没有如愿分配到军工厂，而是被组织上留在了学校。军工厂大都在边远地区，能留在北京、留在学校、留在父母身边，是许多人求之不得的事，可是林平苹却不开心，父亲就开导她，她最终还是服从了组织的分配。

林镕多才多艺，他在书法、篆刻、绘画等领域都很有造诣。他画的植物标本图连专业绘图者都赞叹。有人赞扬说，"林老不仅是一流的科学家，也是一流的诗词家"。他的作品不仅是个人情感的抒发，更表现了他的家国情怀。例如，在北平大学将要西迁时，他填了这样一首词：

浪淘沙·闻西迁之警

归燕已无梁，何处宫墙？咸阳三月草如霜，古渡沙平留晚照，一片红桑。

萧鼓说兴亡，舞彻霓裳。马嵬西去路仓皇，如此河山如许恨，立尽昏黄。

在他辞世前不久，他最惦念的还是工作。他说："我已完成的事，还不到我想干的事的十分之一，我得一天等于二十年才行，再不抓紧恐怕来不及了。"

他还对自己的女儿们说："做一个中国人，总要为中华民族留下点东西，增添点什么……"

这就是那一代中国科学家的志向和情怀，这就是他们留给我们的嘱托，这更是一道思考题、必答题。

第八篇

数理大师

　　我国著名核物理学家，"两弹一星"元勋彭桓武院士有诗云"物理天工总是鲜"，著名数学家陈省身教授也有诗句"筹算竟得千秋用"。他们的诗句和他们的实践都说明了物理和数学的重要。中国科学院物理研究所所长施汝为院士，著名数学家和教育家熊庆来教授，以及中国第一位物理学女博士顾静徽教授都是数理方面的大师，都是三座特楼的住户。

13楼101号

熊庆来

数学大师　当代伯乐

　　熊庆来（1893年9月11日—1969年2月3日），云南弥勒人，数学家、教育家。1920年获法国蒙柏里耶大学理学硕士。1921年起，任南京高等师范学校、国立东南大学算学系教授兼系主任，他创建了东南大学算学系。1929年，他主持开设清华大学算学研究所，曾以《关于无穷级整函数与亚纯函数》的论文，于1934年荣获法国国家理学博士学位。1937年起，任云南大学校长，1957年任中国科学院数学研究所研究员、室主任、所务委员。

在中关村 13 楼 101 曾经住过一位世界驰名的、有"当代伯乐"之称的数学家、教育家熊庆来先生。熊庆来先生真正是"桃李满天下"。他的学生不胜枚举，仅在三座特楼中，就有赵忠尧、赵九章、钱三强、柳大纲等著名科学家。在三座特楼之外，还有担任过中国科学院副院长的著名物理学家严济慈院士，曾任清华大学和北京大学数学系主任的段学复教授，享誉世界的著名数学家华罗庚，著名华人数学家陈省身，青年数学家杨乐、张广厚等。

熊庆来

走出山村向世界

云南是中国的西南省份，有许多古籍都把这里形容为蛮荒之地。其实，云南不仅有丰富的物产、秀美的山川、众多的兄弟民族和多彩的文化，而且对中国的经济、历史、科学、文化等有着独特的贡献。1893 年 10 月 20 日（农历九月十五日），深处云南省弥勒县的小村息宰，人们在奔走相告"熊国栋家添丁了！""熊家生了个男孩！"中国的旧传统一向是以"添丁"为喜，在这个只有七八十户人家的息宰村，谁家"添丁"都是全村的喜事。熊国栋对这个男孩寄予厚望，希望他能给祖上带来荣耀、给桑梓带来福祉、给国家带来强盛。因此，他郑重地为孩子取名为"庆来"。童年的熊庆来不仅聪颖过人，而且知道用功读书。他 12 岁那年，父亲当了赵州府的学官，于是他跟着父亲走出了小小的息宰村，他看到了许多新鲜事，更看到了民间的疾苦、世事的艰辛。他也因此变得成熟、稳重，学习也更加刻苦用功了。1907 年，熊庆来决定到昆明求学，这倒让熊家担忧起来。那时从弥勒到昆明不仅路途遥远坎坷，而且盗匪横行，还不到 14 岁的熊庆来离开父母能行吗？然而沉稳平和的熊庆来却有着为求知识不惧山高路远的精神。他告别了父母和亲人，毅然踏上了四百里崎岖不平的求学之路，只身来到了昆明。不久，喜报传来，熊庆来考入了昆明的云南方言学堂预科，即后来的云南高等学堂。两年后，熊庆来转入本科学习。又过了两年，喜报再传，熊庆来考入了云南英法文专修科学习法语。1913 年，喜报三传，他又以优异的成绩考取了云南的公费留学生。于是熊庆来告别了故乡和亲人，从海防港登上远洋轮船，冲破重重雾，踏平层层浪，向科技先进的、却是遥远的欧洲驶去。

熊庆来首先来到比利时，他原本准备在这里学习法语和采矿专业，可是不料 1914 年，第一次世界大战爆发，德国军队占领了当时的中立国比利时，熊庆来只好辗转奔赴法国。他从 1915 年开始，先后进入格勒诺布洛大学、巴黎大学学习。不想，在这期间，因为照料患病的朋友，他不幸染上了肺病，从此体质大不如前。考虑到采矿专业需要一个健壮的身体，他只好

另选专业，改学数学。就这样"歪打正着"，熊庆来成为世界著名的数学家。在法国的八年当中，他先后就读于格勒诺布洛大学、巴黎大学、马赛大学、蒙柏里耶大学，取得了高等算学、高等微积分、理论力学、高等物理等多科毕业证书，并获蒙柏里耶大学理科硕士学位。巴黎是个迷人的大都市，即便在第一次世界大战时期，巴黎人仍不改他们浪漫的性格，巴黎也仍不失她那娇美的容颜。塞纳河上的游船仍在穿梭来往，优美的音乐、醉人的酒气和浓郁的花香仍然在舞会上飘荡。还有琳琅满目的商店、娇艳欲滴的名媛和陈列着无数精美藏品的博物馆。可是这一切在熊庆来眼中似乎都不存在，他的心里只有他的使命——为国求学。他在给父亲的信中写道，他此时"仅念祖国危亡，云南尤殆"，并且这样表示他的心迹，"要励志向学，勿浪掷分寸光阴，务以造就有用之学，回来报效祖国"。他还在信中写道，"戏院、酒店、舞厅，男不喜入。谚语道，'一寸光阴一寸金，寸金难买寸光阴'。男以努力读书为要"。

话虽不多，句句铿锵；信虽不长，字字有声。今天读来，更是发人深思。当年留学法国的许多科学家如严济慈、钱三强、汪德昭、杨承宗等在留学时期都是一表人才的"帅哥"，而且性格活跃，可是他们也都是从不进舞厅的。以他们的天纵聪明跳跳舞难道会影响学业吗？可是他们就是不入此门，为什么？熊庆来的家书剖析了他们以天下为己任，以报效祖国为天职的心曲。

熊庆来不仅学业有成，而且还受到巴斯德、居里夫妇等科学巨匠的熏陶和感染。这些世界著名科学家的事迹、精神和思想给熊庆来的影响是不可低估的。

惜才育才真伯乐

1921年，熊庆来学成回国。在海外，他就和志同道合者一起商议，要办一所大学以回报桑梓。可是回到云南之后，由于情况有变，办大学暂时无望，他只好担任了云南甲等工业学校、云南路政学校教员。1925年，他还曾在西北大学任教一学期。第二年秋天，他突然接到了一纸聘书，新成立的东南大学聘请他担任该校新成立的算学系教授兼系主任。这既让他感到意外，也让他非常高兴。于是他风尘仆仆地携带妻儿，赶赴南京。

在南京，熊庆来的工作异常繁忙，因为东南大学当时正是初建时期，师资缺乏，许多高深的数学理论课程必须由他亲自承担。在五年时间里，他开了十多门课，其中有平面三角、球面三角、方程式论、微积分、解析函数、微分几何、力学、微分方程、偏微分方程、高等算学分析等。这还不算，许多教材还需要他自己来编写。他编著的《高等算学分析》于1933年由商务印书馆出版，被列为大学丛书。这一方面是他的工作热情和他在数学方面的突出造诣使然，另一方面也可以看出当时中国教育的困境和数学人才的匮乏。可是做这一切并不容易，因为久久伏案工作，他患了严重的痔疮。为了编教材，他只好俯卧在床上写作，时间稍长，四肢酸痛、头昏脑涨，非常难受，可是他仍然坚持写啊写，算啊算，直到夜静更深，有时甚至到东方露白……

　　为了给国家培养有用之才，他更是殚精竭虑、倾其所有。东南大学有一位来自浙江东阳的学生，他聪颖过人、品学兼优。在中学读书期间，老师就很赏识他，特意为他取字"慕光"。因为生活困难，他一边在大学读书，一边还兼任中学的教师。这也证明了他有着坚实的数学功底。商务印书馆总编王云五先生还特别约请他编著了《初中算术》和《几何证题法》两部书，出版后很受欢迎。1923年夏，这位字"慕光"的学生修满了大学规定的学分，获东南大学物理系理学学士学位，他是东南大学第一届毕业生，也是唯一的毕业生，当然，更是一位高才生。在当时中国教育和科学都十分落后的情况下，出国深造是一条最理想的成才之路。可是对他来说，又是一条最困难的路。他的父亲靠家里的二亩多地，不可能养活全家大小七口人，因而常常得风里来、雨里去，奔波于附近的诸暨、杭州等县市，做一些小生意，以贴补家用。这样的家境怎么可能提供他出国留学的费用？尽管这位学生把自己的出书所得和在中学兼课的酬劳全都拿出来了，仍然不足以承担赴国外求学的费用。熊庆来和其他几位爱才如命的教授得知了这一情况，都为这位学生着急。大家商议之后，决定用自己的薪水资助这位学生出国深造。此后，这位在法国留学的高才生就会定期收到熊庆来等人寄来的一笔钱。这些钱不仅帮助他渡过了难关，而且给他带来了莫大的力量、深深的厚望和浓浓的温情。

熊庆来在工作

　　南京号称"火炉"，可是冬天却不暖和。这一年尤其如此，天经常是灰蒙蒙的，冷风夹带着如霰的雪粒，吹得人寒彻心骨。到了应当转暖的时候，老天仍然是一副阴冷的脸，以致人们还不能收起寒衣。偏偏在这个时候，东南大学因故不能如期发放工资，教授们有的凭着平时的积蓄度日，有的只好找亲朋故旧借债。熊庆来的工资不低，可是孩子多，自己又有病，花销甚大，尽管有善持家务的妻子精打细算地度日，也感到手头拮据。妻子向他发出"经济危机警报"，可熊庆来好像根本就没有听进去。此时，他最惦念的是那位负笈异国的学生。如果不能

如期给他把钱汇去，他能吃饱饭吗？他能穿得暖吗？他有钱买书吗？

想来想去，他竟慢慢地从衣架上取下了自己皮袍……贤惠的妻子一看就明白他要干什么。但如果把皮袍卖掉，熊庆来的身体如何能抵得住寒冷？妻子不免要劝几句，可是熊庆来的主意已定，他要把皮袍卖掉，把钱给那位在法国留学的年轻人寄去。他的妻子善解人意，理解丈夫爱才惜才的心。于是，她想方设法借了一笔钱，给那位学生汇去了，既解决了学生的困难，又保住了珍贵的皮袍。

那位学生如期收到了熊庆来教授的资助，不过他对老师要卖皮袍的事却全然不知。多年后，由于他在国内打下了很好的数理和外语功底，也由于他在法国的刻苦学习和法国著名物理学家法布里教授（C. Fabry）的指导，他的论文顺利通过，并得到了很高的评价。他被授予法国国家科学博士的荣誉。又过了许多年，这位学生成了世界著名的物理学家。当他得知熊庆来教授卖皮袍的故事后，非常感动。他就是后来成为中国科学院院士（学部委员）、中国科学院副院长、中国科协副主席、全国人民代表大会副委员长，同样为祖国培养了许多杰出科学人才的严济慈先生。

从1928年起，清华园西院有一户人家，每到金秋时节都要在窗下和阶前摆上一盆盆璀璨的菊花。这些菊花的主人就是熊庆来。原来，两年前，熊庆来应清华大学理学院院长叶企孙之邀，赴清华大学任教，先是任算学系教授，不久又担起了算学系主任的重担。两年后，他从南京接来了家眷。从那年开始，熊庆来的家每逢金秋，就要摆上菊花。这是因为他的夫人名"菊缘"，而且这对夫妇还真的和菊花很有缘。他和她不仅在同一年出生，而且都出生在菊花飘香的金秋时节。有这样一段佳话，当年熊庆来成婚时，按当地风俗，新郎要从新娘头上迈过去，可是向来尊重人、关心人的熊庆来非但没有这样做，反而向新娘子深深地作了一个揖。这一惊人之举让来宾们赞叹不已，都说新郎官是一个厚道的人。熊庆来的妻子虽然出身书香门第，却不识字，甚至连自己的姓"姜"都不会写，可是熊庆来和妻子的感情甚笃，因为他们在心灵上能够沟通、能够互相理解。正因为有此良缘，到清华园之后，每到菊花盛开的时节，为了表达对妻子的感谢和深情，熊庆来都要买来许多菊花，精心培育，让它们绽放出绚丽的花朵。这几乎成了当年清华园的一景。然而，在清华，熊庆来更精心培养的还是他的学生，那些当年出类拔萃的学子，那些承载着祖国希望的年轻人。

1930年的一天，身为清华数学系主任的熊庆来看到一篇文章，名为《苏家驹之代数的五次方程式不能成立的理由》，这篇论文思路清晰，逻辑严密，透射出作者的才气和相当深厚的数学功底。可是熊庆来对作者的名字却非常陌生，他查遍了当时中国数学界的人物，怎么也找不到这位作者的名字。求贤若渴、爱才如命的他，只好逢人就打听，可是问来问去，都没有人知道。有一次，他见到了和他一起任教的唐培经先生。熊庆来拿出那本《科学》杂志，一边指着那篇论文的作者名字，一边问他："你知道他是哪个大学的教授吗？"

熊庆来向唐培经打听论文的作者，其实只是"病急乱投医"，本没有抱多大希望。但是没有想到，唐培经一看那篇论文的署名，竟说："知道，知道。"真是"踏破铁鞋无觅处，得来全不费功夫"。想不到知道这位作者的人就在身边，熊庆来赶紧拉着唐培经坐下，急切地询问这位作者的情况：他是哪所大学的教授，是不是留过洋，他的导师是哪位，还有什么研究成果……

原来，唐培经的家乡在江苏金坛县，而熊庆来要找的这位作者就在金坛，并且和唐培经有书信来往。因此，唐培经对他的情况比较了解。唐培经给熊庆来讲了这样一段故事。

在金坛县一座桥的附近，有一家小杂货铺。1906年，小杂货铺的主人添了一个男孩，他很聪明，上小学时就展现了数学方面的才能。不过，他和大多数男孩一样，也很淘气。初中毕业后，他本来应当升入高中读书，可是小杂货铺的生意并不好，来这里购物的大都是穷人，有的甚至买烟只能买一支，而且还要借店里的香火点烟，以节省下买火柴的钱，再加上天灾人祸，小店的生意愈发惨淡。家境不好，也就阻断了这位年轻人的求学之路。他只好进了以职业训练闻名的中华职业学校。可是上了一年多，因为家中经济困难，就上不下去了。尽管学校见他学习成绩好，又用功，愿意为他免学费，可是他连饭钱都拿不出。没办法，他只好辍学在家，帮父亲照看小杂货铺。这位年轻人非常热爱数学，而且有一股钻研精神。他常常是一边照看生意，一边苦读数学书，或是算数学题。有时因为只顾看书，甚至怠慢了顾客。人们就说他："尽看那些'天书'，都看呆了。"父亲也很生气，甚至想烧掉他那些"天书"。在这种困难的条件下，他仍然不懈地努力，而且越钻研越深。后来，父亲看到自己算不清的账目，到儿子手里一下子就厘清了，才没有闹出"焚书"的悲剧。18岁那年，因为他的母校校长王维克先生了解他在数学方面的才华，非常器重他，准备请他回母校给初一预备班当教员。不想，这个计划还没有落实，他就接连受到两场打击，一是他的母亲不幸去世，二是他自己染上了伤寒。因为治疗不力，护理不周，虽然保住了性命，一条腿却落下了严重的残疾，从此只能拄着拐杖行走了。幸亏王维克先生是一位惜才的人，仍然请他当了初一预备班的教员。可是没过一个月，王维克先生突然辞去了校长职务，原因是有人状告他，"任用不合格的教员"。新来的校长叫韩大受，他推心置腹地和这位年轻人谈了一次话。他说，别人当校长，都任用自己的人当会计，我不带新的会计，就让你当。但是你不能再当教员了，因为前任校长就是因为用了你才被别人告了状。这位年轻人这才知道，"不合格教员"原来就是他自己。没办法，他只好改当了会计。不过，命运的坎坷和身体的残疾磨灭不了他的雄心壮志。他刻苦自学的劲头一点儿都没有减弱，无论寒冬还是酷暑，无论是工作多么劳累，还是遇到挫折和失败，他都不中断、不放弃，孜孜不倦地读书学习。

有一天，这位年轻人在一本叫作《学艺》的刊物中，发现苏家驹先生写的一篇关于五次代数方程求解的论文。乍一看，这篇文章很有突破性，于是他就如饥似渴地读了起来。可是仔细读后，他却发现这篇论文中有错误：一个十二阶行列式的值算得不对，于是他把自己的计算结果和看法写成论文《苏家驹之代数的五次方程式解法不能成立的理由》，投寄给《学艺》。可是《学艺》只发表了一篇"更正启事"说明原文有误，并对他"鸣谢"就算完事了，并没有发表他的论文。如果不发表这篇论文，不仅是对自己的劳动不尊重，而且说明不了问题所在。于是

他想起了《科学》杂志。这是中国科学社主办的刊物，当时的编委是吴有训、任鸿隽等，他们注重培养年轻作者，只要文章质量好，不计较作者的名望、地位。这家杂志曾经发表过他的第一篇论文，内容是讨论斯图姆（Sturm）定理的。于是他决定把这篇论文也投给《科学》杂志社。文章寄出后，他有些忐忑不安，自己的论文会不会发表，会有多大反响，他心里实在没底，这倒不是因为他对自己的论文没有信心，而是因为他只有初中毕业的文凭，却给一家颇有影响的刊物挑错，人家能发表这样的文章吗？事实证明，《科学》杂志的编委们没有让他失望，他的论文在《科学》第15卷第2期上发表了。

"噢，他就是这个作者吗？"熊庆来听唐培经介绍完情况后，指着那篇论文上的作者署名惊异地问。

"是的，就是他。"

熊庆来被深深地感动了。他和杨武之等几位教授商量之后，决定把这位只有初中文凭，一条腿还有严重残疾的年轻人请到清华大学来。为此，熊庆来甚至准备专程去金坛。

这位年轻人到了清华大学之后，熊庆来等人为妥善安排他，费了不少脑筋。清华大学毕竟是一所制度严格的名牌大学，一位只有初中文凭的学生是不可能直接进入大学学习的。于是熊庆来就在叶企孙先生的支持下，请他在系里当助理员，一边做些收发信函、保管图书资料的工作，一边让他听课、读书。结果这位年轻人只用了一年时间，就把大学数学系的全部课程学完了。后来，熊庆来又选送他去英国剑桥大学深造。

正是因为熊庆来和叶企孙、杨武之等几位"伯乐"的爱才之心，和他们的求实学风，中国才增添了一位世界闻名的数学家——华罗庚，他在数论、矩阵几何学、典型群、自守函数论、多复变函数论、偏微分方程等很多领域都做出了卓越的贡献。中华人民共和国成立后，华罗庚曾任中国科学院数学所所长，担任过许多高级学术职务。

"约法三章"办云大

熊庆来是一位非常热爱家乡的人，他早年就有报效桑梓的愿望。在法国留学时，他曾和一些志同道合者筹划在云南建一所大学，只是由于种种原因，他的愿望没有实现。1937年，他突然接到云南省主席龙云的邀请，请他去担任云南大学的校长。有些朋友认为，龙云执云南省军政大权于一身，被称为"云南王"，说一不二。他是一介武夫，只有统兵作战之勇，哪有治学办校之才？这样一个人，真的会重视教育吗？他们劝熊庆来，还是谨慎行事为好。可是熊庆来一想到要在自己的家乡办一所真正的大学，就抑制不住心中的激情，他决心去实现自己的夙愿。清华大学不肯放他走，他就以"告假"的名义，奔赴云南。那时去云南的道路很不好走。他从上海乘轮船转道香港，又从香港走海路到越南海防，最后从河内出发，乘滇越铁路有名的窄轨火车，一路颠簸到了昆明。

龙云在五华山省政府接见了熊庆来。熊庆来对这位被称为"云南王"的人物，并不大了解。但是一谈起来，他倒觉得龙云并非如所传的那样只是一介武夫，相反，他重视云南的建设，尤其重视发展教育事业。龙云本来对熊庆来也不大了解，只是他身边的一些得力人物如缪云台等人，一再向他推荐，他的夫人顾映秋也对熊庆来的学识和品德推崇备至，因此，他才聘请了熊庆来。现在一见面，熊庆来立刻感受到龙云对他是真心诚意地尊重。有了一个很好的印象，话就谈得投机了。在谈到如何办好云南大学时，熊庆来提出，要将云南大学由省立改为国立。对此，龙云一口答应，他身为云南省的最高长官，当然希望把云南大学建成在全国数得着的大学。再说，改为国立后，国民政府多少就得出点钱，总比只由云南省出钱要好。熊庆来又提出，要提高教职工的工资。那时云南大学教职工工资只是国内名牌大学的三分之二。龙云也感到，要建一所在中国数得着的大学，这样低的工资确实难以招聘到知名的教授，他想了想，也答应了。没有想到熊庆来又提出，要让他接掌云大，必须"约法三章"：第一，校长要有实权，省政府不得干预学校的事；第二，校长有招聘和解聘教职工的权力；第三，学生入学一律进行考试，任何人不得递条子。这三条一提出，让龙云左右的人都吓出了一身冷汗。龙云是握有生杀予夺大权的"云南王"，熊庆来不过是一个还没有上任的大学校长。提这样的条件，岂不是和"云南王"分庭抗礼？可是没想到，龙云竟也爽快地答应了。许多人都认为这简直不可思议。其实，龙云明白，因为国民党在大学管理中专横跋扈，引起了许多风波，甚至闹出了学潮。他和蒋介石本来就有矛盾，对蒋介石的那一套，他也看不惯。再说，自己不懂如何办大学，现在好不容易请来这位"大能人"，不如干脆交给他办就是，正好来个顺水推舟。龙云本人又是个直来直去的人，只要他看中的人，怎么干都可以。这就是"约法三章"得以顺利通过的原因。从此，熊庆来在云南大学放手大干，他提出了"大学之重要，不在其存在，而在其学术之生命与精神"，明确将发展学术作为"本校之生命"。他比照清华大学的办学经验，兴利除弊，广募人才，建设新的云南大学。他为学校制订的校训是"诚、正、敏、毅"。他要求学生们"努力求新，努力求真"。其实，这也是他的人品与学风的写照。他还聘请了杨春洲担任云南大学附中的校长。再加上那时西南联大建在昆明，云南大学可以"借光"，聘请其中的名师兼课，于是云南大学名师云集，人才荟萃，华罗庚等一批著名教授都曾在云南大学任过课。到了1948年，云南大学从只有两个学院、七个系，总共不过300多学生，发展成了有文、法、理、工、医、农五个学院18个系，1000多学生的综合性大学。这里的医学院有附属医院，有解剖室；农学院有自己的农场，可供师生实习、在大田中做实验；航空系有三架飞机，似乎象征着云南大学正欲展翅仰首，一飞冲天。云南大学成了中国的名牌大学，有了"小清华"之称。这里培养出许多栋梁之材。熊庆来又一次证明了他是一位杰出的教育家。

贫病交加落海外

1949年9月，熊庆来随梅贻琦团长赴巴黎出席联合国关于科学和教育的一个会议。巴黎，对熊庆来来说是太熟悉了。当年，他曾在法国的巴黎大学、马赛大学等名校攻读数学并获得了

学位。

那时的清华大学有一个规定，教师在工作五年之后，有一年出国学习、交流的机会，费用由学校承担。熊庆来曾利用这一年的假期到巴黎，和著名的函数论专家瓦利隆（G. Valiron）一起进行函数值分布理论的研究。为此，他经常不舍昼夜地苦读、钻研，到图书馆查阅资料。1934年，他的论文获得通过，从而荣获法国国家理学博士学位。他的论文《关于无穷级整函数与亚纯函数》，在数学界引起了很大反响。国际上一些知名科学家在自己的论文中引用了熊庆来论文中的内容，并称之为"熊氏定理"或"熊氏无穷极"。中国的一批著名数学家如庄圻泰、李国平等人也对他的理论进行了深入的研究，取得了可喜的成果。在20世纪30年代，能够以中国人的名字命名的定理、定律，真如凤毛麟角。"熊氏定理"不仅振奋了中国的科学工作者，也让世界了解了中国数学家的聪明和才智。1934年，熊庆来回国，继续在清华大学担任教授，并任算学系主任。在他和同仁的努力下，清华大学算学系大力加强国际间的学术交流，延请外国知名数学家来清华大学讲学，大大提高了清华大学的数学水准。因而培养出了如陈省身、段学复、庄圻泰、许宝騄等一批中国数学界的顶级人才。

这次和梅贻琦出国，正值国内发生翻天覆地变化的时候，局势动荡不宁，国民党政府的行为也越发乖戾，没有理智。但熊庆来认为，这次联合国召集的会议毕竟是中国科学家进行国际交流的好机会。因此，他还是整装出发了。可是他万万没有想到，就在他在法国开会时，云南的政局发生了巨变，龙云被蒋介石软硬兼施，弄到南京去当了"高参"，蒋介石随即在云南清除龙云的势力。在这种背景下，国民党政府行政院宣布，昆明的大、中学一律解散，教职工一律进行"甄别"。也就是说，不仅熊庆来的校长职务没有了，就连他苦心营造了12年的云南大学也被解散了。

在巴黎开过会以后，熊庆来又一次受到打击，国民党政府在没有给他任何通知的情况下，停发了他的工资，还强行将他的夫人和子女从校长寓所中迁出。那一段时间，熊庆来断了生活来源，虽然大儿子秉信全力支持他，可是毕竟能力有限。其实，熊庆来手里不是没有钱，相反，他还保存着一笔不小的款项，可是他不愿动那笔钱，因为那是他当年从国民党政府教育部申请来的，是用来为云南大学购书的钱。

在生活最困难的时候，熊庆来甚至不得不靠买廉价菜度日，靠为别人的孩子补课谋生。然而，就是在这样困难的条件下，他坚守着中国文人"安贫乐道"的传统，仍然不懈地研究数学。他的中国朋友和外国朋友知道了他的情况，曾用各种办法帮助他，甚至还为他创造了去印度或美国的机会，可是他不去，他魂牵梦绕的是家乡、是中国。可不承想，没有多久他又落入了人生最困难的处境——贫病交加。因为长期患高血压，又得不到妥善的治疗和休养，他突发脑血管病，虽然经医生全力抢救，有儿子全力照顾，终于转危为安，可是他的右半身却瘫痪了，这对他的打击极大，因为他从此不能再用右手书写了，谁都知道数学家不能书写意味着什么。但贫困夺不去他的志向，病患同样不能击倒他的精神，他开始用顽强的毅力坚持练习用左手书写，并且取得了成功。在数学研究上，他仍然艰难而又卓有成效地前进着。在1950年到1957年的七年间，熊庆来共发表论文20余篇。他的专著《亚纯函数与代数体函数——奈望林纳的一个定理的推广》，得到了同行的高度评价，在国际上引起了广泛关注。

熊庆来专长于整函数、亚纯函数、复变函数论的研究。他建立了无穷级整函数与亚纯函数的一般理论。在对奈望林纳（R. Nevanlinna）关于对数导数的定理推广到一般情况的研究中，他创造性地提出了一个别具特色的方法：由函数值分布论中的一个基本不等式出发，消去余项中的"原始值"，从而建立相应的正规定则。

熊庆来在法国时，一心向往着新中国。1951年，他就曾经想回国，只是那场重病阻断了他的归国计划。后来，台湾方面多次托他的老朋友傅斯年、翁文灏等人请他到台湾去，许以令人羡慕的职位、优厚的薪水、良好的生活条件，但他坚持不去。他知道，新中国的领导人惦念着他，周恩来总理曾多次托人写信问候他，邀请他回国。1955年，周恩来总理在视察云南大学时，曾特别指示："熊庆来培养了华罗庚这些具有真才实学的人，我们要尊重他们。"

"不知老之将至"

1957年6月的一天，万里无云，中国科学院副院长吴有训、竺可桢、技术科学部主任严济慈、中国科学院数学所所长华罗庚，以及叶企孙、庄圻泰等著名教授，都和熊庆来的家人一起

云集在机场，迎接熊庆来。当一架银色的苏联民航客机徐徐停稳时，熊庆来在空姐的搀扶下，缓缓地走下了舷梯。人们涌上前去，热情地和他握手，他们当中许多人都是中国科学界的大师级人物，可他们都亲切而恭敬地对熊庆来说："欢迎您，老师！"

回国之初，熊庆来曾经在中关村13楼101号暂住。他那时受半身不遂的影响，行动仍然不便，正因为如此，中国科学院安排他住在一楼。中国科学院的领导很关心他。竺可桢先生的日记中也记录有到中关村看望"迪之"（熊庆来先生的字）的内容。三座特楼里有不少他的朋友和学生，他们经常来拜访他，他也去他们的家中做客。赵忠尧曾经请他和夫人、儿子一起吃饭。他曾和汪德昭夫妇一齐在郭永怀家畅叙。人们从那时留下

1959年，熊庆来夫妇与家人合影。后排左起：秉慧、秉群、秉信、秉信之次女有得。

来的照片上，可以感受到熊庆来先生和汪德昭先生相会时，那谈笑风生、喜气洋洋的气氛。严济慈先生这时虽然已经担任中国科学院的领导工作，非常忙碌，也经常抽闲暇探视老师。他经常对自己的子女讲起熊庆来先生当时如何帮助他，这种不忘师恩的崇高品德，给他的子女和朋友们留下了深刻印象。

在休息了一段时间后，熊庆来先生担任了中科院数学研究所研究员兼函数论研究室主任、所务委员、所学术委员会委员。他一面从事数学研究，一面辅导研究生，他常对研究生说："老马识途，我愿意给你们领领路。"

1962年，熊庆来收了两位研究生，他们都来自北京大学，这就是后来闻名于世的杨乐和张广厚。熊庆来对他们既要求既严格又耐心。张广厚有一篇论文竟被熊庆来退改三次。熊庆来不仅耐心指导他们学习专业，而且指导他们学习法语。因为法国在近代数学方面居世界领先地位。在熊庆来的指导下，杨乐和张广厚通过他们自己的努力，有了长足的进步。

熊庆来甚至在杨乐宣读完自己的第一篇论文时高兴地即席赋诗："带来时雨是东风，成长专长春笋同。科学莫道还落后，百花将见万枝红。"

有一次，杨乐在熊庆来的影响和启发下，写了一篇论文。熊庆来不仅肯定了杨乐论文中的长处，甚至说："比我的好。"熊庆来还在自己的一篇不长的论文中，三处提到了杨乐的那篇论文，提到它对自己有很好的影响。这件事让杨乐非常感动。他们两人一位是在中国数学界深孚众望的老前辈，也是在世界上很有名的数学家；另一位不过是一个"新兵"，一个初出茅庐的"小字辈"。从年纪上说，熊庆来比杨乐大了近半个世纪，可是熊庆来却是那么谦逊和蔼、平等待人。杨乐说："在学术上，他对别人的任何一点作用都认真地予以肯定，而对自己却要求很严格。学风那样严谨，为人那样坦诚，实在是太难得了。"

熊庆来在数学研究所工作了八年，撰写和发表了20篇科学论文，还指导研究生发表了20余篇论文。

1959年，熊庆来当选为全国政协委员，1964年又被选为全国政协常务委员会委员。中关村13楼虽是"特楼"，但他住的却是朝西的房子，于是科学院和数学所又把他的家搬到了结构和13楼一样的31楼，为了照顾他行动不便，仍是住一楼"101"号。这里的房间是朝南的，总是洒着一片阳光。那时熊庆来的心情格外舒畅，对祖国的前途和中国的数学研究充满了信心，他外出视察时曾赋诗："前景无限好，处处见光明。"

1962年9月13日，中国科学院在全国政协礼堂为熊庆来祝贺70岁大寿。中国科学院党组书记、副院长张劲夫和北京市副市长吴晗亲临大会，向熊庆来祝寿。前来贺寿的还有严济慈、周培源、钱三强、华罗庚、段学复、庄圻泰等60多人。在会上，熊庆来激动地发言，他谦逊地说，自己能力不强，身体有病，"但赖党的扶掖、教育和鼓励，我得以至今在自己的工作岗位上愉快地工作着"。"在学习和工作的生活中，我实在有'不知老之将至'之感"。

"悲莫悲兮生离别"

熊庆来是数学家，用数学可以推算出未观察到的行星，可以预测自然灾害的发生，可是熊庆来万万预想不到1966年突然发动的那场"文化大革命"，熊庆来在这期间受到了很大的冲击。他本来就患有多种疾病，如何能顶得住那些磨难？1969年是多雪的一年，寒冷的一年，2月3日，朔风凛冽，长夜漫漫，一代数学界的宗师，为祖国培养了许多杰出人才的熊庆来，寂寞地在北京逝世。华罗庚闻此噩耗，悲痛欲绝，但他并没有沉浸在悲哀中，他以在逆境中崛起的品质，坚强地挺立起来。他尽可能地利用当时所剩无几的有利条件，因势利导地开展和生产紧密相关的数学研究，如"优选法"等，并积极加以推广，同时又尽可能地指导年轻人排除干扰，艰难地把数学研究向前推进。这也是他对熊庆来老师最好的怀念。许多熊庆来的学生、同事也都把无穷的悲愤默默地埋在心中，把无穷的思念转变成默默工作的动力。他们相信，"文化大革命"不会无休无止，云开日出的一天终会来到，而科学的发现和真理的揭示才是无穷无尽的。他们犹如冰层下仍然涌动的激流，在非常困难的条件下努力地为中国的数学研究工作着……

"苟有英灵在，可以安息矣!"

1978年，熊庆来最后培养的两位研究生，杨乐和张广厚走进苏黎世国际数学会议的会场。当时，中国的数学家因为受"文化大革命"的影响，已经十几年没有参加国际会议了。与会的各国代表中有人担心，有人疑惑，中国数学家还能跟得上世界迅速发展的潮流吗？可是杨乐和张广厚宣读的论文让代表们倾倒了，人们啧啧称道。著名的数学家奈望林纳热情地对他们说："我认为，现在欧洲数学家应当向你们学习了。"

事实证明，中国数学家没有落在世界科学大潮的后面；但事实也证明，如果没有"文化大革命"的影响，杨乐和张广厚取得的这一成果还会大大提前。

华罗庚曾经以与熊庆来同样的伯乐精神，顶着各种压力，把一位被认为是"不合格的中学教师"调到了数学所，在经历了许多曲折后，这位青年数学家经过艰苦的努力，向着最终摘取"哥德巴赫猜想"这颗数学桂冠上的明珠前进了重要的一步。"文化大革命"结束后，这位"不合格的中学教师"成了在中国家喻户晓的著名科学家，他就是陈景润。他的成功，不仅证明了中国能够培养出世界上一流的数学家，而且还证明了那些过去加在科技人员身上的桎梏已经被打掉，科学的春天终于来到了。熊庆来先生可以含笑九泉了。

在熊庆来先生的追悼会之后，百感交集的华罗庚作了一首词："且喜今朝四凶灭，万方欢喜。党报已有定评，学生已有后起。苟有英灵在，可以安息矣!"

人民给了熊庆来先生应有的高度评价，数学界把熊庆来称为"中国近代数学之父""我国老一辈的大数学家、大教育家"，他当之无愧。

在中国科学院数学与系统研究所，矗立着一座熊庆来先生的半身铜像，那是他的儿子，著名美术家熊秉明亲手塑的。人们每每看到这座塑像，总是感觉熊庆来先生与我们同在，感觉他在向人们说："老马识途，我还可以给你们领领路。"

中关村13楼101号在熊庆来搬走后，又有几家人迁入迁出，有一段时间还住过苏联专家。但是到底住过哪些人，就连一直住在对门102号的屠善澄院士和桂湘云教授都数不清了。不过，他们和13楼的许多老住户们都清楚地记得熊庆来先生在这里住过。人们一提到熊庆来，就会想到熊庆来先生爱惜人才，为培养后学，自觉当"领路人"的精神。值得人们深思的是，1957年熊庆来回国后，由于中国科学院没有再增选学部委员（院士），因此，严济慈、华罗庚等人已经是学部委员（院士）了，而他们的老师熊庆来却不是。熊庆来并没有抱怨什么。严济慈、华罗庚等人对熊庆来仍执弟子礼，尊敬他、关心他，尽一切可能地为他提供各种帮助。在很长一段时间里，华罗庚在履历表上填写学历时，总是填"初中毕业"。他们这种实事求是的作风，越经时间的洗刷，越放射出闪亮的光泽，在今天尤其如此。

14楼201号
施汝为

一位有吸引力的人

　　施汝为（1901－1983）出生于上海市崇明县，曾就读于南京高等师范工科和东南大学物理系，1925年至1930年在清华大学物理系任助教，后去美国伊利诺伊大学和耶鲁大学物理系攻读磁学，1934年获博士学位。回国后，先后担任中央研究院物理研究所研究员，广西大学机械系教授。新中国成立以后，历任中国科学院物理研究所研究员、所长。1956年加入中国共产党。他是第二届全国政协委员，第三、第五届全国人大代表，中国物理学会副理事长兼秘书长，中国物理学会名誉理事。

施汝为

施汝为先生好像有磁场一样，具有强大的吸引力，他是中国磁学研究的奠基者和开拓者。

14楼201的"原住民"，也就是第一位住户是钱学森。1960年代初，因为工作需要，钱学森搬走后，这里就成了施汝为的家。这时的施汝为先生是中国科学院物理所所长、中国科学院学部委员（院士），中国科学技术大学技术物理系主任。

1901年11月19日，施汝为出生于江苏省崇明县。后来，施汝为进入崇明县乙种农业学校学习，那时，他肯定在畅想着金灿灿的稻谷堆成山，绿油油的桑叶爬满蚕，也就是说，选择了中国传统的农业为一生的事业。

然而，随着年龄的增长，他渐渐意识到，在中国，"舶来品"充斥着市场，列强的军队可以肆意横行，原因就在于中国的工业和科技太落后，这就大大激发了他的爱国心。在"工业救国，科技救国"思想的指引下，他于1917年考入了江苏省立第一工业学校。这所学校不仅可以享受公费助学金，而且许多师生都和他一样，怀抱着"工业救国，科技救国"的理想。

1919年，为了能进一步深造，施汝为转学到江苏省海门中学继续读书。第二年，他考入了南京高等师范学校，这所学校不久即更名为"国立东南大学"，后来又称"中央大学"，现在则是著名的南京大学。在南京高师，施汝为先学机械工程，后转学数理化。有幸的是，从1924年起，他师从叶企孙教授学习物理，这对他的人生之路产生了重要的影响。1925年，施汝为毕业于物理系。此时这所学校已经更名为"国立东南大学"了。

1925年，施汝为受已担任清华大学物理系主任的叶企孙之邀，到清华大学任助教，并从事磁学研究。在这里，他首开国内物质磁性研究工作的先河，并且完成了论文《氯化铬及其六水合物的顺磁磁化率的测定》，这是在国内发表的第一篇近代磁学研究论文。

1930年，施汝为因成绩优秀，获得中华文化教育基金的资助，赴美国留学。在伊利诺伊州立大学，他完成了论文《金－铁合金的磁性》，并于1931年获硕士学位。次年秋，他进入耶鲁大学，师从磁学家L. W. 麦基恩（Mckee-han）教授，在斯隆（Sloane）物理实验室从事磁学研究，并攻读博士学位。1934年，施汝为不仅以论文《铁－钴单晶体的磁性》获得博士学位，而且他的博士论文也被认定为铁磁性基础研究方面的一项重要成果。

在美国留学4年后，施汝为于1934年8月回到祖国。受国立中央研究院物理研究所聘请，从事合金的磁性和磁畴研究，并开始着手建立中国第一个近代磁学研究实验室。

创业总是艰难的，施汝为以筚路蓝缕，以启山林的精神，带领几名刚从大学毕业的小青年，开始建立中国的第一个磁学实验室。那时真可谓困难重重，因为经费有限，有的仪器买不起，有的因为有特殊要求又买不到，怎么办？他们就在自建的小工厂中加工制造。好在施汝为一向推崇"手脑并用",年轻的助手们在这种思想的指导下,都甘愿吃苦受累,自己动手"DIY"。为了建起一个设备完善的实验室,施汝为更是事必躬亲,为年轻人做了表率。

经过一番努力,在不到4年时间里,施汝为主持建设的磁学实验室就拥有了磁场磁强计、外斯(Weiss)型强电磁体、高频感应电炉、X射线衍射仪和大型金相显微照相仪等设备,中国第一个磁学实验室初具规模。

有了实验室,施汝为就带领助手们投入了繁忙的研究工作中。他亲自熔炼合金,亲自参加检验单晶、观察磁畴和测量磁性等,开展了一系列有关磁学的研究,并且培养出我国第一批磁学人才。在很短的时间里,能建立起初具规模的实验室,并迅速开展研究工作。固然有赖于有利的大背景:当时正值世界物理学研究的鼎盛时期,中国物理学的开拓者如饶毓泰、叶企孙、吴有训、严济慈、周培源、赵忠尧等人在教学和科研方面都取得了引人注目的成果,因而推动了中国物理学的发展。另外,丁西林所长及同事们的支持也是必不可少的条件,但决定性因素还是施汝为的学识、勤奋,和为中国建立磁学研究的远大志向。

实验用的电磁铁

然而,就在施汝为的实验室正在进一步完善,一些重要实验和研究即将取得成果时,日本帝国主义的入侵把这一切都打断了。1937年,淞沪抗战爆发。不久,日军侵占了上海。为了避开战乱,中央研究院物理所于1938年奉命从上海租界迁往大西南。西南地区的交通运输本来就落后,战时就更是困难。内迁的工作只能"自力更生",自己找运输工具,自己当搬运工人,自己装箱打包,自己找迁移路线,直到自己对自己的生命负责。面对这重重困难,施汝为巧妙运筹,精心安排。他带领实验室的同事们将那些精密的、不宜搬动的实验设备送到安全的地方"坚壁"起来,必要的研究设备尽可能严密包装,妥善运输,随所撤退。不过,也有些仪器,如大电磁铁等来不及运走,也不好藏匿,只好忍痛炸毁,以免落入日寇之手。

在往西南撤退的路上,施汝为他们历尽千辛万苦,绕道越南,先到昆明,再抵桂林。尽管如此,他们还一路走,一路坚持开展科研工作,见此情景,许多人都被他们为科学献身的精神所感动。

抵达桂林之后,他们又遇到了新困难。桂林的房屋很简陋,加之潮湿多雨,对电磁实验很不利,况且还要时时提防敌机的轰炸。西南地区生产力低下,加之又是战时,撤退到那里的人员生活很困难。为了能够安身立命,解决温饱问题,许多人不得不设法挣些"外快",以补贴家用,有人到学校或企业兼职,有的甚至不得不做小买卖,以小商小贩为自己的"第二职业"。在这种形势下,施汝为也不得不到广西大学当起了兼职教授,讲授"电磁学"等课程。

尽管工作和生活条件艰苦，尽管养家糊口都成问题，但施汝为和他的同事们仍坚持进行科研。在所长丁西林外出时，施汝为还常常被指定为代理所长。但施汝为仍做了磁性晶体的磁畴结构研究，并发表了相关论文。

1944年，日本侵略军发动了豫湘桂战役，这是日本帝国主义行将灭亡的困兽犹斗，不料国民党军队竟一败涂地，造成了抗战之后的第二次大溃败，八个月中损失兵力50万至60万，丧失4个省会，146个城市，7个空军基地，36个机场，其中包括美军用以轰炸日本本土的空军基地。20多万平方公里的国土，6000万人民沦于敌人铁蹄之下。国民党军队的主官汤恩伯，因此受到撤职留任处分。在日军即将进占桂林时，物理研究所只得在丁西林所长和施汝为的带领下，再一次撤退。他们历经磨难，包括凶猛的洪水肆虐，凶残的敌机轰炸等，实验仪器和私人物品都受到了很大损失。不过，他们总算到达了目的地重庆北碚。在那里，他们重整旗鼓，又继续开展起科研工作。

钱三强曾经这样评价施汝为在抗战期间的表现："施汝为同志又是一位真诚的爱国主义者。在抗日战争的艰苦岁月中，他不顾个人安危，携带着科研物资，辗转于祖国西南的广大地区，在极其困难的条件下，坚持科研工作，继续开创和发展我国磁学研究，充分表现了他坚定的民族气节和为科学献身的崇高精神。"

1945年日本投降后，施汝为受命赴上海接收日伪时期的自然科学研究所。这在当时被认为是一个"肥差"，因为许多国民党的官员打着"接收"的名义，为自己"名正言顺"地谋取私利，被老百姓斥之为"劫收大员"。可是施汝为却是两袖清风，廉洁奉公，一尘不染，出色地完成了接收工作。这在当时是非常难能可贵的。其后，施汝为又于1947到1948年间，随全所人员从上海迁往南京。在南京，他积极恢复在战乱中受损严重的磁学实验室。当解放大军直逼金陵时，他又积极抵制国民党政府的南迁命令，不仅自己坚决不去台湾，而且为保存研究所，保护科研人员，迎接解放做出了贡献。

中华人民共和国成立后，新建的中国科学院将原中央研究院和北平研究院的两个物理研究所合并，于1952年在北京成立了中国科学院近代物理所（即现在的高能物理所）和中国科学院应用物理研究所（即现在的中科院物理研究所），施汝为担任了该所磁学研究室主任。1954年，因代理所长陆学善先生健康不佳，施汝为担起了代理所长的重任。1955年，施汝为被选聘为中国科学院数理化学部委员（院士）。两年后，他被正式任命为应用物理研究所所长。1963年，施汝为当选为中国物理学会副理事长兼秘书长。

自从迁入北京，中国科学院应用物理所成立之后，施汝为先生就以高涨的热情投入到科研和人才培养中。当时中国的工业基础薄弱，而国民经济的发展，国防建设的需要，尤其是电力、通讯、广播，还有雷达，电子计算机的发展和兴起，都急需大量优质的磁性材料。为此，施汝为领导科研人员，对当时工业上急需的永磁合金和硅钢片进行了深入研究，改进了它们的性能。他还亲自率领科研人员深入到磁性材料的生产和应用单位考察，了解在实际中需要解决的问题，并以此作为制定科研计划的依据。

铝镍钴永磁合金是20世纪30年代开发出的磁性材料，是当时性能最好，生产量最大，用途最广的永磁性材料。在铁氧体和稀土永磁性材料被开发出来之前，它稳坐第一把交椅，无论是在工业上，还是在交通运输、通讯广播、国防建设中，地位都非常重要。施汝为曾亲自领导并参与了对铝镍钴永磁合金的改进，且效果显著。他还帮助工厂解决了硅钢片的生产、测试和检验等问题。硅钢片导磁能力好，导电能力差，特别适合制作变压器、电动机和发电机，是事关国计民生的重要产品。

施汝为不仅重视应用，而且重视基础理论的研究。他领导了铝镍钴磁硬化机理的基础性研究工作，并取得了新成果，增进了人们对磁硬化机理的认识。

施汝为又是一位有前瞻性的科学家。早在1953年，他就看到发展非金属磁性材料，如铁氧体磁性材料的重要性，并且设立了有关铁氧体研究的课题。他大胆抽调青年科研人员研究这个课题，放手让他们筹建相关的实验室。他还热心在学术刊物上介绍磁学研究的最新成果和发展趋势，以利于科研人员跟上世界科技的新潮流。1956年制定《12年科学发展远景规划》时，他和周培源等人一起主持了物理学部分的制定。他还和叶企孙等主持了全国磁学发展规划的讨论和编写，

施汝为在工作

后来我国物理学和磁学的发展证明，这个规划的确是有可行性，有前瞻性的。

施汝为又是一位眼界开阔的科学家，有战略视角的科技界领导者。他在担任中国科学院物理所所长时，不仅重视磁学研究，而且创立了固体理论研究室，固体电子学研究室、等离子研究室和电介质研究室。这些研究室的设立，让我国的物理学研究跟上了世界发展的步伐。

任何一门科学都要一代一代地传承，一代一代地发展。施汝为非常重视培养年轻一代科研人员。早在30年代，他就尽可能送可造之才出国学习。在20世纪50年代初，中国对磁学和磁性材料的重视程度还很不够。那时的物理教材中有关磁学的内容很少，大学也没有磁学专业。许多人，包括一些科技人员对磁性材料的认识就只是"吸铁石能吸铁"。为了迅速推动我国磁学研究的发展，他一方面积极招收与此相关专业的大学毕业生，进所来"加工改造"为磁学人

才；另一方面还将尚未毕业，但有培养前途、有志于磁学研究的大学生提前选拔到所里来。当时还有一个术语形容这种做法，称为"拔青苗"。其实，这不是"拔苗"，而是"移栽"，是"培养"。这些提前毕业的大学生来到所里后，边培养边使用，很多人后来都发挥了重要作用。施汝为还热心"送往迎来"，"送往"就是送科研人员去国外学习考察；"迎来"就是争取从国外归来的学者到所里来工作，并且充分信任他们，让他们发挥作用。1958年，中国科技大学成立，身为物理所所长的施汝为又兼任起这所大学的技术物理系主任，为栽桃育李，培养人才而殚精竭虑。

施汝为一生作风正派、生活俭朴、性格豁达，严格律己，不追求享受，更不以权谋私。当年，中研院物理所从上海迁到南京时，有人到他家中"拜访"，并送上了一份厚礼。但那人刚走，施汝为的孩子就奉父亲之命"原物奉还"了。原来，当时中研院物理所刚迁到新址，有一些基建项目，那人想用一份"厚礼"，从工程中捞些好处。不承想，在施汝为先生面前结结实实地撞了个钉子。

1956年，施汝为光荣地加入了中国共产党。从此，他更是以党员的标准严格要求自己。当他年纪大了、身体差了，行动也不方便时，所里就想派车接送他上下班，这本来是合法、合规、合理、合情的事，但他坚决不肯，坚持步行上班。他育有三子两女，大女儿大学毕业时，本想让父亲过问一下她的分配问题，不然，她可能被分配到边远地区去。但本是慈父的施汝为先生在这个问题上却成了严父，他只对女儿说了一句："依靠组织，服从分配"。果然，女儿被分配到了云南的高校去教书。当然，她服从了分配。

施汝为病重之时，大女儿来京探视他，到了假期即将结束时，女儿不忍心返回，想留下来继续侍奉父亲，但施汝为却对女儿说："你有课，当然应该返校。"深知父亲一向坚持原则，大女儿只好怀着惴惴不安的心情和深深的依恋，离开了北京。不料，这竟成了永诀。

施汝为的业余爱好不多，据说，他的"爱好"只是偶尔下厨做一个红烧肉，那是他的拿手，一出锅就满室飘香。住在特楼，对施汝为先生最有益处的不是房子大，房间多。而是有两位至交。一位是他儿时的同学，住在15楼313的化学家柳大纲先生，他们还和那时一样，无话不谈，别看施汝为性格豁达，对人宽厚，甚至在"文化大革命"中受了委屈也不抱怨，仍然坚持工作，但在柳大纲面前却会掉泪；还有一位就是赵忠尧先生，当年他们都怀抱着"工业救国"的理想，于20世纪30年代，一同在上海办起了"长城铅笔厂"。这是第一家中国自己的铅笔厂，从设计、施工到设备安装，笔芯配方，他们都得亲自操心。施汝为还担任了这个厂的常务董事。这个厂生产的铅笔，已经成为誉满中国、走向世界的产品。

施汝为先生住在14楼，附近的科学家后代可就有福气了。蔡邦华的儿子蔡恒胜是一位学习优秀的好学生，可是好学生也会遇到大难题，他后来曾著文，深情回忆施汝为伯伯于百忙中为他解答物理题的情景。由此也可看出施先生对年轻一代的关心爱护。

1981 年，施汝为先生因年纪大、身体弱，改任名誉所长，中国物理学会名誉理事，但他仍然尽力关心和指导所里的工作，关心着中国物理学的发展，直到 1983 年 1 月 18 日逝世。中国科学院为他举行了隆重庄严的告别仪式，中科院的领导，他的许多同事、朋友和学生都来和他做最后的告别。中国科学院副院长钱三强院士亲致悼词，他高度赞扬了施汝为先生的贡献和品德，他说："施汝为同志是一位在群众中享有很高威望的老科学家，他治学严谨，一丝不苟，工作细致，踏踏实实，不为名不为利。"钱三强院士还特别指出："他任人唯贤，克己奉公，生活简朴，反对特殊化，以身作则，秉性正直，对拉拉扯扯的庸俗作风深恶痛绝，他为国为民，唯独不为自己。他为出成果出人才，兢兢业业，呕心沥血，把毕生的精力献给了祖国的科学事业。"在悼词中，钱三强还赞扬施汝为同志是中国共产党的优秀党员。

令人感动的还有这样一件"小事"，在施汝为先生逝世十余年后，在李佩先生组织的"中关村大讲堂"中，一位朴实的老工人，自告奋勇，要讲一讲施汝为院士的故事。在这个大讲堂上，主讲的都是各界的名人巨擘，一位普通工人却要求当主讲人，介绍施汝为，可见施先生的人品和精神感人之深，影响之广。他虽然辞世了，但他的学识和品格，仍如磁场一样，具有强大的吸引力。

14楼201号

顾静徽

"高师"与"名徒"

 顾静徽（1900—1983），女，今嘉定人。1923年进入大同大学学习，1931年在美国密歇根大学获物理学博士学位。1931回国后，曾在南开大学任教授、物理系主任，后任大同大学物理系教授，并在中央研究院物理研究所任研究员。1938年至1939年在德国威廉皇帝物理研究所（现普朗克物理研究所）任客座科学家。抗战时任广西大学物理系教授。1940年与施汝为结婚。1952年起，她一直担任北京钢铁学院物理系教授，系主任，中国物理学会北京市分会第一届副理事长。1983年逝世。

中国的第一位女博士是谁，一直是个热门话题。现在有据可考的是，中国的第一位女博士是王季茝，她出生于一个传奇的科学之家，她的姐姐、兄弟和后辈中，许多都是科学界的名人，她的侄子王守武、王守觉是1980年的中国科学院学部委员（院士）。两位著名的物理学女博士何怡贞、何泽慧则是她的外甥女。她的侄女王明贞博士，是清华大学第一位女教授，只是因为她的一再谦让和推辞，才没有成为院士。王季茝于1907年赴美国留学，1918年以论文《中国皮蛋和可食用燕窝的化学研究》获芝加哥大学化学博士学位。因此有人就戏称她为"皮蛋博士"。不过，这位"皮蛋博士"是中国第一位化学方面的女博士。

中国的第一位医学女博士是谁？现在有据可考的是杨步伟，又名杨韵卿。1869年，她出生于南京，1919年在日本东京帝国大学获医学博士学位。她的夫君是我国著名音韵学家，中国科学社创始人之一的赵元任。

而中国的第一位物理学女博士就是顾静徽（又名静薇）教授了。也许她的知名度不太高，了解她的人也不多，但是许多人都熟知美籍华人女科学家吴健雄，她曾用经典实验验证了杨振宁、李政道的"弱相互作用中宇称不守恒定律"，为他们获诺贝尔奖提供了可靠的依据，因而轰动了世界物理学界。她是美国科学院第一位华裔院士，还是美国物理学会第一位女性会长。北京大学、南京大学、中国科技大学都聘请她担任了名誉教授。她还是中国科学院外籍院士、中国科学院高能物理所学术委员会成员。而鲜为人知的是，将吴健雄引领进物理世界的老师就是顾静徽。此外，她的学生中还有一位世界著名科学家。他就是空气动力学家、应用数学家，"两弹一星"功勋奖获得者，革命烈士郭永怀院士。

1900年7月1日顾静徽出生于江苏嘉定（因为行政区划的变更，亦有称太仓的），她的父母很早就去世了，幸亏继母深明大义，一直支持她的学习。从位于苏州的江苏省立师范学校毕业后，她进入上海大同大学学习，成为我国著名物理学家胡刚复的学生。1923年，她考取了留美公费生，先后在康奈尔大学，耶鲁大学学习。在获得硕士学位后，她于1928年进入密歇根大学研究院，师从理论物理学家丹尼森（D.M. Dennison）研究光谱学，并于1931年获物理学博士学位。她的博士论文题目是《二氧化氯（ClO_2)的吸收光谱和对称三原子分子带光谱系中的强度分布》。她因此成为我国第一位获得物理学博士的女科学家。相比而言，我国著名女物理学家何怡贞是1937年在美国密歇根大学物理系获博士学位的。何怡贞的妹妹著名核物理学家何泽慧是1940年在德国柏林工业大学获博士学位的。著名物理学家，清华大学第一位女教授，何怡贞与何泽慧的表姐王明贞是1942年在密歇根大学物理系获得博士学位的。曾创办北京航空学院（现北京航空航天大学），并长期担任院长的陆士嘉，打破了普朗特不收女学生的惯例，于1942年以空气动力学方面的论文，在德国获博士学位。曾住在13楼的王承书则是1944年在美圆密歇根大学物理系获物理学博士学位的，她后来为中国的核科学与核工业的发展，做出了重大贡献。因此，顾静徽可称是中国第一位物理学女博士。

1931年，顾静徽回到祖国，受聘担任了南开大学物理学教授。饶毓泰先生离开南开大学

之后，她又担任了南开大学物理系的系主任，成为中国第一位大学中的女性系主任。顾静徽不仅学识渊博，而且待人和蔼可亲。当年有人为中国名人写小传，这些名人中有著名地质学家丁文江，华侨领袖陈嘉庚，外交家顾维钧，画家刘海粟，诗人徐志摩，著名学者冯友兰、赵元任等，顾静徽也在其中。文中这样介绍顾静徽："她身材矮小，却有高大的灵魂，文静而不矫揉造作，和朋友们相处，乐于助人，善于安慰……，她的最大特点，是她对别人的关心。那也是真正的宽容大度和开朗——总有容纳别人意见的心胸。"文中还说，"她有大多数人所缺乏的幽默感。"

顾静徽还曾在上海大同大学、唐山交通大学以及广西大学担任过教授。1938至1939年，她远赴德国，在柏林威廉皇帝物理研究所，也就是现在著名的普朗克物理研究所任客座研究员。中国物理学会的成立，也有她的一份功劳。

在长期的科研和教学工作中，顾静徽培养了许多出类拔萃的人才，1933年到1934年，吴健雄曾在中央研究院物理研究所任研究助理，在大同大学任教的顾静微恰好在这个研究所兼任研究员，正是她带领吴健雄走进了物理研究领域。有人曾出版过一本《吴健雄——物理科学的第一夫人》，其中有这样的描述："吴健雄到了物理研究所，便和由美国密歇根大学获得博士回来的顾静徽一块工作。她们的实验室分成两间，大的是暗室，小的是讨论室。这两位有雄心的新女性，都想窥探原子内部的奥秘。她们计划在低温下测定某种气体的光谱，因此花了许多功夫进行仪器装置、气体的净制和获得高度真空的工作。她们朝夕埋首于暗室中，几乎到了废寝忘食的地步。"

1973年10月，吴健雄和丈夫，著名美籍华人物理学家袁家骝教授访华，顾静徽还和施汝为一起，应邀陪同周恩来总理会见了吴健雄和袁家骝，此后，吴健雄又专门探望了顾静徽和施汝为，证明她仍念念不忘那份宝贵的师生情谊。

郭永怀上中学时，就想学习光学。他曾在南开大学预科学习。当时的南开大学有一条规定，附中的学生可直升本科。因此，郭永怀不必挑选大学，但是专业还得自己选。南开那时没有光学专业，他就投到了顾静徽门下，跟随她学习光学。

最初接触顾静徽教授时，郭永怀还有些不习惯，因为这位女教授说话带着江苏的家乡口音，郭永怀有时听不太明白；而郭永怀讲话也带着山东口音，顾静徽教授有时也听不大懂。但是经过了一段时间的磨合，他们发现，虽然彼此的方言不一样，但性格却相同。顾静徽教授以她一贯的平和耐心，同时又不失幽默的风格，为郭永怀传授知识，答疑解惑，启发他深入思考。她的这种风格

1962年施汝为、顾静徽夫妇与家人合影

也影响了年轻的郭永怀，让郭永怀对问题思考得更深、更多、更透。

孰料没过多久，顾静徽教授却突然提出，让郭永怀转学。起初，郭永怀不大明白为什么老师要这样做。原来，顾静徽是想让郭永怀到北京大学去学习。南开大学虽然在当时已经很有名气，但是和北京大学这样的国立大学相比，还有力不从心的时候。由于这所学校是张伯苓等有志于兴办教育的人士创立的，办学的经费必须自己筹集，政府是不拨款的，为解决办学资金的问题，张伯苓等人甚至不得不四处去"拉赞助"。而这时，饶毓泰又从德国进修归来，在北京大学物理系任系主任，并且正准备建立研究院。于是惜才爱才的顾静徽为了郭永怀能进一步深造，就把自己的得意门生推荐给了饶毓泰教授。后来，郭永怀成了北京大学第一批研究生。

顾静徽、施汝为与赵忠尧夫妇

中华人民共和国成立后，顾静徽教授曾在大同大学任教，后来因为全国院系调整，大同大学撤消，物理系并入了华东师范大学，加上施汝为调到北京，于是从1952年9月起，顾静徽担任了北京钢铁学院（现北京科技大学）的教授兼物理教研室主任。她工作积极，教学认真，为物理系的建设做出了重大贡献。

1956年，顾静徽教授光荣地加入了中国共产党，她曾经说："从今以后我要一边倒，倒向革命一边，倒向工人阶级一边，站到革命队伍里来，在培养祖国建设干部工作上，献出所有力量"。巧合的是，她的生日就是中国共产党的诞生日——7月1日。

顾静徽的学术专长是低温物理学和光谱学。早在在20世纪30年代，她就对光谱学进行了深入研究，40年代开展了斯塔克效应的研究，50年代，她曾经组织和领导有关人员对稀土元素进行过光谱分析。20世纪60年代，她再次涉足低温物理，并且做了深入的研究。她的主要著作有《铬钾矾在低温下的斯塔克效应及其热能和磁能的关系》《对称三原子光带系的强度分布》《二氧化碳的吸收光谱》等。

　　1956年，郭永怀和夫人李佩、女儿郭芹回国后，全家住进了中关村13号楼，60年代初，顾静徽和施汝为把家安在了14楼201。从此师生成了比邻，这也是一段佳话。

　　像许多有志于科研，无心于名利的科学家、教育家一样，顾静徽教授从不关心提高自己的知名度。但是在她的培养下，钢铁学院为祖国贡献了许多人才，他们不仅奋斗在冶金战线，还有的为我国"两弹一星"事业奉献了聪明才智。她明明是一位成就斐然，滋兰树蕙，栽桃育李的科学家、教育家，人们对她的了解却不多，就连三座特楼的许多住户都不大清楚她的贡献。有道是"名师出高徒"，顾静徽曾经是世界著名科学家的老师，可是她自己的知名度却不高，可谓"高师出名徒"。顾静徽教授还有个名字"静薇"，"薇"是生长于山中或田野里的豆科植物，它们极平凡、极朴素，从不惹人注目。也许，它最能代表顾静徽教授的性格和作风。

　　1983年10月30日，在施汝为先生逝世9个月后，顾静徽教授也辞别了人世。这位可敬的科学家，教育家，中国第一位物理学女博士应当在科技史、教育史上占有一席之地，她的名字应当闪光。她是中关村的骄傲，是中国妇女的骄傲，也是全中国人民的骄傲。

第九篇
满卷文章为世重

　　中关村核心地带不仅荟萃了中国优秀的自然科学家，而且还有中国优秀的语言学家和著名的经济学家。语言是思维的要素，语言是文化的基础，多彩的语言表现着敏锐的思维和灿烂的文化。世界上最有感染力的不是鲜花，不是金钱，而是丰富多彩的语言；世界上最有力量的不是武力，不是武器，而是思想。因此，《国际歌》中唱道："让思想冲破牢笼！"因此，中国改革开放之初就大力提倡"解放思想"。

14楼103号

罗常培

大师称他为"大师"

罗常培（1899年8月9日—1958年12月13日），语言学家、语言教育家。字莘田，号恬庵。北京人，满族。1919年毕业于北京大学中文系。曾任西北大学、厦门大学、中山大学、北京大学、西南联合大学等校教授。他是中央研究院研究员。1950年6月，任中国科学院语言研究所所长，中国文字改革委员会委员。1955年被选聘为中国科学院哲学社会科学部学部委员（院士）。

一般人都认为中关村只是自然科学家聚集的地方，却不知道这里还曾有著名的人文和社会科学家居住过。其实，有三位著名的语言学家，罗常培、吕叔湘、陆志韦都曾经是特楼的老住户。

中关村建设的初期，中国科学院哲学社会科学部（即现在中国社会科学院的前身），曾把几个研究所搬到了这里，其中有经济所和语言所。罗常培先生、吕叔湘先生和陆志韦先生也就把家迁到了中关村。

"吾乃北平罗常培是也"

那是在抗日战争时期，昆明附近有一个叫呈贡的小县城。每到周六的傍晚，一群孩子就站在城头，眼巴巴地遥望着远方，随着两个骑马的男人渐渐走近，孩子们也越来越兴奋。当那两个人走到城下时，孩子们就学着京剧里的道白，俨然如守城的将领，齐声呐喊："来将通名！"

其中一位身材颀长，穿长衫、戴眼镜的"来将"，就会一本正经地朝城头上的孩子一抱拳，同样学着京剧里的道白，昂首答道："吾乃北平罗常培是也！"于是孩子们就欢呼起来。可见，罗常培是非常受孩子们欢迎的人，也可见罗常培的诙谐与幽默。著名女作家冰心曾在回忆罗常培先生的文章中描写过这个情景。那位和罗常培同来"叩城"的就是冰心的丈夫吴文藻先生，守城的"众将官"自然是冰心和吴文藻的孩子们了。那时，罗常培和吴文藻一起在昆明教书。每逢周末，罗常培都会到冰心的家中做客。因为呈贡火车站距冰心家还有相当的距离，又没有其他代步工具，所以只好骑马。

罗常培，字莘田，号恬庵，是我国著名的语言学家。在语言学界，他被称为"继往开来的人物"。著名相声大师侯宝林对他非常尊敬，称他为语言大师。罗常培是满族人，祖籍是黑龙江省宁安县（即宁古塔）。按照满族旧有的姓氏，他家为萨克达氏。罗家的祖先隶属于正黄旗，可是到了罗常培父亲这一代，家中早已衰败，生活十分困窘。罗常培于1899年8月9日生于北京西直门的西井胡同。因为他的家族属于正黄旗，又姓罗，就有人捕风捉影地猜想他是爱新觉罗氏的后代，罗先生自己却说："其实我本寒门衰族，和'胜朝贵胄'毫无关系。"

不过，罗常培的父亲也并非布衣白丁。宣统末年，他也曾"官至"北京宣武门"城门吏"。当然，这官位太小了一点，是个真正的"芝麻官"，而且也只当了一任。那时罗常培的哥哥也在"步军统领衙门游缉队"混了个差事，父亲和哥哥那点可怜巴巴的俸禄，除了供一家六口度日之外，居然还勉强挤出一点钱来，把罗常培送进了中学，真也算得上是奇迹了。这段时光就是罗家最"发达"的时期了。就在罗常培跨入中学的门槛时，清朝灭亡了。

罗常培上的是祖家街市立第三中学，这所中学里八旗子弟很多。这时的八旗子弟大都生

活贫寒，可是许多人又不思进取、学习懒散，罗常培是少有的几个用功学生之一。那时他真正的朋友也只有四位，其中一位叫舒庆春，也就是后来成了著名文学大师的老舍先生。另有一位就是胡絜青的二哥。老舍和罗常培在儿时就是朋友，北京话叫"发小儿"，他们曾经同在一所小学堂读书。老舍先生回忆说，罗常培小时候就非常倔强，受了欺侮，泪水在眼眶里打转，就是不掉下来。后来因为各自转到不同的学校，这对小伙伴才分开了。待到升入中学时，他们又成了同学。不过，比老舍小一岁的罗常培此时却比老舍高了一级，因为他跳级了。老舍先生说，罗常培经常跳级。那时，胡絜青先生的二哥常常邀罗常培到自己的家中玩，胡母非常喜欢他，因为他待人彬彬有礼、老成持重，又善解人意。此后，老舍和胡絜青能成就美满姻缘，就有罗常培牵线搭桥、居中撮合之功。

因为罗常培学习努力，再加上天资聪颖，所以成绩优异。在1915年的一次全市会考中，由于三中学生的数学和英文底子不好，成绩比较差，只有罗常培考了甲等第三名，为学校争了光。当时三中的校长是夏瑞庚先生，照罗常培的说法，他是一位相貌"很凶恶"，而心肠很慈善的人。他不仅学问好，而且同情贫寒学生，他曾经赞誉罗常培的文章"像王临川"。后来，他对罗常培选择人生之路起了很重要的作用。

中学将毕业时，因为家庭又陷入了困境，罗常培不得不考虑"找个活儿挣饭吃"了，老北京话说叫"打现钟"，现在叫"打工"。为了学谋生的本事，他进了一家速记学校学习。他学习努力，经常名列榜首，毕业时已经达到能每分钟记录140个字的水平，简直可以和现在的电脑录入员争个高下了。由于速记的需要，他学了"声母""韵母"等语言学的基本知识，这对他以后研究音韵学很有帮助。有了速记的本领，他在学校上课时，记笔记就非常方便，学习兴趣也因此更加浓厚，学习成绩自然也更加优秀。

1916年，罗常培离中学毕业只有一个月的时间了，偏偏在这紧要关头，他的父亲突患急症去世了。为了能给父亲办个体面的葬礼，罗常培的哥哥又借了一大笔钱。从此，这对难兄难弟唯一的"家产"就是"一屁股两肋"的债。生活的艰难、前途的迷茫竟使罗常培急火攻心，脖子上长出了一个很大的恶疮，俗名"砍头疮"。毕业考试时，他脖子上缠着绷带，强忍着疼痛坚持答卷。他不能不考，因为他再也没有钱上学了，他必须毕业。看到此情此景，很多老师和同学都流下了同情的泪。

坎坷人生路

家事变化快，世事变化更快。正当罗常培和他的哥哥几乎要被艰难的生活压垮时，窃国大盗袁世凯死了，83天的洪宪美梦和他的躯体一起化为乌有。在临时大总统黎元洪的主持下，国会总算是又复会了，罗常培得到了一个在国会当速记员的机会。这工作比较轻松，而且薪水丰厚，每月八十块大洋，除了供给家用、偿还债务之外，还有结余。那时在国会担任速记员也算得上"白领成功人士"了，于是他们当中就有不少人只求安乐、不思上进，加上当时社会流弊很多，有人就染上了吃喝嫖赌的恶习。罗常培虽然没有和他们同流合污，但一时也失去了奋斗的目标。就在这时，有个人给了他"当头棒喝"，这个人就是罗常培说的相貌很凶恶，但内心善良的三中校长夏瑞庚先生。夏先生严厉地对来看望他的罗常培说："你不要觉着得意，你现在其实很危险！"

经夏先生点拨，罗常培才明白自己正被一个恶劣的环境包围着，犹如一叶小舟在狂风恶浪中漂泊，不定什么时候就会倾覆。接着，夏先生又语重心长地提醒他，不要和那些沾染了坏习气的同事来往，有时间多读书，可以多积蓄一些钱，将来考大学。听了恩师的一席话，罗常培茅塞顿开，他为自己选定了一个奋斗目标——考北京大学！在苦读了一段时间后，他终于如愿以偿，考进了北京大学中国文学门（系）。

进入北大的第一年，罗常培对钱玄同的音韵学很感兴趣，并且下了不少功夫。为了攻读音韵学，他甚至把不易买到的书借来，一个字一个字地抄。第二年，他又对古典文学产生了兴趣，他师从刘师培先生，除了听课外，还读了大量的书，做了许多笔记。

对罗常培来说，大学生活并不轻松，因为他只能一边当速记员一边上课，也就是靠打工维持生计和学业。到了三年级，受五四运动的影响，他接触了许多新知识、新思想，他的内心充满了矛盾。从小学到大学他读的都是"子曰诗云"，现在却对被斥之为"异端邪说"的新知识、新思想充满了渴望；他捧着政府的饭碗，可是又对这个腐败和动荡的社会非常不满。他很尊崇蔡元培先生"兼收并包"的思想，可是他又认为在这些"兼收并包"的东西中有许多互不相容的东西。新与旧的思想在他的头脑中老是打架，他觉得要解决自己思想深处的这些矛盾，非学哲学不可。于是，他又进入北京大学哲学系学习。这时，哲学在北大是占据领导地位的学科，如日中天。在这段时间里，罗常培听过胡适和梁漱溟的课，还有幸赶上了杜威和罗素到中国讲学。凡是老师讲到的书，他都买来看。他后来在自传中说，那时对他影响最深的是实验逻辑学。然而好景不长，在那个军阀混战的时代，"总统""总理"如走马灯一般地更换，国会完全被军阀玩弄于股掌之间。在哲学系学习的第三年，因为国会被迫闭会，罗常培的速记技能没有了用武之地，学习和生活也就断了来源，不得不辍学。为了生计，他曾经当过南开中学的教师和京师公立第一中学的校长。在南开中学教书时，因为讲了一篇李大钊的文章，还受过校方的责备。在京师公立第一中当校长时，他以公开、公平、公正的原则治校，尽管教学和管理都有了明显改善，可是因为有人妒贤嫉能，再加上西北大学的聘请，罗常培不得不离开北京，到西安去担任西北大学的教授。那年，他才26岁，很多学生都比他的年龄大。在西北大学，他一边教音韵学，一边做研究。他在议会当速记员的时候，喜欢听那些议员的南腔北调：广东人挑着尾音的发言，北京人那京腔京韵的演讲，江苏议员的吴侬软语，陕西议员像"吼秦腔"般的辩论。他还喜欢学各地方言，比如湖北话等，他学得惟妙惟肖。这番经历把他的耳朵磨炼出来了，他不但能听懂各地方言，而且感觉特别敏锐，甚至能辨别广东话复杂的入声音调，这对他研究语言非常有帮助。此后，他又回到北京，但不久，因为出于对段祺瑞政府在"三·一八"惨案中屠杀学生的愤恨，他就和鲁迅先生等人一起去了厦门大学。可是厦门大学的学术环境也不好，鲁迅先生曾说，那是一个让人窒息的地方。因此，罗常培又离开厦门来到广州，在中山大学担任中文系教授，后来又担任了中文系主任。在中山大学中文系，罗常培主要教授音韵学。赵元任来调查两广方言的时候，他们热烈地讨论了一个星期，都有相见恨晚的感觉。罗常培后来说，赵元任先生对他来说，是一种亦师亦友的关系。1929年，傅斯年牵头的中央研究院历史语言研究所成立了，罗常培受聘为该所专任研究员。

1931年中央研究院历史语言研究所欢迎蔡元培先生合影（摄于北京北海春藕斋，一排右二为罗常培）

罗常培"玩命"了

虽然历史语言研究所的"办所旨趣"是"点缀国家之崇尚学术"，但罗常培先生从来不认为语言学是点缀品。他全身心地投入到研究工作中，总想多做一些事，有人却说闲话，认为他想做的太多，东抓一把、西抓一把。他听了不但没有泄气，反而发了狠。他一咬牙，给自己买了20年的人寿保险，从1929年开始算起。他立誓要"玩命"了！这番"玩命"式的拼搏，果然拼出了辉煌。在7年的时间里，他一共出版了4部专著和14篇论文，还调查了徽州6县46个地方的方言，编成了汉魏六朝韵谱和经典释文长编。到这时，那些说闲话的同事们也不得不对他刮目相看了。

在长期的教学和研究中，罗常培深深感到，当时对汉字的标音方法并不准确。要解决这个问题，就必须学习西方科学的语音学原理和标音方法。他在这方面狠下了功夫，写了许多论文，如《音标的派别和国际音标的功用》《语音学的功用》《中国音韵学的外来功用》等，并且研究和总结出一套可以在研究和教学中运用的方法，主要是把国际音标运用于汉语的标音工作上。罗常培先生是积极在中国推行国际音标的学者之一，那时有些老先生说他是"国际音标派"。放到现在，这个称呼可能是褒奖，而在那时完全是讥讽。有人说，罗常培是继往开来的语言学家，可是著名语言学家王力先生却说，"继往不难，难在开来"。罗常培敢为人先，实行"拿来主义"，冲破重重阻力，努力把中国传统音韵学与现代语言学理论相结合是他做出的重要贡献，这是非常令人钦佩的。

汉语起码有长达三千多年的历史，中国的语言学家虽然做了许多工作，可是由于种种原因，音韵学的研究仍然有许多混乱不明的地方。那时研究音韵的主要依据是隋朝的《切韵》、唐朝的《唐韵》和宋朝的《广韵》《集韵》等韵书。这些韵书分部不一致，其中还含有古音和方音，如果不搞明白古音和今音的变化，音韵学的研究是不可能准确的。为了搞清楚古今音韵的变化，就必须进行考证，主要办法有研究民间俗语、考察不同地域的方言、参阅外国学者的专著等。罗常培为此写了大量论著，确定了古代汉语中某些韵母的正确读音，并且对瑞典汉学家高本汉的一些论断提出了改正意见。

过去的音韵学研究不仅缺乏现代化的手段和理论指导，而且名词术语比较混乱，同是牙、喉、舌、齿、唇五音，有人用金、木、水、火、土五行诠释，有人用肾、心、肝、脾、肺五脏比附，有人用宫、商、角、徵、羽五音替代，还有人用玄、赤、白、青、黄五色标注。此外还有许多自造的名词术语，如"等呼""重轻""内转""外转"等，非常混乱。罗常培先生写了许多文章，如《释重轻》《释内外转》《音韵学不是绝学》等，用很精练的文字廓清了这些混乱。

罗常培的著作量多质高，主要有：《厦门音系》《临川音系》《汉语音韵学导论》《唐五代西北方音》《八思巴文与元代汉语》等，每一部作品都是呕心之作。为了研究厦门音系，他请能说一口地道厦门话的朋友用厦门话发音，那时录音技术不发达，没有磁带，只能先把声音录在蜡筒上，再用国际音标把音标记出来。为了更准确，他还请记音非常准确的赵元任先生听蜡筒上的音，对自己标的音进行校正。从这里也可以看出罗常培谦逊与严谨的治学态度。

为了写《唐五代西北方音》，罗常培先生做了大量的准备工作，收集资料、制作卡片，还特意走访了当时正在北京

罗常培所著的《汉语音韵学导论》

的陈寅恪先生，得到了他的帮助和指点。1933年，正当罗常培集中精力撰写《唐五代西北方音》时，日本帝国主义的军队悍然进犯北平的大门喜峰口一带，中国军队奋起抵抗，战斗最激烈的时候，北平城里能听到炮声。那时，战事会如何发展殊难预料，一时人心惶惶，市面上已经出现了乱象。可是罗常培先生却安如泰山，在隐隐传来的炮声中稳稳地一笔一笔写着他的《唐五代西北方音》。这部16开223页的力作，只用三个月时间就脱稿了。人们说，罗先生能有这样的"定力"，是因为他有为学术献身的精神。

在此之后，为了研究民族迁徙的问题，他又写了专著《临川音系》。这次是请临川人，著名文学史家、楚辞学家游国恩先生发音。罗常培除了自己记音，还请了其他精通音韵的学者协助，务求准确无误。

20世纪50年代，鉴于罗常培的学术成就，苏联拟将他的几部书翻译成俄语出版，可是罗常培先生却说，值得翻译的只有《唐五代西北方音》一书，这件事充分反映出他对自己的严格要求。他曾经对学生们说："我在中国音韵学方面的底子不是在上大学时打的，而是在中央研究院摸到的门。"可见在中央研究院的这一时期对罗常培来说，是非常重要的一段时期。

品格原是"非卖品"，语言不是"点缀物"

1937年，罗常培成为北京大学的专任教授，同时仍兼中央研究院的研究员。谁知就在这时，发生了"卢沟桥事变"，北平沦陷于日寇之手。罗常培一向以孟子的话——"富贵不能淫，贫贱不能移，威武不能屈"为人生原则，不管许给多少薪水，他也不能在敌伪政权的统治下工作和教学。爱国，这是为人的基本要求。1937年10月中旬，他毅然独自离开了北平，踏上了漫漫长路：南京、长沙、香港、广西、海防……在经历了许多曲折和危险之后，他终于在1938年2月底来到了昆明。在从教于西南联大的六年时间里，他除了辛勤培养了大批学生之外，还继续在艰苦的条件下坚持研究工作。他曾经三次率领助手和学生到云南大理地区，对十几种少数民族语言进行调查研究。云南是有名的地形险峻、山高林密的地区。尽管他们出师不利，曾经因车祸险些丢掉性命，但仍义无反顾地完成了既定的调查工作。

1944年，美国的朴茂纳大学邀请罗常培当访问教授，赴该校交流和讲学。因为他看不惯国民党政府，所以他没有申请公务护照，而是申请了普通护照。可是这样一来，路费就要自己承担了。尽管如此，他也不愿为了获得旅费而出卖自己的人格。最后，他把自己在西南联大收藏的全部书籍卖掉，才挤进了狭窄的三等舱，在风浪中颠簸着来到了美国。

在美国，罗常培曾先后在朴茂纳、加利福尼亚和耶鲁三所名牌大学进行交流和讲学。他讲过汉语引论、英译中国文学作品选、高级汉语、汉语音韵学、汉语方言比较、历代文选和基础汉语等数门课程，受到了师生们的欢迎。除了和著名的语言学家进行交流外，罗常培抓紧机会学习研究美国俚语和校园中的习惯用语。就是在路途中，他也和美国朋友进行交流，向他们学习语言。他的成就获得了美国朋友的好评。在美国当访问学者时，他和自己的"发小儿"，这时已经是著名作家的老舍先生重逢了。他乡遇故知是人生一大乐事，两位当年的"小朋友"乐得合不拢嘴。在美国三年半的时间里，罗常培不仅在学术上大获丰收，而且赢得了美国同行的尊敬和友谊。

1948年，闻一多教授被刺的消息传到美国。罗常培出于义愤，毅然回国，回到北京大学任教。这一年的年底，南京政府要求北京的知名学者"撤退"，罗常培坚决拒绝"南迁"。

1950年6月，罗常培被任命为中国科学院语言研究所所长。为此，他感触万端。他回忆说，当年国民党政府办的中央研究院只是把"历史语言研究所"当点缀。那时的"办所旨趣"不是"点缀国家之崇尚学术"吗？中国科学院的语言所可不是点缀物，而是真正的学术机构。1955年，他被选聘为中国科学院第一批学部委员（院士）。

20世纪50年代，中共中央曾经号召广大干部学习语法修辞。《人民日报》发表社论，号召为祖国语言的纯洁而奋斗，一些党政机关也约请语言所的研究人员去讲语法课。在这种形势下，罗常培备受鼓舞，他领导语言所做出了一批很好的成果。担任中科院语言所所长时，他还兼任《中国语文》总编，为汉语的教学和研究做出了很大贡献。

大师也"俗"

罗常培在语言学方面的研究成果，造就了他无可争议的"大师"地位，可是大师也"俗"。在生活中，罗常培是一个总能给朋友带来快乐的人。他会惟妙惟肖地模仿各地方言，常常引得众人捧腹大笑。他喜欢昆曲，爱听也爱唱。他唱的《夜奔》，字正腔圆，韵味十足。他对被认为是"通俗文艺"的北京曲艺，有着深入的研究。20世纪40年代，他曾经用音韵学研究用的"绳贯丝牵"法，编出了《北京俗曲百种摘韵》，对"十三辙"进行了系统的研究和整理。当时正处于国共合作抗日时期，这部书是在重庆的一家出版社出版的，这家出版社曾经出过一些与共产党的主张相悖的书，但是共产党办的《新华日报》却介绍了罗常培的这部书，并给予了很高的评价。《北京俗曲百种摘韵》对研究北京曲艺、方言的演变，对作家向民间文学艺术学习都有很大帮助。新中国成立后，此书曾经再版，并受到欢迎。20世纪50年代初，相声还处于良莠并存的状态，甚至发生过因为内容不好，演员被听众赶下台的事。于是相声大师侯宝林牵头，搞起了"相声改进小组"，得到了罗先生的大力支持。罗常培除了把相声演员请到语言研究所开座谈会，为他们办进修班之外，还特意为改进小组写了《相声的来源和今后努力的方向》一文。侯宝林先生一向认为这篇文章是学习相声理论的启蒙读物。许多专家和相声演员都认为，直到今天，这篇文章还有重大的指导意义。罗常培先生与侯宝林先生互相敬重，互相学习。罗常培说，相声的语言来自民间，非常丰富，值得

好好研究。侯宝林认为，相声要发展，要改进，必须得到如罗常培这样的大师指点。一些相声名段如《戏曲与方言》等，明显是吸纳了音韵学的研究成果。前些年，面对相声的滑坡，漫画大师方成曾经痛心疾首地问道："相声界的朋友应该思考一下，是否像侯宝林那样研究过讽刺与幽默的历史、关系和理论吗？你们有侯宝林交的老舍、罗常培、吴晓铃……这样一些大作家和学者朋友吗？"

此外，北京人民艺术剧院（人艺）的老一辈艺术家于是之、郑榕、蓝天野等人也都和罗常培有过密切的交往，他们在台上念台词看起来毫不费力，可是真正做到了让剧场最后一排的观众也能听得清清楚楚，这就和罗常培对他们的帮助有关系。现在有的年轻演员对老一辈的功夫不以为然，认为"我们现在有'唛'，何必再下这种功夫？"这话虽然不是没有道理，可是对于高品位的欣赏者来说，他们更希望听到的是真正的人声。"铁不如木，木不如竹，竹不如丝，丝不如肉"，真正感人的声音还是纯正的人声，电声终归是有失真的，尤其是在一些特殊的场合，如到厂矿、农村、部队演出，电声设备往往很差，甚至根本就没有，这时就全凭演员的真功夫了。

大师也"俗"，因为他也有和常人一样的感情，也会生气，也有弱点。冰心曾经当着罗常培的面和吴文藻先生开玩笑说："我知道怎么招莘田生气，他是最'护犊'的，只要你说他的学生们一句不好，他就会和你争辩不休……"

罗常培听了并不争辩，只是笑笑，倒越发显得纯朴可爱了。其实，他对自己的学生要求很严格。老舍先生曾经这样回忆："学生们大概有点怕他，因为他对他们的要求，在治学上与为人上，都很严格。学生们也都敬爱他，因为他对自己的要求也严格。他不但要求自己把学生教明白，而且要求把他们教通了，能够去独当一面，独立思考。他是那么负责，哪怕是一封普通的信、一张字条，也要写得字正文清、一丝不苟。"

他对学生要求严格，可是他的学生一旦有了困难和危险，他又会倾全力相助，甚至不惜牺牲自己的利益，用他的话说就是"舍己之田耘人之田"。

准确地说，他对学生的原则是"严于内而宽于外"。说他对学生是"护犊"，那是冰心和他开玩笑，说他对学生有"舐犊之情"倒可能符合真实，这也是罗常培世俗的一面。

罗常培的"俗"当然不是庸俗。他是一位直道行事的人，从不随人俯仰。因为他为人正派，人送绰号"罗文直公"。他的朋友老舍先生就曾说过，罗常培耻于巴结人，甚至不惜自己吃亏。他非常重友情，可他又是一个坦诚、认真的人。他和老舍是"发小儿"，又是老舍和胡絜青的"月老"，这两位大师之间的友谊毕生不渝。可是对老舍的作品，罗常培也会提出中肯的批评，而且很尖锐。我们现在真应当效法他的直率和老舍先生的谦虚。有了这种精神，我们的科学与文化才有可能进步和发展。

大师也"俗"，因为他们和俗人一样，也有生老病死，这是非常令人惋惜的事。1958年

12月13日，罗常培先生因患癌症，不幸在北京医院去世。噩耗传来，老舍先生悲痛至极。他想写诗哭吊好友，往事一幕又一幕清晰地在他的眼前浮出，又一幕一幕地被泪水遮盖。他只觉得泪越来越多，思绪越来越乱，心情越来越悲痛。他只写下了"与君长别日，悲忆少年时……"，就再也写不下去了，眼泪滚滚地滴落了下来。

在罗常培的公祭大会上，郭沫若院长称他是"我国卓越的语言学家"，这是非常准确的评价。罗常培先生在语言研究方面的成就和他的英名一样，将会永远留存在我们这个还不能免俗的世界上。

15楼314号

吕叔湘

雕琢妙语著华章

吕叔湘（1904年12月24日—1998年4月9日），江苏丹阳人，语言学家、语文教育家。长期从事汉语语法的研究，是近代汉语语法的开创人之一，第三至七届全国人大代表，第五届全国人大常委会委员、法制委员会委员，第二、三届全国政协委员。1955年被选为中国科学院哲学社会科学部学部委员（院士）。

只要是不聋不哑的人，都会说话，可是要把话说得简洁明了、生动有趣，却不是一件容易事。同样，只要是会写字的人，总要留下一点字迹。不管写什么，最起码的要求就是通顺明白。吕叔湘就是教人把话说得简洁明了，把文章写得通顺明白的大师。现在，只要和语言文字打交道的人，大概没有不知道吕叔湘这个名字的。《现代汉语词典》就是他主编的。可是不知何故，人们常常把他的名字写错，就连一些正式出版物，有时也会把吕先生的大名误作"吕淑湘"或"吕淑相"。有一年，吕叔湘先生看到某著名出版社出的书有差错，便写了一封信，将差错一一指出。那家出版社接到信后，非常重视。他们立即回信，除对吕先生表示感激外，更表示要坚决消灭差错。可那信的开头便白纸黑字、恭恭敬敬地写着"吕淑相先生"，真叫吕叔湘和他的朋友哭笑不得。

走出丹阳县　不改苏南音

吕叔湘是江苏丹阳人，丹阳是名人辈出的地方，仅在吕叔湘那个时代，就有名闻遐迩的语言学家、教育家、复旦大学创始人马相伯和著名画家、教育家吕凤子等。

吕叔湘先生上小学时，有幸遇到了一位严师，他不准许学生在作业本上胡乱涂改，"错一罚一"，不是错一个字罚一个字，而是错一个字就要把整篇作业重重做一遍。在这样严格的要求下，吕叔湘从小就养成了正确书写的好习惯。

1922年，吕叔湘以优异的成绩考入了国立东南大学外国语文系。在东南大学，除了专业课外，他还选学了一些其他课程，文理科兼有，这对他以后的发展有很大的帮助。1926年，吕叔湘大学毕业了，不久即回到丹阳，在县立中学教书，除了教英文外，还兼教中文文法。那时有关中文文法的书很少，吕叔湘就开始钻研《马氏文通》，用它当范本讲中文文法。在那个社会，教书不仅要有学问，还受到方方面面的制约，尤其是人事关系方面。就因为校长的不断更换，吕叔湘也被殃及。他为图生存，不得不一时到苏州，一时回丹阳，一时又跑到安徽，最后又回到苏州。尽管生活和工作都不安定，但他一直坚持钻研学问。苏州中学的图书比较多，吕叔湘如鱼得水，在那里饱览群书，尤其是读到了丹麦学者叶斯柏森（J. H. Jespersen）的《语法哲学》，他感到受益匪浅，并因此打下了语言学的基础。

在苏州中学，除教学外，吕叔湘还参加了为中华书局编注《高中英文选》的工作。他还为商务印书馆和生活书店翻译过《人类学》《初民社会》《文明与野蛮》等书。

吕凤子先生是吕叔湘的堂兄。吕叔湘在丹阳教课时，吕凤子创办了一所"女子正则学校"，吕凤子深知吕叔湘的人品和学识，就聘他来兼课。吕凤子比吕叔湘大18岁，但是两人却没有任何思想上的隔膜，吕叔湘在课余常去吕凤子的房间里聊天。后来，吕叔湘在外地工作，难得回丹阳，可是每逢回丹阳，他总要到正则学校去看望凤子大哥。吕凤子一生绘画近千件，佳作很多，他的作品《庐山云》曾于20世纪30年代初，在世界博览会上获得一等奖。1943年的全国美展，他也曾获中国画一等奖。吕凤子还是一位教育家，许多著名画家都

是他的学生。1936年，吕叔湘考取了公款留英的名额，出国时，吕凤子送了他一幅画，以示纪念和鼓励。

在英国，吕叔湘先后在牛津大学人类学系、伦敦大学图书馆学科学习。他是出于教育救国的思想，才决定选学图书馆专业的。他觉得图书馆对发展文化和教育的作用极大。要振兴中国，就要从文化和教育入手，而要振兴中国的文化和教育又要从改进图书馆工作入手。

由于抗日战争全面爆发，吕叔湘没有等到毕业就提前一年回国了。1938年，他来到大后方的云南大学任文史系副教授，教英语。在此期间，他结识了施蛰存、朱自清等人，并和他们一起讨论过语言学问题。1940年暑假后，吕叔湘离开昆明，迁居成都，任华西大学中国文化研究所研究员。在这里，他写了一篇研究论文，内容是和胡适等人讨论"您""俺""咱""们"等的用法。文章写得有根有据，有条有理，给人以深刻的印象。

为语言"立法"

吕叔湘先生长期从事汉语语法的研究，是近代汉语语法的开创人之一。他早期所著《中国文法要略》，是一部划时代的里程碑式著作。在此之前，中国语法研究的开山之作就是《马氏文通》。一般认为，这部书是马建忠所作，也有人说，那是马建忠与吕先生的同乡马相伯合著的。马建忠曾任驻法使馆翻译，他勇于向西方学习，在拉丁语语法的基础上写成了《马氏文通》一书，并于1898年出版。因为是从西方语法移植来的，又是开中国语法研究的先河，就免不了有些地方会生搬硬套，不过它对汉语研究仍起到了非常重要的作用。从此，中国的语法研究才成为独立的学科。不过，从那以后，中国的语法研究再无突破，一直在《马氏文通》模仿西洋语法的框框里打转，这是很令人遗憾的事。正如吕叔湘先生后来评述中国语法研究时所说的："……所有理论都是外来的。外国的理论在那儿翻新，咱们也就跟着转。"因此，吕叔湘先生在20世纪40年代写出了力作《中国文法要略》，对突破《马氏文通》的局限性做了有益的尝试，这种探索是非常可贵的。这部书出版时是三卷本，1956年再版时，经过修订合为一卷本。在这部《中国文法要略》里，吕叔湘先生不是从抽象的理论出发，也不是把生动的中国语言硬往外国语法的框子里塞，而是在丰富多彩的语言材料中，尤其是在中学语文课本中选取材料，努力总结汉语本身的特点和规律。也就是说，对西方语法是借鉴，而不是生搬硬套。在当时，这部著作不仅影响极大，特别受中学语文教师的欢迎，而且为中国的文法研究开出了一条新路。

抗战胜利后，吕叔湘返回南京，仍旧任金陵大学中国文化研究员，同时兼任中央大学中文系教授。他还和朱自清、叶圣陶合作编写了备受欢迎的《开明文言读本》。1948年底，吕叔湘由南京迁居上海，任开明书店编辑。新中国成立后，开明书店受命迁往北京，组建中国少年儿童出版社和中国青年出版社。吕叔湘也在这时随开明书店迁到了北京。

1950年2月，吕叔湘被聘为清华大学中文系教授。1952年，因为高校院系调整，清华大学成了工科院校，吕叔湘也就改任中国科学院语言研究所研究员，兼中国文字改革研究会（即后来的中国文字改革委员会）委员。此后又被选聘为1955年的学部委员（院士），他还历任语言研究所副所长、所长等职。也就是在这期间，他的一家住进了中关村15楼。

中华人民共和国成立之初，许多干部和群众的文化水平很低，报刊和书籍中也存在着许多语言文字上的错误和混乱。为了改变这种状况，从1951年6月6日开始，《人民日报》连载吕叔湘、朱德熙合写的《语法修辞讲话》，同时还发表了一篇很有影响的社论《正确使用祖国语言，为语言的纯洁和健康而斗争》。社论中指出："这种语言混乱现象的继续存在，在政治上是对人民利益的损害，对于祖国语言也是一种不可容忍的破坏。"并且说明，连载《语法修辞讲话》的目的是为了帮助人们纠正语言文字运用中的错误。因为这部力作深入浅出，讲求实用性，对干部、群众学习语法和修辞起到了巨大的推动作用。那时的机关、学校、厂矿、部队都掀起了学习这篇文章的高潮。1979年，中国青年出版社曾经再版此书，并收入"青年文库"中。因此这篇文章在改革开放的年月里，对青年学习祖国语言发挥了不可低估的作用。

在中国，搞文学创作的人常和搞语法研究的人发生冲突。前者有时会不顾语言的基本规律和法则"标新立异"，随心所欲地创造一些意思含混的句子和词汇。而某些语法研究者，又只会生搬硬套语法规则，不承认语言也要发展、要创新，束缚了人民群众和文学创作者的创造力。这两者如何统一一直是一个问题。吕叔湘先生在指出书籍、报刊上存在的语法问题时，既尊重作者的创造精神，承认语言是发展的、变化的，同时又指出语言要遵循的基本规律和法则，"无规矩无以成方圆"，语言也如是。

教人通古达今知外文

吕叔湘的许多著作如《文言虚词》《汉语语法分析问题》《现代汉语八百词》《近代汉语指代词》等，都是学汉语、教汉语的必读书。

古汉语的学习对许多人来说是一个难点，尤其是那些文言虚词，更是让初学的人头昏脑涨。吕叔湘先生在1947年写了《文言虚词》一书，这部书主要是总结文言虚词中的常见词和常见用法，因而特别适合作为中学语文教师的参考书。有人说，一名中学语文教师如果没有读过吕叔湘先生的这本书，就无法胜任教学工作。1976年打倒"四人帮"之后，《文言虚词》再版，第一次印刷就印了17万册。这本书至今仍然广受欢迎。

中国人学英语往往容易把中国的语法习惯套用在英语中去，变成了"洋泾浜英语"。吕叔湘撰写的《中国人学英文》很有针对性地指出了中国人学英文时容易出现的问题，因而成了我们学习英文的指南。

吕叔湘先生的著作不仅在中国，在国外也被奉为学习汉语的圭臬。他的著作中，既有鸿篇巨制，也有精练的短文，既深刻又易读，即使文化程度不太高的人也感受不到"啃书本"的苦

涩味，反而感到是一种享受，使人渐入佳境，再入妙境，最后竟如入仙境……

一些读过他的书的人感慨地说，吕先生既是一位语言学家，又是一位教育家，他能教人通古达今知外文，而且让学的人感觉学得很轻松。

名家的"名家"

吕叔湘先生在中关村15楼居住的时间不算长，可他的家在中关村是一个"名家"，这不仅因为吕叔湘先生本人的知名度高，还因为他的夫人程玉振在中关村的知名度也很高。那时，她身为中关村的"家属委员会"主任，为中关村，尤其是三座特楼及其附近的居民做了大量的好事，人们都称她为"程大姐"。那时谁家有生活上的困难，都会立刻想到找程大姐。然而，为了给中关村的住户排忧解难，谁又知道程大姐风里来、雨里去，跑了多少路，受了多少累，吃了多少苦呢？

吕叔湘和夫人

吕叔湘的家还是一个"院士之家"，他本人是中国科学院哲学社会科学部的学部委员，也就是今天的"院士"。他的儿子吕敏于1952年大学毕业后，来到中科院近代物理所工作，后来由钱三强点将，赴杜布纳研究所工作。之后，他回国献身于中国的核武器研究。在很长的一段时间里，他一直在核武器试验的最前线工作。那里条件非常艰苦，吕敏一家四口挤在一间14平方米的房子里，大孩子睡在两个简陋的大木箱上，缝纫机的台面就是他们的饭桌。由于吕敏为中国核武器的研究和发展做出了重要贡献，他于1991年被选为中国科学院院士。虽然这时他和父亲都已不在中关村居住了，可是他那灿烂的人生之路却是从中关村起步的。

奉献一切

吕叔湘先生是大忙人，除了学术研究和学术活动，他还是第三至第七届全国人大代表，第五届全国人大常委会委员、法制委员会委员，第二、三届全国政协委员。1954年，吕叔湘先生参与了中华人民共和国第一部宪法的起草工作。作为第五届全国人大法制委员会委员和中央文献研究室顾问，吕先生还对法律以及党内文献的文字内容提出过一些重要建议。1983年5月，吕叔湘先生已届80高龄了，但他甘于奉献的精神有增无减。他把多年积蓄的6万元钱捐献出来，特别设立了中国社会科学院青年语言学家奖金，以鼓励年轻学者。

1998年4月9日，吕叔湘先生辞世。他在遗嘱中郑重提出，要将角膜和内脏器官捐献给医学界，用于解剖和研究。他不要人们为他筑坟立碑，而是要把骨灰撒在为人送阴凉、结果实的大树下。生前，他贡献殊多；身后，他仍要默默奉献。

吕叔湘先生虽然离我们而去了，可是在改革开放取得丰硕成果的今天，在数字化社会和知识经济迅猛发展的今天，我们需要吕叔湘先生这样的语言专家。因为语言学研究与计算机技术和信息技术之间的联系，从来没有像今天这样密切。尤其是当今这个互联网技术突飞猛进的时代，微博、微信等社交软件对语言的发展也产生了非常大的影响。人们在社会生活中，将面临更多的语言学问题。因此，我们需要从吕叔湘先生的治学思想中汲取教益，让语言学在今天这个充满了变化的社会中发挥更大的作用。

13楼106号

顾　准

后浪推前浪

顾准：（1915年7月1日–1974年12月2日）经济学家、会计学家，12岁进入中华职业学校学习。后进入立信会计师事务所工作，有多部会计学著作问世。曾担任过中国民族武装自卫会上海分会主席，总会宣传部副部长，上海职业界救国会党团书记、中共江苏省委职委书记与文委副书记。1940后担任过苏南澄锡虞工委书记、专员，江南行政委员会秘书长等职。后在延安中央党校学习。上海解放后，曾任上海市财政局长兼税务局长，华东财政部副部长。建工部财务司司长，洛阳工程局副局长。1956年调中国科学院经济研究所，任综考会副主任，兼经济所研究员。

13楼106号的主人是顾准。当时，在三座楼中，知道顾准的人不多。人们只知道他是中国科学院综考会的一位领导干部。综考会的人经常出差，因此人们一般很少能见到他。当时知名度更高的倒是顾准的女儿顾淑林。顾淑林在北京101中学读书，这所学校有一部光荣的历史；一个郭沫若先生命名的校名，郭老还为这所学校创作了校歌，而谱曲的是中国著名音乐家，曾任中国音乐家协会主席的吕骥。此外，这所学校的学生还有一身配有大檐帽和腰带的苏式校服。每逢节日或集会，和其他学校那些穿着"五色杂陈"的学生聚集在一起，校服笔挺的101中学生会引来许多羡慕的眼光。当然，更重要的还是这所学校有很高的教学质量、很高的升学率和一道很高的录取分数线。

赵忠尧、赵九章、杨承宗、蔡邦华等人的子女和顾淑林都是这所学校的同学，顾淑林的弟妹们后来也有人进了这所学校。直到现在，当年的同学一提起顾淑林仍会赞叹不已，说她是全校出名的"德智体全面发展"的好学生，论学习，她聪敏过人、成绩优秀；讲品德，她积极向上、待人诚恳；论体育，她是百米赛跑的冠军。只要是评先进，选标兵，不管是学校的，还是区级的，市级的，顾淑林一定榜上有名。她在同学中享有很高的威望，一直担任学校里的学生会干部。她是学校的一颗明星，是许多学生，尤其是女孩子心中的楷模。邻居们对她的印象也很好，与顾家对门而居的杨承宗先生就对她赞不绝口，说她"个子高高的，讨人喜欢，人也长得漂亮。"

顾淑林的母亲那时在建工部工作，她很忙，加上性格内向，和邻居们的交往不多。不过大家都看得出她是一位和善、勤勉、文化素养很高的人。相比之下，倒是顾淑林的奶奶和邻居的交往多一些，尤其和杨承宗的夫人最谈得来。不过，杨夫人是一位心很实，口很严的人，顾家奶奶到底和她讲过些什么悄悄话，她很少对别人讲，哪怕是自己的先生和子女。

先　驱

顾淑林的父亲本姓陈，1915年出生，后改随母姓。早年，他在上海中华职业学校攻读会计专业。顾准在这里通过认真刻苦的学习，加上本人的才华，练就了惊人的实务操作技能，他打算盘简直是出神入化，让人啧啧称奇；更重要的是，他的会计理论造诣很深，出版了多部关于会计学的专著，推动了我国现代会计制度的传播与发展。当年上海的老会计鲜有不知道顾准的，他是我国公认的会计学家。

顾准早年即富于正义感，他不满资本家对工人的剥削，是进步组织"进社"的主要发起者。30年代，日本帝国主义入侵中国，激怒了顾准。这位一派书生气的年轻人，勇敢地担起了中国民族武装自卫会上海分会主席、上海职业界救国会党团书记的重担，领导群众开展了轰轰烈烈的抗日救国活动。1935年，正是中国共产党处境很困难的时期，党中央和红军刚刚转移到陕北，还立足未稳。国民党反动派气焰还很嚣张。顾准就在这样的时代背景下，毅然加入了中国共产党。

抗日战争时期，顾准参加了阳澄湖地区的斗争。著名的京剧《沙家浜》人们都很熟悉，尤其是"智斗"和"十八棵青松"的唱段，至今仍然脍炙人口。而顾准正是阳澄湖抗日锄奸斗争的领导者之一。因此，当有人污蔑他是"反革命"时，他却理直气壮地说："我是老革命!"

上海刚刚解放，顾准即出任上海第一任财政局局长，为解放后稳定和建设大上海，尤其是建立一套完善有效的财税制度做出了重要贡献。此后，他的工作因为各种原因，多次调动，职务也多次变更，人生道路也起起落落。他担任过建工部洛阳工程处副主任，参与洛阳第一拖拉机厂等大型企业的建设。此后，在陈毅的帮助下，他被调到中国科学院工作。中科院党组考虑到他的资历和能力，任命他为综考会副主任，同时兼经济所研究员。"综考会"全名为"中国科学院资源综合考察委员会"，相当于科学院的一个学部，级别较一般的研究所为高。综考会的主任是我国老一辈科学家，德高望重的中国科学院副院长竺可桢先生。

1957年2月顾准全家八口，迁入了中关村13楼106号。我国著名经济学家孙冶方是经济研究所所长，又是顾准的老战友、老朋友。因此经常和顾准讨论各类学术问题。因为孙冶方和我国著名微生物遗传学家薛禹谷是亲戚，所以他来中关村探亲时，也曾到13楼来看过顾准。1956年，顾准提出了价值规律在社会主义经济中的作用。孙冶方受到了启发，写了《把计划和统计放在价值规律的基础上》一文。顾准和孙冶方关于社会主义经济也要尊重价值规律的观点，在中国的经济学界吹皱了一池春水，引来了普遍关注。毛泽东主席于1959年明确提出："价值法则是一个伟大的学校，只有利用它，才有可能教会我们的几千万干部和几万万人民，才有可能建设我们的社会主义和共产主义，否则一切都不可能。"

毛主席说的"价值法则"就是价值规律。价值规律是客观存在的，人们不能违背它，只能因势利导。毛主席提出这一论述，就是要人们重视价值法则，就是要动员广大干部和群众在这个"学校"中学会做经济工作。这就引起了学术界对价值规律的重视。

但是没有过多久，顾准就经历了一场风暴。在中苏共同考察黑龙江流域时，为一个水电站的选址，苏联专家和中国专家产生了分歧。苏联专家的选址不仅发电量较低，而且对中方利益损害较大。中国专家提出的方案，发电量大，苏方利益虽也有损失，但比较小。尽管如此，还是遭到苏方专家反对。而且，苏联专家非常傲慢，对支持中国方案的竺可桢先生很不礼貌。其实，无论从年龄、资历、级别和学术成就来说，苏联专家都不能望竺可桢先生之项背。顾准对苏联专家的做法非常不满意，结果，由于那时特有的时代背景，顾准被错划成了右派，还被撤销了综考会副主任职务，1958年9月初，顾准一家搬离了13楼，住进了百万庄建工部宿舍。

后浪

虽然顾准一家搬迁的比较早，但老邻居们都很惦念他们，尤其是顾准的儿女们。杨承宗常和他的女儿谈起他们当年的对门邻居，赵九章的女儿赵理曾向朋友介绍过顾淑林，李佩教授也经常和邻居们谈到顾淑林和她的弟妹们……

20世纪60年代，顾淑林曾经凭自己的努力和才学，在大学毕业后，进入了中国科学院力学所工作，还曾经给郭永怀当过助手，郭永怀和李佩对她的印象都不错。在李佩得到郭永怀牺牲消息的那天，是顾淑林陪伴着师母李佩度过了那痛苦而漫长的一夜，她看到自己的师母没有眼泪，只有偶尔的轻叹，她的心都要碎了……

在"文化大革命"的风浪中，顾准的儿女们不可能不受到影响。社会上有一个广泛流传的说法，就是当顾准即将辞世时，他想见母亲一面，竟不获准，他的儿女们也不来和他见最后一面。有人因此对顾准的儿女们不满，这当然可以理解，但人们不应忘记当时特殊的环境。顾准不能见母亲，他的子女们不能探望父亲，有着复杂的原因，对一个历史现象若不考察当时的背景，就会造成误读甚至误解。

顾准辞世时，他的子女中，有的还是不能自立自给的少年。所幸，他们得到了一位亲友的照料，而这位亲友此时正在一个敏感的单位，担任着敏感的领导职务。因此，当顾准去世时，他不让顾准的子女们去看望父亲，担心自己的职务和政治前途会受到影响。那样顾准的儿女和母亲也因此会陷入衣食无着，无家可归的境地。他的顾虑不是没有道理的。

顾准

所幸，顾淑林和她的弟妹们在经历了时代的风雨、人们的误解之后，终于走出了阴霾，走到了阳光下。在改革开放后，他们续写了前辈的精彩。当年优秀的顾淑林，现在仍然优秀。20世纪80年代，她的论文曾经在国际会议上发表，是李佩先生亲自帮助她修改了英文写的论文。后来，她又赴国外深造。现在她正在研究中国在前进路上必须解决的"可持续发展"问题。在各种纪念郭永怀和李佩的活动中，常能看到她的身影，听到她的声音。她对两位恩师的感情依然那么深厚。

郭永怀曾经为航空航天事业做出过重大贡献，他担任过中国第一个人造卫星工程"581"工程的领导工作，此后，又成为"651"工程的领导者，为"东方红一号"人造卫星的成功做出了贡献。那时，把中国的航天员送上太空就是他的追求和梦想。但他还没有来得及见到这一天，就为祖国的强大献出了生命。而顾淑林的大弟弟顾逸东在艰难中成长，终于成为了优秀的航天科学家，并且担任了中国载人航天工程应用系统总设计师，为"神舟"飞船的成功做出了贡献。他和同事们一起，圆了郭永怀的梦，李佩为此非常欣慰。她曾经邀请顾逸东在她主办的"中关村大讲堂"，介绍中国载人航天的漫漫征程和傲人成就。

顾淑林的二弟是顾南九，又名高梁。他承继了父亲的事业，于1983年考入中国社科院经济研究所的硕士研究生，成为了经济学家。顾南久参加了中国大飞机工程的论证。了解中国大飞机发展过程的人，都知道这是一段夹杂着希望与失望，欢笑与眼泪，挫折与成功的历程。曾

经有人从技术方面阐述中国造不了大飞机，有人从经济学的角度论证"造不如买"，有人寄希望于"用市场换技术"。企图通过与外国企业合作造大飞机，但是，这些预言和幻想都破灭了。幸亏，由于一批目光远大的科学家的坚持，在中央领导的正确决断下，中国的大飞机C919终于飞上了蓝天，这里就有顾南九的贡献。今天，在某西方大国千方百计扼制中国发展的时候，人们更看清了"用市场换技术"的路是行不通的，大飞机这样的高科技，高附加值产品，中国必须掌握在自己手中。顾南九也是勇于坚持自己观点的人。当有人受历史虚无主义的影响，不公正地评价毛主席时，顾南九曾经怒怼："他是国家的领袖，这个国家是他缔造的，缔造容易吗？没有毛泽东的恩德，有中国的今天吗？"

顾家的二女儿顾秀林出生于1950年，曾任云南财经大学社会与经济行为研究中心特聘教授。在农业与农村政策方面她是一位有自主见解的学者。顾家最小的儿子顾重之，不知是否因为有父亲的"遗传基因"，他曾经是1983年北京市高考文科状元。1989年移居夏威夷，现在是一位会计师。

现在，当年的老住户们从13楼106号的窗前走过时，不免会想到曾经在这里住过的那一家人。虽然这个家庭付出了太多，但探索的代价不会白白付出，现在越来越多的人都秉持着这样一种认识——世界在不断发展，人类的认识也在不断发展。世界上没有终极真理，因此，人类必须不断地探索、创新和奋斗。习近平主席在两院院士大会上说"一代人有一代人的奋斗，一个时代有一个时代的担当"。顾准的儿女们以他们的奋斗，证明了他们担起了时代赋予的重任。

第十篇

滋兰树蕙

　　尊师重教是中国人的传统美德。许多著名科学家在自传中，都会写上自己师从某某，以示敬重。中关村的三座特楼中，不仅几乎所有的科学家都当过名校教授，其中一些还担任过大学的校长、副校长。但是，在新中国成立后担任过名校校长的却只有两位，而且他们都住在15楼，都是著名学者，又都是中国科学院院士。

15楼114号

陆志韦

燕京大学校长陆志韦

陆志韦（1894年2月—1970年11月），别名陆保琦，浙江吴兴（今湖州）人，语言学家、心理学家。曾任燕京大学教授，代理校长、校长，中国科学院心理研究所筹备委员会主任，中国科学院语言研究所研究员。1957年被增选为中国科学院哲学社会科学部学部委员（院士）。他还是中国文字改革委员会委员、汉语拼音方案委员会委员等。他在语言学方面的研究主要包括音韵学，现代汉语的词汇、语法及文字改革等几个领域。

陆志韦是著名的心理学家，是公认的把现代心理学引入中国的学者。他又是著名的语言学家，在音韵学领域有丰硕的研究成果。他是浙江吴兴人，出生于1894年2月。1913年，陆志韦从东吴大学毕业后，于1915年赴美国留学。1920年，他在芝加哥大学心理学系获博士学位，他的博士论文题目是《遗忘的条件》。同年，陆志韦回到祖国，历任南京高等师范学校、东南大学、燕京大学教授、系主任和燕京大学校务委员会主席、校长。中华人民共和国成立后，曾任中国心理学会会长、第一届全国政协委员、中国科学院语言研究所一级研究员、中国文字改革委员会委员。

陆志韦是最早将西方现代心理学的理论和实验方法引进中国的学者。他曾经教授的心理学课程包括生理心理学、系心理学、实验心理学、比较心理学、宗教心理学、心理学史、心理学大纲等，因而大大促进了中国的心理学的研究。他还是最早在中国介绍俄国著名心理学家巴甫洛夫学说的人。巴甫洛夫是条件反射学说的创立者，1904年荣获"诺贝尔生理学奖"，也是世界上第一位在生理学领域获得诺贝尔奖的科学家。在当时，向中国心理学界介绍巴甫洛夫学说不仅有科学意义，而且还有哲学甚至政治意义。由于陆志韦的贡献，他被公认为中国现代心理学的开创者和奠基人之一。1927年，陆志韦就任燕京大学心理学教授兼系主任。1927年1月，中国心理学会成立，由于陆志韦的学术成就和名望，他被推举为学会主席。

1933年，因为得到一笔奖学金，陆志韦赴美国芝加哥大学生物学部心理学系进修生理心理学。1934年回国后，任燕京大学代理校长。那时，他就同情和支持中国的进步事业，他曾为中国人民的朋友——爱德加·斯诺先生撰写著名的《西行漫记》提供帮助。邓颖超同志在燕大的朋友家中养病，他曾派自己的孩子去探望。

1936年鲁迅先生逝世后，北京的学生和民众要举行大规模的哀悼活动，由于当局有禁令，在北方各大学很难找到能开大型追悼会的地方。还是陆志韦担着风险，让悼念鲁迅先生的活动得以在燕园举行。

1936年，由于日本军队侵占华北，北平的许多大学纷纷外迁。燕京大学因为有美国教会的背景，日军一时还不敢进入燕大，所以燕大师生仍留守北平。但为了不给日军以口实，七七事变爆发后，陆志韦卸任代理校长职务，但仍在学校里坚持护校。在太平洋战争爆发之前，陆志韦先生经常在校园里抨击日本帝国主义者对沦陷区人民的欺压，而且有的言辞相当尖锐，他也因此赢得了爱国抗日师生的爱戴。

1938年，燕大的一位学生冯树功在西直门外白石桥被日本军车撞死，学校举行了追悼会。陆志韦在会上发言，他先用嘶哑的声音哀婉地说："我……我讲不出话来！"接着，他泪流满面，捶着胸口痛诉道："因为我这里好像有一大块石头，压得我喘不过气来！"他的话引起全场的哭声，在与会者的胸中点燃起了对日本帝国主义的愤怒。

那时，平津一带沦陷区有很多没有来得及撤退到后方的青年学生，他们不愿进日伪办的学校，燕京大学就尽量扩大招生，不仅让这些爱国学生有书可读，更因此培养了许多爱国抗日志士。

　　当时，日本侵略者要求学校组织学生参加日本侵略军攻占中国城市的所谓"庆祝游行"，燕京大学用各种办法予以抵制。日本侵略者还曾经强迫燕京大学接受三名日籍"教授"，实际是为了监视爱国师生抗日活动的特务，燕京大学巧妙地化解了日寇的这一阴谋。

　　1941年，太平洋战争爆发后，陆志韦于1941年8月与多名燕京大学教职员遭日本士兵扣押，并投入监狱。他平时处世总是中正平和，很少发脾气，但是在监狱里，当日本侵略者逼他写"悔过书"时，他大义凛然地写了四个字——"无过可悔"。由于在狱中历尽苦难，他的身体更加衰弱，疾病缠身。直到1942年，经友人通过德国医院（今北京医院）出面担保，日军碍于当时与德国的关系，才同意让陆志韦"保外就医"。他出狱后，因为不愿意为汉奸与日本侵略者效力，只能靠典当家产度日。但就在这样困难的条件下，他仍然尽力研究学术、著书立说，并于1943年9月完成了《古音说略》的初稿。

　　抗战胜利后，陆志韦主持燕京大学的复校工作，任校长委员会主席、代理校长。他反对内战，反对蒋介石的专制，向往民主。1948年，解放军剑指平津，国民党政权派人派飞机企图将北平的学者接往台湾。陆志韦和许多学者一起，坚决拒绝去台湾，坚持留在北平。而中国共产党对陆志韦先生和燕京大学也很重视。在北平围城期间，毛泽东主席曾两度电令平津前线部队注意保护清华、燕京等大学及名胜古迹。

　　1949年1月，北平和平解放。陆志韦和燕大师生热情地参加了各种庆祝活动。1949年3月25日下午，毛泽东主席和中共中央其他主要领导从河北平山县西柏坡进驻北平。共产党方面安排陆志韦和李济深、黄炎培、马叙伦等著名民主人士在北平西郊机场迎接，并且和毛泽东、朱德等领导人留下了珍贵的合影。

　　1949年夏，邓颖超同志专程来到燕京大学，代表中共中央和周恩来看望陆志韦校长和夫人刘文端女士及其他朋友，感谢陆志韦校长和燕京大学给予中国共产党的支持和帮助。大家共叙旧谊，畅谈未来，非常高兴。

　　1949年9月21日至30日，陆志韦与宋庆龄、秉志、罗常培等75位知名人士作为特邀代表参加了第一届中国人民政治协商会议。1949年10月1日，陆志韦还荣幸地受邀登上天安门城楼，参加中华人民共和国开国大典。当时，许多高等院校都请毛主席题写校名，但燕京大学独得殊荣，毛泽东主席亲笔为燕京大学题写了校名，并由彭真送到燕京大学。那时，燕京大学西门悬挂的校名匾额和师生们佩戴的校徽，都用的是毛主席题写的"燕京大学"手迹。

　　1951年，中央人民政府根据陆志韦校长的请求，决定将燕京大学更名为国立燕京大学。毛泽东主席任命陆志韦先生为国立燕京大学第一任校长。

　　1952年，在思想改造运动中，有人竟将陆志韦先生当作了重点批判对象，甚至将他写信时按欧美人习惯在署名前冠以"忠实于您的……"也作为罪状。改革开放后，当初在燕京大学组织这一运动的领导者，曾著文对这些错误做法进行过反思，并表示承担责任。

　　1952年，院系调整，燕京大学撤销，大部分并入北京大学，陆志韦被调任中国科学院哲学社会科学部语言研究所任一级研究员、汉语史研究组组长，中国科学院心理研究所筹备委员会主任，中国心理学会会长。1955年，陆志韦被选聘为中国科学院哲学社会科学部学部委员（院士）。正是在这一时期，他住进了中关村15楼。

"文化大革命"中，陆志韦受到冲击，七十多岁时还要到河南干校参加体力劳动，直到病重才得以回京。这时，他的夫人刘文端女士已经不幸病逝，亲人也都星散各地。他的生活如雪上加霜……，1970年11月21日，陆志韦先生因病医治无效，不幸在北京逝世，终年76岁。

九年后的1979年12月21日，陆志韦先生追悼会在北京八宝山革命公墓礼堂举行，邓小平、方毅等党和国家领导人送了花圈。陆志韦先生终于得到了平反昭雪。他的朋友、同事、邻居，中国社会科学院语言学研究所所长、著名语言学家吕叔湘在追悼会上致悼词，对陆志韦先生的一生和他的学术贡献给予了高度评价。

15楼214号

陈 垣

毛主席称他为"国宝"

　　陈垣（1880—1971），字援庵，广东新会（今江门市新会区）人。毛泽东主席称他为"国宝"，他与陈寅恪合称为"史学二陈"。他是历史学家、宗教史学家、教育家。曾任北京大学、北平师范大学、辅仁大学、燕京大学等校教授，辅仁大学校长和京师图书馆馆长、故宫博物院图书馆馆长。新中国成立后，任中国科学院历史研究所第二所所长。1952年起，任北京师范大学校长，直至1971年病逝。他是中国科学院哲学社会科学部的学部委员（院士）。曾任第一、二、三届全国人民代表大会常务委员会委员。

2002年，北京师范大学的校园内矗立起两尊铜像：一尊是孔子，另一尊就是这所名校的老校长陈垣。北师大还有一座大厦，叫"励耘学苑"，取自陈垣的"励耘书屋"，这也是对老校长的纪念。毛泽东主席早在20世纪50年代初就对人介绍说："这是陈垣，读书很多，是我们国家的国宝。"

陈垣曾在15楼214号暂住。陈垣，字援庵，1880年出生于广东省广州府新会县。因为此地产的中药材"陈皮"远近驰名，因此陈垣的祖父陈海学曾开办了一家"陈信义"药材商行。取这样的店名，正是体现了店主要以"守信经营，以义为先"为宗旨。虽然祖父在陈垣出生前两年便去世了，对他的直接影响并不大，但陈垣一直认为，正是由于祖父当年的苦心经营，才为家族建立了一份基业，非常不易。这不仅为父辈和自己的发展打下了物质基础，更留传下来一份奋斗不息和重视文化的家风家教，这是最珍贵的精神财富。

陈　垣

陈垣先生的生父陈维启，排行第五，除了做中药材的生意外，还做过茶叶生意。陈垣还不到五岁时，就因家族复杂的承继关系，被过继给了三伯父家。此时三伯父刚去世，没有后嗣，他因此有了一位过继母亲。虽然过继母亲对陈垣呵护有加，但陈垣还是很依恋生母。不过，陈垣对两位母亲都很孝顺。他的生母享年七十六岁，过继母亲更是活到九十高龄。在那个时代，这就是"寿星"级的老人了。

陈维启很开明，他没有读过多少书，但他全力支持和鼓励陈垣读书。陈垣颇有些贾宝玉的遗风，不过，他不是像"宝哥哥"那样整天泡在女孩堆里，而是像贾宝玉一样"叛逆"，不喜欢读科举制度下必读的经典，不愿意作死板僵化的八股文。他喜欢读"杂书"。因为他不愿意让自己的思想受束缚，而是喜欢在书海中自由自在地畅游。于是，一些长辈认为，陈垣既不愿意经商，又不愿意读"圣贤书"，是个没有出息、没有前途的孩子。可是，父亲陈维启却不以为然，他不惜花费重金给陈垣买书。只要陈垣买书，要多少钱给多少钱。就这样，陈垣读的书越来越多，投入的资金也越来越多。从十六岁开始，他花八两银子买了《四库全书总目》，花七两银子买了《十三经注疏》，花十三两银子买了《皇清经解》。对这些，父亲掏钱时连眉头都没有皱一皱。而陈垣愈发势不可挡，竟动用一百多两银子买了一套《二十四史》，当然还是父亲全额出资。要知道，这些钱可不是小数目，那时十几两银子就能保证一个普通人家一年的温饱了。陈垣能花这么多钱买书，这当然和他的父亲有一定的物质基础有关，但更关键的是他的父亲有正确的教育观念，这就是"积攒家财，不如培养人才"。对于这样的父亲，陈垣先生到

晚年都怀感恩之心。他的"励耘书屋"就是以父亲的字命名的。

陈垣十七岁时，赴京赶考，尽管这时他早已经读完了《十三经》，文章写得也好，但是因为不合八股文死板的条条框框，因此在科举考试中，陈垣竟未能"高中"。其实，科举制度选拔的就是旧体制的维护者，而不是像陈垣这样思想活跃、有真才实学的人才。不过，时势造英雄，陈腐的封建制度、没落的清王朝让陈垣成为一位旧制度的叛逆者。1905年，他和几位青年志士在广州创办了《时事画报》。在辛亥革命中，他又和志同道合者一起创办了《震旦日报》，他们用生动的绘画，犀利的文字，以及如劈开黑夜的闪电、轰开顽石的雷霆一般的新思想，宣传反帝、反清、反封建的理念。由于他在反清斗争及辛亥革命中表现出的才智和积累的声望，曾在1912年起三次被选为众议院议员，一度还担任过教育部次长。封建专制的清朝最终被推翻了，但民主共和却没有建立起来，军阀们大打出手，政客们竞相争权，政局一片混乱。陈垣心灰意冷，从此离开了政坛，潜心于治学和教育中。他曾学过医，而且还和别人一起创办了中国第一所民办医学院。

陈垣是著名的宗教史学权威。因为少年时期，陈垣就接触过基督教的神职人员。因此，他对宗教产生了浓厚的兴趣。从1917年开始，他就研究中国基督教史。根据他的考证与研究，唐代的景教就是最初传入中国的基督教聂斯脱里派，也就是东方亚述教会。到了元代即为也里可温教。元代之后，也里可温教在中国逐渐衰落。陈垣于1917年完成了他的第一部学术力作《元也里可温考》。此书一经出版，便受到国内外史学界和宗教史研究者的关注。此后，他又先后写成专著《火祆教入中国考》（1922年）、《摩尼教入中国考》（1923年）、《元西域人华化考》（1927年）等，从而奠定了他作为宗教史学专家的地位。

作为宗教史的权威，陈垣不仅钻研得深，而且涉猎得广。人称"几乎没有一门宗教不研究"。他研究过已消亡的外来宗教，如火祆教（即拜火教）、摩尼教、一赐乐业教等；也研究过世界三大宗教，即佛教、基督教、伊斯兰教在中国的兴起和流传，并著有《明季滇黔佛教考》《清初僧诤记》《中国佛教史籍概论》等著作。他对中国本土的道教自然更不会放过，曾著有《南宋河北新道教考》。

陈垣的学识源远博深，除了宗教史，他还是研究元史的权威。《元典章》是《大元圣政国朝典章》的简称，元代官修，是研究元代历史必不可少的典籍。但是几经传抄，错讹不少。1908年，北京法律学堂刊行由沈家本作跋的刻本，世称"沈刻本"。民国年间，在故宫发现了元刻本。陈垣用元刻本互校，查出沈刻本中的错误共一万二千多条。他花费了很多精力，分门别类，指出发生这些错误的原因，并于1931年写成《元典章校补释例》一书，又名《校勘学释例》。他还采用了两百种以上的有关资料，写成了《元西域人华化考》一文，对于研究中华文化的发展有着重要意义，在国内外史学界获得高度评价。

避讳，是中国封建王朝的"特色文化"。每一个朝代避讳什么，如何避，是史学工作者必须具备的知识。不然，就连古籍都看不明白，自然更无法做研究工作了。陈垣研读了大量宋人、清人有关避讳的著述，并收集了一百余种古籍材料，写成了《史讳举例》一书，给史学工作者提供了一种非常实用的、有指导意义的书籍。

"工欲善其事，必先利其器"，学者做学问，也得有工具，这就是工具书。为了便于史学研究者的工作，陈垣不辞辛苦编写了《二十史朔闰表》和《中西回史日历》等工具书，为史学研究者提供了方便。而他自己却因为超负荷工作，患上了严重的胃病。

20世纪20年代，中国不仅国际地位很低，就连自己国家的历史、文字、语言等所谓"汉学"研究，也没有取得应有的地位。但在那时，陈垣已经被中外学者公认为世界级学者之一。

法国著名汉学家·伯希和（Paul Pelliot，1878—1945）以其深厚的学术造诣，被公认为世界顶极的汉学家。他对陈垣敬服不已，曾于1933年说，"中国近代之世界学者，惟王国维及陈（垣）先生两人"。由于在学术上的卓越成就，1948年3月，陈垣被选为中央研究院院士。

陈垣是教育家，亦是一位爱国者和真理的追求者。他一生从事教学工作74年，教过私塾、小学、中学、大学。他任大学校长46年，为祖国培养了大批栋梁之材，可谓是"桃李满天下"。

从1923年起，陈垣在燕京大学任讲师，1927年升为教授。1925年9月，辅仁大学的前身公教大学成立，次年9月，陈垣受聘为公教大学副校长；1929年公教大学正式成为辅仁大学，陈垣又出任辅仁大学校长。此后20多年，在陈垣的努力下，辅仁大学终于被锤炼为一座知名学府，聚集了罗常培等一批大师级人物。陈垣出生、成长在旧时代，研究的又是"老古董"，但他却重视教育理论的创新。他的许多教学理念直到今天仍有意义。

"七·七"事变爆发前，北平的许多大学都南迁了。辅仁大学因为在1933年由德国天主教宗派团体"圣言会"接办，而德国和日本当时是法西斯同盟国，所以日本侵略军尚不敢直接侵占该校。因此，辅仁大学校方考虑再三，为了在沦陷区保留一方中国文化的圣洁之地，更为了让沦陷区的青年学生有一个求学，乃至走向救国之路的通道，便没有南迁。

沦陷期间，被日伪接管的北平高校被迫实行奴化教育，日语是必修课，教材必须用日文，大门必须悬挂日本国旗，有的学校甚至要求师生进校门时，必须向日本国旗鞠躬。而以陈垣为校长的辅仁大学在非常困难的条件下，坚持了三项原则：行政独立、学术自由、不挂伪旗。这在当时是非常不容易的。虽然由于有德国教会的背景，日本帝国主义不敢明目张胆地破坏辅仁大学，但也经常有日军和汉奸来骚扰，甚至闯入学校盘问和搜查抗日志士。此外，日本帝国主义还千方百计地派遣特务打入辅仁大学的教师和学生中，进行监视。

1938年5月，日军占领了徐州，强迫北平市民上街庆祝。辅仁大学坚决拒绝，日伪恼羞成怒，强令辅仁大学停课3天，并派人"质问"陈垣。陈垣义正词严地回答："我们国土沦丧，只有悲痛，要庆祝，办不到！"

陈垣还在讲坛上大讲抗清的名士顾炎武、全祖望和他们的作品，以此勉励学生要爱国，要有民族气节。同时，他还以史学研究为武器，通过史学论著抨击日本帝国主义和伪政权。在他的影响下，辅仁大学的爱国教师还组成了秘密抗日社团，并且以顾炎武的名字命名为"炎社"。在北平沦陷时期，辅仁大学在陈垣校长的领导下，出淤泥而不染，迎逆风而不屈，表现了中国知识分子的爱国情操和坚贞气节。

抗战胜利后，国民政府根据日伪占领时期的表现，对沦陷区的高校采取了区别对待的政策，有的改造，有的取缔，有的不予承认学籍，但是对辅仁大学却明令嘉奖，并且承认沦陷时期该校毕业生的学籍。

中华人民共和国成立前，国民党政府曾派人接北平的学者去台湾。陈垣和许多学者一样，拒绝去台湾。1949年1月31日，北平和平解放，兴奋不已的陈垣不顾已近古稀之年，和学生一起走了近十里地欢迎解放军入城。

1950年10月10日，中央人民政府宣布接办辅仁大学，改称"国立辅仁大学"，陈垣被任命为校长。1951年11月，毛泽东主席在怀仁堂举行国宴时与陈垣同席，他向别人介绍说："这是陈垣，读书很多，是我们国家的国宝。"

1952年6月，全国高校院系调整，辅仁大学并入北京师范大学，辅仁校园也被划为北京师范大学北校区。此后，陈垣一直担任北京师范大学校长，直至逝世。他的学生无数，培育的人才无数。人们熟知的启功先生就是他的弟子之一。

时代的变革、今昔的对比，让陈垣的思想发生了巨大变化。他一生阅尽了清朝的没落、民初的混乱、日寇的残暴、民国的腐败。新中国成立后的巨大变化，让他做出了一个人生的重大抉择，1959年，他以79岁高龄自愿申请加入了中国共产党，转变成了一名共产主义战士。

现存的陈垣故居有三个。一个位于广东省江门

陈垣与启功

市蓬江区棠下镇石头村坑塘里，为单层平房，建于清末，是陈垣的诞生和成长之所，现在是广东省文物保护单位。另一个位于北京兴化寺5号，现在已经改名为兴华胡同13号。这是一座坐北朝南的二进四合院。门前有四级石阶。院内有照壁、垂花门、正房、东西厢房、倒座房。不过，这个院落还是一座"城"，一座"书城"。因为陈垣先生读书多，藏书也多。他的书满满地摆在一排排书架上，这些书架又密密麻麻地立在他位于厢房的藏书库中。陈垣先生把书架之间的通道叫作"胡同"，他要找哪本书，往往会对去找书的助手或学生说，在第几个"胡同"、第几格。走进他指定的"胡同"，准能找到他要的书。现在这所故居已经成为北京市西城区文物保护单位。

陈垣先生的第三个故居就是中关村15楼了，因为他曾在中国科学院语言研究所兼职，这是研究所给他分配的房子。但估计他只是在来所工作时，或是兴华胡同的住宅维护时，才在这里居住。如果他把兴华胡同的家迁到中关村的话，特楼的住宅在当时虽然不算小，但是也承载不下他那座"书城"。

第十一篇
休戚与共

　　三座特楼里还住过一些党政干部。和长期在社会上流传的说法不同，他们虽然有时也会自谦地说自己是"土豹子"，但实际上他们大都是党内文化水平比较高的干部，有些还是不折不扣的"高级知识分子"。同时，他们又都是经过长期革命斗争考验的战士。可见党中央在为科学院选配党政干部时，不仅考虑了资历、品格、能力，也考虑了文化水平。这些领导干部和科学家工作在一起、生活在一起，风雨同舟，休戚与共，结下了深厚的友情。中国科学事业的发展，也有他们不可磨灭的贡献。

特楼的党政干部

住在15楼116号的恽子强，是中国科学院的早期领导人之一。"浪迹江湖忆旧游，故人生死各千秋，已摈忧患寻常事，留得豪情作楚囚。"这是革命烈士恽代英就义前留下的绝笔。恽代英是中国共产党的早期领导人之一，也是共青团的创始者之一。恽子强就是恽代英的四弟，他的原名是恽代贤。

恽子强曾在南京高等师范学校（即南京大学的前身）学习化学，1920年毕业后留校任教。在恽代英的教育和影响下，他在1924年就参加了共产主义青年团，次年加入中国共产党。1942年在苏北参加新四军，为新四军创办医学院并筹建制药厂。后来，外国友人在参观抗日革命根据地时看到新四军竟然有如此管理严格、设施完善的医院和制药厂，感到非常惊讶。

1942年4月，恽子强带着恽代英的儿子恽希仲和自己的妹妹、儿子组成的六人小队伍，进行了一次"小长征"。这支队伍中，最大的是恽子强十六岁的妹妹，最小的是他八岁的儿子，真可称得上是"儿童团"。他们长途跋涉，从苏北出发，经过安徽、山东、河南、山西等省，行程上千里，机智勇敢地穿过了多条日伪的封锁线，终于在1943年到达延安，受到周恩来、邓颖超、刘少奇、林伯渠等人的热情迎接。不用说，在这次胜利的"小长征"中，责任最大、担子最重的就是恽子强了。

恽子强

到达延安后，恽子强担任了延安自然科学院副院长。延安自然科学院曾经为陕北抗日根据地，乃至中国人民的抗战，做出过重要贡献。著名的南泥湾就是经延安自然科学院勘查发现的。后由党中央指派王震率领的359旅去开发，这才有的了那首著名的歌曲："花篮的花儿香，听我来唱一唱，来到了南泥湾，南泥湾好地方……"

中国科学院的一批领导干部，如：曾任中国科学院秘书长的陈康白，是一位曾在德国哥廷根大学学习工作过的生化学家。他早在1937年就奔赴延安，当时的一则"大科学家来了"的喜讯，曾在边区轰动一时。

地质学家、学部委员（院士）、中国科学院副秘书长武衡，中国科学院计算技术研究所第一任所长、中国计算技术的创始人之一阎沛霖，曾任中国科学院原子能研究所副所长兼中国第一台回旋加速器总工程师、高能物理研究所副所长的力一（曾名伯皖），农林生物学家、教育家、中国科学院遗传选种实验馆馆长乐天宇等，都是从延安自然科学院走出来的。因此，有人说中国科学院早期的领导，主要是由原中央研究院、北平研究院以及延安自然科学院的人员组成的。

解放战争时期，恽子强担任过华北工学院副院长等职。1949年起，恽子强先后担任中国科学院办公厅副主任、编译局副局长、中国科学院东北分院副院长、数理化学部副主任等职。1949年12月，中国科学院党组成立，他担任了中国科学院党组书记。

恽子强作为中国科学院的重要领导者，做了大量有益的工作，尤其是学部的建立、学部委员制的建立、十二年科学规划的制定等，都有他的重要贡献。他是一位受人尊敬的长者和院领导。

在生活中，恽子强廉洁奉公、平易近人。他还收养了烈士的三位遗孤，对他们视如己出。可惜的是，他于1963年2月22日不幸因病逝世，终年64岁。

住在13楼302的顾德欢（1912—1993）和恽子强有共同点，都戴眼镜，都有一种儒雅之风。顾德欢是上海交通大学的高才生，据说考试成绩比钱学森的名次还高。1936年，顾德欢加入中国共产党。因为参加爱国学生运动时暴露，被迫于三年级时离开上海交大，转入抗日革命根据地工作。他能文能武，既能办报宣传抗日，又能带部队打仗，为开辟浙东抗日根据地做出了贡献。解放战争时期，江南名城绍兴、诸暨就是他率部队解放的。中华人民共和国成立后，他曾任浙江省副省长、省委常务委员，1956年当选为中共八大代表。但是，他一直有一个科研情结，一心想去从事科研工作。按今天某些人的观念，他的"仕途"可谓一片灿烂。但是，他不喜欢"当官"，一心想去从事科研工作。现在有人找关系，托人情，开人脉，千方百计想"当大官"。可是顾德欢却四处找老领导、老战友倾诉他一心想搞科研的衷肠。1956年8月，他的愿望终于实现了，他被调任中国科学院电子所所长兼党委书记，但他的"官位"，也由副省级变成了局级，可是他心甘情愿。在当时的中科院，党委书记一般是副所长，正所长是业务领导，由学术地位很高的科学家担任，如电子所这样的情况并不多。在革命战争年代，共产党人不是要当官，而是要革命；在和平建设时期，共产党人不是要当官，而是要做事。这在顾德欢的身上得到了很好的体现。

顾德欢还是中国科学技术大学首任电子系主任，并且是中国最早探索人造卫星研制的"581"工程主要成员。"文化大革命"后，他于1978年被调到中国科学院院部工作，领导学部的恢复工作。1979年任中科院党组成员、顾问，1993年不幸因病逝世。顾德欢一生工作勤恳、严于律己，有坚定的共产主义信念。不论谁在他面前否定马克思主义和社会主义，他都会严加驳斥。他从副省级干部"自贬"为局级干部，献身于科学事业的故事，更被传为佳话。

住在13楼205的卫一清（1915—1988）和住在15楼111的武汝扬（1912—1997），都是山西人，都有北方汉子的高大身材和英武气质，他们都是在抗日战争时期成长起来的干部，都有大学学历。

卫一清生于山西省赵城县（今洪洞县），曾在山西大学采矿系学习，后加入过中国共产党领导的中华民族解放先锋队（"民先队"）和抗日民族统一战线组织山西牺牲救国同盟会（"牺盟会"），1937年加入中国共产党。抗日战争时期，他在吕梁地区带领民兵抗击日本侵略者，被誉为"吕梁英雄"。著名小说《吕梁英雄传》的部分素材，就取自他的事迹。中华人民共和

卫一清和杨嘉墀在苏联合影

国成立之初，他被调到总参动员组织部。1950年，朝鲜战争爆发，他为组织兵源做了大量有益的工作，直到1953年停战。他因过度劳累至吐血了，才不得不住院治疗。1955年，他被调到中国科学院，任地球物理研究所党委书记兼副所长。在反右斗争中，他曾撰文指出知识分子绝大多数是热爱社会主义、热爱祖国的。这篇文章在《人民日报》头版发表，对纠正当时社会上对知识分子的偏见起了很大作用。1958年，他担任研制人造卫星的"581"组副组长、中国科学院副秘书长、院党组成员。中国科技大学初创时，卫一清担任地球物理系副主任，1971年国家地震局成立后曾任副局长。卫一清工作有魄力、有干劲，他很少休息，常常把有关人员召到家中，边啃馒头边开会，可谓"工作、生活两不误"。当时赵九章是所长，卫一清是党委书记，那时的体制是党委领导。因此，卫一清对研究所的各项事宜，有着决定性的作用，但他尊重知识分子，对党的知识分子政策贯彻得很好。他和赵九章、傅承义、李善邦、谢毓寿等著名科学家都能亲密共事。因此，地球物理所在大气物理、空间科学、地球内部物理及地震科学等各个分支领域都取得了重大进展，为地球物理事业的迅速发展做出了重大贡献。

他知人善任，慧眼识才。顾震潮、周秀骥、巢纪平是赵九章培养的优秀科学家。顾震潮在20世纪60年代，曾为我国的原子弹和导弹试验提供了可靠、准确的气象保证，并荣立一等功。他曾在1973年出任中国科学院大气物理研究所所长。周秀骥只有高中学历，卫一清和赵九章不拘一格育人才，不仅送他去大学学习，还送他去苏联留学深造。回国后，周秀骥被破格提拔为副研究员，人称为"连升五级"。对于赵九章破格提拔重用年轻有为的巢纪平，卫一清也给予支持。此后，周秀骥、巢纪平都成为中国科学院院士。卫一清为人正直、作风清廉、家教甚严。晚年，他还担任了《当代中国的地震事业》的主编。

武汝扬是山西祁县贾令镇夏家堡人，他出身于一个家境富裕的大家族中，这是一个传奇式的抗日家庭：参加八路军、投入到抗日斗争中的除他以外，还有武欢文、武甫文、武敬文、武汝为、武汝英（又名夏舟）、武效曾、武述曾、武法曾、武企曾、武馈曾、武志曾等

1939年武汝扬、李光清结婚

人，他的堂侄武克鲁是抗日英雄。1942年2月22日，武克鲁曾率部化装成日本便衣队，骑着自行车，打着日军的"膏药旗"，直闯伪军在鲁村的据点，下了哨兵的枪，以日军便衣队的名义命令伪军集合，仅用十几分钟，不费吹灰之力，就解决了伪军的一个小队，缴获15支枪和数箱子弹。期间，有一个伪军企图逃跑，被一颗子弹结果了性命。这个"一颗子弹打鲁村"的传奇故事，曾由《新华日报》进行了报道，可惜这种真实的抗日英雄没有人拍成影视片，而胡编乱造的"抗日神剧"却充斥着我们的荧屏。

武汝扬于1933年考入北京师范大学物理系学习，1936年初在校参加了中华民族解放先锋队（"民先队"），1937年6月由北京师范大学毕业，回到山西太原成成中学担任数理教员。1937年七七事变爆发，周恩来批准成成中学组建师生抗日武装。成成中学全校师生投笔从戎，组建了成成中学师生抗日游击队。武汝扬随同成成中学师生走上了武装抗日的革命道路，并于1937年11月加入了中国共产党。曾任晋绥边区教育科长，汾阳市市长，太原市教育局局长，山西大学教授、秘书长等职。1956年12月任中国科学院自动化所代所长，1958年兼任中国科技大学自动化系主任。1962年任中国科学技术大学副校长、党委副书记。1977年7月任中国科学技术大学党委书记、副校长。1979年3月调任科学出版社社长、党委书记。因为武汝扬既有革命资历，又有专业知识，也被称为党政领导干部中的"自动化专家"。他还是"581"组最早的成员之一。他尊重知识分子，跟他们交朋友，在政治上、生活上关心他们，和许多著名科学家都能合作共事。多年后，一位资深院士提起往事时深情地说："当年刚归国时对国内情况一无所知，他给了我极大的帮助和指导，是我生活的引路人。"

武汝扬的夫人李光清也是在抗日时期参加革命的。1936年秋，李光清在祁县参加了共产党领导的"牺盟会"组织的抗日救亡运动，成为"民先队"的成员。1937年秋，在山西交城狐爷山参加了晋绥游击队，成为一名女游击队员。她三次到敌占区和敌我拉锯区执行任务，经受了生死考验，并于1938年2月加入了中国共产党。1940年初调任晋西北行政公署岢岚第一区区长，当时《晋西北日报》登载了题为《晋西北唯一的女区长——李光清》的报道文章。1940年秋，李光清到达革命圣地延安。《中国妇女》的编辑张亚苏、记者沙平采访了她，并在1940年10月10日的《中国妇女》刊物上刊登了题为《访女区长》的文章。于是，她不仅成了晋西北的名人，而且成了延安和整个抗日革命根据地妇女的典型。李光清于1958年调任北京地毯厂党委专职书记。1963年10月，调任中国科学院科学仪器厂党委专职书记，这个厂就是现在的北京人造卫星制造厂。李光清为人朴实、待人热情，丝毫没有"官架子"。

因为武汝扬一家和知识分子关系融洽，因而受到科学家的尊重。在"文化大革命"中，他的科学家邻居曾尽力照顾和帮助他和他的家人渡过难关，体现了风雨同舟的可贵精神。

住在15楼315的白介夫是绥德人。他的性格中既有刚毅果断的一面，又有沉稳内敛的一面。白介夫于1938年毕业于绥德简易师范学校，同年入抗日军政大学学习。他曾任华北新华日报社通讯联络科副科长、特派记者，通化市委书记，营口市市长、市委书记。1957年起任中国科学院大连化学物理研究所副所长，中国科学院化学研究所党委书记、副所长。他工作出色，敢于坚持真理，勇于修正错误。严陆光院士的夫人吕锡恩对他的评价是"不搞极'左'那

白介夫

一套"。在大连化学物理所时，全所八百多人，他从大专家到工人的名字都记得很清楚，还将谁家最困难、哪一个科研项目有困难等摸得一清二楚。直到现在，大连化学物理所的老人还记得白介夫当年做过一个石破天惊的决定：科技人员可以不按钟点上班，不必执行严格的八小时坐班制，在家看书也可以。他打破了把科研单位当作行政机关管理的僵死模式，而是按科学规律管理科技人员，这也是对科技人员的一种莫大的信任。1972年以后，他曾任北京市科技局局长、北京市委常委、北京市副市长、北京市第六和第七届政协主席。他曾经大力促成了北京120急救站的建立。现在，120急救站发挥着越来越重要的作用。他还促成了卢沟桥中国人民抗日战争纪念馆的建成，得到广大人民的赞誉，更有着深远的历史意义。

曾经住在13楼106的吴国华（1914—1989），朴实无华、貌不惊人，但他却是参加过平江起义、三次反"围剿"和二万五千里长征的"长征干部"。他是湖南平江县人，1927年参加革命，1932年加入中国共产党，曾先后担任红二方面军卫生部政委、平西挺进军组织部部长、晋察冀军区及华北军区卫生部副政委等职。1959年调到中国科学院工作后，曾经担任中国科学院声学所党委书记。他没有"长征干部"的架子，生活俭朴，热爱科学，尊重知识分子。

住在15楼214的高原（曾用名高葆琦），是河北永清人，出生于1915年。"自古燕赵多慷慨悲歌之士"，在日本帝国主义者染指华北，"华北之大，已经摆不下一张书桌"的时刻，他以清华大学学生会负责人的身份，冒着危险从事秘密抗日活动。后于1937年赴八路军总司令部工作，并于1938年加入了中国共产党。在抗日根据地和解放区，他担任过厂长、工程师、公路局局长等职，由他负责在上党地区建造了当时最大的浊漳河公路吊桥。中华人民共和国成立后，曾在交通部任职。1959年调中国科学院工作，先后任长春精密光学机械所所长、数理化学部副主任等职。

住在15楼215的林心贤（1916—1967），是林则徐的第五代嫡孙。在天津北洋大学（今天津大学）学习时，曾带领学生参加一二·九运动。1938年1月加入中国共产党。历任代县县委书记、电力检修大队队长、察哈尔下花园发电厂厂长、晋察冀石家庄电灯公司经理、石景山发电厂厂长、华北电业管理局副局长、电力部设计院院长等职。调中国科学院后，曾任长春机电所第一副所长、电工研究所所长兼党委书记等职，被称为"我党少有的又红又专的干部"。严陆光院士至今还记得他对党员科技人员讲的一段话："你们这些人都是知识分子，又是共产党员，组织工作能力差一点不要紧，当不了所长、处长不要紧，但一定要成为科学家。这是培养你们的目的。"

住在13楼104的是边雪风（1905—1970），大革命失败后，那些

林心贤（在大学时代）

革命意志不坚定的人脱党了，甚至叛变了，而边雪风却在白色恐怖的血雨腥风中，于1928年加入了中国共产党，并参与领导了家乡浙江诸暨的农民暴动。暴动失败后，他受党组织委派，到印度尼西亚（当时称"荷属东印度"）的苏门答腊，在华侨中进行革命活动，掩护身份是《新中华报》副刊编辑。他还常常以"全非"的笔名发表文章，抨击殖民统治，介绍中国的革命，在华侨中有相当大的影响。在特楼的党政干部中，他是唯一"坐过洋班房"的人。1935年，他被荷兰殖民当局逮捕后，坚贞不屈，曾在狱中赋诗明志：

　　铜锁铁门可若何，昼长夜暗任蹉跎。
　　闷来窗下数回步，怒向高空一曲歌。
　　有眼须看新世道，无心再恋旧山河。
　　风尘报我苦经历，初志到今仍不磨。

西北新文化报同仁，二排左四为边雪风，前排左四为宋绮云（小萝卜头的父亲）

　　被驱逐出境后，他得知党中央已经到了陕北。为了寻找党组织，他奔赴西安，在中共党员、杨虎城的秘书宋绮云同志（小说《红岩》中"小萝卜头"的父亲）任社长兼总编的《西北文化日报》当编辑，并从事革命工作，后赴延安主编《中国工人》。解放战争时期，曾任汤原县副县长、东北总工会组织部长等职。1955年调中科院地质所任党组书记、副所长。他曾发展张文佑院士、叶连俊院士入党。他喜欢和知识分子交朋友，他家所在的13楼乙门（二单元）共六家，除他家外还有郭慕孙、杨嘉墀、郭永怀、陈家镛、汪德昭等五位院士，彼此之间的关系都很好。在"文化大革命"中，他受到冲击，他的夫人斯季英曾任微生物所党委委员、

办公室主任，是 1934 年参加革命的老同志。她的父亲斯道卿是江南著名画家，尤善画兰。蔡元培曾为其画作题词。他也是辛亥革命的参与者，曾率部队攻下了清政府杭州衙门，并一度担任天台县长。因为不满政界腐败，辞官不作，以作画、卖画为生。斯季英赴延安时，他曾赠诗一首：

> 非为饥寒远出游，高堂岂是望封侯。
>
> 国危遭劫贫民众，世乱无功壮士羞。
>
> 衰老愧予违素志，殷勤嘱尔赋同仇。
>
> 力图改造尔曹事，不现大同誓不休。

这首诗被延安陕北公学刊登在校刊上，鼓舞着有志青年奔赴抗日战场。

斯季英在"文化大革命"中，因揭发江青的历史问题被关押，边雪风也于 1970 年因病去世。邻居们冒着风险，给了他们的儿子物质上的帮助、精神上的鼓励，体现了守望相助、休戚与共的情怀。

代后记：过去、现在和未来

犹如一位天真未凿的少女要变成一位学识渊博的女学者一样，中关村从"村"转变为"科学城"，经历了一个艰难而又令人振奋的过程。

三座楼刚刚建成时，许多配套设施都还不完善。三座特楼的住户和周围的居民一样，面临着许多困难，没有商业网点、没有幼儿园和学校、甚至有了急病却没有医院……

当年郭沫若和钱三强等在14楼前栽下的雪松

要把"家"的事情办好，让科学家们安心地建功立业，光靠领导的关心、女主人的能干还是远远不够的。李佩教授当时担任"西郊办公室"副主任，这是中科院管理中关村地区的机构。经过两三年的努力，三座特楼周围的环境大为改观。13楼前栽着一片桃林，每年春天就绽放出红色的重瓣桃花。15楼前是一个苗圃，春天来到时，叶绿花红，一派欣欣向荣的景象。20世纪60年代初，科学院在中关村开展了一场大规模绿化、美化活动。过去14楼虽然正对小区大门，楼前却只有几排杨树，张劲夫副院长亲自带领科学院的员工，在这里栽树种花，还把整个北区宿舍用松墙围了起来，居民人人发一个蓝色证章，当出入证用。郭沫若院长也来此种了一株雪松，给中关村增色不少。

　　以20世纪五六十年代的标准衡量，中关村地区的条件还是相当不错的。在离三座特楼不远的地方还建立了一个"福利楼"，除设有书店、餐厅、俱乐部等服务设施外，考虑到从海外归来的科学家多，加上那时还有一些外国专家，主要是苏联专家，故特别设立了一个"中关村茶点部"。这个茶点部制作的苹果派、起酥、咖喱饺别有风味，即使和今天各种国外及港台地区的糕点相比，也毫不逊色。

　　三座楼的住户和中关村的居民有过许多欢乐的日子。1956年，海外学者归国形成了一个高潮。因此，三座楼及其周边常有新的住户迁来，因为这里的科学家有许多是师生、同行、同乡、同学，彼此非常熟悉，因此常会上演一出又一出久别重逢、不期而遇的开心事。那朗朗的笑声和欢乐的气氛给中关村增添了浓浓的春意。许多科学家都说，那真是欢乐的日子，是难忘的春天。

　　每年的"五一""十一"，特楼的许多科学家都会收到漂亮的请柬，请他们去观礼、欣赏礼花。这小小的请柬不仅带来了节日的欢乐，更是一种政治地位的体现。春节，人民大会堂的联欢会上，这里的许多科学家也常常被阖家邀请去参加。

14楼前的长椅，曾经有许多著名科学家坐在这里休息、思考

　　三座楼离中关村礼堂不远，因为当年建造礼堂时采用了新技术，新材料，没有使用钢材、砖头、水泥、木材等四种常用的建筑材料，很"另类"，因此称为"四不要"礼堂。京剧大师梅兰芳曾经到这里献艺，许多科学家都争相观赏，这在当时是一桩盛事。不过，谁也没有想到，那竟是梅兰芳大师最后一次登台演出。

　　著名指挥家李德伦也曾带中央乐团到中关村演出，许多科学家都酷爱音乐，于是"偷得浮生半日闲"，纷纷跑去欣赏。李德伦大师指挥乐团演奏的中外名曲，给这些平时忙得连家事都顾不上过问的科学家带来的精神愉悦，岂是欢乐二字能表达的？

13楼104号的厨房后门（水泥台是放煤用的）

那时，每周都有这样的一个傍晚，平常忙于工作、"神龙见首不见尾"的大科学家们，全家出现在楼前，不是开"Party"，而是出来打扫卫生、美化环境。科学家们对环境卫生和公益活动都很重视，再忙也要参加。何况平时大家各忙各的，很少有机会来往，这也是邻居们见面的好机会。此时，这些名声赫赫的大科学家们身着旧衣，有的包着头、有的戴着口罩、有的套着袖套，打扮得"土头土脑"的，纷纷来到楼前，或执帚、或挥铲、或灌园、或撮土、或洒水，忙得不亦乐乎。扫除完毕，大家免不了聚在一起谈天说地；孩子们则嬉笑打闹，甚是快乐。那真是一段欢乐的时光。

1964年10月的金秋时节更是难忘的欢乐时光。王淦昌、郭永怀为了中国的第一次核试验，已经在大西北的试验基地忙了近一个月的时间。

1964年10月16日下午3时，中国第一颗原子爆炸成功。当天下午，周恩来总理在人民大会堂接见大型音乐舞蹈史诗《东方红》演职人员，满面春风的周总理先是说："告诉大家一个好消息，不过，你们可不要把地板跳塌了啊！"

当周总理宣布了我国第一颗原子弹爆炸成功的消息时，人民大会堂立刻掀起了欢乐的浪潮，据当时在场的人回忆说："人们情不自禁地蹦啊、跳啊、欢呼啊，好多人都跳到椅子上去了。周总理打着手势，叫大家安静下来，根本就不管用了。总理还说了些什么，可是只见总理的嘴在动，哪还听得见他的声音！整个人民大会堂都是'毛主席万岁！共产党万岁！'的口号声，房顶好像都要震塌了。"

中央人民广播电台的播音员用激动的语调，向全国和全世界播发了新华社新闻公报和中华人民共和国政府关于绝不首先使用核武器的庄严声明，人民日报用特大号字套红发了号外，北京的街上到处都是争抢号外的人。

这一天，富有诗人激情的郭沫若院长亲书一首诗赠给住在13楼104的地质所党组书记边雪风：

天风吹，海浪流，满腔悲愤事，聊以寄箜篌，神州原来是赤县，会看赤帜满

神州。朋友、朋友，努力事耕耰。

这是郭老1922年所写《哀时古调》九首之一。边雪风欣喜之余，把郭老的字拿去给郭永怀和他的夫人李佩教授欣赏，他们指着那落款上的日期，会心地笑了。

"神州原来是赤县，会看赤帜满神州。朋友、朋友，努力事耕耰。"这诗句不正是那一代人的信念，不正是他们为中华强盛耕耘不辍的写照吗？

改革开放，让中国发生了很大变化。"尊重知识、尊重人才、尊重科学"的观念已经在全社会被普遍认同。中国科学家的丰功伟绩日渐为人们所熟悉，他们的名字也被越来越多的人所知晓。

现在人们去寻访那三座特楼，也许会感叹它落尽繁华，它那本来就是毫无修饰的本色灰砖墙体，因为岁月洗刷、风雨侵蚀，越显斑驳陈旧。那原是用红漆涂饰的木窗，已然褪了残红，谁还看得出特楼曾有过的珠玉年华？

特楼里的科学家们虽然研究的领域不同，人生经历也不尽相同，但他们都有一份可贵的爱心——爱祖国、爱科学。

可是，现在有人以为只要有豪宅、高薪，就可以招来或留住人才。三座特楼的科学家，没有谁是因为物质利益的吸引而来的。能够留住他们的是对民主、富强的新中国的向往，是"向科学进军"的宏伟蓝图，是为中华儿女争气的强烈责任感。现在谈管理时，常用的一个名词就是"激励机制"。谈"激励机制"，自然不能没有物质只有精神，但更不能只有物质没有精神。

对真正的人才，当然要给他们以尽可能好的物质条件，但更重要的，是要给他们在科学王国里纵横驰骋的自由，给他们以报效祖国的机会，而不是用繁琐的、无休无止的"定量考核"纠缠他们，甚至逼着他们为了争取"科题费"而跑关系、找门路、请客送礼。要让鸟儿展翅高飞，不是给它们精制的笼子，而是给它们以广阔的天空。

在屠呦呦获诺贝尔医学奖之前，曾有人提出过这样的问题："中国本土科学家为什么得不到诺贝尔奖？什么时候才能完成'零的突破'？"在屠呦呦获得诺贝尔医学奖之后，又有人问，为什么中国获诺贝尔奖的科学家这么少？其实，三座特楼的科学家们已经对这个问题作了最好的解读。中国有夺取诺贝尔奖实力的科学家。当年赵忠尧发现了正负电子对撞时的"湮灭"现象，他本应当得到诺贝尔奖，只是因为别人的过错，才使这个辉煌与他失之交臂。王淦昌一生中有三次与诺贝尔奖擦肩而过，钱三强与何泽慧发现了"三分裂""四分裂"现象，也证明了他们有夺取诺贝尔奖的能力。此外，瑞典皇家科学院诺贝尔奖物理学委员会曾经三次聘请汪德昭推荐物理学奖候选人。

长期以来，中国本土科学家没有获得诺贝尔奖的原因很多。旧中国连年战乱，动荡不宁，物质条件又太差，科学家无法安心搞科研。科研机构的资金、仪器和人才奇缺，科学家常常要为肚皮和性命操心，如何去夺取诺贝尔奖？

中华人民共和国成立初期，尤其是1956年，许多海外科学家回国，大大增强了我国的科研实力。可那时中国的基础薄弱，除了地学、生物学等学科有些老底子外，许多新兴学科都是空白。1955年之前，连一台加速器都没有，这样的条件如何谈得上夺取诺贝尔奖？

面对这种情况，许多科学家都自觉地把主要精力放在了奠定学科基础和培养人才上。汪德昭在法国时，曾经和一些准备回国的科学家做了这样一个约定："自己学的专业，如果国内已经有了，就以提高研究水准，攀登国际水平为主；如果是国内没有的学科，就以培养人才，填补这一学科的空白为主。"可惜那时中国在现代科学领域中的空白实在太多。因此，许多学术水平很高的科学家，从国家的需要考虑，都把自己的主要精力放在了组建科研队伍和培养人才上，而不是夺取奖励个人成就的诺贝尔奖上。

诺贝尔奖中的自然科学奖项，主要是奖励基础科学的成果，当时中国还处于一穷二白的状况，国家根本不可能拿出更多的钱来顾及基础科学研究，因为那时主要是解决吃饭、穿衣和防卫的问题。因此，国家不得不把资金有所侧重地投入到应用科学方面。

现在中华人民共和国经过70多年的建设，已是今非昔比，可以说中国的国力从来没有像今天这样强大，中国的科学事业从来没有像今天这样实力雄厚、人才众多，也从来没有像今天这样充满希望。只要政策好，求真务实、不急不躁，中国的科学事业必然会有更大的发展。对待过去，我们为已经取得的成就自豪；对待现在，我们应当冷静客观地看到差距；对待未来，我们应当满怀信心，以奋斗和拼搏去迎来更灿烂的辉煌。

三座特楼刚建成时，少先队员曾经唱着"小松树，小柏树，一排排来一行行"，在这里栽下了小树苗。现在，当年的小苗已经长成参天大树，树下是一片绿荫。当年种树的"红领巾"们，已经当了父亲、母亲，甚至爷爷、奶奶。

特楼中的前辈科学家如同一棵棵大树。当人们享受着大树下的阴凉时，除了感激之情外，是不是还应当想到，我们受惠于前人，又当如何施惠于后人？

世界上的一切都会被时间洗刷，不过，有的一经洗刷就了无痕迹，有的却越洗越明晰，越洗越深刻，甚至越洗越厚重。这三座特楼虽已陈旧，却越显出它们的历史感和沧桑感。

三座特楼里的科学家中，有许多都因为他们的学识、品德和贡献而被后人尊崇，在他们的故乡或是他们学习、工作过的地方，矗立起了他们的塑像。天文学界还以他们当中的一些名字命名了一批小行星，如钱学森星、钱三强星、王淦昌星、赵九章星、杨嘉墀星、贝时璋星、郭永怀星、李佩星……

望着那些栩栩如生的塑像和那些灿烂的星星，人们自然会产生仰慕之情，仰慕他们的功绩和学识，但更重要的是，他们的作风、品格和精神应当被传承下去，那就是爱国、敬业、求真、务实和勇于创新……

值得庆幸的是，北京市政府已经作出决定，把三座特楼列入"首批历史建筑名单"中，三座特楼有望获得妥善保护。把三座楼保留下来，当作名人故居、科学博物馆、科普教育基地，

当作对青少年进行爱国主义教育的场所，无疑比建几座豪华住宅楼，或是高档写字楼更有意义。

于我而言，要做的就是尽可能把当年的事、当年的人记叙下来，不是为怀旧，而是为了让历史告诉未来，让中华民族永远记住，曾经有这样一批可敬的科学家，中国的强大和人民的幸福是和他们的奉献分不开的，让子孙后代从中汲取力量，受到激励，从而开创更加灿烂的未来，这也是这本书承载不起，却又偏偏想承载的使命。在这里要特别感谢方鸿辉先生在给予我的鼓励，以及著名摄影家侯艺兵先生为本书提供的大量照片，让我们有机会看到昔日特楼里科学家的感人故事和音容笑貌。

截止到目前，特楼的第一批住户中，尚健在的还有陆元九院士，郭慕孙夫人桂慧君教授和屠善澄夫人桂湘云教授。对逝者我们有着深深的怀念，也祝愿仍健在的前辈更加健康长寿。

边东子

2021年5月1日